U0332783

工业烟气汞污染排放监测与控制技术

朱廷钰　晏乃强　徐文青　等　著

科学出版社

北京

内 容 简 介

我国被认为是全球最大的汞使用与排放国家，汞污染问题十分突出。我国汞的人为排放来源较多，其中以燃煤、冶金及水泥行业等工业烟气排放为主。科学地认识中国工业烟气汞排放的行业特点，了解各工艺环节的汞排放特征，以及掌握相关控制技术对中国开展汞污染治理具有重要意义。本书系统介绍了工业烟气汞监测技术与设备，然后分别详细论述了燃煤、有色金属、钢铁、水泥及垃圾焚烧行业主要涉汞生产工艺及各工序烟气汞排放特征，分析了汞排放的影响因素，并总结了各行业污染控制技术。

本书可供从事大气科学、环境科学、大气污染控制等研究工作的科研人员参考，也可供从事环境保护事业的管理人员阅读。

图书在版编目（CIP）数据

工业烟气汞污染排放监测与控制技术/朱廷钰，晏乃强，徐文青等著.
—北京：科学出版社，2017.7
　ISBN 978-7-03-053335-7

Ⅰ. ①工… Ⅱ.①朱… ②晏… ③徐… Ⅲ. ①汞污染–环境监测–研究
②汞污染–污染防治–研究　Ⅳ.①X5

中国版本图书馆 CIP 数据核字(2017)第 130592 号

责任编辑：杨　震　刘　冉 / 责任校对：彭珍珍
责任印制：肖　兴 / 封面设计：北京图阅盛世

科学出版社 出版
北京东黄城根北街 16 号
邮政编码：100717
http://www.sciencep.com
北京通州皇家印刷厂 印刷
科学出版社发行　各地新华书店经销
*
2017 年 7 月第 一 版　开本：720×1000 1/16
2017 年 7 月第一次印刷　印张：22 1/4
字数：450 000
定价：138.00 元
(如有印装质量问题，我社负责调换)

前　言

汞及其化合物具有挥发性、持久性和高度的生物富集性，可在环境和生物体间迁移，对生态环境和人体健康造成严重的影响，且其污染具有全球性迁移的属性，已被联合国环境规划署(UNEP)列为全球性污染物。2003 年 2 月 UNEP 启动汞消减计划，旨在全球范围消除人为源的汞排放。随后在 2013 年 10 月，UNEP 主办的"汞条约外交会议"在日本熊本市表决通过了旨在控制和减少全球汞排放的《关于汞的水俣公约》，我国政府已于 2016 年 4 月正式批准加入此公约。

我国被认为是世界上人为汞排放量最大的国家，年排放量约为 400～500 吨，约占全球人为排放量的 30%左右。我国汞排放源主要来自化石燃料燃烧与有色金属冶炼，除此之外，钢铁、水泥生产以及垃圾焚烧等工业的汞排放也是人为排放源的重要组成部分。目前我国的汞污染问题非常突出，无论是从国际履约还是从国内汞污染防治的角度均面临巨大的汞减排压力。

然而，我国的汞污染防治工作基础比较薄弱，基础信息、污染防治技术与对策都严重滞后于形势需求。这主要体现在以下几个方面：其一，我国烟气汞的监测技术体系还不成熟，国内尚未对工业烟气汞实现连续监测；其二，国内外研究者大多将关注点放在燃煤烟气汞排放上，而对有色金属冶炼、钢铁生产、水泥生产及垃圾焚烧产生的汞关注较少，且对工业生产过程中产生的汞的流向及特征缺乏深入研究；其三，我国汞污染控制起步较晚，国内汞污染控制技术尚不完善，且各行业由于其排放汞的特点不同，导致汞的控制技术不同，亟须在发展我国汞控制技术的同时对国内外正在使用的技术进行总结，为我国的汞污染控制提供依据。此外，我国的汞污染风险仍有待分析，相关的控制政策仍有待完善。在这样的背景下，研究我国污染源大气汞的排放特征和控制措施，具有重要意义。

为了使我国在防治汞污染问题及履行国际公约方面拥有更好的决策依据和技术手段，并使我国在汞污染及其防治领域走在国际前列，中国科学院过程工程研究所、上海交通大学及相关合作单位对燃煤、有色金属、钢铁、水泥及垃圾焚烧等工业烟气汞污染的排放过程及控制技术进行了分析研究。本书介绍近年来国内外在这些领域内的研究进展，以及作者自身的研究和创新性成果。

全书共七章，主要围绕汞的排放特征、影响因素及控制技术展开，主要内容包括工业烟气汞监测技术与设备介绍，燃煤、有色金属冶炼、钢铁生产、水泥生产及垃圾焚烧过程中的汞排放特征与控制技术。在编写上既考虑专业研究人员的需要，又兼顾普通读者的需求。全书力图通过对典型工业汞排放特征与控制措施的分析，深刻理解我国人为源汞污染的现状，为汞污染的控制决策提供依据。希望本书的出版能对读者了解我国汞排放特征及控制有所帮助，并进一步推动该方向的研究和技术发展。

全书由中国科学院过程工程研究所朱廷钰研究员总体设计。上海交通大学晏乃强教授、中国科学院过程工程研究所徐文青研究员负责全书的统稿和整体修改工作。各章的具体执笔人如下：第 1 章由吴应红、周璇撰写；第 2 章、第 5 章由徐文青、邵明攀共同撰写；第 3 章由李玉然、郭旸旸共同撰写；第 4 章、第 6 章由晏乃强、瞿赞共同撰写；第 7 章由刘霄龙撰写。在本书成稿过程中，杨阳、王健、郝军科、付伟等参与了书稿校对工作。感谢科学出版社的杨震编辑、刘冉编辑在本书立项和出版各环节提供的诸多建议和帮助；感谢中国科学院过程工程研究所、上海交通大学、清华大学等单位在相关研究中提供的大力支持。

感谢国家重点基础研究发展计划("973"计划)、国家高技术研究发展计划("863"计划)、国家自然科学基金以及公益性行业科研专项的资助。

由于受资料、知识和时间的限制，书中若有疏漏或不足之处，恳请广大读者批评指正。

朱廷钰　晏乃强　徐文青

2017 年 6 月

目　　录

第1章 概 述

1.1 环境中汞的来源及其主要赋存形态

汞，俗称水银，化学符号 Hg，银白色液体，是常温下唯一以液态存在的金属。熔点–38.87℃，沸点356.6℃，密度13.59 g/cm³。化学性质稳定，在常温干燥空气中不易被氧化，但在室温下会与所有卤族元素反应生成卤化物。汞蒸气有剧毒，可溶于硝酸和热浓硫酸中，但与稀硫酸、盐酸、碱都不发生反应。具有强烈的亲硫性和亲铜性，即在常温下，很容易与硫和铜的单质化合生成稳定的化合物，因此在实验室通常用硫单质去处理撒漏的水银。

常见汞的无机汞化合物有硫化汞、氯化汞、氯化亚汞等。

硫化汞，分子式为 HgS，熔点583.5℃，沸点584℃，密度8.1 g/cm³，难溶于水。室温下的形态有红色六方晶体(或粉末)和黑色立方晶体(或无定形粉末)，常用于油画颜料、印泥及朱红雕刻漆器等。自然界中的硫化汞呈红褐色，称为辰砂或朱砂。将硫化氢通入汞盐溶液，可得黑色硫化汞。黑色硫化汞加热升华，能转化成红色硫化汞。利用汞和单质硫也可制得黑色硫化汞。硫化汞有毒，不溶于盐酸和硝酸。能溶于硫化钠溶液与王水。其中溶于王水的化学反应方程式为：

$$3HgS+2HNO_3+12HCl \Longrightarrow 3H_2(HgCl_4)+3S+2NO+4H_2O$$

这是一个典型的既用形成配合物法、又用氧化法溶解沉淀的例子。

氯化汞，俗称升汞，分子式为 $HgCl_2$，熔点276℃，沸点302℃，密度5.44 g/cm³ (25℃)，白色晶体、颗粒或粉末，有剧毒，溶于水、醇、醚和乙酸。在水溶液几乎不解离，遇光或暴露于空气中缓慢分解，生成氯化亚汞。氯化汞可用于木材和解剖标本的保存、皮革鞣制和钢铁镂蚀，是分析化学的重要试剂，还可作消毒剂和防腐剂。

氯化亚汞，俗称甘汞，分子式为 Hg_2Cl_2，白色有光泽的晶体或粉末，在400～500℃时升华，无熔点。在日光下渐渐分解成氯化汞和汞，需密闭保存。能被碘化钠、溴化钠、氰化钠溶液分解为高汞盐和金属汞。遇氢氧化钠溶液和氨水变黑。可溶于王水和硝酸汞溶液，微溶于稀硝酸和盐酸，不溶于水和有机溶剂，用于制造甘汞电极、药物(利尿剂)和农用杀虫剂，也可制暗绿色烟火、轻泻剂、防腐剂，与金混合可作瓷器涂料等。

常见有机汞化合物有甲基汞、二甲基汞、二乙基汞等。

甲基汞，化学式为 CH_3Hg，是一种无色、无味，具挥发性、腐蚀性的液体，受热可分解为有毒汞熏烟。某些微生物的代谢过程，可使无机汞转化为甲基汞，在河流或湖泊中易发现，通过食物链进行累积和富集，最终危害到人类。

二甲基汞，化学式为 $(CH_3)_2Hg$，常温常压下为无色液体，具有挥发性，易燃，味带甜，剧毒。易溶于乙醇和乙醚，难溶于水。二甲基汞可穿过橡胶、聚氯乙烯、生胶等，接触时必须戴特制手套。

二乙基汞，化学式为 $(C_2H_5)_2Hg$，是一种具有刺激性气味的无色液体，沸点159℃，不溶于水，微溶于乙醇，易溶于乙醚，相对密度($\rho_水$=1)为2.47，主要用于有机合成。

1.2 汞在环境中的迁移转化及危害

1.2.1 汞在环境中的迁移

1.2.1.1 水中汞的迁移

自然界水体中的汞浓度约在 ppb[①] 级。例如，河水中的汞浓度为 1.0 ppb，海水中约为 0.3 ppb，雨水中约为 0.2 ppb。在水相中，汞以 Hg^{2+}、$Hg(OH)_m^{2-m}$、CH_3Hg^+、$CH_3Hg(OH)$、CH_3HgCl、$C_6H_5Hg^+$ 为主要存在形态。从各种污染源排放的汞污染物，主要存在于排污口附近的底泥和悬浮物中。其主要原因是水体的腐殖质、底泥、悬浮物中有多种无机物及有机胶体，它们对汞有强烈的吸附作用，其中以腐殖质吸附力最大。水体底泥中的汞，无论以何种状态存在，都会直接或间接地在微生物的作用下转化为甲基汞或二甲基汞，这种转化称为汞的生物甲基化作用。水体中微生物代谢类型不同，汞的甲基化可在厌氧条件下发生，也可在好氧条件下发生。在其他条件相同时，汞的甲基化速率随着微生物活动的增加而增加。汞在厌氧条件下主要转化为二甲基汞(CH_3—Hg—CH_3)，它难溶于水，易挥发，易被光解为甲烷、乙烷和汞；在好氧条件下主要转化为甲基汞($HgCH_3$)，在 pH 值为 4～5 的水体中二甲基汞可转化为甲基汞，后者易被水体吸收而进入食物链。此外在鱼体内也可进行汞的甲基化作用。

一般来说，汞通过食物链富集可使某些生物体内的含汞量比水体中的浓度增加几倍至几十万倍。一般水生生物食物链是：浮游植物—浮游动物—贝类、虾、小鱼—大鱼。汞通过吸入、饮水和食物摄入人体，其中最主要的是通过食物链摄入。由于甲基汞能在食物链中被高浓度富集，所以即使环境中甲基汞的浓度非常

① ppb，parts per billion，10^{-9}

低，通过食物链，也能将较大量的甲基汞输送到人体内，从而造成巨大危害。

1.2.1.2　大气中汞的迁移

除少有的独特矿山产出之外，汞还大量存在于燃煤之中。汞由于特殊的物理化学性质，常以气体方式交换释放，因此是一种通过大气进行跨国界传输的全球性污染物。大气汞的化学形态可分为颗粒态汞、金属汞、以氯化汞蒸气为代表的无机汞和以氯化甲基汞为代表的有机汞等。煤作为世界上一种主要的燃料，因其燃烧量大，燃烧过程中 Hg 的排放和控制正逐渐成为继 SO_x 和 NO_x 之后的又一研究重点。煤炭燃烧时，其中的 Hg 元素以 Hg^0、HgO 及 CH_3Hg^+ 的形式释放。煤炭燃烧向大气中排放汞是导致大气污染的最直接方式，如一个 700 MW 的热电站每天就可排放汞 2.5 kg。煤粉在锅炉中燃烧时，排放的烟气中气态汞总量(Hg^{2+}和 Hg^0)在 10～15 $\mu g/Nm^3$，Hg^{2+} 占气态总汞的比例在 40%以上。烟气不同冷却速率或烟气在冷却段的停留时间对于汞的形态转化是有影响的，较低的冷却速率可以促进 Hg^0 向 Hg^{2+} 转化。

汞蒸气甚至可以随着大气环流迁移到北极。每年春天，当两极经过漫长的冬夜之后，原来存在于空气中的汞与海水蒸发的盐分，经突然再现的阳光照射后发生化学反应，以较重的悬浮粒子形态迅速降落地面，因此称为"汞雨"。氧化汞较元素形态的汞更容易被动植物吸收，经混入融化的冰雪进入食物链。汞也随之残留在食用者体内。

1.2.1.3　土壤中汞的迁移

土壤中汞的含量为 0.01～0.3 mg/kg，平均为 0.03 mg/kg。由于土壤中的黏土矿物和有机质对汞有强烈吸附作用，汞进入土壤后，95%以上能被土壤迅速吸附或固定，因此汞容易在土壤表层积累。土壤中的黏土矿物带有负电荷，可以吸收以阳离子形态存在的汞，而以阴离子形态存在的汞也能被黏土矿物吸附。不同的黏土矿物对汞的吸附能力存在差异，并且受 pH 等因素的影响。研究认为黏土矿物对汞的吸附能力为：伊利石>蒙脱石>高岭土>粉砂>中砂>粗砂。腐殖质固定汞的能力比黏土矿物大得多。腐殖质是一些含有芳香结构的化合物，通过酚羟基、羧基、羟基醌、烯醇基、磺酸基、氨基、醌基、甲氧基等反应基团的作用，汞被腐殖质螯合或吸附。一般来说，土壤腐殖质含量越高，土壤吸附汞的能力越强。植物对汞的吸收主要是通过根来完成的。很多情况下，汞化合物在土壤中先转化为金属汞或者甲基汞后才能被植物吸收。植物吸收和积累汞与汞的形态有关，其顺序为：氧化甲基汞>氧化乙基汞>乙酸苯汞>氧化汞>硫化汞。从这个顺序可以看出，挥发性高、溶解度大的汞化合物容易被植物吸收。汞在植物各部分的分布一般是根>茎、叶>种子。这种趋势是由于汞被植物吸收后，常与根上的蛋白质反应沉积于根上，阻碍了向地上部分的运输。

1.2.1.4 生物态汞的迁移

水体中汞的生物态迁移量是有限的，但由于在微生物的参与下，沉积在水中的无机汞能转变成剧毒的甲基汞，并且沉积物中生物合成的甲基汞能连续不断地释放到水体中。由于甲基汞具有很强的亲脂力，因此水中低量的甲基汞能被水生生物吸收，通过生物的放大作用威胁人类的健康与安全。因此，汞的生物态迁移过程，实际上主要是甲基汞的迁移与累积过程，这与无机汞在气、水中的迁移完全不同，它是一种危害人体健康与威胁人类安全的生物地球化学迁移。

1.2.2 汞在环境中的危害

1.2.2.1 汞对人体的危害

汞是一种分布广泛的重金属，其毒性众所周知，对人体的危害主要累及中枢神经系统、消化系统及肾脏，此外对呼吸系统、皮肤、血液及眼睛也有一定的影响。食入后直接沉入肝脏，对大脑视力神经破坏极大。天然水每升水中含 0.01 mg，就会导致人体强烈中毒。含有微量汞的饮用水，长期食用会引起蓄积性中毒。汞也可通过胎盘屏障进入胎儿体内，使胎儿的神经元从中心脑部到外周皮层部分的移动受到抑制，导致大脑麻痹。

无机汞化合物对皮肤具有刺激性，唇、舌等部位一旦接触，会出现水泡或溃疡，无机汞化合物不能穿入血脑屏障，但可以到达肾脏，严重的将导致肾衰竭。饮食是人体中无机汞化合物的主要来源，部分美白化妆品也能造成无机汞的暴露。

有机汞为亲脂性毒物，侵入人体后主要侵犯神经系统。无论任何途径侵入(吸入、食入、经皮吸收)，均可发生口腔炎，口服者引起胃肠炎。精神症状有神经衰弱综合征、精神障碍、昏迷、瘫痪、震颤、共济失调、向心性视野缩小等，可发生肾脏损害，可致皮肤发生剥脱性炎症。在日本发生的震惊全球的公害病——水俣病就是有机汞中毒。患者脑组织受到损害，神经系统症状非常突出，全身抽搐，肌肉震颤，非常痛苦。

1.2.2.2 典型汞污染事件

1. 日本水俣病事件

水俣病最初出现在日本熊本县水俣湾外围的猫身上，被称为"猫舞蹈症"。病猫步态不稳，抽搐、麻痹，甚至跳海死去，被称为"自杀猫"。随后不久，该地也发现了患这种病症的人。患者由于脑中枢神经和末梢神经被侵害，轻者口齿不清、步履蹒跚、面部痴呆、手足麻痹、感觉障碍、视觉丧失、震颤、手足变形，重者神经失常，直至死亡。当时这种病由于病因不明而被叫做"怪病"。这个镇在几年中先后有一万人不同程度地患有此种病状，其后附近其他地方也发现此类症状。经数年调查研究，于1956年8月由日本国立熊本大学医学院研究报告证实，这是由于居民长期食用八代海水俣湾中含有汞的海产品所致。

"水俣病"的罪魁祸首是当时处于世界化工业尖端技术的氮(N)生产企业。氮用于肥皂、化学调味料等日用品以及乙酸(CH_3COOH)、硫酸(H_2SO_4)等工业用品的制造上。日本的氮产业始创于1906年，其后由于化学肥料的大量使用而使化肥制造业飞速发展，甚至有人说"氮的历史就是日本化学工业的历史"，日本的经济成长是"在以氮为首的化学工业的支撑下完成的"。然而，这个"先驱产业"的肆意发展，却给当地居民及其生存环境带来了无尽的灾难。

氯乙烯和乙酸乙烯在制造过程中要使用含汞(Hg)的催化剂，这使排放的废水含有大量的汞。当汞在水中被水生物食用后，会转化成甲基汞(CH_3Hg)。这种剧毒物质只要有挖耳勺的一半大小就可以致人于死命，而当时由于氮的持续生产已使水俣湾的甲基汞含量严重超标。水俣湾由于常年的工业废水排放而被严重污染，水俣湾里的鱼虾类也由此被污染。这些被污染的鱼虾通过食物链又进入了动物和人类的体内。甲基汞通过鱼虾进入人体，被肠胃吸收，侵害脑部和身体其他部分。进入脑部的甲基汞会使脑萎缩，侵害神经细胞，破坏掌握身体平衡的小脑和知觉系统。

2. 伊拉克汞中毒事件

20世纪中期，伊拉克相继发生过两次汞中毒事件，起因是食用汞杀虫剂处理过的小麦。而1972年，伊拉克出现了更为严重的类似爆发性汞中毒事件。因为患者食用的面包是由被汞污染过的小麦制作的。这批麦子来源于英国，经杀霉菌剂(乙基汞)处理，染成棕红色并在外包装袋上贴了相应的警告标签。但当时人们误以为只需洗净小麦上的棕红色即可消除毒物，于是便用其来制作面包，从而导致了大规模中毒现象的发生。后经相关学者研究发现，这批小麦中甲基汞平均含量为7.9 μg/g，而在小麦磨成的面粉中其平均含量为9.1 μg/g。

3. 加拿大汞中毒事件

加拿大汞污染事件源于1970年，加拿大安大略省瓦比贡河内的鱼检出16 mg/kg的汞。其污染源来自苛性钠车间排出的无机汞，以鱼为载体，这些无机汞转化有机汞，进而引起食用鱼的人和动物中毒。同年，当地政府检测发现，居民毛发和血液中的汞最高值分别为198 mg/kg和385 μg/kg，其中血液中汞平均值高达 77.39 μg/kg。因此，政府明令禁止职业性渔业和摄食鱼的行为。5 年后，研究者经现场调查发现，从污染源到下游 50 km 遍布了汞中毒死亡的淡水鱼，其体内含汞量为 16～27.8 mg/kg。且河堤胶状污泥表层 2 cm 和 6 cm 的含汞量分别为 8.4 mg/kg 和 7.8 mg/kg。据推算，仅古里湖残留汞就高达 2 t。

4. 委内瑞拉汞污染事件

1974～1975 年间，临加勒比海的莫龙工厂地带曾出现过一种怪病。据现场调查研究发现，患者尿液中检出 60～90 μg/kg 的汞是无机汞，而其源头在于一家苛性钠生产工厂，因生产工艺过程中使用汞而导致了此次事件的爆发。该厂中有 22.55%工人的血液中检出了超过 200 μg/kg 的汞。即使两年后该工厂已停产，但 15 年间其排出的汞至少有 30 t 左右。因为该厂临近海域，其污水全部排入大海，检测发现该海中鱼的含汞量最高达 5 mg/kg。1979 年通过检测该厂排水管水路经过的椰林中的水果分析得知，椰林中的椰子和柠檬含汞在 2.4～10 μg/kg 左右。同时，约有 1/5 的当地居民血汞含量超过 100 μg/kg。

5. 国内汞污染事件

1950～1960 年间，我国某河流域上游渔民聚居的许多村子里都出现了一种怪病，表现为肌体无力，双手颤抖，关节弯曲，双眼向心性视野狭窄。经医生检查，这是一种汞中毒的症状。渔民的患病情况受到国家的重视，水质专家对该河污染情况的调查显示，当时该河存在着严重的汞污染，而污染源就来自于其上游的某石化公司。进入该河的汞，不是高度集中在某个地方，而是散布在河床上，随着水的流动逐渐向下游推移。汞在水中有扩散的作用，并通过微生物的作用由无机汞变为有机汞，毒性扩大 100 倍；有机汞进入鱼体，人食用鱼而产生中毒症状。当地的渔民以鱼为食，因此产生的中毒症状最为严重。在对上千名沿江渔民头发里的汞含量检测显示，经常吃江鱼的渔民体内的汞含量比普通人高出几十倍甚至上百倍。

1950～1980 年间，国内某汞矿开采年产汞量平均为 800 t，冶炼后的废渣年排放量达 476 000 t，还未包括矿石。该矿区自投产以来，累积总排放汞量约为 185 t(含汞废气、工业废渣和废水)。通过大量的调查研究证实，该地区受汞污染的土壤有 117.4 hm²，土壤中含汞量为 4.71～723 mg/kg，含汞量在 200 mg/kg 以上的土壤有 66 hm²。厂周边环境受到了不同程度的汞污染，水底含汞量达 76.9%，大米含汞量为 0.03～0.13 mg/kg，还含一定的甲基汞，均超过国家食品标准。该受汞污染的地区，大牲畜骨瘦如柴，抽查村民头发，其含汞量均偏高。由于受含汞废水的影响，当地粮食、蔬菜等作物年平均减产 30%～40%。实验研究证明，作物对汞的富积，可通过食物链，将汞输入到人体中，在蓄积到一定程度时会造成极大危害。

1.3　汞的典型排放源

1.3.1　大气汞自然排放源

　　大气汞自然排放源来源于自然界，包括壳幔物质、土壤表面的释放、自然水体的释放、植物表面的蒸腾作用、火山排气作用、森林火灾和地热活动等。大气中汞的形态主要分为三类：单质汞(Hg^0)、二价汞(Hg^{2+})和颗粒态汞(Hg^P)。单质汞是大气汞的主要存在形态，占大气中各种形态汞的 95%以上，在大气中的停留时间较长，可远距离传输。二价汞和颗粒态汞在大气中的停留时间较短，易于通过干湿沉降去除，迁移距离相对较短。大气汞的自然来源多样，影响因素复杂，目前对于自然源汞释放总量的估算还存在较多困难，已有的地球化学循环模型对自然源的估算为 1000～4000 t/a 不等，偏差很大，并且主要以气态单质汞为主。

　　海洋水体向大气释放是大气汞的一个重要来源，水体中其他形态的汞转化为易于挥发的 Hg^0 是水体汞持续释放的途径，目前对海洋水体表面的汞释放量估算为 600～1400 t/a。

　　土壤是大气汞的另一个重要来源，相对于海洋水体的释放，目前对土壤汞释放的精确估算还存在一定难度，这主要因为土壤的汞释放取决于地表类型、地表土壤汞含量、气象条件等因素。此前的野外研究发现，土壤汞含量、光照强度、土壤温度和湿度是影响土壤汞释放最重要的几个因素，与土壤汞释放通量成正相关关系。然而，最近的研究发现，近地表的大气化学反应及土壤微生物活动对土壤汞释放通量也有很大影响，如近地表大气中臭氧等大气氧化物含量的升高能够明显增强地表的汞释放强度。

　　植被覆盖是影响土壤汞释放的另一个重要因素，植物冠层及落叶对土壤的覆盖能够降低到达土壤表面的光照强度，降低土壤温度，对土壤的汞释放有一定抑制作用。植物叶片和大气的汞交换是近年来提出的新的科学问题。研究指出，植被既可以从大气中吸收汞，又可以释放汞到大气中，形成一个双向的动态过程。植物叶片和大气的汞交换通量主要取决于地表土壤汞含量、大气汞浓度和植物类型。有研究指出，全球的森林和草地是大气汞的一个重要来源，每年可向大气排放超过 1000 t 的汞。当然，目前对植物的汞释放量下结论还为时尚早，对植物汞释放的来源以及不同类型植物存在的差异还需更多研究。

　　森林火灾和火山地热活动的发生也能向大气排放大量的汞。植物叶片可以吸收或吸附各种形态的大气汞，这些汞的绝大部分(大于 90%)在植物叶片燃烧过程中能以气态汞或颗粒汞的形态释放到大气中。另外，森林火灾的发生可以使地表温度显著升高(达 500℃以上)，这能使此前沉降于地表的汞重新挥发进入大气。通过一些试验，研究人员认为，全球森林火灾所导致的汞释放在 400～1300 t 之间。火山和地热活动所释放的气体含汞量很高，在几百纳克/立方米到几十微克/立方米之间。目前对火山和地热活动的汞释放估算还比较困难，这主要是因为不同火山、不同演化阶段所释放的气体含汞量有很大差别，全球总释放量粗略估计为 100～1000 t。

1.3.2　大气汞人为排放源

工业革命以来，随着人类活动的加强，人为源逐渐成为大气汞的一个主要来源。人为排放源主要包括燃煤、金属冶炼、钢铁生产、水泥生产、垃圾焚烧等。人为活动不仅向大气排放 Hg^0，也排放相当数量的二价汞和颗粒态汞。

1860～1920 年间，由于西方国家的"淘金热"，全球人为源大气汞排放经历了第一个高峰，其中北美和欧洲的金银汞冶炼排放了大量的汞。20 世纪中期至今，由于燃煤和金属冶炼的迅猛增长，大气汞排放又经历了一个快速的增长阶段。

我国主要的大气汞排放源是燃煤、有色金属冶炼、钢铁和水泥生产。2007 年，四类排放源的大气汞排放量在 800 t 以上，燃煤占 43%，汞排放约为 383.8 t，其中工业、电厂、民用分别约为 213.5 t、138.5 t、17.9 t；铅、锌、铜有色金属冶炼占 49%，汞排放约为 439.2 t，其中锌冶炼汞排放高达 277.7 t，铅冶炼 121.7 t；水泥生产约占 5%，汞排放约为 54.5 t，钢铁生产约占 2%，有色金属冶炼和燃煤是我国目前最主要的两类大气汞排放源。从地理分布上看，山东、广东、河南、湖南、辽宁和云南是我国汞排放量最大的六个省。

随着全球能源需求的大幅上升，燃煤大气汞排放是主要的人为大气汞排放源。美国环境保护局(USEPA)研究表明，美国城市范围内主要的汞释放源是发电量大于 300 GW 的燃煤电厂。受"富煤贫油少气"能源结构的限制，我国同时是煤炭生产和使用大国。且煤炭生产量和消费量都基本呈逐年增长的趋势。但受煤种复杂、燃煤方式众多等因素的影响，我国的燃煤汞排放很难客观准确地估算。有研究者估算 1995 年我国燃煤大气汞排放 213.8 t，燃煤行业大气汞排放因子在 64.0%～78.2%之间。同时清华大学郝吉明院士与美国阿贡实验室合作研究分析认为，1999 年我国燃煤汞排放占总汞排放量的 38%。联合国环境规划署(UNEP)估算 2005 年全球人为汞排放量为 1930 t，其中燃煤汞排放是最大的排放源，占总量的 45.6%。2010 年，我国燃煤部门排放大气汞共 253.8 t，其中工业燃煤和电力燃煤分别占 47%和 39%。

由于工业锅炉通常只安装了对汞协同脱除效率较低的除尘装置，致使工业锅炉为燃煤汞排放的最大污染源，占燃煤汞排放总量的 55.6%，有很大的减排空间。优化现有除尘装置或增加除汞设施，并加强对工业锅炉的控制，是降低燃煤汞排放的有效措施。

我国的非燃煤大气汞排放中，84%来自有色金属冶炼，其中锌冶炼、铅冶炼、铜冶炼分别占总排放量的 51%、18%、4%。有色金属冶炼中汞污染最严重的锌冶炼过程释放的汞主要来自于锌精矿。锌精矿经沸腾焙烧后得到锌焙砂，伴生的汞在高温下升华为汞蒸气，跟随烟气一起进入余热锅炉，锌焙砂和余热锅炉收尘系统产生的锌尘一起进入电锌系统，锌焙砂和锌尘含有少量的汞，除尘后的烟气经洗涤、电除雾等净化系统后送二转二吸制酸系统，最后硫酸尾气经烟囱排空。此过程中的净化阶段产生的废水带走一部分的汞，制酸中带走大部分的汞，废气排放中含有少部分的汞。2010 年，有色金属冶炼排放的大气汞达到 97.4 t，其中排放量前五的省份分别为甘肃、云南、河南、湖南和陕西，这五个省的总排放量占整个冶炼汞排放量的 81.7%。

有色金属冶炼过程的汞排放与各种矿产的汞含量以及冶炼工艺有很大的关系，当冶炼工艺采用高效的烟气处理设施和制酸工艺时，冶炼过程汞排放会大幅减小。但目前除部分大型冶炼厂外，众多小型冶炼厂并没有相应的设施，且汞排放因子很大，使得有色冶炼成为我国最大的汞排放源。降低冶炼矿的汞含量，选择适当的冶炼工艺，安装有效的烟气处理设施，是我国有色金属冶炼汞减排的重要发展方向。

钢铁生产产生的汞基本来源于燃煤以及铁矿石。燃煤消耗主要包括三部分，焦化工序使用的洗精煤、自备电厂使用的动力煤、高炉生产为了提高燃料效率而添加的一部分喷吹煤，这三部分的煤炭消耗是钢铁企业的主要汞排放来源。铁矿石中的汞在冶炼过程中一部分最终进入钢铁产品，另一部分则随烟气、固废等进入环境。钢铁工业主要生产工序包括焦化、烧结、高炉炼铁、转炉炼钢以及电炉炼钢都会产生汞，部分钢铁企业的燃煤自备电厂也是汞排放的来源之一。中国钢铁企业多以长流程为主，电炉炼钢比重较小，焦化工序和烧结工序是产生汞污染的主要工序，对于部分无焦化工序的钢铁企业而言，烧结工序则是最主要的汞污染来源。

我国是水泥生产与消费大国，2012 年水泥产量达到 22.1 亿 t，占世界水泥产量的 56%，现有规模以上水泥生产企业约 4000 家，其中水泥熟料生产企业 2400 多家，新型干法水泥生产线 1600 多条。水泥窑中产生的汞污染主要来源于所使用的燃煤和原料(包括石灰石、黏土等)中所含的 Hg。研究表明，燃料和原材料的汞输入量分别占到汞输入总量的 25%和 75%，不同原材料的汞含量有很大差别。目前，关于我国水泥生产原材料和燃料的汞含量数据还非常少。

由于汞在工业生产与生活中的广泛运用，许多含汞废弃物不可避免地存在于垃圾当中，常见的有废旧电池、废弃灯管、温度计以及部分废弃电器设备等。有研究表明，在欧美发达国家，每吨垃圾中所含的汞为 2.5 g。在垃圾焚烧过程中，随着焚烧炉膛温度的升高，高挥发性的汞主要以气态的形式存在于烟气中，烟气中的汞占总汞含量的 70%左右，存在于底灰和飞灰中的汞含量仅占总量的 30%。

1.4　国内外关于汞污染问题的关注历程或行动计划

1.4.1　《关于汞的水俣公约》的签署和生效

20 世纪中期，日本水俣病的爆发引起了全球对汞污染问题的关注。人们逐渐开始认识到汞对生态环境系统造成的危害，也开始控制汞的使用和排放。总体上看，汞污染问题似乎得到一定程度的有效解决。然而，20 世纪 80 年代末，北欧及北美偏远地区的大片湖泊中的鱼体内被发现含有高浓度甲基汞。这一发现引起了西方国家对汞污染的新一轮研究热潮。1990 年，在瑞典召开了由德堡大学 Oliver Lindqvist 教授提倡的首届全球汞污染物国际学术会议。2017 年该主题的第十三届会议将于美国召开。

2002 年，UNEP 发布了一项《全球汞评估报告》，首次调查了全球范围内的汞污染源及其影响，系统评估了全球汞的生产、使用及排放，并给出了全球大气汞排放清单。在 2003 年举办的第 22 届 UNEP 理事会会议上，首次提出在国家、区域乃至全球采取汞污染管制行动。2005 年的第 23 届 UNEP 理事会上，采取自愿步骤减少汞排放的提议得到了 140 个国家部长们的一致同意。2009 年第 25 届 UNEP 理事会上，美国、印度及中国等几个汞排放大国转变了以往的保守态度，各国部长们就制定独立的全球汞控制公约达成了共识。在世界各国多轮政府间谈判后，2013 年 10 月，联合国环境规划署于日本熊本市主办"汞条约外交会议"，包括中国在内的 87 个国家和地区的代表最终签署《关于汞的水俣公约》，缔约国到 2020 年将禁止生产、进口和出口加汞产品。2017 年 8 月 16 日，《关于汞的水俣公约》将正式生效。

1.4.2　国外汞污染控制历程

1.4.2.1　美国汞污染控制历程

美国于 1990 年后开始实施控制汞污染排放源，当时主要针对医药废物焚化炉和城市垃圾焚烧炉。20 世纪末开始控制火力发电厂排放的汞，并于 2005 年颁布了《清洁空气汞法规》。该法规计划分两个阶段实施燃煤电厂汞削减政策，第一阶段计划截至 2010 年，汞排放量相比 1999 年削减 20%；第二阶段计划截至 2018 年，汞排放量相比 1999 年削减 70%，控制在 15 t/a。但是该法规于 2008 年被美国巡回法院判决作废。因为截至 2005 年，美国燃煤电厂汞排放仅削减 10%，说明电厂已成为美国最大的汞排放源。随后美国计划针对燃煤电厂的排放标准进行修订，要求其减少 91%的大气汞排放。

2004 年，美国颁布了《工业锅炉有害大气污染物排放标准》，规定现有和新改扩建工业锅炉的汞排放标准分别为 1.29 g/GJ 和 3.87 g/GJ。据美国 EPA 报道，随着该标准的颁布，2005 年美国工业锅炉汞排放量下降为 7.4 t，相比 1990 年削减了将近 50%。

1.4.2.2　欧盟汞污染控制历程

欧盟不仅在行动上参与了实施控制汞污染，而且也率先全面制定了控汞战略和专项法规措施。2005 年，欧盟正式发布"欧盟汞控制战略"，提出了六项战略目标，包括汞排放的减少、汞供需削减、产品汞用量的控制、汞暴露的防御、控汞意识的提高、国际控汞的促进。2006 年，欧盟制定了《大型燃烧装置的最佳可行技术参考文件》，提出优先考虑用高效除尘、烟气脱硫和脱硝协同控制技术来脱除汞。2008 年，欧盟进一步颁布了《关于禁止金属态汞和某些化合物、混合物出口及安全汞储存的 EC1102/2008 号条例》。规定具体表现为从 2011 年 3 月开始，全面禁止各类商业目的的含汞产品出口，并要求对现有用汞行业实施安全的汞储存，力求减少全球的汞供应和需求。

1.4.3　国内汞污染控制历程

国内也发生过类似水域被汞污染的事件，科研人员调查发现，汞污染的源头多与工厂末端排放有关。政府部门近年来加大对此类污染的治理力度，投入巨资进行设备更新，并关闭相关工厂的排污口，旨在最大限度地减小汞污染给人类和环境带来的双重危害。

虽然我国关于汞污染及其防治工作的研究起步较晚，但近年来在限制汞排放和消费的全球大环境下，我国积极推动汞减排工作，先后出台了一系列政策。2009 年下发的《国务院办公厅转发环境保护部等部门关于加强重金属污染防治工作指导意见的通知》中将汞污染防治列为工作重点。2010 年 5 月下发的《国务院办公厅转发环境保护部等部门关于推进大气污染联防联控工作改善区域空气质量指导意见的通知》明确提出建设火电厂汞污染控制示范工程。2011 年国务院批复了《重金属污染综合防治"十二五"规划》，将汞列入五种主要重金属之一，纳入总量控制的范畴。2011 年 4 月环境保护部发布的《2011 年全国污染防治工作要点》提出开展全国汞污染排放源调查，对典型区域和重点行业汞污染源进行监测评估，组织开展燃煤电厂大气汞污染控制试点。2011 年 7 月 29 日环境保护部发布了《火电厂大气污染物排放标准》(GB 13223—2011)，对燃煤电厂汞及其化合物排放浓度限值提出明确的要求。2012 年 9 月国务院批复的《重点区域大气污染防治"十二五"规划》中提出要深入开展燃煤电厂大气汞排放控制试点工作，积极推进汞排放协同控制；实施有色金属行业烟气除汞技术示范工程；开发水泥生产和废物焚烧等行业大气汞排放控制技术；编制燃煤、有色金属、水泥、废物焚烧、钢铁、石油天然气工业、汞矿开采等重点行业大气汞排放清单，研究制定控制对策。

　　针对当前中国面临的汞污染治理问题，专家学者就中国可以采取的汞减排重点措施提出了建议，包括限制汞的供应和贸易、制定燃煤锅炉排放标准、严格执行有色金属行业的排放标准、制定发布垃圾焚烧及水泥生产的汞排放标准(相关标准见表 1.1 至表 1.4)等。

表 1.1 锅炉大气污染物排放标准(GB 13271—2014)

生产类别	污染物	现有企业	新建企业
		2015 年 10 月 1 日起	2014 年 7 月 1 日起
燃煤锅炉	汞及其化合物	0.05 mg/m³	0.05 mg/m³

表 1.2 火电厂大气污染物排放标准(GB 13223—2011)

生产类别	污染物	现有企业	新建企业
		2015 年 1 月 1 日起	2015 年 1 月 1 日起
燃煤锅炉	汞及其化合物	0.03 mg/m³	0.03 mg/m³

表 1.3 铅、锌工业污染物排放标准(GB 25466—2010)

生产类别	污染物	现有企业		新建企业
		2011 年	2012 年 1 月 1 日起	2010 年 1 月 1 日起
铅、锌冶炼	汞及其化合物	1.0 mg/m³	0.5 mg/m³	0.5 mg/m³

表 1.4 水泥工业大气污染物排放标准(GB 4915—2013)

生产类别	污染物	现有企业		新建企业
		2011 年	2012 年 1 月 1 日起	2010 年 1 月 1 日起
水泥生产	汞及其化合物	1.0 mg/m³	0.5 mg/m³	0.5 mg/m³

　　旨在全球范围内控制和减少汞排放的国际公约《关于汞的水俣公约》(以下简称《水俣公约》)在日本签署，我国也成为缔约方之一。为提高对汞污染问题的认识，从而积极探索合理化的解决措施，国际环保组织自然资源保护协会与北京地

球村环境教育中心在京举办了"《水俣公约》及中国汞污染治理"研讨会。

《水俣公约》对汞的使用和排放作出了明确的限制，并确立了减排时间表。作为公约缔约国，中国势必将面临诸多挑战。我国相关现行政策、法规体系尚不完善，涉汞标准陈旧，难以满足管理和履约需求。目前，中国已将汞列为重点管控的重金属之一，2013 年年初，环境保护部就《汞污染防治技术政策》公开向社会征求意见，提出到 2015 年，涉汞行业基本实现汞污染物的全过程监控，含汞废气、废水稳定达标排放；到 2020 年，含汞废物将得到全面控制，资源利用、能源消耗和污染排放指标达到国际先进水平。

中国的煤炭消费量占全球的 46%，工业锅炉消耗的煤炭占中国煤炭消费量的30%。中国环境与发展国际合作委员会估计，2007 年，中国约 55 万个燃煤工业锅炉排放了 213.5 t 汞，是中国最大的汞排放源，排在第二位的汞排放源是燃煤电厂。"十一五"期间我国对燃煤电厂采取严格的控制标准，到 2008 年年底，我国已有95% 的燃煤电厂安装了静电除尘装置，60% 的燃煤电厂安装了脱硫装置，在除尘、脱硫的同时也显著降低了汞的排放。2013 年 6 月，国务院颁布"大气污染防治十条措施"，要求全面整治燃煤小锅炉，大幅减少颗粒物排放。2013 年 9 月，国务院正式发布《大气污染防治行动计划》，要求全面整治燃煤小锅炉，加快推进集中供热、"煤改气"、"煤改电"工程建设。

我国在 2010 年提出了城市垃圾焚烧炉的汞排放标准草案。根据中国城市固体废物"十二五"规划，城市垃圾焚烧率 2015 年将达到 35%，在东部地区，焚烧率将达到 48%。由于垃圾总量年均增长 8%～10%，每年东部地区将产生更多的废物，垃圾焚烧炉的总量和容量将大幅增加。2012 年，中国的水泥产量占全球近 60%。北极理事会的报告估计，2010 年中国水泥行业的汞排放量在 85 t 以上，占全球几乎一半，目前我国现在正积极加强这个行业的排放标准制定。

第 2 章　工业烟气汞监测技术与设备

2.1　烟气汞分析方法

目前固定污染源烟气汞分析方法的原理均是对单质汞(Hg^0)进行测量，主要分析方法包括：冷蒸气原子吸收光谱法(cold vapor atomic absorption spectrometry，CVAAS)、冷蒸气原子荧光光谱法(cold vapor atomic fluorsecence spectrometry，CVAFS)、塞曼原子吸收光谱法(Zeeman atomic absorption spectrometry，ZAAS)、原子发射光谱法(atomic emission spectrometry，AES)和电感耦合等离子体质谱法(inductively coupled plasma-mass spectrometry，ICP-MS)。

2.1.1　冷蒸气原子吸收光谱法

原子吸收光谱法(atomic absorption spectrometry，AAS)是基于自由原子吸收光辐射的一种元素定量分析方法，即被测元素的基态原子对由光源发出的该原子的特征性窄频辐射产生共振吸收，其吸光度在一定浓度范围内与蒸气相中被测元素的基态原子浓度成正比。

AAS 是目前痕量汞分析应用最广泛的检测方法之一，尤其是冷蒸气原子吸收光谱法(CVAAS)，它极大地提高了测定的灵敏度，是目前汞分析中主要普及的方法之一。

2.1.1.1　原子吸收光谱法测量原理

1. 原子吸收光谱的产生

任何元素的原子都是由原子核和围绕原子核运动的电子组成的。这些电子按其能量的高低分层分布，而具有不同的能级，因此一个原子可具有多种能级状态。在正常状态下，原子处于最低能态(最稳定态)，称基态，处于基态的原子称为基态原子。当有辐射通过自由原子蒸气，且入射辐射的频率等于原子中的电子由基态跃迁到较高能态(第一激发态)时所需的能量频率时，原子从辐射场吸收能量，产生共振吸收，电子由基态跃迁到激发态，同时伴随着原子吸收光谱的产生。

2. 原子吸收光谱与原子结构

由于原子能级是量子化的，因此，在所有的情况下，原子对辐射的吸收都是有选择性的。由于各元素的原子结构和核外电子的排布不同，元素由基态跃迁至第一激发态时吸收的能量不同，因此各元素的共振吸收线具有不同特征。

3. 原子吸收光谱的轮廓

原子吸收光谱并不是严格几何意义上的线，而是占据着有限的频率范围，即有一定的宽度。表示吸收线轮廓(profile of absorption line)特征的参数是吸收线的中心频率或中心波长与吸收线的半宽度。中心频率或波长是指最大吸收系数所对应的频率和波长，吸收线的半宽度是指最大吸收系数一半处的谱线轮廓上两点间的频率(或波长)差，以$\Delta \nu_{1/2}$(或$\Delta \lambda_{1/2}$)表示。图 2.1 是吸收线的轮廓图。半宽度受到许多实验因素的影响。

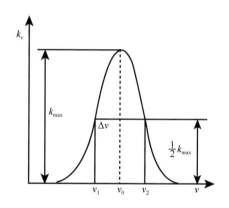

图 2.1　原子吸收线的轮廓

影响原子吸收谱线轮廓的因素主要有源自本身的性质决定谱线自然宽度和外界因素的影响引起谱线变宽，如多普勒变宽、碰撞变宽、场致变宽和自吸变宽等。

4. 原子吸收光谱的测量

1)积分吸收

在原子吸收分析中，原子蒸气中所吸收的全部能量称为积分吸收，即吸收线下包括的整个面积。在一定条件下，基态原子数 N_0 正比于吸收线下面包括的整个面积，以数学式表示为$\int K_\nu \mathrm{d}\nu$。根据经典的色散理论，积分吸收与原子蒸气中基态原子数存在的关系为

$$\int K_\nu \mathrm{d}\nu = \frac{\pi e^2}{mc} N_0 f \qquad (2.1)$$

式中，e 为电子电荷；m 为电子质量；c 为光速；N_0 为单位体积原子蒸气中吸收辐射的基态原子数，也是基态原子密度；f 为振子强度，代表每个原子中能吸收或发

射特定频率光的平均电子数，它正比于原子对特定波长辐射的吸收概率。

根据式(2.1)，积分吸收与单位体积原子蒸气中基态原子数呈线性关系。若能测定积分吸收，则可求出原子浓度，但是测定谱线宽度仅为 10^{-3} nm 的积分吸收，需要分辨率非常高的色散器。

2)峰值吸收

由于积分吸收值测量困难，通常测量峰值吸收系数代替积分吸收系数。

因为在通常的原子吸收分析条件下，若吸收的轮廓主要取决于多普勒变宽，通过式(2.2)可得峰值吸收系数，则峰值吸收系数与原子浓度成正比，只要测量出 K_0 就可以得出 N_0。

$$K_0 = \frac{2\sqrt{\pi \ln 2}}{\Delta \nu_D} \cdot \frac{e^2}{mc} N_0 f \tag{2.2}$$

3)原子吸收与原子浓度关系

实现峰值测量的条件是光源发射线的半宽应小于吸收线的半宽，并且通过原子蒸气发射线的中心频率恰好与吸收线的中心频率相重合。

原子吸收测量的基本关系式如下：

当频率为 ν、强度为 I_0 的平行辐射垂直通过均匀的原子蒸气时，原子蒸气对辐射产生吸收，符合朗伯-比尔光吸收定律，即

$$I_\nu = I_{0\nu} e^{-K_\nu L} \tag{2.3}$$

式中，$I_{0\nu}$ 为入射辐射强度；I_ν 为透过原子蒸气吸收层的辐射强度；K_ν 为吸收系数；L 为原子蒸气吸收层厚度。

当在原子吸收线中心频率附近一定频率范围 $\Delta \nu$ 内测量时，则

$$I_0 = \int_0^{\Delta \nu} I_{0\nu} d\nu \tag{2.4}$$

$$I = \int_0^{\Delta \nu} I\nu d\nu = \int_0^{\Delta \nu} I_{0\nu} e^{-K_\nu L} d\nu \tag{2.5}$$

当使用锐线光源时，$\Delta \nu$ 很小，可近似地认为吸收系数在 $\Delta \nu$ 内不随频率 ν 而改变，并以中心频率处的峰值吸收系数 K_0 来表征原子蒸气对辐射的吸收特性，则吸光度 A 为

$$A = \lg \frac{I_0}{I} = \lg \frac{\int_0^{\Delta \nu} I_{0\nu} d\nu}{\int_0^{\Delta \nu} I_{0\nu} e^{-K_\nu L} d\nu} = \lg \frac{1}{e^{-K_\nu L}} = \lg e^{K_0 L} = 0.43 K_0 L \tag{2.6}$$

在原子吸收中，谱线变宽主要受多普勒效应影响，则：将 $K_0 = \dfrac{2\sqrt{\pi \ln 2}}{\Delta \nu_D} \cdot \dfrac{e^2}{mc} N_0 f$

代入式(2.6)，得

$$A = 0.43 \times \frac{2\sqrt{\pi \ln 2}}{\Delta \nu_D} \cdot \frac{e^2}{mc} N_0 fL \tag{2.7}$$

在通常的原子吸收测定条件下，原子蒸气相中的基态原子数 N_0 近似等于总原子数 N。

在实际工作中，要求测定的并不是蒸气相中的原子浓度，而是被测试样中的某元素的含量。当在一定的实验条件下，被测元素的含量 c 与蒸气相中原子浓度 N 之间保持一稳定的比例关系时，有

$$N = ac \tag{2.8}$$

式中，a 为与实验条件有关的比例系数。

因此将式(2.8)代入式(2.7)，得到

$$A = 0.43 \times \frac{2\sqrt{\pi \ln 2}}{\Delta \nu_D} \cdot \frac{e^2}{mc} fLac \tag{2.9}$$

当实验条件一定时，各有关参数为常数，式(2.9)可以简写为

$$A = Kc \tag{2.10}$$

式中，K 为与实验条件有关的常数；c 为待测物浓度。

2.1.1.2　原子吸收光谱仪组成

原子吸收光谱仪包括光源系统、原子化系统、分光系统、检测系统、信号输出系统。其中根据原子化系统不同，原子吸收光谱又分为火焰原子吸收法和非火焰原子吸收法。

(1)火焰原子吸收法是利用火焰高温燃烧使待测元素解离为基态原子。火焰温度直接影响原子化过程，温度过高，会使火焰中产生的基态原子一部分被激发或电离，导致测定的灵敏度降低，温度过低，则解离出基态原子的效率低。

(2)非火焰原子吸收法主要是高温石墨炉原子法。

(3)此外还有些特殊的原子化技术，如氢化物发生法、冷原子蒸气原子化法(仅用于汞的测定)等。

2.1.1.3　冷原子吸收法测定汞原理

汞原子蒸气对 253.7 nm 的紫外光有选择性吸收作用，即在一定检测范围内，吸光度与汞浓度成正比。因此可通过测量蒸气中基态原子在汞特征电磁辐射 253.7 nm 波长处的吸收确定汞的含量。样品经过消解后，将各种价态的汞转变成

氧化态 Hg^{2+}，然后利用氯化亚锡将 Hg^{2+}还原成 Hg^0，用载气将产生的汞蒸气带入仪器的吸收池测定吸光度。吸光度的值与汞蒸气的浓度呈正比。图 2.2 为冷原子吸收法测定汞的工作原理示意图。

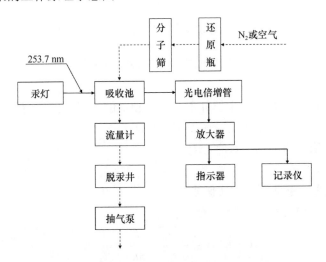

图 2.2　冷原子吸收法测定汞的原理示意图

2.1.2　冷蒸气原子荧光光谱法

2.1.2.1　原子荧光光谱分析原理

利用原子荧光谱线的波长和强度进行物质的定量分析。原子蒸气吸收特征波长的辐射之后，原子激发到高能级，激发态原子接着以辐射方式去活化，由高能级跃迁到较低能级的过程中所发射的特征光谱称为原子荧光。

原子荧光光谱法的基本原理是基态原子(一般为蒸气状态)吸收合适的特定频率的辐射而被激发至高能态，而后激发过程中以光辐射的形式发射出特征波长的荧光，通过测量待测元素的原子蒸气在辐射能激发下产生的荧光发射强度，来确定待测元素含量。

2.1.2.2　原子荧光分类

原子荧光可分为共振荧光、非共振荧光和敏化荧光三类。

1. 共振荧光

原子吸收辐射受激发后再发射相同波长的辐射，产生共振原子荧光。若原子经热激发处于亚稳态，再吸收辐射进一步激发，然后发射形同波长的共振荧光，此种共振原子荧光称为热助共振原子荧光。

2. 非共振荧光

当激发原子的辐射波长与受激发原子发射的荧光波长不同时，产生非共振荧光。非共振荧光包括直跃线荧光、阶跃线荧光和反斯托克斯(anti-Stokes)荧光。

1)直跃线荧光

激发态原子跃迁回高于基态的亚稳态时所发射的荧光称为直跃线荧光。

2)阶跃线荧光

正常阶跃荧光被光照激发的原子，以非辐射形式去激发返回到较低能级，再以发射形式返回基态而发射的荧光。

3)反斯托克斯(anti-Stokes)荧光

当自由原子跃迁至某一能级，其获得的能量一部分是由光源激发能供给，另一部分是热能供给，然后返回低能级所发射的荧光为反斯托克斯荧光。其荧光能大于激发能，荧光波长小于激发线波长。

3. 敏化荧光

高能粒子(原子或分子，统称为给予体)通过碰撞将其激发能转移给另一个原子(受体)使其激发，后者再以辐射方式去活化而发射荧光，此种荧光称为敏化荧光。火焰原子化器中的高能粒子(给予体)浓度很低，主要以非辐射方式去活化，碰撞激发去活化的概率很低，因此观察不到敏化荧光。

2.1.2.3　原子荧光分析的定量关系

对共振荧光，所发射的荧光与吸光度强度成正比，其关系式为

$$I_F = \phi I_A \tag{2.11}$$

式中，I_F 为荧光强度；ϕ 为荧光过程的量子效率；I_A 为吸收光强度。

根据朗伯-比尔光吸收定律，基态原子对光的吸收强度为

$$I_F = \phi A I_0 (1 - e^{-\varepsilon LN}) \tag{2.12}$$

式中，I_0 为入射光强；ε 为吸收系数；L 为吸收光程；N 为单位长度内的基态原子数；A 为受光源照射的检测器系统中观察到的有效面积。

将式(2.12)中的指数项按泰勒级数展开，ε 很小，忽略高次项，式(2.12)简化为

$$I_F = \phi A I_0 \varepsilon LN \tag{2.13}$$

在一定实验条件下，待测元素的浓度 c 与原子蒸气中基态原子数 N 成正比，即

$$N = ac \tag{2.14}$$

将式(2.14)代入式(2.13)中，得到

$$I_{\mathrm{F}} = \phi A I_0 \varepsilon L a c \qquad\qquad (2.15)$$

从式(2.15)中可知，实验条件一定时，ϕ、A、I_0、ε、L、a 均可视为常数，则原子荧光强度与试样中待测元素的浓度成正比。式(2.15)为原子荧光光谱法定量分析的基本关系式。

2.1.2.4　冷原子荧光原理

冷原子荧光分析方法是原子荧光分析中最常见的一种分析技术，主要是用于汞的测定(图 2.3)。它将蒸气发生进样技术和原子荧光光谱测定相结合。蒸气发生是在常温下进行，将待测样品溶液中的含汞化合物用强还原剂转化成气体形式——单质气态汞原子，无需高温，能在瞬间原子化。接受由低压汞灯发出波长为253.7 nm 的激发光照射，基态汞原子被激发到高能态，当返回到基态时辐射出共振荧光，由光电倍增管测量产生荧光强度。由于只有汞原子会发荧光，因而荧光增加了方法对汞的选择性。

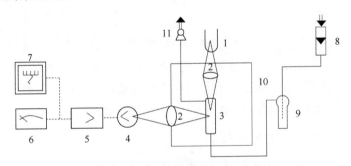

图 2.3　冷原子荧光测汞工作原理图
1. 低压汞灯；2. 石英聚光镜；3. 吸收-激发池；4. 光电倍增管；5. 放大器；6. 指示表；
7. 记录仪；8. 流量计；9. 还原瓶；10. 荧光池；11. 抽气瓶

受激发的汞原子除了自发地返回基态而辐射荧光外，也会与背景粒子碰撞而把能量转变为粒子的热运动，因而产生了无荧光辐射的跃迁，降低了荧光强度，这就是原子荧光猝灭现象。由于受激发汞原子与氩气碰撞的失活概率比空气中的氮气、氧气、二氧化碳等小得多，引起的荧光猝灭小得多，因此采用氩气作为气源比用氮气时仪器灵敏度要高得多。同样地，仪器在测量过程中要求避免空气侵入激发区，以减小由此而引起的荧光猝灭现象，提高仪器的稳定性。

2.1.3　塞曼原子吸收光谱法

2.1.3.1　塞曼效应原理及模式

塞曼效应是 1896 年荷兰物理学家塞曼（P. Zeeman）发现的，是指在磁场作用下，原子发射线或吸收线发生分裂和偏振化，其实质是原子内部能级发生裂解。从不同的方向观察塞曼效应是不同的，对于正常塞曼效应，垂直于磁场方向观察到 3 条具有线偏正的谱线，谱线的波数分别为 $\upsilon+\Delta\upsilon$、υ、$\upsilon-\Delta\upsilon$，其中 $\Delta\upsilon$ 称为塞曼分裂的裂矩，$\Delta\upsilon$ 与磁场的磁感应强度成正比。位于中间波数未变化的谱线，其电向量的偏振方向平行于磁场方向，称为 π 成分。其他两条谱线的波数变化分别为 $+\Delta\upsilon$ 及 $-\Delta\upsilon$，其电向量的振动方向垂直于磁场方向，称为 $\sigma^{\pm}$ 成分。垂直于磁场方向所观察到的现象称为横向塞曼效应。平行于磁场方向观察到的波数分别为 $\upsilon+\Delta\upsilon$ 和 $\upsilon-\Delta\upsilon$ 的两条圆偏振光，前者沿顺时针方向偏振，后者沿逆时针方向偏振。平行于磁场方向所观察到的现象称为纵向塞曼效应。

塞曼效应应用于原子吸收光谱仪，磁场可以有不同的调制与排列方式。利用塞曼效应校正背景从原理上可分为光源调制法与吸收线调制法两类，每一类又可细分为四种不同的模式，共有 8 种不同的调制模式，见表 2.1。

表 2.1　塞曼效应背景校正的调制模式

调制方法	光束方向平行于磁场	光束方向垂直于磁场
光源调制法	（Ⅰ）$\sigma^{\pm}$ 旋转检偏器调制模式	（Ⅲ）π、$\sigma^{\pm}$ 偏振交替调制模式
	（Ⅱ）无偏振和 $\sigma^{\pm}$ 偏振交替调制模式	（Ⅳ）无偏振和 π、$\sigma^{\pm}$ 偏振交替调制模式
吸收线调制法	（Ⅰ）$\sigma^{\pm}$ 旋转检偏器调制模式	（Ⅲ）π、$\sigma^{\pm}$ 偏振交替调制模式
	（Ⅱ）无偏振和 $\sigma^{\pm}$ 偏振交替调制模式	（Ⅳ）无偏振和 π、$\sigma^{\pm}$ 偏振交替调制模式

注：光源调制法又称直接塞曼调制法；吸收线调制法又称反塞曼调制法

2.1.3.2　塞曼效应背景校正方法

1. 无偏振和 π、$\sigma^{\pm}$ 偏振交替调制法

这种校正背景的方法是在原子化器上加一交变磁场，光源发射光束方向平行于磁场，观测的是纵向塞曼效应信号，检测不到 π 组分。当不通电时，与通常的原子吸收光谱分析一样，光源发射线既为分析原子吸收，又为背景吸收，测定的吸光度是两者的吸光度之和 A_1，其计算式为

$$A_1 = \lg\frac{I_0}{I} = 0.43[k(a)+k(b)] \tag{2.16}$$

式中，I_0 和 I 分别为入射光与透射光强度；$k(a)$ 与 $k(b)$ 分别为分析原子与背景的吸收系数。

当通电施加磁场后，共振吸收线分裂为 $\sigma^{\pm}$ 组分，共振发射线位于 σ^- 和 σ^+ 组分波长的中间，不为分析原子所吸收，入射光 σ^+ 和 σ^- 组分仅为背景吸收，测得吸光度 A_2，其计算式为

$$A_2 = \lg \frac{I_0}{I'} = 0.43[k_{\sigma^+}(a) + k_{\sigma^-}(a) + k(b)] \qquad (2.17)$$

式中，I' 为透射光的强度；$k_{\sigma^+}(a)$ 和 $k_{\sigma^-}(a)$ 分别为 σ^+ 和 σ^- 组分的吸收系数。

因为背景吸收与磁场强度无关，施加磁场前后是一样的，所以得到

$$\Delta A = (A_1 - A_2) = 0.43[k_{\sigma^+}(a) + k_{\sigma^-}(a) + k(b)] \qquad (2.18)$$

当磁场强度足够大，σ^+ 和 σ^- 组分分开的距离足够宽时，共振吸收线 σ^+ 和 σ^- 组分不对共振发射线产生吸收，$k_{\sigma^+}(a)$ 和 $k_{\sigma^-}(a)$ 将为零。式(2.18)是校正背景吸收之后原子的净吸光度。

2. π、$\sigma^\pm$ 偏振交替调制法

此种背景校正法又称旋转检偏器调制 π 线法，是在原子化器上施加一永久磁场，光源发射光束方向垂直于磁场方向，检测的是横向塞曼效应信号。在磁场作用下，共振吸收线分裂为 π 与 $\sigma^\pm$ 组分，用旋转检偏器将 π 和 $\sigma^\pm$ 两组相互垂直的偏振发射线通过组分分开，π 组分平行于磁场方向，$\sigma^\pm$ 组分垂直于磁场方向。光源的共振发射线通过旋转检偏器变为偏振光，频率和传播方向未变，某一时刻平行于磁场方向的偏振组分通过原子化器，与共振吸收线的 π 组分方向一致，π 组分与背景对其产生吸收，测定分析原子与背景吸收的总吸光度 A_1。紧接着在另一时刻垂直于磁场方向的偏振组分通过原子化器，与共振吸收线的 π 组分波长相同，因此光的吸收是矢量关系，偏振方向不同的 π 组分对其不产生吸收，而背景吸收与发射偏振化方向无关，仍对其产生吸收，测得背景吸收的吸光度 A_2。A_1 和 A_2 分别为

$$A_1 = \lg \frac{I_{0//}}{I_{//}} = 0.43[k_\pi(a) + k_\pi(b)] \qquad (2.19)$$

$$A_2 = \lg \frac{I_{0\perp}}{I_\perp} = 0.43k_\sigma(b) \qquad (2.20)$$

式中，$I_{0//}$ 和 $I_{0\perp}$ 分别表示通过检偏器的平行和垂直于磁场方向的发射线偏振组分的强度；$I_{//}$ $I_\perp$ 分别为通过原子化器后的强度；$k_\pi(a)$ 为分析线的 π 组分对平行于磁场方向的发射线偏振组分的吸收系数；$k_\sigma(b)$ 为分析线的 π 组分对背景的吸收系数；$k_\pi(b)$ 为分析线的 π 组分对垂直于磁场方向的发射线偏振组分的吸收系数。

因为和 $I_{0//}$ 和 $I_{0\perp}$ 是由同一光源发射的同一波长的光，只有偏振方向不同，所以 $I_{0//} = I_{0\perp}$，$k_\pi(a) = k_\pi(b)$。两次测得的吸光度相减，便得到校正背景吸收之后的

分析原子的净吸光度值，即

$$\Delta A=(A_1-A_2)=0.43k_\pi(a) \tag{2.21}$$

2.1.3.3 塞曼冷原子吸收技术

塞曼冷原子吸收技术：光源(汞灯)放置在恒磁体 H 内，汞的共振线 $\lambda=253.7$ nm 分裂为三个极化的塞曼组分(π，σ^+，σ^-)。当光线沿磁场方向传播时，只有 σ 组分到达检测器。其中只有 σ^- 落入汞的吸收线轮廓内，σ^+ 落在吸收轮廓外。当样品池中不存在汞蒸气时，到达检测器的 σ 组分光强度相等。当样品池中存在汞蒸气时，σ 组分光强度的差值随汞蒸气浓度的增加而增加。Σ 组分被偏振调制器分离。σ 组分的光谱位移显著小于分子吸收带和光谱散射的宽度，背景吸收在 σ 组分上的吸收是等量的，分析仪读取 σ 组分的差值，直接扣除背景干扰。

2.1.4 原子发射光谱法

2.1.4.1 原子发射光谱的原理

在正常情况下，组成物质的原子是处于稳定状态的，这种状态称为基态，它的能量是最低的。在电致激发、热致激发或光致激发光源作用下，原子获得能量，外层电子从基态跃迁到较高能态变为激发态，当原子从基态跃迁到激发态时所需的能量称为激发电位(以 eV 为单位)。处于激发态的原子很不稳定，约经 10^{-8}s，外层电子从较高能级回到较低能级或基态，多余的能量的发射可得到一条光谱线。原子的外层电子由高能级向低能级跃迁，能量以电磁波辐射的形式发射出来，产生发射光谱。原子发射光谱是现状光谱。发射光谱的能量计算式为

$$\Delta E = E_2 - E_1 = h\nu = hc/\lambda \tag{2.22}$$

式中，E_2 为高能级的能量；E_1 为低能级的能量；h 为普朗克常量；c 为光速；ν 为发射光的频率；λ 为发射光的波长。

2.1.4.2 原子发射光谱分析过程

原子发射光谱分析过程包括三个主要的过程，具体内容如下：

(1)由光源提供能量使样品蒸发、解离，形成气态原子，并使气态原子的外层电子激发至高能态，处于高能态的原子自发地跃迁回到低能态时，以辐射的形式释放多余的能量。

(2)将光源发出的复合光经单色器分解成按波长顺序排列的谱线，形成光谱。

(3)用检测器检测光谱中谱线的波长和强度，并据此解析出元素定性和定量的结论。

2.1.4.3　原子发射光谱法的类型

原子发射光谱法根据激发机理不同，分为三种类型，具体内容如下：

(1)原子的核外电子在受热能和电能激发而发射的光谱，通常所称的原子发射光谱法是指以电弧、电火花和电火焰(如 ICP 等)为激发光源来得到原子光谱的分析方法。以化学火焰为激发光源来得到原子发射光谱的，称为火焰光度法。

(2)原子核外电子受到光能激发而发射的光谱，称为原子荧光。

(3)原子受到 X 射线光子或其他微观粒子激发使内层电子电离而出现空穴，较外层的电子跃迁到空穴，同时产生次级 X 射线(见 X 射线荧光光谱)。

常用的光谱定性分析方法有铁光谱比较法和标准试样光谱比较法。原子发射光谱的谱线强度 I 与试样中被测组分的浓度 c 成正比。据此可以进行光谱定量分析。光谱定量分析所依据的基本关系式是：

$$I = acb$$

式中，b 为自吸收系数；a 为比例系数。

为了补偿因实验条件波动而引起的谱线强度变化，通常用分析线和内标线强度对比元素含量的关系来进行光谱定量分析，称为内标法。常用的定量分析方法是标准曲线法和标准加入法。

2.1.4.4　原子发射光谱仪组成

原子发射光谱仪主要由激发光源和光谱仪组成。激发光源有火焰、电弧、火花、电感等离子体。光谱仪由入射狭缝、准直镜、色散原件、暗箱物镜和光辐射接收系统等组成。

原子发射光谱法测定汞是基于等离子体引起汞原子发射 253.7 nm 特征波长进行测定，可以测定任何形态的汞。由于各成分被检测器之前的等离子体激发源分离成元素形态，因而受其他气体成分干扰较少。原子发射光谱法还能够测量多种重金属元素。

2.1.5　电感耦合等离子体质谱法

2.1.5.1　电感耦合等离子体质谱法原理

电感耦合等离子体质谱法(ICP-MS)是以电感耦合等离子体为离子源，以质谱仪进行检测的无机多元素分析技术。被测元素通常以水溶液的气溶胶形式引入氩气流中，然后进入由射频能量激发的处于大气压下的氩等离子体中心区，等离子体的高温是样品去溶剂化、气化解离和电离。部分等离子体经不同的压力区进入真空系统，在真空系统内，正离子被拉出按照其质荷比分离。检测器将离子转换成电子脉冲,然后由积分测量线路计数。电子脉冲的大小与样品中分析离子的浓度有关。通过与已知的标准或参考物质比较,实现未知样品的痕量元素定量分析。自然界出现的每种元素都有一种或几种同位素,每个特定同位素离子给出的信号与该元素在样品中的浓度成线性关系。

2.1.5.2　电感耦合等离子体质谱仪组成

电感耦合等离子体质谱仪由以下几个部分组成:样品引入系统、离子源、接口部分、离子聚焦系统、质量分析器和检测系统。

1. 样品引入系统

样品引入系统即进样系统,是 ICP-MS 的重要组成部分,它对分析性能的影响很大。ICP 要求所有样品以气体、蒸气和细雾滴的气溶胶或固体小颗粒的形式引入中心通道气流中。样品导入的方式很多,但主要分为三大类型:

(1)溶液气溶胶进样系统(比如气动雾化或超声雾化法);

(2)气化进样系统(比如氢化物发生法、电热气化、激光剥蚀以及气相色谱等);

(3)固态粉末进样系统(比如粉末或固体直接插入或吹入等离子体)。

但不论采用哪种样品引入方法,最终的目的是在质谱仪入口处形成离子,即通过上述的样品引入过程,将载流中分散得很细的固体颗粒蒸发、原子化和电离。不过,在这三类样品引入方式中,目前最常用最基本的还是溶液气动雾化进样系统。

2. 离子源

ICP-MS 对离子源的要求:①易于点火;②功率稳定性高;③发生器的耦合效率高;④对来自样品基体成分或不同挥发性溶剂引起的阻抗变化的匹配补偿能力强。

用于光源的等离子体有直流等离子体(DCP)、微波诱导等离子体(MIP)、电感耦合等离子体(ICP)。ICP 具有以下的特点,特别适合作为质谱法的离子源:

(1)由于样品在常压下引入,因此样品的更换很方便,也易于与各种类型的样品引入装置连接。

(2)引入样品中的大多数元素都能非常有效地转化为单电荷离子,少数几个具有高的第一电离电位的元素例外,如氟和氮。

(3)只有那些具有最低二次电离电位的元素,如钡,才能观测到双电荷离子。

(4)在所采用的气体温度条件下,样品的解离非常完全,几乎不存在任何分子碎片。

(5)痕量浓度就能产生很多的离子，潜在的灵敏度很高。

3. 接口部分

接口是整个 ICP-MS 系统最关键的部分，其功能是将等离子体中的离子有效传输到质谱仪。ICP-MS 对离子采集接口的要求是：①最大限度地让所生成的离子通过；②保持样品离子的完整性，即其电学性质基本不变；③氧化物和二次离子产率尽可能低；④等离子体的二次放电尽可能小；⑤不易堵塞；⑥产生热量尽可能少；⑦易于拆卸和维护。

ICP-MS 的接口是由一个冷却的采样锥(大约 1 mm 孔径)和截取锥(大约 0.4～0.8 mm 孔径)组成的。采样锥的作用是把来自等离子体中心通道的载气流，即离子流大部分吸入锥孔，进入第一级真空室。截取锥的作用是选择来自采样锥孔的膨胀射流的中心部分，并让其通过截取锥进入下一级真空。

4. 离子聚焦系统

离子离开截取锥后，需要由离子聚焦系统传输至质量分析器。此处的离子聚焦系统与原子发射或吸收光谱中的光学透镜一样起聚焦作用，但聚焦的是离子，而不是光子。离子聚焦系统位于截取锥和质谱分离装置之间。它有两个作用：一是聚集并引导待分析离子从接口区域到达质谱分离系统；二是阻止中性粒子和光子通过。离子聚焦系统对整个 ICP 质谱仪的设计是关键一环。它决定离子进入质量分析器的数量和仪器的背景噪声水平。

5. 质量分析器

通过离子聚焦系统的离子束进入四极杆质量分析器。质量分析器置于离子光学系统和检测器之间，用涡流分子泵保持真空度为 10^{-6}Torr[①]左右。质量分析器的作用是将离子按照其质荷比(m/z)分离。四极杆 ICP-MS 仪器应用最早，已经是一种非常成熟的常规痕量分析仪器。目前，绝大多数 ICP 质谱仪是四极杆系统。

6. 检测系统

四极杆系统将离子按质荷比分离后最终引入检测器，检测器将离子转换成电子脉冲，然后由积分线路计数。电子脉冲的大小与样品中分析离子的浓度有关。通过与已知浓度的标准比较，实现未知样品的痕量元素的定量分析。

---

① 1 Torr=1.333 22×10^2 Pa

2.2　烟气汞监测方法与设备

固定污染源工业烟气中汞的监测是利用采样系统抽取一定量的具有代表性的烟气样品，对其进行定量分析，确定烟气中汞的浓度。由于烟气中汞的浓度很低，为 $\mu g/m^3$ 级，所以要求测试方法具有很高的灵敏度。同时烟气中的汞以不同形态存在，还需对其进行分形态汞监测。另外烟气中的飞灰、SO_2 等酸性气体对监测系统均有影响，故要求监测方法具有较强的抗干扰性。

目前对气态汞的监测和分析方法比较成熟，气态汞的监测主要有湿化学法和固体吸附法。湿化学法是采用含有强氧化剂的吸收液(如 H_2O_2、$KMnO_4$-H_2SO_4 等)吸收烟气中的气态汞，并将所有的气态汞氧化成 Hg^{2+}，然后利用 $SnCl_2$ 将其还原为 Hg^0 蒸气，最后用冷原子荧光或冷原子吸收光谱法测定 Hg^0 的浓度。固体吸附法是利用固体吸附剂(如活性炭、金汞齐等)吸附烟气中的气态汞，然后利用物理或化学法使汞释放出来，再进行分析。目前最常用的是在高温下将吸附汞的吸附剂进行热解析，捕集的气态汞以 Hg^0 蒸气的形式进入到冷原子吸收或冷原子荧光光谱法检测池中进行测定。

对颗粒态汞的监测和分析方法主要有传统方法和扩散管法。传统方法是使用滤膜、液体吸收瓶和石英棉等方法收集烟气总的颗粒物。滤膜法是目前应用最广泛的颗粒态汞采集方法，通过滤膜将颗粒物与气相分开，常用的滤膜中特氟龙滤膜与纤维滤膜性能优越、杂质少，滤膜使用前一般采用酸洗或高温处理进行净化。滤膜采样完成后，用湿法消解或高温热解法进行分析。扩散管法是根据气态汞和颗粒态汞在镀金或镀银的扩散管中向扩散管内壁的沉降速率不同而将这两种形态汞分离开。气态汞被扩散管吸收，通过扩散管的颗粒态汞则被位于后面的滤膜捕集，或在扩散管后加上一个热解装置(900℃)将通过扩散管的颗粒态汞全部转化为气态汞，然后再利用扩散管或金管捕集。

2.2.1　湿化学法

湿化学法是目前最常用和最准确的烟气汞监测方法，主要包括美国 EPA 标准方法 29、方法 101、方法 101A、OH(Ontario Hydro)法、TB(Tris Buffer)法，欧盟的 EN 13211：2001 法，日本的 JIS K 0222—1997 法等，其中 EPA 标准方法 29、101、101A 和 OH 法为国际标准方法。最为常用的是 OH 法和 EPA 方法 29。

2.2.1.1　固定源烟气中各形态汞和总汞的测定(Ontario Hydro Method)

1. 概述

该方法可以测定工业烟气中单质汞(Hg^0)、二价汞(Hg^{2+})、颗粒态汞(Hg^p)及总汞(Hg^T)浓度，测定浓度范围为 0.5～100 μg/Nm^3。

等速采样条件下，烟气通过探头进入过滤器系统，将颗粒态汞吸附在过滤器上，过滤系统的温度保持在 120℃以上或高于烟气温度，以确保烟气在管路中不被冷凝。烟气随后依次通过浸泡于冰水浴中的一系列冲击瓶，烟气中的二价汞被收集在含氯化钾溶液的冲击瓶中，Hg^0 被收集在随后含酸化过氧化氢溶液的冲击瓶和含高锰酸钾溶液的冲击瓶中。

采样后，样品被回收，运用冷蒸气原子吸收光谱法(CVAAS)进行分析。

2. 试剂和材料

(1)所有试剂均使用分析纯以上级别，除非另有规定。

(2)符合实验用水Ⅱ级要求。

(3)采样试剂：

A. 氯化钾(KCl)吸收溶液(1 mol/L)

称取 74.56 g 氯化钾于装有 500 mL 水的烧杯中，溶解后转入 1000 mL 容量瓶内，定容混匀。溶液需临用前现配。

B. 硝酸-过氧化氢(HNO_3-H_2O_2)吸收溶液[5%(v/v)[①]HNO_3，10%(v/v)H_2O_2]

将 50 mL 的浓硝酸缓慢地加入装有约 500 mL 水的 1000 mL 容量瓶中，然后小心地加入 33 mL 的 30%(v/v)过氧化氢，定容至刻度，混匀。溶液需临用前现配。

C. 硫酸-高锰酸钾(H_2SO_4-$KMnO_4$)吸收溶液[4%(w/v)[①]$KMnO_4$，10%(v/v)H_2SO_4]

将 100 mL 浓硫酸缓慢加入到约 800 mL 水中，小心混合。然后加水定容至 1000 mL，该溶液即为 10%(v/v)的 H_2SO_4 溶液。溶解 40 g 高锰酸钾到 10%(v/v)的 H_2SO_4 溶液中，制备成 1000 mL 硫酸-高锰酸钾溶液。为了防止高锰酸溶液的自催化分解，用滤纸过滤一遍。溶液需临用前现配。

D. 5%(w/v)高锰酸钾溶液

称取 5 g 高锰酸钾溶于水中，稀释至 100 mL，混匀。

E. 5%(w/v)重铬酸钾溶液

称取 5 g 重铬酸钾溶于水中，稀释至 100 mL，混匀。

(4)采样组件的清洗试剂：

A. 0.1 mol/L 硝酸溶液

可直接购买 0.1 mol/L HNO_3 溶液或自配。取 12.5 mL 的浓硝酸加入到盛有约 500 mL 水的 2000 mL 容量瓶中，加水定容至刻度。

B. 10%(w/v)硝酸溶液

取 100 mL 浓硝酸加入到约 800 mL 的水中，加水定容至 1000 mL。

---

① 本书中 v/v 和 w/v 分别表示体积比和质量浓度，特此说明

C. 1%(w/v)羟胺溶液

称取 10 g 盐酸羟胺溶于约 500 mL 水的烧杯中，转移至 1000 mL 容量瓶中，定容至刻度，混匀。

(5)分析试剂氯化亚锡碱性溶液：

称取 10 g 氢氧化钠溶于 50 mL 水中。称取 6 g 氯化亚锡溶于 5~10 mL 水中。将氯化亚锡悬浊液加入到氢氧化钠溶液中，同时不断搅拌。用 5~10 mL 水冲洗烧杯，保证所有的氯化亚锡都转移到碱性溶液中。再加入 10 g 氢氧化钠，搅拌均匀。完全冷却后，定容至 100 mL 聚四氟材质的容量瓶中。

(6)汞标准溶液：

A. 4%(w/w)[①]重铬酸钾溶液

称取 4 g 重铬酸钾于 100 mL 棕色容量瓶中，加入 96 mL 水，溶解，密封保存。

B. 5%(v/v)硝酸稀释液

将 50 mL 浓硝酸加入到约 400 mL 水中，冷却后转移至 1000 mL 棕色容量瓶内，加入 5 mL 4%(w/v)重铬酸钾溶液，定容至刻度。

3. 现场采样

1)现场采样位置的确定

根据采集烟气参数，确定采样点位置，选取合适的采样探头。采样体积在 1~2.5 Nm^3，采样时间在 1 h 以上。

2)采样前准备

(1)采样系统见图 2.4。

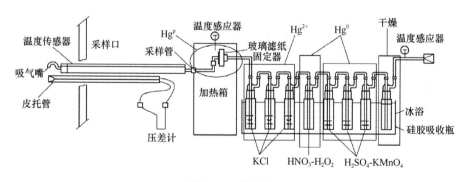

图 2.4　采样系统

(2)于 1~3 号冲击瓶中加入 100 mL 氯化钾溶液；于 4 号冲击瓶中加入 100 mL 硝酸-过氧化氢溶液；于 5~7 号冲击瓶中加入 100 mL 硫酸-高锰酸钾溶液；于 8

---

① 本书用 w/w 表示质量比，特此说明

号冲击瓶中加入 200～300 g 硅胶。

(3)称量各冲击瓶的质量,并准确记录。

(4)用镊子将已恒重过的过滤器放入到过滤器支架上。

3)采样

(1)初步确定烟气参数,选取采样装置,确定采样点数目、压力、烟气温度、湿度和流速范围等。

(2)根据流速选取合适的采样嘴、压差计,确保等速采样。根据烟道直径和烟道外空间大小选择合适的采样探头。

(3)安装系统,检漏。合格后将冰块放置在冲击瓶周围。

(4)启动采样泵,保持等速采样,记录数据,每 5 min 记录一次,定期检查压力计的水平位和零位。

(5)采样时间为 2～3 h,保证采样体积在 1.0～2.5 Nm³,每个采样点至少采样 5 min。

(6)采样结束,将探头拔出,关闭粗调阀门,关闭采样泵。取下探头和采样嘴,记录流量数据。检查冲击瓶中有无倒吸,若倒吸,需重新安装系统采样。

4. 样品回收

(1)容器 1(样品过滤器回收)的操作:

小心将样品过滤器从支架上取下,将过滤器和颗粒物置于贴有标签的培养皿中密封。

(2)容器 2 的操作:

对样品过滤器之前部件上的颗粒物和任何冷凝物进行定量回收。使用非金属刷清除颗粒物,用 0.1 mol/L 的硝酸冲洗前半部件,将冲洗液放入容器 2 中。

(3)容器 3(1～3 号冲击瓶溶液回收)的操作:

i)擦干 1～3 号冲击瓶外壁上的水,称重,记录数据(精确至 0.5 g)。

ii)向冲击瓶中缓慢加入 5%(w/v)高锰酸钾溶液,直到出现浅紫色,放置 15 min,检查紫色是否存在。

iii)将氯化钾吸收液转移至 1000 mL 烧杯内,并依次用 0.1 mol/L 硝酸、1%盐酸羟胺和 10%硝酸冲洗冲击瓶和玻璃连接部件,冲洗液倒入烧杯内。若烧杯内溶液紫色消失,加入少量 5%(w/v)高锰酸钾溶液,直至出现淡紫色,15 min 后紫色依然存在转移至 500 mL 棕色容量瓶内,加入 3 mL 5%(w/v)重铬酸钾溶液,定容至刻度,混匀。

(4)容器 4(4 号冲击瓶溶液回收)的操作:

i)擦干 4 号冲击瓶外壁上的水,称重,记录数据(精确至 0.5 g)。

ii)将 4 号冲击瓶内溶液倒入 4 号 250 mL 棕色容量瓶中，用 0.1 mol/L 硝酸冲洗 4 号冲击瓶及玻璃连接部件，冲洗两遍，并将冲洗液倒入容器 4 中。

(5)容器 5(5～7 号冲击瓶溶液回收)的操作：

i)擦干 5～7 号冲击瓶外壁上的水，称重，记录数据(精确至 0.5 g)。

ii)将 5～7 号三个冲击瓶内的吸收液倒入容器 5 内，分别用 0.1 mol/L 硝酸、1%盐酸羟胺和 0.1 mol/L 硝酸清洗冲击瓶和玻璃连接部件，冲洗两遍，并将冲洗液倒入烧杯内。

iii)若溶液变澄清，加入少量 5%(w/v)溶液，直至出现浅紫色，加入 3 mL 5%(w/v)重铬酸钾溶液，混匀。

(6)容器 6(吸收瓶 8，硅胶吸收瓶)的操作：

i)擦干 8 号冲击瓶外壁上的水，称重，记录数据(精确至 0.5 g)。

ii)留意变色硅胶的颜色，以确定其是否已完全消耗，并做一个其状态的记号。如果已消耗，这些硅胶必须被再生或换掉。

(7)空白溶液(容器 7～11)：

在每一次配置新试剂时需准备空白溶液。

i)容器 7(0.1 mol/L HNO_3 空白溶液)。将 50 mL 0.1 mol/L HNO_3 溶液放入贴有标签的容器中，并密封。

ii)容器 8(1 mol/L KCl 空白溶液)。将 50 mL 1 mol/L KCl 溶液放入贴有标签的容器中，并密封。

iii)容器 9[5%(v/v)HNO_3-10 %(v/v)H_2O_2 空白溶液]。将 50 mL HNO_3-H_2O_2 溶液放入贴有标签的容器中，并密封。

iv)容器 10(H_2SO_4-$KMnO_4$ 空白溶液)。将 50 mL H_2SO_4-$KMnO_4$ 溶液，如同在样品恢复过程中使用的吸收瓶溶液，放入贴有标签的容器中，该溶液用于样品回收过程中。

v)容器 11[10%(w/v)羟胺溶液]。将 100 mL 羟胺溶液放入贴有标签的样品容器中，并密封。

(8)容器 12(空白样品过滤器)：

在每一次现场采样过程中，从同一盒中取出三个未使用的过滤器放入贴有标签的培养皿中，并密封。

(9)所有样品回收之后，必须在 45 天内分析。

(10)冲洗所有的冲击瓶和连接器，或用 10%(v/v)硝酸溶液冲洗 3 次后接着用水冲洗 1 次，便于下一次使用。

5. 样品消解与分析

1)样品消解

A. 颗粒物的消解(容器 1 和容器 2)

(1)微波消解:称量 0.5 g 样品,精确至 0.0001 g,置于装有 3 mL 浓氢氟酸、3 mL 浓硝酸和 3 mL 浓盐酸的 PTFE 微波消解罐中,密封并置于微波炉中。缓慢加热,压力上升至 347 kPa,保持 5 min,接着再加热至 550 kPa,保持 20 min。冷却至室温后打开消解罐,加入 15 mL 4%(w/v)硼酸溶液,密封消解罐,再次放入微波炉内。缓慢加热至 347 kPa,保持 10 min,使消解罐再次冷却至室温。打开消解罐,将消解液转移至 50 mL PMP 或聚丙烯的容量瓶中,用水稀释至刻度。

(2)传统消解:称量 0.5 g 样品,精确至 0.0001 g,置于装有 3 mL 浓氢氟酸和 5 mL 王水的 PTFE 微波消解罐中,密封后放到烘箱或 90℃的水浴中加热至少 8 h。冷却至室温后打开消解罐,加入 3.5 g 硼酸和 40 mL 水,密封再次加热 1 h。再次冷却至室温时打开消解罐,将消解液转移至 100 mL 的 PMP、PP 或玻璃容量瓶中,加水稀释至刻度。(注意:向酸中加水要格外小心。)

B. 氯化钾吸收液的消解(容器 3 和容器 8)

移取 10 mL 样品于带螺帽的消解管中,加入 0.5 mL 浓硫酸、0.25 mL 浓硝酸和 1.5 mL 5%(w/v)高锰酸钾溶液,混匀后放置 15 min。再向消解管中加入 0.75 mL 5%(w/v)高锰酸钾溶液,密封消解管后置于加热器或水浴中,加热至 95℃,不能超过 95℃。加热 2 h 后冷却至室温(消解过程中要始终保持紫色,溶液变清后加高锰酸钾溶液)。分析前加入 1 mL10%(w/v)盐酸羟胺溶液,使溶液保持清澈。记录消解过程中所有增加溶液的体积和稀释系数。

C. 硝酸-过氧化氢吸收液消解(容器 4 和容器 9)

通常该溶液中含汞量较少,故不能将其稀释。

移取 10 mL 样品于带螺帽的消解管中,加入 0.25 mL 浓盐酸和 0.25 mL 浓硫酸,并将其置于冰水浴中冷却 15 min。每隔 15 min 向消解管中加入 0.25 mL 饱和高锰酸钾溶液,使过氧化氢完全消解。直至溶液保持紫色,记录加入的高锰酸钾溶液的体积。然后加入 0.75 mL 5%过硫酸钾溶液,密封后置于加热器或水浴中,加热至 95℃,不能超过 95℃。加热 2 h 后冷却至室温(消解过程中要始终保持紫色,溶液变清后加高锰酸钾溶液)。分析前加入 1 mL 10%(w/v)盐酸羟胺溶液,使溶液保持清澈。记录消解过程中所有增加溶液的体积和稀释系数。

D. 硫酸-高锰酸钾吸收液消解(容器 5 和容器 10)

检查回收的样品是否保持紫色,若紫色褪去则样品变质,并做记录。每隔 2 min 向样品中缓慢加入 5 mL 盐酸羟胺溶液,共加入 30 mL,直至样品变清澈。将样转移至 500 mL 容量瓶中，加水定容至刻度。移取 10 mL 稀释液至带螺帽的消解管中，加入 0.75 mL 5%(w/v)的过硫酸钾溶液、0.5 mL 浓硝酸溶液，密封消解管。然后置于加热器或水浴中，加热至 95℃，不能超过 95℃。加热 2 h 后冷却至室温(消解过程中要始终保持紫色，溶液变清后加高锰酸钾溶液)。分析前加入 1 mL 10%(w/v)盐酸羟胺溶液，使溶液保持清澈。记录消解过程中所有增加溶液的体积和稀释系数。

2)样品分析

使用经过校准的冷原子吸收仪或冷原子荧光对样品进行分析。

需分析空白溶液和现场空白溶液中是否含汞。若空白溶液中含汞，需从样品测定结果中扣除。若现场空白溶液中含汞，不能从样品测定结果中扣除。当现场空白溶液中含汞值超过采样点测试结果 30%时，需对该数据进行标记可疑。

6. 烟气计算

1)干气体积

标况下干气样品的体积 $V_{m(std)}$ 为

$$V_{m(std)} = V_m Y \left(\frac{T_{std}}{T_m} \right) \left[\frac{p_{bar} + \Delta H}{p_{std}} \right] = K_1 V_m Y \frac{p_{bar} + \Delta H}{T_m} \tag{2.23}$$

式中，p_{bar} 为取样地点的大气压，kPa；p_{std} 为标准绝对压力，101.3 kPa；T_m 为干式计的平均热力学温度，K；T_{std} 为标准热力学温度，293 K；V_m 为用干式计所测气体样品体积，m³；$V_{m(std)}$ 为用干式计所测气体样品体积校正为标准状态，Nm³；Y 为干式计校准系数；ΔH 为孔板流量计平均压差，kPa；K_1=2.894 K/kPa。

2)水蒸气体积

烟气中水蒸气的体积 $V_{w(std)}$ 为

$$V_{w(std)} = \frac{W_{1c} R T_{std}}{M_w p_{std}} = K_2 W_{1c} \tag{2.24}$$

式中，M_w 为水的分子量，18.0 g/mol；R 为摩尔气体常数，0.008314 kJ/(mol·K)；W_{1c} 为冲击瓶和硅胶中收集的液体的总质量，g；$V_{w(std)}$ 为样品气中水蒸气的标况体积，Nm³；K_2=0.001336 m³/mL。

3)含湿量

烟气的含湿量 B_{ws} 为

$$B_{ws} = \frac{V_{w(std)}}{V_{m(std)} + V_{w(std)}} \tag{2.25}$$

4)颗粒态汞

(1)第一种情况：过滤器中颗粒物的质量大于 0.5 g。

i)颗粒物中汞的浓度(Hg_{ash})为

$$Hg_{ash} = IR \cdot DF \tag{2.26}$$

式中，IR 为仪器读数，$\mu g/L$；DF 为稀释系数；Hg_{ash} 为颗粒物中汞的浓度，$\mu g/g$。

ii)探头冲洗液中汞的含量(Hg_{pr})为

$$Hg_{pr} = IR \cdot V_1 \tag{2.27}$$

式中，IR 为仪器读数，$\mu g/L$；V_1 为采样探头样品冲洗液的体积，L；Hg_{pr} 为探头冲洗液中汞的浓度，μg。

iii)颗粒物中汞的质量为

$$Hg_{particle} = Hg_{ash} \cdot W_{ash} + Hg_{pr} \tag{2.28}$$

式中，W_{ash} 为过滤器上颗粒物总质量，g。

iv)气流中颗粒物附着汞的浓度($\mu g/Nm^3$)为

$$Hg_{tp} = (Hg_{particle}) / V_{m(std)} \tag{2.29}$$

(2)第二种情况：过滤器中颗粒物的质量小于 0.5 g。除全部样品都被消解外，计算方法与第一种情况相同，同时需扣除空白过滤器中汞的含量。

$$Hg_{particle} = Hg_{ash} \cdot W_{ash} - IR \cdot V_2 + Hg_{pr} \tag{2.30}$$

式中，IR 为仪器读数，$\mu g/L$；V_2 为空白过滤器消解液的总体积，L。

5)二价汞

(1)氯化钾吸收液中汞浓度($\mu g/L$)为

$$Hg_{KCl} = IR \cdot DF \tag{2.31}$$

式中，IR 为仪器读数，$\mu g/L$；DF 为稀释系数。

(2)氯化钾样品中扣除空白溶液中汞的质量(μg)为

$$Hg_0 = Hg_{KCl} \cdot V_3 - Hg_{0b} \cdot V_4 \tag{2.32}$$

式中，V_3 为样品氯化钾吸收液的总体积，L；Hg_{0b} 为氯化钾空白溶液中的汞浓度，$\mu g/L$；V_4 为最初装入冲击瓶中氯化钾溶液的总体积，L。

(3)烟气中二价汞的浓度为

$$Hg^{2+} = Hg_0 / V_{m(std)} \tag{2.33}$$

6)单质汞

(1)硝酸-过氧化氢吸收液中汞浓度($\mu g/L$)为

$$Hg_{H_2O_2} = IR \cdot DF \tag{2.34}$$

式中，IR 为仪器读数，$\mu g/L$；DF 为稀释系数。

(2)硫酸-高锰酸钾吸收液中汞浓度(μg/L)为

$$Hg_{H_2SO_4-KMnO_4} = IR \cdot DF \tag{2.35}$$

式中，IR 为仪器读数，μg/L；DF 为稀释系数。

(3)单质汞的总质量(Hg_E)即吸收液样品中扣除空白溶液中汞的质量(μg)，为

$$Hg_E = Hg_{H_2O_2} \cdot V_4 - Hg_{Eb1} \cdot V_5 + Hg_{H_2SO_4-KMnO_4} \cdot V_6 - Hg_{Eb2} \cdot V_7 \tag{2.36}$$

式中，V_4 为样品硝酸-过氧化氢吸收液的总体积，L；Hg_{Eb1} 为氯化钾空白溶液中的汞浓度，μg/L；V_5 为最初装入冲击瓶中硝酸-过氧化氢吸溶液的总体积，L；V_6 为样品硫酸-高锰酸钾吸收液的总体积，L；Hg_{Eb2} 为硫酸-高锰酸钾空白溶液中的汞浓度，μg/L；V_7 为最初装入冲击瓶中硫酸-高锰酸钾吸溶液的总体积，L。

(4)烟气中单质汞(Hg^0)的浓度(μg/Nm³)为

$$Hg^0 = Hg_E / V_{m(std)} \tag{2.37}$$

7)总汞

$$Hg_{total} = Hg^{tp} + Hg^{2+} + Hg^0 \tag{2.38}$$

2.2.1.2　固定源烟气中金属污染物的测定(EPA 方法 29)[①]

1. 适用范围

此法适用于测定固定污染源金属排放量，可分析的金属元素见表 2.2。此法还可以测定颗粒物的排放量。

表 2.2　EPA 方法 29 可分析的金属元素

分析物	CAS 号	分析物	CAS 号
Sb	7440-36-0	Mn	7439-96-5
As	7440-38-2	Hg	7439-97-6
Ba	7440-39-3	Ni	7440-02-0
Be	7440-41-7	P	7723-14-0
Cd	7440-43-9	Se	7782-49-2
Cr	7440-47-3	Ag	7440-22-4
Co	7440-48-4	Tl	7440-28-0
Cu	7440-50-8	Zn	7440-66-6
Pb	7439-92-1		

---

① 此法不包括所有的说明(如设备和用品)和必备的程序(如采样和分析)。一些材料的参考可从其他方法中获得。因此，为获得可靠的结果，人们还需完全了解其他方法如 EPA 方法 5 和 EPA 方法 12

2. 方法总结

从污染源等速采集烟气，颗粒物被收集至过滤器上，气体被酸性过氧化氢溶液(分析所有的金属包括 Hg)和酸性高锰酸钾溶液(只用于分析 Hg)收集。收集的样品经消化后，取适量部分进行分析，采用冷原子吸收光谱法(CVAAS)测定 Hg 的含量，采用电感耦合氩等离子体发射光谱法(ICAP)或原子吸收光谱法(AAS)测定 Sb、As、Ba、Be、Cd、Cr、Co、Cu、Pb、Mn、Ni、P、Se、Ag、Tl 和 Zn 的含量。电热石墨炉原子吸收光谱(GFAAS)用于分析 Sb、As、Cd、Co、Pb、Se 和 Tl。相对于 ICAP 法，电热石墨炉原子吸收光谱具有更高的热敏感性。若只选择一种方法，AAS 可以满足所有金属的测定，前提是一系列方法的结果检出限满足测试的要求。同样，电感耦合等离子体-质谱法(ICP-MS)可以用于分析 Sb、As、Ba、Be、Cd、Cr、Co、Cu、Pb、Mn、Ni、Ag、Tl 和 Zn 元素。

3. 采样及分析设备

1)采样所需设备
采样流程图见图 2.5。

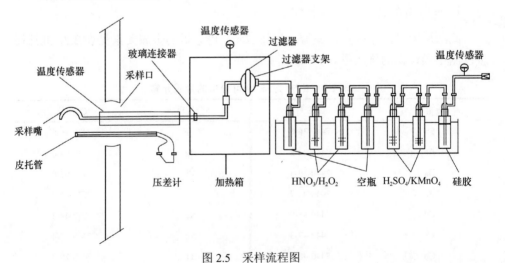

图 2.5　采样流程图

(1)探头和硅酸盐或石英探头。除了玻璃探头是必需的，可转换的配件也必须是玻璃的，以防污染，干扰样品。若使用的不是玻璃材质，允许不校正测试结果来弥补探头的影响。探头附件是塑料的，推荐使用特氟龙、聚丙烯等材质，而不是金属附件，防止污染。如果选择金属探头附件，可以使用单一玻璃结合探头的线路。

(2)皮托管和差动压力计。S 型皮托管，倾斜压力计或类似的装置。

(3)过滤器支架。采用玻璃或聚四氟乙烯或非金属的、无污染的支架。

(4)过滤器加热系统。在采样过程中，加热系统能稳定维持过滤器的温度在 (120±4)℃范围内，或其他标准或应用程序指定的温度。

(5)冷凝器。使用冷凝器冷凝并收集气态金属和测试气流中水分含量。冷凝系统包含 4～7 个冲击瓶和不漏气的磨口玻璃配件或其他无污染的配件串联在一起。第一和第四个冲击瓶为空冲击瓶，其中第一个冲击瓶是用于除去烟气中的水分。第二和第三个冲击瓶装有 HNO_3/H_2O_2 溶液。第五和第六个冲击瓶装有酸性 $KMnO_4$ 溶液。第七个冲击瓶里装有适量的硅胶，且在其气体出口处装有温度的传感器(测量精度在 1℃以内)。若不分析 Hg，则无需安装第四、第五和第六个冲击瓶。

(6)计量系统、气压计和气体密度测量设备等。真空表、气密泵、温度计(测量精度在 3℃以内)、干式流量计(测量体积精度在 2%以内)。

气压计：水银的、液体的或其他可测量气压精度在 2.5 mmHg 。

气体密度测量设备：气体密度与分子量、烟气温度、压力有关。

(7)特氟龙垫圈：密封作用。

2)样品处理和分析所需设备

(1)容量瓶，分别为 100 mL、250 mL 和 1000 mL，用于制备标准液和样品稀释液。

(2)刻度容器，用于准备试剂。

(3)微波消解器，CEM 公司的或等同的，用于消解样品。

(4)烧杯和表面皿，250 mL 的烧杯，带表面皿，用于消解样品。

(5)底座和夹子，用于固定过滤器。

(6)过滤漏斗。

(7)一次性吸管或枪头。

(8)移液管。

(9)电子分析天平，精确至 0.1 mg。

(10)微波炉或烘箱。

(11)加热板。

(12)原子吸收光谱仪，带有背景校正器。

i)石墨炉附件，带有 Sb、As、Cd、Co、Pb、Se 和 Tl 的空心阴极灯和无电极放电灯。

ii)冷蒸气汞附件，汞空心阴极灯管或汞无电极放电灯，空气循环泵、石英池、通风设备、加热灯或干燥管。加热灯是保证石英池的温度高于周围环境的温度10℃，所以在石英池上不会形成冷却。

(13)电感耦合氩等离子体光谱仪，带有直接或连续阅读器和一个氧化铝火焰。

(14)电感耦合等离子体质谱仪。

3)样品回收所需设备

(1)非金属刷。使用非金属刷定量回收过滤器之前部件上的颗粒物。

(2)样品储存容器。利用配有特氟龙线圈的 1000 mL 或 500 mL 的容量瓶，储存酸性高锰酸钾吸收液和空白液。玻璃或聚丙烯材质的瓶子也可以用于储存其他类型的样品。

(3)量筒。玻璃或等同的。

(4)漏斗。玻璃或等同的。

(5)标签纸。

(6)聚丙烯镊子和橡胶手套。

4. 试剂和标准物质

除非有其他说明，使用的所有试剂都要满足美国分析化学学会建立的规格。其他的，级别越高越好。

1)采样试剂

(1)过滤器。不含有机黏合剂，过滤器中含有的待测金属的含量要低于 0.20 µg/mL。制造商提供的金属含量必须在可接受范围内。若无金属含量说明，就需要在烟气排放监测之前对过滤器进行金属含量测定的空白试验。推荐使用石英纤维滤膜器。若玻璃纤维滤膜满足要求也可使用。过滤效率和对二氧化硫和三氧化硫的惰性实验在 EPA 方法 5 中 7.1.1 有提到。

(2)水。规格满足美国试验材料学会(ASTM)规定 D1193-77 或 91，Ⅱ型。若需要，首先要进行水中金属含量的分析。所有金属的含量应低于 1 ng/mL。

(3)HNO_3，浓硝酸。

(4)HCl，浓盐酸。

(5)H_2O_2，30%(v/v)。

(6)$KMnO_4$。

(7)H_2SO_4，浓硫酸。

(8)硅胶和碎冰。

2)吸收液

(1)HNO_3/H_2O_2 吸收液[5%(v/v)HNO_3，10%(v/v)H_2O_2]。量取 50 mL 浓硝酸于盛有 500 mL 水的 1000 mL 的容量瓶中，然后加入 333 mL 30%的 H_2O_2，稀释至刻

度，摇匀。待测金属的含量低于 2 ng/mL。

(2)酸性高锰酸钾溶液[4%(w/v)KMnO$_4$，10%(v/v)H$_2$SO$_4$]。必须每天新配。将 100 mL 浓 H$_2$SO$_4$ 缓慢加入到约 800 mL 水中，小心混合，加水定容至 1 L。该溶液即 10%(v/v)H$_2$SO$_4$ 溶液。搅拌加入 40 g KMnO$_4$ 到 10%(v/v)H$_2$SO$_4$ 溶液中，制备成 1000 mL 的硫酸-高锰酸钾溶液[①]。待测金属汞的含量低于 2 ng/mL。

(3)0.1 mol/L HNO$_3$ 溶液。6.3 mL 浓硝酸于 900 mL 的水中，加水定容至 1000 mL，摇匀。待测金属汞的含量低于 2 ng/mL。

(4)8 mol/L HCl 溶液。690 mL 浓盐酸于 250 mL 水中，加水定容至 1000 mL。目标金属的含量低于 2 ng/mL。

3)清洗试剂

(1)浓 HNO$_3$。

(2)水。

(3)10%(v/v)HNO$_3$ 溶液。500 mL 浓 HNO$_3$ 于 4000 mL 水中，加水定容至 5000 mL。待测金属的含量低于 2 ng/mL。

4)消解试剂

金属标准物质，除了 Hg，必须由固体化学物质制得。参考 EPA 方法 29 中 16.0 节的附录 1、2、5 选择汞标准物质。1000 μg/mL Hg 标准储备液要满足 EPA 方法 101A 中 7.2.7 要求。

(1)浓 HCl。

(2)浓 HF。

(3)浓 HNO$_3$。

(4)HNO$_3$，50%(v/v)。125 mL 浓 HNO$_3$ 于 100 mL 水中，加水定容至 250 mL。待测金属的含量低于 2 ng/mL。

(5)5%(v/v)HNO$_3$ 溶液。50 mL 浓 HNO$_3$ 于 800 mL 水中，加水定容至 1000 mL。待测金属的含量低于 2 ng/mL。

(6)盐酸羟胺和氯化钠溶液。

(7)氯化亚锡溶液。

(8)5%KMnO$_4$(w/v)溶液。

(9)浓硫酸。

(10)5%过硫酸钾(w/v)溶液。

(11)硝酸镍，Ni(NO$_3$)$_2$·6H$_2$O。

(12)氧化镧，La$_2$O$_3$。

---

① 为防止高锰酸钾的自催化分解，用 Whatman541 滤纸过滤后使用

5)标准物质

(1)Hg 标准液(色谱纯)，1000 μg/mL。

(2)M(除 Hg 外)标准液(色谱纯)，1000 μg/mL。

(3)汞标准液和质量控制标准溶液。

10 μg/mL 的 Hg 标准液，每周制备新配 1 次。取 5 mL 1000 μg/mL Hg 储备标准液于 500 mL 容量瓶中，加入 20 mL 15%HNO$_3$ 溶液，用水稀释至 500 mL。

200 ng/mL 的 Hg 工作液，每天新配 1 次。取 5 mL 10 μg/mL 的 Hg 标准液于 250 mL 容量瓶中，加入 5 mL 4%KMnO$_4$ 溶液，5 mL 15% HNO$_3$ 溶液，用水稀释至 250 mL。利用至少 5 个不同体积的汞工作液和空白液绘制标准曲线。这些含有 0、1.0 mL、2.0 mL、3.0 mL、4.0 mL 和 5.0 mL 的汞标准工作液中分别含有 0、200 ng、400 ng、600 ng、800 ng、1000 ng 的汞。

质量控制标准溶液使用单独配置的 10 μg/mL 标准液，并相应地稀释在标定范围内。

5. 样品收集和储存

1)采样预准备

(1)清洗冲击瓶。首先用热自来水清洗所有的冲击瓶，再用热的肥皂水清洗。然后用自来水冲洗三遍，再用分析用水冲洗三次。将所有的冲击瓶用 10%硝酸溶液浸泡至少 4 h，用水冲洗三次，用丙酮冲洗一次，自然晾干。采样之前密封所有的玻璃器皿口。

(2)准备采样系统。按图 2.5 放好各采样设备。分别向第二个、第三个冲击瓶中倒入 100 mL 硝酸-过氧化氢溶液。向第五、第六个冲击瓶中倒入 100 mL 酸性高锰酸钾溶液。将约 200～300 g 的硅胶倒入最后一个冲击瓶中。

(3)若不分析汞，则第四、第五和第六个冲击瓶无需安装。

(4)使用特氟龙或其他无污染材料的密封圈进行密封。

(5)检漏。参照 EPA 方法 5。

2)采样

(1)等速采样，即气体进入采样嘴的流速与烟气流速相等，相对误差应在 10% 以内，保持样品过滤器的温度为(120±14)℃，或其他特定温度。

(2)记录数据，记录初始读数和每次采样开始到结束的时间增量，改变流速时、检漏前后和采样结束时的数据。将压力计平放并读数归零，由于测试期间可能发生漂移，定期检查压力计的水平性和零位。

(3)采样前清洁采样孔。取下采样嘴，检查过滤器和采样探头加热系统温度是否达到设定值、皮托管是否放置在正确位置。

(4)在第一个测点处使采样嘴对向气流方向。快速启动泵。利用等速采样表调整采样速率。

(5)当烟气负压较大时，在将探头插入烟道时缓慢关闭粗调阀，防止倒吸。有时需要打开泵，关闭粗调阀。

(6)当探头插入到合适的位置，密封采样探头和采样孔周围空缝隙，防止非代表性稀释气流的干扰。

(7)采样期间定期检查，若有需要，调整过滤器温度，添加冰块维持冷凝器/硅胶出口处低于20℃。

(8)若采样过程中，通过过滤器压力降到不能维持等速采样，更换过滤器。安装新过滤器之前，进行一次检漏。总的颗粒物重量及测定颗粒物态汞时，应包括所有的过滤器上的捕集物。

(9)采汞时，需维持最后一个高锰酸钾冲击瓶为紫色。

(10)除了需要对不同烟道进行同时采样，或者设备故障时需要更换系统外，在整个采样期间只需使用单个采样系统。

(11)采样结束时，关闭粗调节阀，从烟道中取下探头和采样嘴，记录干式流量计最终读数，进行采样后检漏，并对皮托管、连接管线检漏，以核实各项测量数据。

(12)计算等速百分比，确定采样是否有效以及是否需要另外一次采样。

3)样品回收

(1)每次采样结束后，将探头从烟道内取出，冷却。冷却后擦掉探头采样嘴附近的所有外部的颗粒物，将探头采样嘴套上一个冲洗过的、无污染的盖子以防止颗粒物质量的变化。探头冷却过程中勿将探头套得太紧，以免在管路中形成真空，从而导致倒吸。

(2)将采样系统送至清洁地点之前，从采样系统上将探头取下，密封。注意不要损失任何冷凝物。利用无污染的密封盖密封过滤器入口及各冲击瓶连接处。

(3)容器 1(过滤器)。小心地将样品过滤器从过滤器支架中取下，为了防止造成损耗，将过滤器和颗粒物称重，放入贴有标签的培养皿中，使用洁净器具提取过滤器。如果需要折叠过滤器，确保颗粒物附着的一面向里折叠。将附着在过滤器支架垫圈上的所有颗粒物或过滤器纤维转移到培养皿中的过滤器上。进行样品回收时，勿使用任何含金属材质的工具，回收完毕立即密封培养皿。

(4)容器 2(丙酮冲洗)。此步骤仅用于同时测量颗粒物的排放浓度时。定量回收样品过滤器前的所有部件中颗粒物和冷凝物，小心取下采样嘴，用非金属刷清除表面的颗粒物，用 100 mL 丙酮冲洗。将颗粒物和冲洗液转移至容器 2 中。所有的器件直到看不到颗粒物为止。

(5)容器 3(过滤器前部件冲洗)。用 0.1 mol/L HNO$_3$ 溶液冲洗过滤器前的探头和采样管等部件，将冲洗液转至容器 3 中。记录冲洗液体积。

(6)容器 4(1~3 号冲击瓶)。若冲击瓶中的液体量大，则需要多个容器。用精确至 0.5 mL 的量筒量取 1~3 号冲击瓶中的液体体积，记录体积数。可以用于计算烟气的湿度。用 100 mL 0.1 mol/L HNO$_3$ 溶液冲洗三个冲击瓶，连接器件和过滤器后面器件。

(7)容器 5A(0.1 mol/L HNO$_3$)，5B(KMnO$_4$/H$_2$SO$_4$ 吸收液)，5C(8 mol/L HCl 冲洗液和稀释液)。

采汞时，将 4 号冲击瓶中的液体倒入量筒(精度为 0.5 mL)中量取液体体积，可用于计算烟气的湿度。将液体装在容器 5A 中，并用 100 mL 0.1 mol/L HNO$_3$ 溶液冲洗冲击瓶 3 次，将冲洗液转移至容器 5A 中。

用精度为 0.5 mL 的量筒量取 5、6 号冲击瓶中的吸收液体积，可用于计算烟气的湿度。然后将吸收液转移至容器 5B 中。用 100 mL 新鲜的 KMnO$_4$/H$_2$SO$_4$ 溶液冲洗冲击瓶及玻璃连接部件 3 次，将冲洗液转移至容器 5B 中。再用 100 mL 水清洗 3 次，并将冲洗液转移至容器 5B 中[①]。标记液体的高度，并做好标记。

若水冲洗后无沉积物就无需再冲洗。若壁面上有沉积物，需用 25 mL 8 mol/L HCl 溶液冲洗，将冲洗液转移至含水 200 mL 的容器 5C 中。

首先容器 5C 中装有 200 mL 水，然后用 25 mL 8 mol/L HCl 溶液一次冲洗每个冲击瓶，冲洗完第一个冲击瓶，再将冲洗液倒入第二个冲击瓶中进行冲洗。最后将 25 mL 8 mol/L HCl 冲洗液小心转移至容器 5C 中。在容器 5C 外壁上标记液体高度，检查样品转移过程中是否有液体漏出。

(8)容器 6(硅胶)。注意观察硅胶的颜色和状态，确定是否完全使用。将硅胶倒入容器 6 中，并密封。冲击瓶上黏附的颗粒物需去除。称量硅胶的重量，精确至 0.5 g。硅胶的重量用于计算烟气的湿度。

(9)容器 7。若需要测定颗粒物的浓度，需将 100 mL 丙酮置于容器 7 中，并做好标记。

(10)容器 8B。每次样品回收中，需将 100 mL 水置于容器 8B 中，并做好标记。

(11)容器 9。每次样品回收中，需将 200 mL 5% HNO$_3$/10%H$_2$O$_2$ 溶液置于容器 9 中，并做好标记。

---

① 由于 KMnO$_4$ 与酸反应，所以勿将容器 5B 瓶塞拧紧

(12)容器 10。每次样品回收中，需将 100 mL KMnO₄/H₂SO₄ 溶液溶液置于容器 10 中，并做好标记。

(13)容器 11。每次样品回收中，需将 200 mL 8 mol/L HCl 溶液置于容器 11 中，并做好标记。

(14)容器 12。每次样品回收中，需将 3 个未使用的过滤器放在容器 12 中，并做好标记。

6. 样品消解

1)容器 1

若需测量颗粒物的排放浓度，则首先干燥过滤器及滤器上的颗粒物，但不能加热。称量，恒重。若不需要测量颗粒物排放浓度，则将样品(过滤器及颗粒物)分成约 0.5 g 一份，将每一份样品置于微波消解容器中。向其中加入 6 mL HNO₃ 和 4 mL 浓 HF 溶液，微波炉中加热 12～15 min。加热程序为：加热 2～3 min，关掉微波炉，2～3 min 后，再加热 2～3 min。依此类似程序，直至总加热时间为 12～15 min(整个程序所用时间大约为 24～30 min，微波炉功率为 600 W)。加热时间主要依赖于样品数量。采用常规方式加热，需要在 140℃消解 6 h。冷却至室温，与后面容器 3 中的酸消解液混合在一起。

若过滤器之前有玻璃旋风分离器，则需按上述方法消解旋风分离器上捕集的颗粒物，并与过滤器消解液混在一起。

2)容器 2(丙酮冲洗物)

注意冲击瓶内液体的体积及刻度，确定是否发生泄漏。若发生泄漏，则采样无效或进行数据修正。称量冲击瓶的重量，精确至 0.5 g 或 1 mL。将溶液转移至 250 mL 烧杯中，在常温常压下蒸发干燥。若需测量颗粒物，在无加热条件下干燥 24 h，称量至恒重，精确至 0.1 mg。用 10 mL 浓 HNO₃ 溶解，在进行容器 3 消解之前定量回收烧杯中的物质。

3)容器 3(接口冲洗物)

确定样品的 pH 值是否≤2.0。若不符合，则需小心加入浓硝酸调节 pH=2。用水将样品冲入烧杯中，用玻璃片盖上。用电热板加热，在低于沸点温度下加热至体积为 20 mL 左右。然后将样品置于微波消解器中消解，缓慢加入 6 mL 浓硝酸和 4 mL 浓氟化氢溶液(消解按容器 1 消解程序消解)。消解完成后，与容器 1 中的消解液合并在一起成"样品 1"，消解液用 Whatman 541 滤纸过滤一遍。滤液用水稀释至 300 mL，该稀释液即为"分析样 1"。准确称量和记录"分析样 1"的体积(精确至 0.1 mL)。从样品 1 中准确移取 50 mL，并标记为"分析样 1B"，剩余的 250 mL 消解液为"分析样 1A"。"分析样 1A"用 ICAP 或 AAS 分析待测金属(不包含汞)。分析样 1B 用于分析部分 Hg。

4)容器 4(1～3 号冲击瓶)

准确测量和记录 3 个样品的总体积(精确至 0.5 mL),并标记为"样品 2"。移取 75～100 mL 用于分析 Hg,并标记为"分析样 2B"。将剩余的样品标记为"样品 2A"。标记之后再消解。样品 2A 消解完之后为"分析样 2A",体积为 150 mL。"分析样 2A"用于分析所有金属(除了 Hg),确定分析样 2A 的 pH 是否≤2.0。若高于 2.0,则缓慢滴加浓硝酸至 pH=2.0。用水将"样品 2A"冲入烧杯内,加盖玻璃片并在低于沸点温度下加热至 20 mL。消解步骤如下:

(1)一般消解。加 30 mL 50% HNO$_3$,用电热板在沸点温度下加热 30 min。加 10 mL 3% H$_2$O$_2$,继续加热 10 min。加 50 mL 热水,再继续加热 20 min。冷却,过滤,用水稀释至 150 mL,此消解液即为分析样 2A,准确测量其体积精确至 0.1 mL。

(2)微波消解。加 10 mL 50%HNO$_3$,按容器 1 样品消解时加热方式在 600 W 功率下加热 6 min。冷却,加 10 mL 30% H$_2$O$_2$,继续加热≥2 min。加 50 mL 热水,再加热 5 min。冷却,过滤,用水稀释至 150 mL。此消解液即分析样 2A。准确测量其体积精确至 0.1 mL。

5)容器 5A(4 号冲击瓶))、容器 5B 和容器 5C(5 号和 6 号冲击瓶)

测量并记录三个冲击瓶内溶液体积,精确至 0.5 mL。标记容器 5A 为分析样 3A。去除容器 5B 中的二氧化锰,用 Whatman 40 滤纸过滤至 500 mL 容量瓶中,用水稀释至刻度,并标记为分析样 3B,保存滤纸。分析样 3B 分析汞时需在 48 h 内完成。去除滤纸上的 MnO$_2$,并将滤纸转移至敞口容器内,向敞口容器内加 25 mL 8mol/L HCl 溶液,在室温下消解 24 h。容器 5C 中的溶液,过滤后转至 500 mL 容量瓶中,用水稀释至刻度。消解后的 5B 滤纸消化液转移至 500 mL 容量瓶中,用水稀释至刻度。去除消解后的滤纸,标记 500 mL HCl 消解液为分析样 3C。

6)容器 6(硅胶)

称量硅胶重量至 0.5 g。

7. 分析

每一次采样,都由 7 个分析样组成,2 个用于分析除 Hg 以外的金属,5 个用于分析 Hg。分析样 1A 和 1B,收集的是采样系统的前半部分。分析样 1A 用 ICAP、ICP-MS 或 AAS 分析。分析样 1B 用于分析采样系统前半部分收集的汞。采样系统的后半部分是由第 3～7 瓶分析样分析。若使用了装有 HNO$_3$/H$_2$O$_2$ 溶液的冲击瓶,则分析样 2A 用 ICAP、ICP-MS 或 AAS 分析除汞以外的其他所有金属。分析样 2B 用于分析汞。分析样 3A、3B、3C 按下文 CVAAS 分析汞。后半部采样系统收集的总汞是分析样 3A、3B、3C 的总和。分析样 1A、2A 可以合并后再分析。

1)ICAP 或 ICP-MS 分析

分析样 1A 和 2A 可按 EPA 方法 6010 或 200.7 附录 C(40CFR 136)中 ICAP 分析。

2)AAS 或 GFAAS 分析

分析分析样 1A 和 2A 中的金属含量采用 AAS 或 GFAAS 分析。

3)CVAAS 分析 Hg

采用 CVAAS 分别分析分析样 1B、2B、3A、3B 和 3 中的 Hg，参考 EPA 出版的 SW-846 第 3 版(1986 年 11 月)方法 7470 中的 Ⅰ、Ⅱ、ⅡA、ⅡB 和Ⅲ，或方法 303F 中 "水和废水的分析标准"。利用 300 mL 的 BOD 瓶建立 0~1000 ng 的标准曲线。按以下程序分析汞。对于原始样，选取 1~10 mL 进行消解。若是第一次，建议量取 5 mL 分析样，稀释定容至 100 mL。Hg 的总量应小于 1 μg。将分析样转移至 300 mL BOD 瓶中，加水稀释至 100 mL。然后按方法 7470 或 303F 依次加入消解溶液。若分析最大值超过标准曲线范围(包括取 1 mL 原始溶液时)，取部分原始样用 0.15%HNO$_3$ 溶液稀释(在标准曲线范围内)。分析稀释后样品中汞的含量。

8. 数据分析与计算

1)干气体积

标况下采集的烟气干气体积 $V_{m(std)}$ 为

$$V_{m(std)}=V_m Y \frac{T_{std}(p_{bar}+\frac{\Delta H}{13.6})}{T_m p_{std}} = K_1 V_m Y \frac{T_{std}(p_{bar}+\frac{\Delta H}{13.6})}{T_m} \tag{2.39}$$

式中，p_{bar} 为采样点处大气压，kPa；p_{std} 为标准大气压，101.3 kPa；T_m 为绝对平均干式计温度，K；T_{std} 为标准绝对温度，293 K；V_m 为干式计所测样品气体体积，m^3；Y 为干式计校准因子；ΔH 为孔板流量计的平均压差，kPa；K_1 为 2.894 K/kPa。

2)水蒸气体积和含湿量

(1)计算烟气水蒸气的体积 $V_{w(std)}$，单位为 Nm^3，即

$$V_{w(std)} = \frac{W_l R T_{std}}{M_w p_{std}} = K_2 W_{1c} \tag{2.40}$$

式中，M_w 为水的相对原子质量，18.0 g/mol；R 为摩尔气体常数，0.008314 kPa·m³/(K·mol)；W_{1c} 为冲击瓶和硅胶中收集的液体总质量，g；K_2 为系数，0.001336 m³/mL。

(2)计算烟气的含湿量 B_{ws}(体积比)，即

$$B_{ws} = \frac{V_{ws(std)}}{V_{m(std)} + V_{w(std)}} \tag{2.41}$$

3)烟气流速

计算烟气流速，即

$$v_s = K_p C_p \sqrt{\Delta p_{avg}} \sqrt{\frac{T_{s(abs)}}{p_s M_s}} \tag{2.42}$$

式中，C_p 为皮托管系数；M_s 为湿基烟气平均分子质量；K_p 为速度方程常数；p_s 为烟气绝对压力，kPa；$T_{s(abs)}$ 为烟气绝对温度，K；v_s 为烟气平均流速，m/s。

4)目标金属(除汞外)

A. 分析样 A、采样系统前半部和目标金属(除汞)

计算样品 1 中目标金属的质量 M_{fh}，即

$$M_{fh} = C_{a1} F_d V_{soln,1} \tag{2.43}$$

式中，C_{a1} 为由标准曲线读取的分析样 1A 中金属的浓度，μg/mL；F_d 为稀释倍数；M_{fh} 为采样系统前半部收集的目标金属总质量，μg；$V_{soln,1}$ 为分析样 1 的总体积，mL。

B. 分析样 2A，采样系统后半部和目标金属(除汞)

计算样品 2 中目标金属的质量 M_{bh}，即

$$M_{bh} = C_{a2} F_a V_a \tag{2.44}$$

式中，C_{a2} 为由标准曲线读取的分析样 2A 中金属的浓度，μg/mL；F_a 为分析样 2A 的体积分数；M_{bh} 为采样系统后半部收集的目标金属总质量，μg；V_a 为分析样 2A 消解液的总体积，mL；

C. 烟气中目标金属质量(除汞)

计算采集的烟气中目标金属的总质量 M_t，即

$$M_t = (M_{fh} - M_{fhb}) + (M_{bh} - M_{bhb}) \tag{2.45}$$

式中，M_{bh} 为采样系统后半部收集的目标金属总质量，μg；M_{bhb} 为采样系统后半部试剂空白样中目标金属总质量，μg；M_{fh} 为采样系统前半部收集的目标金属总质量，μg；M_{fhb} 为采样系统前半部试剂空白样中目标金属总质量，μg；M_t 为采样系统收集的目标金属总质量，μg。

5)烟气中汞的质量

A. 分析样 1B 和采样系统前半部收集的汞

计算样品 1 和采样系统前半部收集的汞的质量 Hg_{fh}，即

$$Hg_{fh} = \frac{Q_{fh}}{V_{f1B}}(V_{soln,1}) \tag{2.46}$$

式中，Hg_{fh} 为采样系统前半部分收集的汞质量，μg；Q_{fh} 为用于消解和分析的分析样 1B 中总汞质量，μg；V_{f1B} 为分析样 1B 的稀释体积，mL。

B. 分析样 2B、3A、3B、3C 和采样系统后半部收集的汞

i)计算样品 2 中汞的质量 Hg_{bh2}，即

$$Hg_{bh2} = \frac{Q_{bh2}}{V_{f2B}}(V_{soln,2}) \tag{2.47}$$

式中，Hg_{bh2} 为样品 2 中总汞质量，μg；Q_{bh2} 为用于消解和分析的分析样 2B 中总汞质量，μg；$V_{soln,2}$ 为样品 2 的总体积，mL。

ii)计算采样系统后半部收集的汞的质量，即

$$Hg_{bh3(A,B,C)} = \frac{Q_{bh3(A,B,C)}}{V_{f3(A,B,C)}}(V_{soln,3(A,B,C)}) \tag{2.48}$$

式中，$Hg_{bh3(A,B,C)}$ 为分析样 3A、3B 和 3C 中总汞质量，μg；$Q_{bh3(A,B,C)}$ 为用于消解和分析的分析样 3A、3B 和 3C 中总汞质量，μg；$V_{f3(A,B,C)}$ 为分析样 3A、3B 和 3C 的稀释体积，mL；$V_{soln,3(A,B,C)}$ 为分析样 3A、3B 和 3C 的总体积，mL。

C. 总汞质量

计算采集的烟气中总汞质量 Hg_t，即

$$Hg_t = (Hg_{fh} + Hg_{fhb}) + (Hg_{bh} + Hg_{bhb}) \tag{2.49}$$

式中，Hg_{bh} 为采样系统后半部分收集的总汞质量，μg；Hg_{bhb} 为系统后半部分空白样中总汞质量，μg；Hg_{fh} 为采样系统前半部分收集的汞质量，μg；Hg_{fhb} 为采样系统前半部分试剂空白样中总汞质量，μg；Hg_t 为烟气中总汞质量，μg。

2.2.1.3　固定污染源烟气总汞浓度的测定(EN 13211：2001)

1. 适用范围

EN 13211：2001 给出了测量管道或烟道排放废气中总汞质量浓度的一种手工方法。其中规定了测定废物焚烧中总汞浓度范围为 0.001~0.5 mg/Nm³。

2. 原理

在一定采样周期内从管道或烟道抽取已知体积的代表性烟气样品,样气中的颗粒物被收集存在过滤器上,随后气流通过一系列吸收瓶,吸收瓶内含有适当的吸收液能够吸收气态汞。

采样结束后,将过滤器和吸收液送至实验室分析。过滤器收集的颗粒物通过溶解在液体中,然后对液体进行分析。准备并分析吸收瓶中的吸收液。

结合采样和分析数据,烟气总汞的计算结果以 mg/Nm^3 为单位。

3. 采样设备

1)等速采样条件

尽管汞主要以气态形式存在,但也会存在于颗粒物和湿洗涤器后的液滴中。等速采样便是为了适当地收集颗粒物和液滴中的汞。

2)基本要求

采样设备包括采样嘴、温度探头、采样探头、颗粒物过滤器、吸收瓶、抽气单元(气体计、流量调节阀等)。

过滤器有两种:一种是烟道内过滤器,安装在烟道内,过滤器安装在采样嘴之后;另一种是烟道外过滤器,安装在烟道外位于采气管后面,过滤器外部应该控温。

3)等速采样设备

(1)包括等速采样设备和测汞设备(气态、固态和液态),并满足相关技术条件。

(2)根据吸收瓶的类型,使用两个不同的采样排列,称为"主流排列"和"旁流排列"(图 2.6)。采用主流排列时,采集的废气都经过吸收瓶,但采用旁流排列时,只有采集的废气一部分经过吸收瓶。

(3)采样探头控温。如果采用烟道外过滤器也应控温。

(4)与样气接触的设备的零部件应该采用惰性材料制造。

4)非等速采样设备

(1)非等速采样设备是根据主流排列装配的,根据采用的气体流速不同,可选用不同的吸收瓶。

(2)采样探头应控温。如果采用烟道外过滤器也应控温。

(3)与样气接触的设备的零部件应该采用惰性材料制造。

5)吸收瓶

为提高采集效率,可以使两个吸收瓶串联。吸收瓶的下游使用一个空吸收瓶捕集液体并对下游设备起到保护作用。

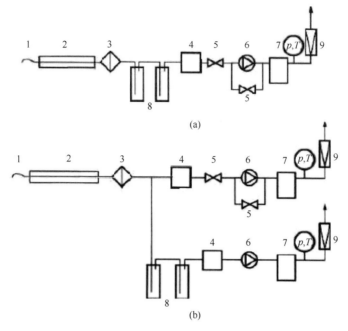

图 2.6　等速采样设备示意图

(a)主流流程；(b)旁流流程

1. 采样嘴；2. 采样探头；3. 过滤器；4. 干燥剂；5. 流量调节阀；6. 抽气单元；7. 气体体积计；
8. 吸收瓶；9. 气体流量计；p. 压力；T. 温度

第二个吸收瓶中汞含量应小于两个吸收瓶内汞总量的 5%或 2 μg/m³。

采样流量为 1～2 m³/h。

多孔玻璃吸收瓶的优点是与冲击瓶相比使用少量的吸收液，有更好的吸收率。缺点是通常只在有限的流量下才能使用(大概为 0.06～0.18 m³/h)。若多孔玻璃吸收瓶用于等速采样装置，需要有一个旁流排列。

6)过滤器

过滤器的收集效率应该经制造商认证。

在颗粒物直径 0.3 μm、预期的最大流量条件下进行气溶胶试验，过滤器材料应具有 99.5%的捕集效率(或平均直径 0.6 μm 的气溶胶测试中捕集效率达 99.9%)。过滤器材料可以由玻璃纤维、石英纤维或聚四氟乙烯(PTFE)组成。

7)连接器

采样装置中不同部位连接器的材料选择见表 2.3,与含汞废气接触的部件也应该使用这些材料。

对于主流排列，从采样嘴到最后一个吸收瓶的连接件都要采用这些材料。

对于旁流排列，在旁流中从采样嘴到最后一个吸收瓶的连接件也都要采用这些材料。从采样探头到吸收瓶之间未加热的连接部分的管路尽可能短，小于 1 m。

硅胶管的使用是受采样流量限定的：采样装置中硅胶管的总内比表面积应小于 0.0033 $m^2/(m^3/h)$。

表 2.3　采样设备材料

设备名称	材料	备注
采样嘴、采样探头(内部吸入管)、过滤部分及过滤器支撑	标准实验室玻璃，硼硅酸盐玻璃，石英玻璃，聚四氟乙烯，钛	
过滤器材料	扁平过滤器：石英纤维，玻璃纤维，聚四氟乙烯 环形、线形过滤器：石英纤维，玻璃纤维	满足过滤效率指标
吸收瓶	标准实验室玻璃，硼硅酸盐玻璃，石英玻璃	
连接配件	标准实验室玻璃，硼硅酸盐玻璃，石英玻璃，聚四氟乙烯，钛	同样适用于设备旁流排列的 T 连接处；规定材料的球窝结合处可以采用聚四氟乙烯线形密封圈
连接管路	聚四氟乙烯，硅胶管[内总比表面积小于 2 $cm^2/(L/min)$]	硅胶管的使用也是有限制的
存储瓶	标准实验室玻璃，硼硅酸盐玻璃石英玻璃，聚丙烯，聚乙烯	存储溶液和样品
存储瓶盖	聚四氟乙烯，可溶性聚四氟乙烯，氟化乙丙烯，聚丙烯，无色的聚乙烯	只要盖子的插入部分采用的是允许的材料即可
过滤器存储器	标准实验室玻璃，硼硅酸盐玻璃，石英玻璃，聚丙烯，聚乙烯，聚四氟乙烯，钛	

8)抽气单元

根据采样设备的需要，一套采样系统可采用两个抽气单元。

抽气单元应该有严格气密性，并且能够承受期望从烟道抽取的气体流量。可以通过调节阀或旁路阀门较容易地调节宽范围的样气流量。应当采用截止阀停止样气流动或防止由于低压管道气体倒流。

建议采用流量计(变面积流量计、孔板流量计等)以监测流量变化，流量计应进行泄漏测试。

9)气体体积计量设备

两种用于测量气体体积的方法：干基流量测量和湿基流量测量。

10)其他设备

如果采用等速采样方式采样则需要额外的测量设备以确保满足等速条件。

4. 试剂

1)基本要求

只能使用经过验证的分析纯试剂和蒸馏水或去离子水，以确保所有可能的汞含量最低。

2)吸收液

可选如下方案之一：

(1)高锰酸钾/硫酸溶液(2%w/v $KMnO_4$-10%v/v H_2SO_4)；

(2)重铬酸钾/硝酸溶液(4%w/v $K_2Cr_2O_7$-20%v/v HNO_3)。

吸收液的保存时间为 1 周。

3)清洗设备试剂

(1)5%v/v HNO_3 溶液：清洗探头内管、采样嘴、过滤器件、吸收液 2 的吸收瓶。

(2)吸收液 1 的吸收瓶清洗溶液：

i)3%v/v H_2O_2 溶液；

ii)10%w/v 盐酸羟胺溶液；

iii)丙酮：快速干燥容器。

4)消解试剂

(1)40%w/v HF 溶液。

(2)水，双重蒸馏或同等质量的。

(3)常温 5%w/v 的饱和 H_3BO_3 溶液。

(4)5%v/v HNO_3 溶液。

(5)25%v/v HNO_3 溶液。

5. 采样

1)采样要求

(1)等速采样。

(2)采样点：应位于烟道近中心的位置。

(3)采样探头温度：采样探头和烟道外过滤器应保持温度高于烟温 20℃。当采用铁材质的设备时，温度应保持在 180℃或更高。

2)采样预准备

(1)清洗接触汞的所有零部件(探头内管、过滤器外壳、过滤器支架、吸收瓶、连接管路、存储瓶和容器)。

(2)安装设备。

(3)检漏：在每一次来样前整个设备都应进行检漏，密封采样嘴并启动抽气泵，在达到最小压力时，泄漏流量应小于正常采样流量的 2%。

3)采样

(1)重新组装设备并检查漏气，在插入管道前加热探头。记录气体计的读数和环境压力。

(2)启动抽气单元,设置采样流量并从管道抽取烟气。开始时记录气体计的温度和压力,并至少每隔 10 min 记录一次。

(3)在等速条件下检查等速采样并开始保持每个采样点等速,需要时调节流量。

(4)在所要求的采样时间停止抽取烟气。记录气体计、环境压力和温度数据。采样过程中如果吸收溶液($KMnO_4/H_2SO_4$)变色,则此样品无效。

4)样品回收

(1)拆卸设备。

(2)拆卸过滤器外壳。在合适的地方打开过滤器外壳,避免对过滤器造成污染。将过滤器置于可识别并标注的容器内。

(3)清洗未加热管件到第一个吸收瓶。

每次测量后清洗连接管路到第一个吸收瓶。

i)装有吸收液 1 的吸收瓶(高锰酸钾/硫酸溶液)。用 H_2O_2 溶液或盐酸羟胺溶液清洗至第一吸收瓶的连接管路(在此冲洗之前,允许先用吸收溶液 1 进行清洗)。

ii)装有吸收溶液 2 的吸收瓶(重铬酸钾/硝酸溶液)。用 HNO_3 清洗至第一吸收瓶的连接管路。

(4)收集吸收瓶内的吸收液。

i)对于装有吸收溶液 1 的吸收瓶(高锰酸钾/硫酸溶液),用 H_2O_2 溶液或盐酸羟胺溶液清洗吸收瓶,并增加溶液至存储瓶。使用足够的 H_2O_2 溶液或盐酸羟胺溶液收集残余的吸收溶液和任何 MnO_2 残留物。如果此时吸收溶液变色,此样品仍然有效,因为 H_2O_2 的存在使吸收溶液保持了氧化能力。

ii)对于装有吸收溶液 2 的吸收瓶(重铬酸钾/硝酸溶液),用 HNO_3 清洗吸收瓶,并增加溶液至存储瓶。

(5)清洗采样设备。先用 HNO_3 溶液再用水清洗。将清洗液存储在有标识和标记的存储瓶内。用丙酮清洗采样嘴、探头(内管)和过滤外壳,让其自然干燥。采用吸收溶液 1 时,清洗溶液不能添加到第一个吸收瓶中。

(6)样品存储

存储在聚丙烯、聚乙烯或容器内的样品(液体和过滤物),应存储在低于 6℃(冰箱)的环境中。

6. 样品分析

1)分析前消解

A. 过滤器消解

将过滤器从运输箱转移到聚四氟乙烯容器内,记录过滤器识别号和器皿识别号,并备注其他相关信息。用 1.5 mL 的 HNO_3 清洗运输箱,并倒入器皿内。加 1.5 mL

的 HNO_3 和 2.0 mL HF 到器皿内。须保证过滤器完全湿透。组装器皿,加热消解。若使用烤箱或加热盘加热:将密闭容器置于烤箱中,保持在 160℃ 以上至少 8 h。取出器皿,冷却至室温。小心地打开器皿,加入 20 mL 水和 20 mL H_3BO_3。将器皿放入烤箱中,加热 150℃ 维持 2 h。取出器皿,冷却至室温,小心地打开器皿。将溶液倒入 100 mL 容量瓶中。用水清洗器皿内壁数次并倒入容量瓶中,加水至刻度并摇匀。

该方法对约 100 mg 的平面过滤器是有效的,而且在过滤器上收集最多 10 mg 颗粒物。在每一系列分析时,至少应有一个过滤器的空白值,即所有试剂都消解同一批未使用的过滤器。

B. 吸收液消解

a. 吸收溶液 1(高锰酸钾/硫酸溶液)

将盐酸羟胺溶液缓缓加入到整个样品中直至溶液刚好变色,以避免分析前气态汞(Hg^0)从反应器内溢出。确保 MnO_2 没有在溶液中或存储器壁上残留。确认并记录溶液的重量和体积。立即进行两次分析。

b. 吸收溶液 2(重铬酸钾/硝酸溶液)

确认并记录该吸收溶液的重量或体积。立即进行两次分析。

c. 清洗液消解

确认并记录液体的重量或体积。立即进行两次分析。

2)分析

可以采用 $SnCl_2$ 或硼氢化钠作为还原剂进行分析。

7. 计算

1)总汞含量

烟气中总汞的含量是通过下面给出的质量浓度来计算的。

对于旁流排列的采样装置,得

$$C_{Hg} = (\frac{m_{filter} + m_{rinse}}{V_{main} + V_{side}} + \frac{m_{absorber}}{V_{side}}) \times \frac{1}{1000} \tag{2.50}$$

对于主流排列的采样装置,得

$$C_{Hg} = \frac{m_{filter} + m_{rinse} + m_{absorber}}{V_{main} \times 1000} \tag{2.51}$$

式中,C_{Hg} 为总汞浓度,mg/m^3;m_{filter} 为过滤器上汞的质量,μg;m_{rinse} 为清洗溶液中汞的质量,μg;$m_{absorber}$ 为两吸收瓶内总汞的质量,μg;V_{main} 为通过主采样管线的气体体积,m^3;V_{side} 为通过旁流(吸收瓶)的气体体积,m^3。

2)参比 O_2 浓度的总汞浓度

参比 O_2 浓度的总汞浓度[如 11%(体积分数)O_2]计算式为

$$C_{Hg_{atref, O_2\%}} = C_{Hg} \times \frac{21 - O_{2,ref}}{21 - O_{2,mass,dry}} \tag{2.52}$$

式中，$C_{Hg_{atref, O_2\%}}$ 为参比 O_2 浓度时总汞的浓度，mg/m^3；$O_{2,ref}$ 为参比 O_2 浓度；$O_{2,mass,dry}$ 为烟气中干基的测量 O_2 浓度。

2.2.2　固体吸附法与设备

2.2.2.1　活性炭吸附法测定烟气中的气态总汞(EPA 方法 30B)

1. 概述

吸附管法即利用吸附采样以及热解析技术或萃取技术，测定烧结烟气中气态总汞的方法。气态总汞包括单质汞(Hg^0)和二价汞(Hg^{2+})，测定浓度范围为 $0.1 \sim 50$ $\mu g/Nm^3$(干气)。该方法适合颗粒物含量相对低的采样点(在净化装置后)。

利用装有吸附介质的吸附管，以适当的流量从烟道或管道中抽取一定体积的烟气。为保证测量的精度和数据的有效性，每次测量时必须使用两根吸附管进行平行双样的采集，并完成现场回收测试。采样后的吸附管取出进行相关分析。

2. 术语与定义

1)吸附管

由吸附介质(一般是用碘或其他卤素及其化合物处理的活性炭)制成的采样管，并且用惰性材料(例如玻璃棉)将吸附介质分成若干段。该吸附管应能够定量吸附单质汞和二价汞，并且可以通过现有分析技术进行分析。

2)热解法分析

将吸附管中捕集到的汞，利用热裂解或燃烧方式将其直接释放出来，进行定量分析的技术。

3)湿法分析

将吸附管中捕集到的汞，利用浸提或消解的方法转移到溶液中，进行定量分析的技术。

3. 采样及分析设备

该系统主要包括吸附管、采样探头、除湿装置、真空泵、气体流量计、质量流量计、温度传感器、气压计和数据记录器组件(图 2.7)。

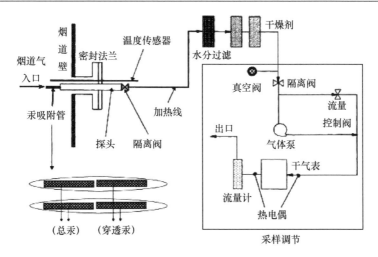

图 2.7　典型吸附管采样系统

(1)吸附管。

吸附介质在吸附管中至少分成两段串联，且每段能独立进行分析。第一段作为分析段，用于吸附烟气中的气态汞；第二段作为备用段，用于吸附穿透的气态汞。每根吸附管应具有唯一的识别号，以便跟踪。吸附介质选择经过处理的活性炭或化学处理的过滤器等。

吸附管性能稳定，具有高效吸附能力，且处理均匀空白值低。

(2)采样探头。

应保证探头与吸附管之间无泄漏。每根吸附管必须安装在探头入口处或探头内，以便烟气直接进入吸附管内。探头/吸附管组件必须加热到足以防止烟气冷凝的温度。当烟气温度很低时，还需采用辅助加热来防止冷凝，烟气温度应使用经校准的热电偶监测。

(3)除湿装置。

在气流进入干式气体流量计之前，应使用除湿装置将气流中的水蒸气去除。

(4)真空泵。

(5)气体流量计。

测定干烟气的总体积，可使用干式气体流量计、热式质量流量计或其他适当的测量装置。流量计应满足以下要求：

i)样品总体积的测定精度在 2%之内；

ii)能够在采样流量范围内按所选择的流量完成校准；

iii)配备将样品体积校准到标准条件所需要的辅助测量设备，例如温度传感器、压力测量装置等。

(6)质量流量计。

使用流量指示器和控制器以保持恒定的采样流量。

(7)温度传感器。

测量精度在±3℃以内。

(8)气压计。

水银压力计或其他压力计，测量精度在 0.33 kPa 以内。

(9)数据记录器。

记录相关测试数据(如温度、压力、流量、时间等)。

(10)样品分析系统。

样品分析系统应具备从所用的吸附介质中定量回收汞，并进行定量分析的功能。样品回收技术包括酸浸、消解和热裂解/直接燃烧技术。

样品分析技术包括紫外原子吸收(UVAA)、紫外原子荧光(UVAF)以及 X 射线荧光(XRF)分析等技术。

(11)含湿量测量系统。

如果要求对实测的汞排放量进行湿度修正，则采用含湿量测量系统。

4. 吸附管加标系统

采样前，吸附管的第一段必须含有已知质量的气态 Hg^0，或向第一段添加已知质量的气态 Hg^0。

加标方式如下：

(1)汞的加标量较低时，可使用能够溯源的气体发生器或气瓶。

(2)对于任意汞的加标量，可使用汞盐溶液[如 $HgCl_2$、$Hg(NO_3)_2$]；在装有还原剂(如氯化亚锡)的反应容器中加入已知体积和浓度的汞盐溶液，将 Hg^{2+} 还原成 Hg^0，利用载气将 Hg^0 带入吸附管。

5. 系统性能测定试验

为确保所选吸附介质和分析技术能够定量吸附和定量分析气态汞，同时确保在现场测试期间每根吸附管采集足够量的汞，且每个测试程序符合相应的性能标准，则系统应进行的测试有分析基质干扰测试、低检出限的确定、Hg^0 和 $HgCl_2$ 分析偏差测试、采样体积的确定、采样时间的确定、现场回收测试。

1)分析基质干扰测试和样品最低稀释倍数

(1)分析基质干扰测试是一种实验室分析程序。

只有使用液体消解样品并分析时，才进行分析基质干扰测试，并且使用的每种吸附介质只进行一次实验。测试目的是验证是否存在分析基质干扰，包括吸附介质与碘相关所导致的偏差。分析基质干扰测试用来确定消除基质对样品消解液的影响所需的最低稀释倍数。在分析现场样品前，必须对每种吸附介质进行分析基质干扰测试。

(2)根据样品最低稀释倍数，确定采样所需要的最低样品质量，以及采样体积。分析基质干扰测试针对具体的吸附介质，因此应针对现场采样和分析时使用的每种吸附介质进行单独测试。

测试时，吸附介质的质量与采样管中第一段吸附介质的质量相同。

来自不同货源的吸附介质被认为是不同的材料，必须分别进行测试。

(3)分析基质干扰测试程序。

准备并消解一定量的未采样的吸附介质，测定未稀释消解液中的汞浓度。准备一系列最终体积相同、消解液分量递增的溶液，不足部分用无汞试剂或水补充，以获得不同消解液稀释比的溶液(如 1∶2、1∶5、1∶10、1∶100 等)，其中一份溶液只使用无汞试剂或水配制。由此产生一系列溶液，每份溶液中汞含量保持相对恒定，只有被稀释的消解液的体积不断变化。测定每份溶液中的汞浓度。

(4)分析基质干扰测试可接受的标准。

将含消解液的每份溶液的实测浓度与不含消解液溶液的实测浓度相比较。所测的汞浓度在不含消解液溶液的实测浓度±5%以内的任一溶液，其最低稀释比便是分析所有样品所需要的最小稀释比。如果希望测定未稀释的消解液，则至少为9∶10 的稀释比(即≥90%消解液)且满足浓度±5%的标准。

(5)分析基质干扰测试举例。

确定所用分析仪最灵敏的工作范围(一个较窄的浓度范围)。按照现场样品分析程序，准备并消解一定量的未采样吸附介质以备分析。绘制一条最灵敏的分析范围的校准曲线，如 0.0 ppb、0.5 ppb、1.0 ppb、3.0 ppb、5.0 ppb、10.0 ppb。使用最高浓度的标准样品，如 10.0 ppb，通过向固定体积的标准样品中连续加入不同量的消解液，用无汞去离子水将每份溶液稀释到最终的固定体积，配制一系列溶液。例如，向 2.0 mL 校准标准样品中加入 18.0 mL、10.0 mL、4.0 mL、2.0 mL、1.0 mL、0.2 mL 和 0.0 mL 消解液，再加入 0.0 mL、8.0 mL、14.0 mL、16.0 mL、17.0 mL、17.8 mL 和 18.0 mL 去离子水，将每份溶液的最终体积稀释到总体积为20 mL。由此得到稀释比分别为 9∶10、1∶2 、1∶5、1∶10、1∶20、1∶100 和0∶10 的溶液。测定每份溶液中的汞浓度，与不含消解液汞比较，任一在其浓度±5%以内的溶液的稀释比均是可接受的稀释比。如果多份溶液的汞浓度满足该标准，则最低稀释比便是分析现场样品所要求的最低稀释倍数。如果 9∶10 的稀释比满足此标准，则不要求稀释样品。

2)最低样品质量的确定

必须确定每个样品中可采集汞的最低质量,才能有效进行 Hg^0 和 $HgCl_2$ 分析偏差测试和估算测试的目标采样体积/采样时间,并保证测量的有效性。确定汞的最低样品质量直接与分析技术、测定灵敏度、稀释倍数等相关。

最低样品质量应当在所用分析方法最灵敏的校准范围内。为了保证所有样品分析结果处于校准曲线内,必须在该范围内的校准点基础上考虑所有样品的处理(如稀释),以确定需要采集的样品质量。

(1)最低校准浓度或质量的确定。

根据仪器的灵敏度和线性,确定一个能够代表低浓度校准范围的校准浓度或质量。检验是否能够满足多点校准性能标准。选择高于两倍的校准曲线最低点的校准浓度或质量。校准曲线中的最低点必须至少是方法检测限(MDL)的 5 倍,最好是 10 倍 MDL。

为了保证所有现场样品的分析结果处于校准曲线范围内,必须选择较高的浓度或质量。因此,建议选择高于校准曲线最低点的一点作为最低校准浓度或质量。

(2)最低样品质量的确定。

根据最低校准浓度或质量及其他样品处理方法(如最终消解液体积和最低样品稀释量)来确定最低的样品质量。同时还应考虑吸附管第二段中汞的预期值以及穿透标准。

(3)确定浸提/消解分析最低样品质量的举例。

采用 4 个水平的汞标液校准冷蒸气分析系统,即 2 ng/L、5 ng/L、10 ng/L、20 ng/L,并且结果符合校准性能标准。根据校准曲线中最低点的两倍要求,选择 4 ng/L 作为最低校准浓度。消解液的最终样品体积为 50 mL(0.05 L),而且通过分析基质干扰测试确定最小稀释比为 1∶100。

利用下式计算确定最低样品质量。

$$最低样品质量＝4 ng/L×0.05 L×100=20 ng$$

3)Hg^0 和 $HgCl_2$ 分析偏差测试

实验室必须对添加 Hg^0 和 $HgCl_2$ 的吸附管进行分析偏差测试,以证明能够从所选吸附介质回收并定量测定 Hg^0 和 $HgCl_2$。

分析偏差测试采用至少两个不同含汞量的吸附管进行:代表现场采样分析时样品含汞量的下限和上限,用于验证数据的合理性。

(1)Hg^0 和 $HgCl_2$ 分析偏差测试步骤。

Hg 含量的下限为最低样品质量,汞含量的上限为通过采集的烟气浓度和体积估算的最大负载量。为了保证数据有效,实际现场样品的测试必须在本测试确定的上下限范围之内。

(2)元素 Hg^0 分析偏差测试。

分别测定三根含下限 Hg^0 添加量的吸附管的前段，以及三根含上限 Hg^0 添加量的吸附管的前段，对每个添加量进行三次分析。按照现场样品分析的程序，制备和分析每个经过加标的吸附管。每个添加 Hg^0 的吸附管的平均回收率必须在90%～110%。如果分析多种类型的吸附介质，则每种吸附介质需分别进行分析偏差测试。

(3)$HgCl_2$ 分析偏差测试。

分析三根含下限 $HgCl_2$ 添加量的吸附管的前段，以及三根含上限 $HgCl_2$ 添加量的吸附管的前段。$HgCl_2$ 可选择气体或者溶液进行添加。添加溶液时，体积必须小于 $100\ \mu L$。按照现场样品分析的程序，制备和分析每个添加后的吸附管。每个添加 $HgCl_2$ 的吸附管的平均回收率必须在 90%～110%。如果分析多种类型的吸附介质，则每种吸附介质需分别进行分析偏差测试。

4)确定目标采样体积

目标采样体积是确保获得有效数据所需采集的样品体积(即汞的采样质量应在分析校准曲线范围内，并且在分析偏差测试设定的上下限内)。

5)确定目标采样时间

采样时间是最低样品质量的一个函数，与目标采样体积和采样流量相关。汞监测系统进行 CEMS 相对准确度测试时的最少采样时间为 30 min，污染源排放监测的最少采样时间为 1 h。

6)现场回收测试

现场回收测试验证在现场条件下测量系统的性能。

采集和分析三组成对(平行双样)的吸附管样品，将每组样品中的一根吸附管添加已知质量的汞，测定样品中汞的平均加标回收率。进行回收测试时，应估算或确定烟气中汞的浓度。

(1)采样前汞添加量的计算。

利用烟气中汞浓度估计值、目标采样流量以及目标采样时间，确定现场回收测试中的吸附管添加汞的质量。首先，确定吸附管中第一段中预计采集汞的质量。采样前添加量必须在该预计采集质量的 50%～150%。

(2)现场回收测试步骤。

采用两个相同的采样管路，进行现场回收测试。采样前，向其中一个采样管路的吸附管前段添加 Hg^0，汞的添加量应为预计汞采样量的 50%～150%。两个管路进行烟气采样时使用与实际现场采样相同的步骤。采样总体积必须在现场采样测试运行目标采样体积的 ±20% 内。利用与现场样品相同的分析程序和仪器分析两个采样管路的吸附管，确定汞的加标回收率(R)。重复进行三次实验。在测试报

告中报告各 R 值；三个 R 值的平均值必须在 85%～115%[①]。

6. 采样

1)采样前检漏

在已安装吸附管的条件下对采样系统进行检漏。对每一根采样管路抽真空，调节真空度约 50 kPa；利用气体流量计测定泄漏率，每根管路的泄漏率不超过采样流量的 4%。

2)烟气参数的测定

确定或测定烟气参数(如烟气温度、静压、流速、湿度等)，以便确定其他辅助条件，如探头温度、初始采样流量等。

3)样品采集

(1)移除吸附管末端的堵头，将堵头放入洁净吸附管储存容器中。打开法兰孔盖，插入探头，加固探头与法兰的连接，保证无泄漏。

(2)记录原始数据，包括吸附管识别号、日期、运行起始时间。

(3)在开始采样之前，记录气体流量计初始读数、烟气温度以及其他需要的信息等。

4)开始采样

以现场回收测试的采样流量为目标采样流量。

采样期间每隔一定时间，记录日期和时间、样品流量、干式流量计读数、烟气温度、流量计温度(如干式流量计)、加热设备的温度。保证每次运行取样总体积在现场回收测试取样总体积的 20%之内。

5)数据记录

记录基本运行数据，如大气压。采样结束时，记录流量计最终读数和所有其他基本参数的最终值。

6)采样后检漏

采样完成后，关闭采样泵，从采样孔取出带有吸附管的探头，小心密封每根吸附管的前端。调节真空度至采样周期内最大真空度，对每根采样管路再进行一次检漏。记录泄漏率和真空值。每根管路的泄漏率不能超过采样期间平均采样流量的 4%。

---

① 实际测试运行的同时可以进行现场回收测试(例如，通过使用一个可同时安装 4 个吸附管的探头进行采样)。现场回收测试可作为排放源的测试，也可作为汞监测系统的相对准确度(RATA)测试。为了确定具体的现场回收测试是否可以作为 RATA 测试运行，从添加的吸附管的第 1 段和第 2 段中采集的总汞质量减去添加 Hg^0 质量。两者的差值表示烟气样品中汞的质量，用这个烟气样品中汞的质量除以采样体积得到排放烟气中汞浓度。将此浓度与用来加标的吸附管测量的汞浓度进行比较。如果成对采样管中的结果符合相对偏差及其他适用的数据有效性标准，则两个汞浓度的平均值可以用作排放源的测试值或作为 RATA 测试的参考方法数据

7)样品回收

从探头上取出已采样的吸附管且密封两端，回收每个已采样的吸附管。擦净吸附管外壁的沉积物。将吸附管放入适当的样品储存容器中，以适当方式保存。

8)样品处理、保存和运输

所有样品应建立样品保管档案(如 ID 编号，采样日期、时间、采样点和采样人员等)。

7. 质量保证和质量控制

质量保证和质量控制(QA/QC)见表 2.4。

表 2.4　质量保证和质量控制(QA/QC)

QA/QC 测试或技术指标	合格标准	测试频率	不符处理方法
气体流量计校准	在每个流量下的校准因子(Y_i)必须在平均值(Y)的±2%以内	初次使用之前并且当测试后检查不在 Y 的±5%之内	重新进行三点校准直到满足可接受的标准
采样后气体流量计校准	校准因子(Y_i)必须在最新三点校准的 Y 值的±5%之内	每次现场测试后。必须利用烟气对质量流量计进行现场校准检查	重新进行三点校准气体流量计以确定新的 Y 值。重新在现场利用烟气完成对质量流量计的校准。现场测试数据应用新 Y 值
校准温度传感器	传感器测量的绝对温度在参比传感器测量温度的±1.5%以内	初次使用之前和在以后每次使用之前	重新校准直到满足技术要求
校准气压计	仪器测量的绝对压力在水银气压计读数的±1.33 kPa 以内	初次使用之前和在以后每次使用之前	重新校准直到满足技术要求
采样前检漏	≤目标采样流量的 4%	采样前	检漏合格前不应开始采样
采样后检漏	≤平均采样流量的 4%	采样后	样品无效
分析基质干扰测试(仅适用于湿法化学法分析)	确定最低的稀释倍数以消除吸收介质干扰	在分析现场样品之前；对使用的每种类型的吸附介质重复进行测试	现场样品结果无效
分析偏差测试	对于 Hg^0 和 $HgCl_2$ 的 2 个加标浓度，平均加标回收率在 90%～110%之间	在分析现场样品之前和使用新吸附介质前	直到满足加标回收率后才分析现场样品
多点校准分析仪	每个分析仪读数在真实值的±10%内，且 r^2≥0.99	分析当天，在分析任何样品前	重新校准直到合格
分析单独的校准标准样品	在真实值的±10%内	每天校准后，在分析现场样品前	重新校准和重复独立的标准样品分析直到合格
分析后续的校准验证标准样品(CCVS)	在真实值的±10%内	每天校准后，分析≤10个现场样品后，以及在每组分析结束后	重新校准和重复独立的标准样品分析，若有可能，重新分析样品直到合格；对于破坏性分析技术，样品无效
测试运行总采样体积	不超过现场回收测试期间总体积的±20%内	每个样品	样品无效

QA/QC 测试或技术指标	合格标准	测试频率	不符处理方法
Hg 穿过吸附管第一段的穿透率、第二段穿透率	汞浓度>1 µg/Nm³ 时，≤第一段汞质量的 10%；汞浓度≤1 µg/Nm³ 时，≤第一段汞质量的 20%	每个样品	样品无效
平行双样的一致性	汞浓度>1 µg/Nm³ 时，相对偏差(RD)≤10%；汞浓度≤1 µg/Nm³ 时，RD≤20% 或绝对误差≤0.2 µg/Nm³	每次测试	测试无效
样品分析	在标准曲线范围内	所有第一段样品，其烟气汞浓度≥0.5 µg/Nm³	若有可能在更高浓度重新分析，若不在校准范围内则样品无效
样品分析	在 Hg⁰ 和 HgCl₂ 分析偏差测试的限定值内	所有第一段样品，其烟气汞浓度≥0.5 µg/Nm³	扩大 Hg⁰ 和 HgCl₂ 分析偏差测试的限值；如果不成功，样品无效
现场回收测试	对于 Hg⁰，加标回收率在 85%~115%	每次现场测试 1 次	在现场回收测试不成功情况下现场样品测试无效

8. 校准

1)气体流量计校准

A. 初始校准

在气体流量计初次使用前，应进行校准。初次校准可由制造商、设备供应商或最终用户完成。如果流量计是体积流量计(如干式流量计)则制造商或最终用户可利用任何气体进行直接校准。对于质量流量计，制造商、设备供应商或最终用户可利用以下任何一种气体校准流量计：

i)含 12% ± 0.5%二氧化碳、7% ± 0.5%氧气和用氮气平衡的混合气(适用于燃煤锅炉)；

ii)按采样烟气比例配置的含二氧化碳、氧气和氮气的瓶装混合气；

iii)实际烟气。

B. 初始校准步骤

设置 3 个校准流量(采样系统运行时的样品流量范围)校准气体流量计以确定平均校准因子(Y)，如果校准干式流量计，则每个流量下干式流量计至少运转 5 圈。

C. 初始校准因子

通过取参比采样体积与气体流量计记录的采样体积之比，计算每个测试流量下的各校准因子 Y_i。将 3 个 Y_i 值平均以确定流量计的校准因子 Y，每个 Y_i 值必须在 Y 的±0.02 范围内。除另有规定之外，使用初始的三点校准得到的平均 Y 值调节后续使用气体流量计的气体体积。

D. 采样前现场校准检查

对于质量流量计，如果流量计最新的三点校准是使用压缩气体混合物进行的，为了保证流量计准确地测量烟气的体积，在测试之前需要进行以下现场校准检查：

在采集烟气时，应以监测系统正常运行时的典型中间流量来检查流量计的校准。如现场校准检查显示 Y_i 值，(被测流量的校准系数)与流量计初始校准时所获 Y 值之差值相差超过 5%，则应使用烟气重复进行三点校准流量计，以确定新的 Y 值。将新的 Y 值校准所有随后采用气体流量计测得的气体体积。

E. 采样后校准检查

每次现场测试后，在平均采样流量下进行气体流量计的校准检查。校准检查时，干式流量计至少运转 3 圈；质量流量计，必须在离开测试现场之前采集烟气进行校准检查。如果一个点的校准检查表明在测试流量下的 Y_i 值与当前 Y 值相差超过 5%，则重复全部三点校准步骤以确定新 Y 值，应用新 Y 值校准现场测试期间记录的数据。对于质量流量计，应使用烟气重新进行三点校准。

2)热电偶及其他温度传感器

采用标准方法校准烟道内温度传感器和热电偶。指针式温度计应对照玻璃水银温度计进行校准。在初次使用之前以及每次现场测试之前必须进行校准。在每个校准点，由温度传感器测量的绝对温度必须在基准传感器测量温度的±1.5%以内，否则不得使用。

3)气压计

在初次使用之前以及每次现场测试之前必须进行校准，并且气压计测量的绝对压力必须在水银气压计测量压力的±1.33 kPa 范围内，否则不得继续使用。

9. 分析

现场汞样品和质控样品的分析，可使用能够定量测定吸附介质中总汞并且满足性能标准的任何仪器或技术。由于有多种分析方法、仪器和技术适合吸附管的分析，因此在此不提供详细的分析步骤。

1)分析系统校准

分析系统应进行三点或三点以上的多点校准(必要时应校准多个校准范围)。

现场样品应在确定的分析量程范围内，对于超量程的样品，需要进行一系列稀释以确保样品在确定的范围内，对于在分析过程中消耗吸附介质样品的(即热解析技术)，在样品分析之前对分析系统进行适当的校准。

应确定校准曲线范围以便确定预期采集和测量的汞质量在校准范围内。按照具体的分析技术，在制备介质/标准溶剂后，可采用标准溶液或在吸附介质中加入标准溶液的方式生成校准曲线。对于每个校准曲线，线性相关系数的平方值，即

r^2 必须大于或等于 0.99；而且在每个校准点，分析仪响应必须在参比值的±10%以内。必须在分析当天，在分析任何样品之前进行校准。在校准之后，应分析一个单独的标准样品。单独制备的标准样品的实测值必须在真实值的±10%范围内。

2)样品准备

小心分析每根吸附管的各分段吸附介质，同时分析与每段吸附剂有关的所有材料；气体进入每段吸附介质前通过的隔断材料(如玻璃棉隔离介质、酸性气捕集介质等)也应该随该分段吸附剂一起被分析。

3)现场样品分析

按照 Hg^0 和 $HgCl_2$ 分析偏差测试相同的步骤分析吸附管样品。必须单独分析吸附管的各吸附段及其相关材料(即第一段及其隔断、第二段及其隔断)。所有的吸附管第一段样品分析必须在分析系统的校准范围内。对于湿法分析，可以通过稀释样品控制在校准的范围内。但对于热解分析，不能重新分析不在校准范围内的样品。因此，如果不能确认样品含量，则必须采集另一个样品。建议在多个范围内校准分析系统，以保证热解分析的样品在校准范围内。每根吸附管第一段中实测的 Hg 总质量也必须在初次 Hg^0 和 $HgCl_2$ 分析偏差测试期间确定的上下限范围内。如果超出这些限定范围，需要进行包括该浓度的追加 Hg^0 和 $HgCl_2$ 分析偏差测试。部分样品(如当烟气浓度低于 $0.5\ \mu g/m^3$ 时，吸附管第二段中收集的质量，或者吸附剂第一段中收集的质量)中汞水平可能很低，以至于不能在分析系统的校准范围内定量测定。所以为了确认排放数据必须可靠地评估测量中低浓度的汞，所以使用最低检测限 MDL(确定可以检测和报告的最低量)。如果实测质量或浓度低于校准曲线最低点并且在 MDL 之上，则分析人员必须完成以下操作：

(1)根据针对在 MDL 和校准曲线最低点间的浓度或质量的追加校准标准样品分析仪器的响应，估算样品的质量或浓度。

(2)通过确定一响应因子(如单位/汞质量或浓度)，根据分析响应和该响应因子估算样品中汞的质量。

4)后续校准检查标准样品(CCVS)的分析

在不超过 10 个样品或每组分析结束时，必须分析后续校准检查标准样品。后续校准检查标准样品的实测值必须在真实值的±10%范围内。

5)空白

空白分析可选择进行。

空白分析有助于验证是否有汞污染或者汞污染水平是否可接受。当定量穿透低浓度/质量的汞或穿透的汞液度/质量对计算吸附管第二段穿透率存在较大干扰时，应考虑空白值。禁止用空白值修正吸附管结果。

10. 计算

(1)汞浓度计算：

$$C_a = \frac{m_1 + m_2}{V_t} \tag{2.53}$$

式中，C_a 为吸附管 a 采样期间实测的汞浓度，$\mu g/Nm^3$；m_1 为吸附管第一段中实测的汞质量，μg；m_2 为吸附管第二段中实测的汞质量，μg；V_t 为在采集期间计量的干气体积，Nm^3。

(2)成对吸附管一致性的计算：

$$RD = |\frac{C_a - C_b}{C_a + C_b}| \times 100\% \tag{2.54}$$

2.2.2.2　金汞齐富集法测定烟气中的总汞(JIS K0222－1997)

1. 概述

通过金汞齐对样气中的汞进行富集后，通过加热气化炉加热，用原子吸收法或原子荧光法对挥发出的汞进行定量分析。

2. 采样装置

采样装置主要包括采样管、采样管线、保温加热线、气体洗涤瓶、除湿瓶、冷却水槽、汞富集管、抽气泵、湿式气体流量计，如图 2.8 所示。

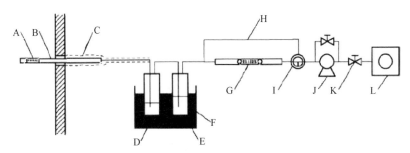

图 2.8　采样装置构成

A. 过滤材料；B. 采样管；C. 保温材料；D. 气体洗涤瓶；E. 除湿瓶；F. 冷却水槽；G. 汞富集管；
H. 旁路；I. 气路切换阀；J. 抽气泵；K. 流量调节阀；L. 湿式气体流量计

采样管：由砌硅酸玻璃、石英玻璃、钛或者陶瓷制作。

采样管线：管材为聚四氟乙烯，如不需加热，也可选用特制的聚氯乙烯材料。

保温加热线：玻璃纤维带加热。

气体洗涤瓶：气体洗涤瓶中装有 100 mL 缓冲液。

除湿瓶：250 mL 空洗涤瓶。

冷却水槽：水温在 25℃以下

抽气泵：可控制流量在 0.2～0.5 L/min。

湿式气体流量计：耐腐蚀性，最小刻度为 0.001 L。

3. 试剂与材料

(1)汞富集剂：称取 30～40 目的石英砂约 3 g，将 1 g 四氯化金加入到 20～30 mL 去离子水中溶解，混匀。80℃加热，干燥后，倒入管状炉，通入空气同时加热到 600℃约 30 min。

(2)缓冲液：中性磷酸盐 pH 标准液。

4. 采样

经过滤尘后的样气，以 0.5～1.0 L/min 的流速通过汞富集管。采样后迅速将富集管放入玻璃材质的试管内，用丁基橡胶塞子密封。另外为了测量本底值，需要准备空白的汞富集管。

5. 样品分析

1)试剂

(1)15～20 目的活性炭颗粒。

(2)缓冲液。

(3)载气为无汞空气或者惰性气体。

(4)汞标准气体。

汞标准气体调节装置举例如图 2.9 所示。

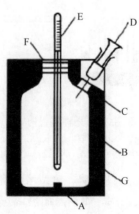

图 2.9　汞标准气体调节装置构成

A. 汞；B. 容器；C. 硅胶塞；D. 气体注射器；E. 温度计(最小刻度 0.1℃)；F. 硅胶塞；G. 绝热材料

容器中放入少量的汞，在一定温度的室内放置 1 h 以上。容器内的温度通过温度计读取，根据汞的扩散率求得容器内的汞浓度。通过气体注射器采取一定的量，作为汞标准气体。

2)装置

加热气化装置由汞去除过滤器、加热气化炉、除湿瓶、气体洗涤瓶、富集炉、流路切换阀、吸收气室、抽气泵、流量计、汞去除装置、汞富集管等组成。装置的构成如图 2.10 所示。

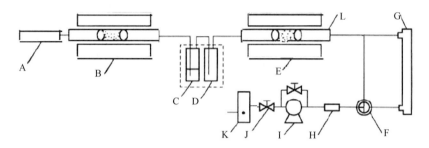

图 2.10　加热气化装置

A. 汞去除过滤器；B. 加热气化炉；C. 气体洗涤瓶；D. 除湿瓶；E. 汞富集炉；F. 流路切换阀；G. 吸收气室；
H. 汞去除装置；I. 抽气泵；J. 流量调节阀；K. 流量计；L. 二次汞富集管

3)操作程序

(1)将汞富集管插入加热气化炉，通入 0.2～0.5 L/min 的载气，同时加热到 600～800℃约 3 min，将产生的汞导入二次汞富集管①。

(2)切换流路切换阀，将载气导入吸收气室。

(3)在 500～800℃的一定温度下加热二次汞富集管，将产生的汞载入吸收气室。

(4)在波长 253.7 nm 测定吸收峰高或者峰面积。

(5)使用空白实验测定用的汞富集管，进行(1)～(4)的操作，求得空白试验值。

(6)根据标准曲线求得汞的质量，样气的汞浓度计算式为

$$C = (A - A_0) \times \frac{1}{V_s} \tag{2.55}$$

式中，C 为汞浓度，$\mu g/m^3$；A 为根据标准曲线求得的汞的质量，ng；A_0 为空白实验值，ng；V_s 为样气采集体积，L。

(7)标准曲线按以下流程：

i)取下汞去除过滤器，用气体注射器抽取不同量的汞标准气体 0.1～10 mL，启动抽气泵的同时导入汞富集管。

_____

① 根据富集剂的充填方法，汞的脱附速率可能会产生差别，因此需要用规格一致的富集管进行富集；有机化合物在汞的测定波长处产生干扰，因此要去除有机物，所以富集管需要加热到约 150℃

ii)按操作程序(1)～(5)进行操作。

iii)导入标准气体后，安装汞去除过滤器。

iv)绘制汞的质量和测量值之间的关系曲线，作为标准曲线。

2.2.2.3　烟气汞离线监测设备

市场上供应的烟气汞的离线监测设备主要基于美国 EPA 方法 30B 活性炭吸附管法来测定烟气中的气态总汞的含量。此种监测设备操作简单，但只能测定烟气中的气态总汞，且采样点需设置在烟气净化装置后颗粒物含量较低的位置。

1. APEX 公司 XC-6000EPC 型烟气汞离线监测设备

APEX 公司是一家全球领先的烟道采样仪器制造商，该公司依据美国 EPA 标准制备了各类烟道采样设备，一直致力于向全球提供技术先进、性能卓越的一系列仪器安装方案和经验。XC-6000EPC 自动汞采样器是按照美国 EPA 方法 30B 的技术要求和 U.S. 40CFR 75 附录 K 设计的自动采集固定污染源排放汞的采样系统。该仪器控制器实现完全自动化，适合固体吸附剂长期采集烟气中气态总汞。该监测设备可以应用于燃煤电厂、钢铁厂、水泥厂、城市垃圾焚烧等领域的固定污染源汞的排放监测。

1)系统原理及组成

XC-6000EPC 是利用成对汞吸附管吸附烟道中的气态总汞(图 2.11)。仪器主

图 2.11　XC-6000EPC 外形图

要由双路独立采样控制系统、双路吸附管采样探头、加热管线、斯特林制冷器和软件系统组成，可选 S 型皮托管烟气流速测量系统。XC-6000EPC 通过自动采集数据、调节流量、泄漏检测、控制温度和校正、自动计算，简化了采样过程。所有数据均可以通过以太网、USB 或者其他无线接口传输。

2)系统主要部件

A. 控制主机

XC-6000EPC 汞采样器主机在双吸管采样期间采集所需数据。主机控制系统主要有流量计、压力传感器、真空泵、干式计等，流量控制系统实现采样流量与烟气排放流量成比例采样，并计算出抽入吸附管的烟气标准体积(图2.12)。使用两个隔膜真空泵来采集样品，配合比例阀门和质量流量计，将样品采集到吸附管中，在所需采集时间内采集双份样品，保证采集烟气气态总汞的测量精度。流量计中的光电计数器提供采样体积的数字数据。最后通过分析样品确定平均排放。全自动主机支持：数据采集、实时数据、内部闪存、采样流量调整、平行或恒流外部输入、温度控制、泄漏检测、校准、计算、多种报警菜单和输出、接受外部模拟信号、数据传输至计算机、断电后手动或自动启动。

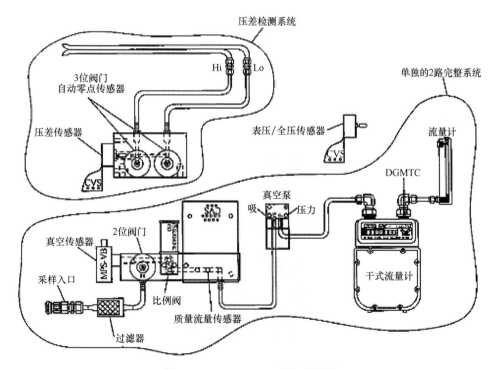

图 2.12　XC-6000EPC 系统流程图

B. 采样探头

采样探头(图 2.13)由耐高温、耐腐蚀 316 不锈钢或哈氏合金 C276 制成。探头顶端吸附管与探头间接密封连接，无泄漏。探头和吸附管组件加热温度足以避免在吸附管内部出现冷凝。采样探头前段配置热电偶、S 型皮托管。

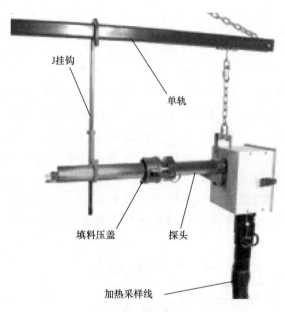

图 2.13　采样探头

C. 制冷器

SGC-4400 斯特林气体调节器(图 2.14)设计用于去除样气中的水分和酸性气

图 2.14　SGC-4400 斯特林气体调节器

体。使用密闭良好的双通道气体调节系统，用于将气体制冷到恒定露点。模块由不锈钢外壳密封，这种制冷剂，活塞式反复压缩氦气，进行热交换。

D. 软件系统

软件系统支持全自动采样和远程控制。汞采样器自动软件基于 Windows 平台工作。用户可以快速地设置检测文件，运行采样，传感器校正，DGM 校正，运行季度测试，在检测运行时或之后下载检测数据。软件可以单独提供。直观的窗口界面可以通过本地 PC 或远程网络连续运行。

3) 系统功能特点

(1) 用于双路采样的全自动主机；

(2) 双路质量流量传感器；

(3) 双路干式流量计(含光电计数器)；

(4) 大气压传感器：量程 600～1000 mbar①；

(5) 两个长寿命无刷直流隔膜泵(6 L/min，67.73 kPa)；

(6) 内部闪存(可存储 90+运行)；

(7) 用户数据采集控制板(TC/MUX&DAC)；

(8) 基于 RISC 微控制器技术；

(9) 外部输入：湿度分析仪，烟道流量，远程暂停；

(10) 平行或恒流控制；

(11) 可接收外部模拟信号或平行流量控制；

(12) 14 位 A/D 转换器，8 通道；

(13) 8 个 15 kV 隔离 K 型 TC 通道；

(14) 流量计量程 100～1000 mL/min；

(15) 多种报警和响应；

(16) 断电后手动或自动重启。

4) 技术性能指标

(1) 干式气仪：25 型系列，容积式，每转 0.7 L，带正交脉冲输出的光编码器传感器，8 数位 LCD 显示器，1 cm³ 分辨率，采样体积取值至标准温度和气压，然后存储。

(2) XC-6000EPC 自动汞采样器采样泵：BTC 隔膜，无刷电机-12 V 直流电，真空 67.73 kPa，平均故障间隔时间 10000 h，3900 r/min，最大 PSIG 165.47 kPa。

(3) XC-6000EPC 自动汞采样器采样流量控制：

i) 真空：0～30 inHg(0～101 kPa)，精确度 2%；

ii) 带质量流量传感器、真空传感器和比例阀的不锈钢采样阀组；

---

① 1 bar=10⁵ Pa

iii)成比例或恒定的流量采样；

iv)质量气流：成比例的流量控制，100～2000 mL，端口样式，多种支架；

v)比例阀：电压敏感型通径(VSO)，12 V 直流电。

(4)数据采集控制板(DAC)：

i)基于微控制器的增强 16 位闪存精简指令集计算机 RISC，主线和数字信号处理；实时时钟，带有自动备份和写保护的外部 SRAM；

ii)高速 14 位 A/D 变流器，带并行 DSP 界面；

iii)1 GB SD 记忆卡用来存储数据，可存储 99 次测试(30 天运行)，带全部 TCP/IP 协议和 256 位加密技术的嵌入式以太网卡端口；

iv)USB 2.0 通信输入连接。

(5)热电偶多路器：

i)允许 K 型热电偶输入；输入保护包括静电放电(ESD)气体放电管和过载保护；

ii)11 个 Pic 微控制器，每个通道 1 个，以及 MUX 电路；

iii)MUX 电路接收到多重输入并挑选后进行输出；

iv)10 个微控制器，每个用于单独的光学隔离通道。

(6)综合温度控制：为通过 25 A 固态继电器(25 amp SSR)控制高温输出探针/管设计的 DAC。

(7)气压：600～1100 mbar，17.7～32.4 mmHg，温度补偿，放大输出。

(8)XC-6000EPC 自动汞采样器通信：

i)计算机用户界面，通过以太网，USB 或可选无线路由器；

ii)通过用户网络计算机上的机载可配置路由器远程访问和控制；

iii)另选 TCP/IP MODBUS 网络通信协议(ASCII 或 RTU)与 DAS 通信；

iv)另选界面到 DAS 系统，通过 TCP/IP MODBUS 网络通信协议。

(9)尺寸规格：35.56 cm × 48.26 cm × 39.37 cm。

(10)质量：15.5 kg。

2. ESC 公司 HG-220 型烟气汞监测系统

HG-220 双通道污染源采样器是美国 ESC(Environmental Supply Company)开发一种多途径采样控制台。主要应用之一是适用于基于美国 EPA 方法 30B 烟气中的气态总汞的采样。该采样器轻便、耐用，专为短期 RATA(相对准确度)测试而设计，可应用于对 Hg CEMS 设备的认证对比及对除汞设备运行状态的诊断型研究。

1)系统原理及组成

HG-220 型烟气汞监测系统采用 30B 半自动双通道采样器，该仪器无数据记录，所有相关数据都由操作者手动记录。采样器封装于坚固的、可便携的箱体中，足以应对最苛刻的测试环境。易于拆卸的前面板使得对组件的拆卸十分容易。长寿的双头隔膜泵能够同时探测流量的增加,集成化的设计能够为所有的内部组件提供良好保护。整套系统包括双通道不锈钢/耐蚀耐热镍基合金(Hastelloy)加热探头以及热阱,双加热样品管线,双冷凝系统及连接线缆。HG-220 型烟气汞监测采样系统(图 2.16)主要由三个部分构成:加热采样探头、冷凝系统、控制台。三部分中间由线缆进行连接。其采样原理见图 2.15 和图 2.16。

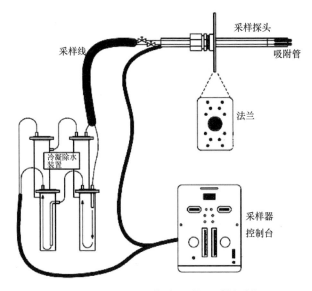

图 2.15　HG-220 型烟气汞监测采样系统

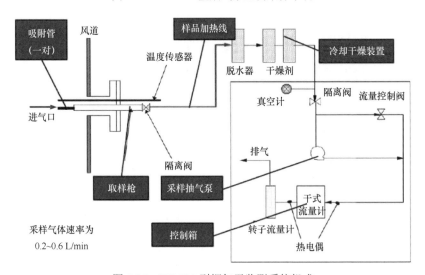

图 2.16　HG-220 型烟气汞监测系统组成

2)系统主要部件

加热采样探头用于吸取烟道中的烟气，同时防止吸附阱区域水的冷凝。

A. 采样探头

i)采样探头前端：采样探头包含 1、2 两个独立通道，前端同时安装两支活性炭吸附管。热电偶：采样探头前端有热电偶，用于探测烟道内的温度(Stack)。

ii)采样探头后端：采样器后端分为气路、供电电路、热电偶电路三个部分。气路，两路特氟龙管线，采样探头后端 1、2 两个气路分别与特氟龙管线进行连接；供电电路，用于对加热探头的保温处进行供电；热电偶，采样探头前端有热电偶，用于探测烟道内的温度。热电偶连接时，应注意正反面，+对应+，–对应–；Stack，Sorbent 和 Probe 分别对应采样探头三个不同位置的热电偶。Stack 热电偶位于探头最前端，用于测试烟道内气体温度；Sorbent 热电偶位于探头内部前端吸附剂加热区，用于确定吸附阱区域的温度。一般加热至 120℃；Probe 热电偶位于探头内部后端，用于了解探头后端温度，防止水汽冷凝。

B. 冷凝系统

冷凝系统见图 2.17，将烟气中的水汽去除，确保进入控制台干式气体流量计的气体为干燥气体。冷凝系统主要有 30B 短期采样冷凝设备、30B/PS-12B 连续采样用冷凝设备、30B/PS-12B/Appendix K 连续采样用冷凝设备三种，用户可以根据具体的需求进行选择。

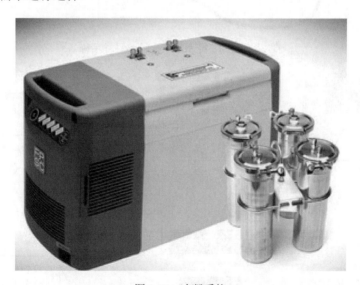

图 2.17　冷凝系统

30B 短期采样冷凝设备见图 2.18，其轻便、便携、冷凝效果满足短期测试需求。

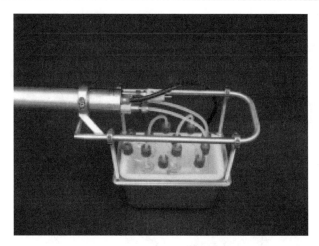

图 2.18　30B 短期采样冷凝设备

30B/PS-12B 连续采样用冷凝设备(图 2.19)中 1/2 号管路硅胶瓶,装硅胶;1/2 号管路冷凝瓶,用于冷凝烟气中水分;容量大、冷凝效果满足连续测试需求。

图 2.19　30B/PS-12B 连续采样用冷凝设备

30B/PS-12B/Appendix K 连续采样用冷凝设备(图 2.20)容量大、连续制冷、冷凝效果满足连续测试需求。

C. 控制台

控制台计量采集的干燥气体流量,对采样探头进行温度控制,获得相关参数等(图 2.21 和图 2.22)。

图 2.20　30B/PS-12B/Appendix K 连续采样用冷凝设备

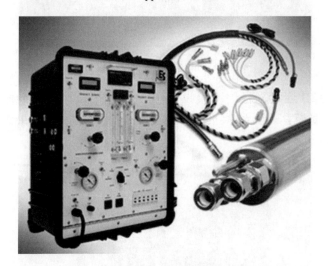

图 2.21　HG-220 汞污染源采样控制台

3)系统功能特点

(1)现场操作简单,可实现 2 人全过程快速采样。

(2)双头隔膜泵及 12 V 长寿无刷直流电动机。

(3)低流速数字式干气流量计及可调零的体积流量设定计,1 cm^3 分辨率。

(4)不锈钢针形阀控制流量及真空度。

(5)固体丙烯酸流量计(0.2~4 L/min)。

(6)坚固的 Pelican®防水箱及铰链式检修门可轻易的对内部组件进行维护。

(7)数字式定时器。

(8)方便的侧悬挂式连接防止线缆对操作者工作的干扰。

(9)酸雾洗涤器保护内部精密组件免受腐蚀。

(10)完全密闭的系统保证无样品泄漏。

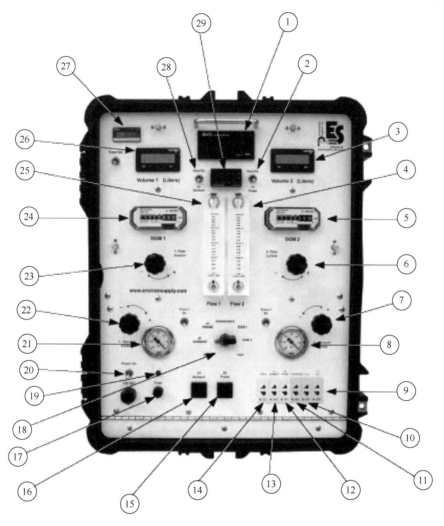

图 2.22　HG-220 汞污染源采样器正面结构图

1. 数字式温度显示；2. 探头 2 区加热开关；3. 通道 2 数字式干气流量计；4. 通道 2 流量计 (1~4 L/min)；5. 通道 2 模拟式干气流量计计数器；6. 通道 2 流量控制阀；7. 通道 2 真空控制阀；8. 通道 2 真空计；9. 热电偶输出(备用)；10. 辅助热电偶输入(备用)；11. 冷凝器热电偶输入(备用)；12. 探头 2 区输入(备用)；13. 吸附剂 1 区热电偶输入(备用)；14. 烟气热电偶输入(备用)；15. 探头 2 区加热电源(备用)；16. 吸附剂 1 区加热电源(备用)；17. 15A@240VAC 保险丝；18. 7 站式温度选择器；19. 电源指示器；20. 电源开关；21. 通道 1 真空计；22. 通道 1 真空控制阀；23. 通道 1 流量控制阀；24. 通道 1 模拟式干气流量计计数器；25. 通道 1 流量计；26. 通道 1 数字式干气流量计计数器；27. 计时器(小时：分钟：秒)，电池供电；28. 吸附剂 1 区加热开关 ON/OFF；29. 吸附剂 1 区，探头 2 区温度控制器

(11) 7 通道转换数显温度。

(12) 双特氟龙样品加热传输管线。

(13) 可选 HG-C200 斯特林冷凝系统或者不锈钢冲击瓶冷凝系统。

4)技术性能指标

(1)机械式流量计检测限：0.7 L。

(2)光编码器的数字流量计检测限：0.001 L。

(3)最高量程：9999.999 m^3。

3. Lumex 公司 RA-915 型多功能汞分析仪

RA-915 型多功能汞分析仪于 1991 年设计定型，1998 年首次引入国内，其新颖的技术、紧凑的结构和模块化设计为国内同行所认同。RA-915 型多功能汞分析仪利用热解析附件可直接热解(无需任何预处理过程)分析食品、生物组织、矿物燃料和其他复杂样品中的汞含量；也可利用液体附件实现对饮用水、天然水等低浓度水样的汞含量进行分析。该套仪器最大优点是样品无需消化、预处理等繁琐步骤。

1)系统概述

RA-915m 测汞仪是汞分析系统中的一部分，该汞分析系统包括测定气态、液态和固体样品在汞的含量。汞分析系统主要是由主机、Pyro-915+热分析附件、RP-92 液体附件。RA-915m 汞分析仪具有高灵敏度、宽量程，在水和气体样品中有超低汞检测限，主机可以直接分析大气汞含量，配合 Pyro-915+热分析附件可以分析食品、土壤、煤、生物样品、岩石等固体样品，配合 RP-92 液体附件可以测饮用水，天然水等低浓度汞分析汞含量液体样品。在大多数情况下，复杂组分样品中汞含量的测定时无需进行样品的前处理。

2)工作原理及组成结构

RA-915m 汞分析仪是在塞曼原子吸收光谱法(图 2.23)的基础上应用了高频调制偏振光技术(ZAAS-HFM)。

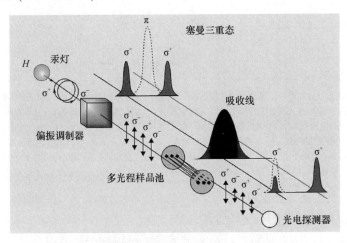

图 2.23　塞曼冷原子吸收汞分析技术原理示意图

放射源(汞灯)置于永磁体 H 内，汞共振线 λ，被分为 π、σ^- 和 σ^+ 三种偏振塞曼组分，当射线沿着磁体直向传播时，光电探测器仅仅探测 σ 射线，其中一部分落在吸收线的侧面，另一部分落在外界。当检测池中无气态汞时，两部分 σ 射线的强度是一样的。当检测池中有原子吸收时，两部分 σ 射线的强度的差异随着汞浓度的增加而增加。

σ 射线被偏振调制器分开，σ 射线的光谱移动明显小于分子吸收波段的宽度和散射范围，因此，各部分间干扰而产生的背景吸收不影响仪器的读数。10 m 长的多光程样品池可有效地提高仪器的灵敏度。

3)系统主要部件

A. RA-915m 汞分析仪主机

汞灯放置在磁场两极的中间，由高频发生器激发。光线通过偏振调制器到达光桥。光桥依据操作模式，自动切换光路。光桥模式一时，光线通过汞校准池，穿过多光程样品池、单光程样品池组件，被检测器检测到；光桥在模式二时，光线到达检测器之前，只能通过单光程样品池组件；光桥在模式三时，光线通过可拆卸的外接样品池光学单元、单光程样品池组件，到达检测器。光电检测器产生的信号通过信号处理单元，将信号按照调制频率分离，并产生分析信号。最后信号在控制单元或计算机上显示出来(图 2.24 和图 2.25)。

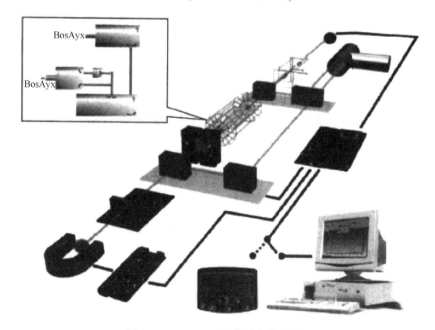

图 2.24　RA-915m 汞分析仪的结构图

图 2.25　RA-915m 实物图

B. Pyro-915+热分析附件

Pyro-915+热分析附件(图 2.26)采用热解析技术(符合 EPA 7473 方法)将样品中的汞转化为单质汞，然后通过塞曼背景校正技术，利用汞原子蒸气对 254 nm 共振发射的吸收进行分析定量。应用热解技术直接(无需任何预处理过程)分析食品、生物组织、矿物燃料和其他复杂样品中的汞含量。热解析室单元可控温程序及多样本操作模式保证样本检测最优化。

Pyro-915+热分析附件(图 2.26)的操作原理是基于热分解混合样品和塞曼校正技术的原子吸收光谱(ZAAS)检测生成的汞元素总量。泵(3)和电源供给及泵单元(1)用来将空气泵入雾化室和分析单元。进口吸收过滤器(2)用来除掉空气中的汞以得到不含汞的气体作为载气。样品放入样品舟(11)后插入雾化器的第一室(7)，在此样品被加热到 200~800℃(取决于所选择的模式)。汞化合物被蒸发和部分分解形成单质汞。所有形成的气态产物再被载气(环境空气)运送到雾化室第二室(8)。在此汞化合物被完全分解，有机材料完全烧掉。从雾化器的下游引入的气流进入分析单元(9)被加热到 700℃，汞原子在 RA-915+分析仪(13)被检测。该方法不必使用金丝富集和冷却步骤，因此可以消除后续问题。应用 ZAAS 结合热解炉技术能够在样品检测时实现无干扰地最高的灵敏度检测。汞在热解炉内加热区检测时直接和光谱仪耦联。由于高温分解样品，高温(700℃)和短滞留时间可以防止汞原子与其他活泼原子重组的产生。纯净的环境空气用于燃烧，所以不需氧气钢瓶或者压缩气体和洁净室的环境要求。加热单元的泵频率和电源供给，电源和泵系统控制器(4)的预置能级可以实现雾化室和分析单元自动维护。分析结果会在计算机的监视器(14)上显示出来。

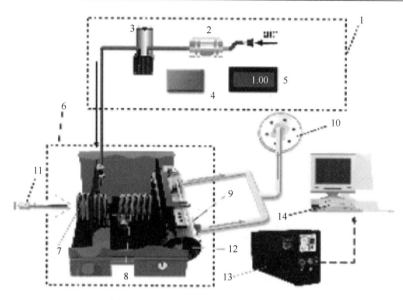

图 2.26 Pyro-915+热分析附件结构图

1. 电源供给和泵单元；2. 进口吸收过滤器；3. 气泵；4. 泵系统控制器；5. 指示器；6. 热处理单元；7. 雾化器的第一室 (蒸发室)；8. 雾化器的第二室 (催化补燃室)；9. 分析单元 (加热的)；10. 出口吸收过滤器；11. 有试样的样品舟进样；12. 外置光学单元；13. 单元舟汞分析仪；14. 计算机监视器

C. RP-92 液体附件

RP-92 液体附件(图 2.27)利用汞原子蒸气对 254 nm 共振发射线的吸收来进行分析。使用还原剂将样品中的汞还原成原子态，通过后续空气流将所还原出来的汞原子输送到分析单元(冷原子技术)，由主机分析单元测量汞浓度。RP-92 附件

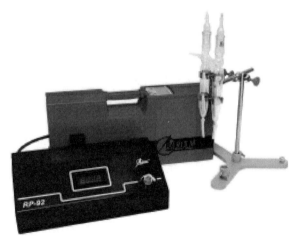

图 2.27 RP-92 液体附件实物图

配合 RA-915M 分析仪主机，采用"冷蒸气原子吸收光谱法"技术实现液体样品(水样、血液、尿样)的快速分析。

4)功能特点及应用领域

A. 功能特点

i)分析样品(空气、液体、固体包括背景干扰严重的复杂样品)无需进行预处理，可直接分析；

ii)采用塞曼背景扣除技术，抗干扰能力强；

iii)分析仪采用单光程和多光程吸收池，多光程吸收池的光程最大可达到 10 m；

iv)分析仪内置密闭光源，对仪器进行永久校准；

v)检测速度快，操作简单，单个样品测试时间小于 2 min；

vi)可直接测试大气背景汞含量，评估区域气体汞污染状况。

B. 应用范围

i)环境检测：分析土壤、底泥、生物、环境空气、地表水和废水、沉积物中汞含量；

ii)排放源监测：分析烟气、飞灰、燃料(煤和煤泥等)、水泥、吸附剂中汞含量；

iii)食品安全：分析各类食品样品，包括鱼肉、肉类、牛奶、蔬菜、酒类饮料等中汞含量；

iv)职业安全：工作环境安全监测、废物处理、呼入空气、尿样、头发和血样中汞含量。

2.2.3 烟气汞连续在线监测法与设备

2.2.3.1 固定污染源烟气汞排放监测系统(Hg CEMS)

1. 概述

本节介绍了基于固定污染源烟气汞排放监测系统(Hg CEMS)对烟气中汞污染物含量进行分析监测的相关方法及操作内容。

在本节中，描述了 Hg CEMS 从采样、转换、分析并提供总气态汞数据的相关过程。在监测过程中，单质汞和二价汞数据可以被分离，总气态汞浓度等于单质汞与二价汞之和。采用 Hg CEMS 方法时应符合相关性能指标以此证明数据的准确性，如系统校准、干扰测试、动态加标测试、系统干扰及漂移测试等。

2. 术语和定义

1)零气

指浓度低于测量系统最低检测限的气体。

2)低浓度气体

分析仪校准量程的 10%~30%的校准气体。

3)中浓度气体

分析仪校准量程的 40%~60%的校准气体。

4)高浓度气体

浓度等于分析仪校准量程的校准气体。

5)转换器

将二价汞 Hg^{2+} 还原成单质汞(Hg^0)的一种装置。

6)校准量程

指在采样期间仪器有效响应的最高限值。

测量污染源排放浓度范围在校准量程的 0%~100%(如测定污染源汞浓度应该在低浓度和高浓度标准气体校准范围内)。建议校准量程至少为污染源烟气浓度的两倍,从而更好地适应动态校准流程。

7)中心区

指烟道或者管道断面的几何中心区域。

8)漂移

Hg CEMS 按规定的时间运行后,汞分析仪的读数与已知参考值(如零气、低浓度、中浓度、高浓度气体)之间的差异。

9)动态加标

将已知质量或浓度的气态 $HgCl_2$,在已知流量下注入探头样品气流与样气混合后进入汞分析仪。

用于评估烟气基体对测量准确度的影响。

10)汞分析仪

能够测量气态汞浓度的设备。

11)干扰测试

检测干扰气体对 Hg CEMS 测量准确度的影响。

干扰气体是指存在于烟气中,对分析系统引起测量偏差的气体。

12)烟气汞连续在线监测系统(Hg CEMS)

用于分析测试、显示和记录烟气中气态汞的浓度,主要包括采样单元、转换单元、样品传输单元、样品处理系统、流量控制单元、汞分析仪和数据记录仪部分。

13)响应时间

指系统显示值达到目标值的 95%时所需要的时间。

3. 仪器设备

1)系统部件要求

(1)所有采样系统的部件，包括探头部件应使用惰性材料，如 PFA、特氟龙、石英，经处理过的惰性不锈钢等。

(2)系统应符合所有干扰测试、系统校准误差、系统完整性、漂移和加标测试标准。

(3)系统应能够测量并控制采样流量。

(4)在转换器(Hg^{2+}还原成 Hg^0)之前的所有部件都必须保持样气温度高于酸性气体露点的温度。

2)测量系统

图 2.28 为固定污染源烟气汞在线监测系统示意图。

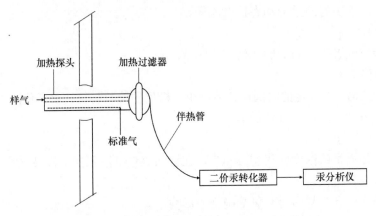

图 2.28　固定污染源烟气汞在线监测系统示意图

A. 采样探头

材质必须符合前述系统部件要求，需配置进行校准和加标的端口，并有足够长度能符合采样要求。

B. 过滤器或者其他颗粒物去除装置

过滤器或者其他颗粒物去除装置的材质必须符合前述系统部件要求。

C. 采样管线

连接探头、转换器、调节系统和分析仪的管线，材质必须符合前述系统部件要求。

D. 样品预处理系统

对于干基系统，需要冷凝器、干燥器或者其他适合的装置去除所采样气中的水分。在除湿部件之前，使用加热采样探头和加热样品传输管线，以避免所采样气产生冷凝。

对于湿基系统，必须保持样气温度高于露点温度，可以采用以下两种方式：

i)使用加热采样探头和加热样品传输管线，保证样品传输过程中温度高于露点温度，样品直接进入分析仪进行分析(使用热-湿抽取系统并加热分析仪)；

ii)在进入分析系统之前使用稀释探头对样品进行稀释。

E. 采样泵

采样泵需使足够流量的样气经过测量系统，使测量响应时间达到最短。如果使用机械采样泵，其表面在系统测量之前与样气接触，该泵必须无泄漏并且必须由与样气发生无反应的惰性材料构成。对于稀释型采样系统，需使用喷射泵产生一个足够的真空度，使样气以恒定流量穿过限流孔。

F. 校准单元

系统可通过内置、外置汞标准发生器或连接汞标气源进行校准。校准气体需从采样探头进入系统，不与样气混合。经过与样品气流流路相同的所有部件最终到达分析单元，达到测量系统的全程校准。

G. 动态加标口

为了达到动态加标的目的，测量系统必须配备一个加标口，使得加标气体和样气混合，为了保证两种气体能充分混合，动态加标口必须接近探头入口。

H. 样气传输

采样管线可直接将样气输送到转换器、旁通阀或者样气多歧管。所有阀体或者歧管部件必须由不与样气及校准气体发生反应的惰性材料制成，并必须配置释放过量气体的安全阀。

I. 汞分析仪

用于检测样品中气态汞浓度。

J. 数据记录器

记录测量数据，如计算机数据采集处理系统、数字记录仪、带状记录纸等。

K. 湿度测量系统

利用湿度修正 Hg 测量浓度时,应使用标准的湿度测量方法来测量烟气含湿量。

4. 试剂和材料

A. 校准气体

Hg^0 和 $HgCl_2$ 校准气体,可使用能溯源的 Hg^0 发生器与 Cl_2 在 $HgCl_2$ 发生模块中生成 $HgCl_2$ 校准气,或使用 $HgCl_2$ 发生器将液态 $HgCl_2$ 制备成 $HgCl_2$ 标准气体。需要下列校准气体：

i)高浓度气体：满量程的校准气体；

ii)中浓度气体：校准量程 40%～60%的标准气体；

iii)低浓度气体：校准量程 10%～30%的标准气体；

iv)零气：不含可检测到的汞；

v)动态加标气体：使用高于烟气中汞浓度的标准 $HgCl_2$ 气体，进行测试前的动态加标程序。

B. 干扰测试

使用合适的测试气体(如由仪器制造商鉴定潜在干扰物质)进行干扰检测(表 2.5)。

表 2.5　干扰气体测试

干扰气体	试验浓度(平衡气 N_2)	干扰气体	试验浓度(平衡气 N_2)
CO_2	15%±1% CO_2	O_2	3%±1% O_2
CO	(100±20)ppm	H_2O	10%±1% H_2O
HCl	(100±20)ppm	N_2	平衡气
NO	(200±50)ppm	其他	—
SO_2	(200±50)ppm	—	—

5. 采样

1)选择采样点

(1)当仅用来测定固定污染源汞浓度时，可按照 GB/T 16157—1996《固定污染源排气中颗粒物测定与气态污染物采样方法》或参考 EPA 方法 1 标准(*Method 1—Sample and Velocity Traverses for Stationary Sources*)中规定采样点进行采样，或者可以根据分层测试来确定采样点的位置和数目。

(2)当用于 Hg CEMS 相对准确度测试时，遵循气体相对准确度测试的相关规范选择采样位置和采样点数目。

(3)分层测试。采用分层测试来选择采样点，如果测试结果显示烟气流不分层或者轻微分层，允许选择较少的采样点。

分层测试程序：

使用长度适宜的采样探头，对所有采样点处气态总汞浓度进行分层测试。

可选择在预估的分层位置采样(如不同气流的汇合点)，预先对所有采样点采样，如果测试结果显示轻微分层或者未分层，可在规定的采样点处执行 3 点或者 6 点汞分层测试。

每个采样点采样时间至少为系统响应时间的 2 倍，计算每个采样点汞浓度并求得平均值。

A. 采样点测试分层情况

i)如果每个采样点的汞浓度与所有采样点的平均汞浓度差异不超过平均浓度的±5%，或者±0.2 μg/m³，那么认为该气流未分层，并且可以从一个近似平均值的单点进行样品采集。

ii)如果不满足 5%或者 0.2 μg/m³的标准，但每个采样点的汞浓度与所有采样点的平均汞浓度差异不超过平均浓度的±10%或者±0.5 μg/m³(任一点与平均值的差)，认为该气流为轻微分层。在分层测试期间，假如采样点位于显示最高平均汞浓度的"测量线"上，可执行 3 点采样。如果烟道直径(或者矩形烟道的当量直径)大于 2.4 m，将 3 个采样点设置在离烟道壁的 0.4 m、1.0 m 和 2.0 m 处。进行相对准确度测试时，可以将 3 个采样点设置在烟道直径的 4.4%、14.6% 以及 29.6%处。如果烟道直径小于或等于 2.4 m，必须将 3 个采样点设置在"测量线"的 16.7%、50%和 83.3%处。

iii)如果未达到 10%或者 0.5 μg/m³时的标准，认为是气流分层，可以在分层测试期间，将 3 个采样点设置在显示最高平均汞浓度的"测量线"的 16.7%、50%和 83.3%处，也可以按着采样规范设置采样点。如果需要进行相对准确度测试，沿着显示最高平均汞浓度"测量线"设置 6 个采样点。

B. 瞬时变化

分层测试期间，污染源汞浓度瞬间的变化使分层测试更加复杂。如果汞浓度瞬间变化是一个影响因素，可以通过下列程序使分层测试数据恢复正常。安装第 2 套汞监测系统(如可以安装一套 Hg CEMS)。在离烟道或者烟囱壁至少 1 m 的固定点安装第 2 套汞监测系统的采样探头。每次在分层测试点测定烟气汞浓度的同时在固定点测量烟气汞浓度。

通过将固定点汞浓度和 CF_{avg} 与 CF 的比值相乘，修正每个断面测定的汞浓度值。CF 是对应的固定点汞度测定值，CF_{avg} 是所有分层测试期间，固定点测试的平均值。将分层测试的结果用于修正每个采样点的汞浓度。

C. 分层测试的免除

如果用户文档中记录汞监测系统相对准确度测试或者污染源汞排放测试烟气中的汞浓度为 3 μg/m³或更小，无需对测试位置进行分层测试，否则需要较少采样点或者不同采样点进行确认。

D. 可代替分层测试程序

可以执行以下两种程序中的一种：①用二氧化硫分层测试代替汞分层测试，按选定采样点的位置测试。如果发现采样位置二氧化硫轻微分层或者未分层，应该认为是汞的轻微分层或者不分层。②可以选择执行点采样确定是轻微的气流分层或者不进行分层测试。

2)运行前系统性能测试

在对污染源进行测试之前，进行干扰测试、校准气体的确认、测量系统的调试、系统 3 点校准误差检测、系统完整性检查、系统响应时间测试、动态加标测试程序。

A. 干扰测试(可选)

测量系统应不受到已知干扰物的影响，建议在初次现场使用之前进行干扰测试，以验证待测的测量仪器未受到干扰。如果有相同品牌和相同型号组成的多个测量系统，只需要对一个系统进行干扰测试。

B. 校准气体的确认

i)钢瓶校准气。当使用 Hg^0 钢瓶校准气时，需得到气体生产商的认证并确认该文件资料包含所需的所有信息，保证校准气体的认证没有过期。

ii)其他校准标准。所有其他用于 $HgCl_2$ 和 Hg^0 的校准标准源(如气体发生器)必须可溯源，而且认证程序必须完全记录在测试报告中。

C. 校准量程

选择合适的校准量程(如高浓度气体)以便于所测量的烟道气汞浓度在校准量程的 10%～100%。

当汞浓度持续低于 1 μg/m³ 时可以不适用该要求，但是应用低浓度时校准量程不宜超过 5 μg/m³。

3)测量系统的调试

按照标准操作程序组装、预备、调试测量系统。

将该系统调节到合适的采样流量或者稀释比率，然后用 Hg^0 进行 3 点系统校准误差检测，用 $HgCl_2$ 和零气进行初始系统完整性检查、测试前动态加标测试。

4)系统校准误差检测

在执行首次测试之前，用 Hg^0 标气进行 3 点系统校准误差检测。在系统校准模式下，依次通入低、中、高浓度校准气体。

除非在检测期间内需要测定系统响应时间，否则在通入低浓度校准气体后直接通入高浓度气体。

对于非稀释系统，在检测期间可以调整系统保持适当的流量通过分析仪，但不能用于其他目的的调整。对于稀释系统，在整个系统校准误差检测期间，测量系统必须在适当稀释比例下运行，只能对保持适当的稀释比例进行必要的调整。

在通入每种气体之后，直到获得稳定的响应，记录分析仪对各种校准气体最终的稳定响应值。计算每种校准气体的系统校准误差。测量系统对低、中、高浓度校准气体的响应必须符合系统校准误差技术指标。如果测量 3 种浓度的气体不满足校准误差技术指标，需要采取校正措施，反复测试，直到达到可接受的 3 点校准误差的标准。

5)系统完整性检查

在系统首次测试之前，执行 2 点系统完整性检查，使用零气和中浓度或高浓度 $HgCl_2$ 校准气体中最能代表烟道中气态总汞浓度的校准气体进行检查。测量零气和中浓度或高浓度气体的结果必须符合系统完整性检查技术指标，如果测量 2 种浓度的气体的结果表明不能满足系统完整性技术指标，需要采取校正措施，反复测试，直到达到可接受的系统完整性检查的标准。

6)测量系统响应时间

测量系统响应时间用于确定每个采样点的最低采样时间，响应时间等于系统校准误差测试时间。测定汞浓度从稳定的低浓度校准气体响应上升到稳定高浓度校准气体响应值的 95%时所需要的时间。

7)动态加标测试

在系统首次测试之前必须进行动态加标测试以验证系统测试数据的有效性。该测试的目的是证明特定位置烟气基体对测量系统的准确度无不利影响。

A. 动态加标

动态加标是指将已知浓度的汞通入测量系统上游的所有样品调节装置，与系统校准模式相似，除了探头未被气体充满以外，其他所产生的样气流包括：烟气和加标气体。必须以书面形式详细描述加标程序，该书面程序有如何向系统加标，如何测量加标稀释倍数，以及如何收集和处理汞浓度数据的相关细节。

B. 加标程序要求

i)加标气体要求。加标气体必须是由可溯源 $HgCl_2$ 发生器发生，或由可溯源单质汞发生器与 Cl_2 混合生成的 $HgCl_2$ 标准气体。选择能够产生目标浓度的加标气体，以≤20%总体积流量(即样气流量与加标气体流量之和)通入测量系统。

ii)目标加标浓度。目标加标浓度应是原始烟气汞浓度的 150%～200%。如果原始烟气汞浓度小于 1 $\mu g/m^3$，则应向原始烟气加入 1～4 $\mu g/m^3$ 的 Hg^{2+}，在该范围内选定一个加标气体浓度。

iii)加标。不改变采样系统总体积流量，按照合适的稀释比率注入加标物。应至少收集 3 个数据点，并符合相对标准偏差指标。每个数据点代表一次单独的加标，每次加标都需要对原始烟气汞浓度的加标前和加标后进行测试(或者如果可行的话，稀释原始烟气浓度)。

iv)加标稀释系数(DF)。对于每次加标，必须测定稀释系数(DF)。稀释系数是测量系统气体的总体积流量与加标气体流量的比值，该系数应大于或等于 5。加标质量的平衡计算是直接取决于测定 DF 的准确度。因此，必须准确测量总体积流量和加标气流量，可以直接或间接测定流量，可使用经校准的流量计、文丘里管、限流孔等测定流量。

v)浓度。测量系统在动态加标程序中应不断记录气态总汞的浓度。接近原始烟气汞浓度 200%的动态加标可能导致测量汞浓度超过校准量程值。为了避免上述情况发生，通过选择较低的加标浓度或者重新校准高量程。测量值不应超过校准量程的 120%。

加标期间使用"基线"测量代表原始烟气中汞的浓度(如果在加标期间停止加标气流)或者使用与加标气体相同流量的空白气或者载气稀释的原始烟气汞浓度(如果在加标期间不能停止加标气流)。每次"基线"测量必须包含至少 4 个读数或者 l min 稳定响应利用式(2.57)和式(2.58)将"基线"测量值转换成原始烟气浓度。

vi)加标回收率。加标质量回收可以根据加入质量流量的稳定响应值或者加标总质量全部的响应峰值来进行计算。

vii)误差调整(可选)。在动态加标测试前，进行初始系统完整性检查，并在动态加标测试后和在首次测试运行前，另外执行一次系统完整性检查。

C. 运用热式汞蒸气发生器加标程序

i)将稀盐酸和硝酸中的氯化汞通过热式蒸气发生器产生的标气作为加标气体引入采样探头，使用质量流量控制器(精确度在 2%之内)测定校准器的气体流量，用天平称量溶液，精确到 0.01 g。注入二价汞的难点是在加标测试期间较难停止气体流量。在这种情况下，在加标过程中不断运行汞蒸气发生器，在加标和"基线"测试时不断调换空白溶液和 $HgCl_2$ 溶液。

ii)监控测量系统确保在该过程中采样系统总体积流量和采样稀释比不发生变化。如设计的汞测试系统不能测量系统总体积流量，可以使用含确定稀释系数(DF)的示踪物的加标气体[见式(2.57)]，允许每次加标之间测量得以稳定，计算加标前和加标后"基线"测定结果的平均数，并计算出原始烟气浓度。如果在加标期间，测量结果偏移大于 5%，需要放弃数据点并重新加标测试以达到相对标准偏差的指标。如果加标重复性差或回收率不在所规定的范围内，应采取校正措施。

8)运行的有效性

A. 系统完整性检查

i)在每次测试前和测试后，用与初始系统完整性检查相同的程序进行 2 点系统完整性检查。如果在首次运行之前完成最新系统完整性检查，可以将初始系统完整性检查数据作为首次测试运行前的检查数据，也可使用运行后系统完整性检查结果作为下一次测试的运行前检查数据。在该检查期间，除了需要维持校准气体目标流量和适合稀释比率之外，不要对测量系统做任何调整。

ii)有效替代方法，在测试期间可以省略一次或者多次完整性检查。假如没有改动自动校准或者更换其他仪器，一次完整性检查足以用来确定同一个测试日内随后的测试运行是否有效或无效。随后所有的测试日里必须先进行一次运行前的完整性检查，与运行测试后的完整性检查的性能标准和纠正措施要求一样。

iii)每次系统完整性检查必须符合系统完整性检查标准。如果运行后系统完整性检查失败，则从上一次通过的系统完整性检查之后的所有测试运行都是无效的。如果运行后或者运行前系统完整性检查失败，必须在进行任何额外的测试前，采取有效措施并再通过一次 3 点 Hg^0 系统校准误差测试，然后再进行一次系统完整性检查。

B. 漂移检查

使用测试后和测试前系统完整性检查的数据，计算零点漂移和上标漂移，超过技术指标的数据不能证明运行无效。但必须采取纠正措施，并且在执行更多次运行之前，通过新的 3 点 Hg^0 系统校准误差测试和系统完整性检查。

C. 稀释型系统注意事项

当使用稀释型测定系统时，必须注意 3 个重要事项，从而确保排放数据的有效性：

i)选择适合的限流孔尺寸以及稀释比，使样品露点低于采样管线和分析仪温度。

ii)运用高质量、高精度的稀释控制器在采样期间保证正确的稀释比。稀释控制器应该能监测稀释气压力，限流孔上游压力，喷射泵真空度以及采样流量。

iii)应考虑校准气体混合物的分子量、稀释气、烟气分子量之间的差异，因为这些可能会影响稀释比例引起测量偏差。

D. 采样程序

i)将探头安装在第一个采样点，允许清洗系统，在记录数据之前保持系统平衡时间不少于系统响应时间的两倍。然后，在每个点以相同时间、保持适当的流量和稀释倍数进行采样并记录结果。对所有的汞测量系统，每个采样点的最低采样时间应至少是系统响应时间的两倍，且不少于 10 min。对于富集系统，最低采样时间应至少包含 4 个测量周期。

ii)在第一个断面采样点记录完数据之后，可以把采样探头移动到下一个采样点继续记录，在记录后续采样点数据之前，可忽略系统的两倍系统响应时间的平衡时间。但应在规定的最低时间段内对所有后续采样点进行采样。如果由于其他原因必须把探头从烟道取出，那么在恢复数据记录之前，应再次对系统进行两倍系统响应时间的平衡。

iii)如果一些采样点测定的汞浓度超过校准量程值，应对此确认并记录，根据该测试的数据质量目标，在下一个点测试之前需要纠正；如果测试断面汞浓度平均值超过了校准量程值，则该测试无效。

E. 温度修正

如果使用方法测量的湿度基准(干或者湿)与可行的排放限值的湿度基准、对汞连续监测系统进行评估相对准确度的湿度基准两个湿度基准不同，必须测定烟气含湿量并把测定气体浓度修正到干基值。

F. 干扰测试程序(可选)

i)选择排放源可能用到的最低量程(如 $10~\mu g/m^3$)的40%浓度值进行干扰测试;或者在汞浓度为 $2~\mu g/m^3$ 完成干扰测试，则可以证明大于或等于 $5~\mu g/m^3$ 的量程均可通过干扰测试。

ii)干扰测试需向被测系统的采样装置中，单独或混合注入干扰测试气体。在各种被测气体中，HCl 和 NO 应以混合形式注入系统采样装置。测试气体必须从探头引入到采样系统，使气体能通过所有的过滤器、净化器、调节器及其他部件。

iii)干扰测试中必须使用 $HgCl_2$ 气体，并且每种干扰气体(或混合气)的评估必须重复进行 3 次。干扰测试前应首先只使用 $HgCl_2$ 气体进行测试，然后将干扰气添加到 $HgCl_2$ 中，并且保证在一系列干扰气通入系统后，$HgCl_2$ 的浓度不会发生变化。干扰测试设备的质量至关重要，可以使用气体混合装置，以便能够在保持 $HgCl_2$ 浓度恒定的情况下对 $HgCl_2$ 和干扰气体进行混合。

iv)每次测试时长必须充分确保 Hg CEMS 能达到数据的充分稳定。测定分析仪对气体的响应以 $\mu g/m^3$ 计。记录响应数据，使用相关方程式和表格进行数据计算。

v)拷贝这些数据，包括完成日期和签字证明、每次测试报告。测试的目的是预估干扰对测试结果的影响，保证汞测量系统运行和配置应该与干扰测试系统的配置一致。如果用于现场测试的系统的配置与用于干扰测试的系统配置不一致，则必须在系统用于现场应用之前重复进行干扰测试。其主要包括但不限于改变稀释比例(稀释型系统)、改变催化剂材料、改变过滤装置的设计和材料、探头设计或配置的变化以及进行气体调节的材料或方法的变化方面。

6. 计算和数据分析

1)烟气中的汞浓度

每次测试运行期间，计算所记录的所有有效的汞浓度的算术平均值 C_{avg};然后利用式(2.56)对 C_{avg} 进行调整，用于系统校准误差，即

$$C_{gas} = (C_{avg} - C_0)\frac{C_{ma}}{C_m - C_0} \tag{2.56}$$

式中，C_{gas} 为测试运行中烟气中的汞浓度调整系统校准误差后的平均值，$\mu g/m^3$; C_{avg} 为测试运行中未经调整(实际烟气)的汞浓度平均值，$\mu g/m^3$; C_0 为运行前和运行后系统完整性检查，零气响应的平均值，$\mu g/m^3$; C_m 为运行前和运行后系统完

整性检查，对高浓度的标准气体响应值的平均值，$\mu g/m^3$；C_{ma} 为用于系统完整性检查时，上标校准气体(如中、高浓度)的实际浓度，$\mu g/m^3$。

2)加标稀释系数

通过直接流量测定值或示踪气体测定值计算加标系数，即

$$DF = \frac{Q_{probe}}{Q_{spike}} = \frac{C_{Tdir} - C_{Tnative}}{C_{Tv} - C_{Tnative}} \tag{2.57}$$

3)原始烟气汞浓度

在加标测试程序期间，加标空白和加标气体，利用式(2.58)计算原始烟气汞浓度，即

$$C_{native} = \frac{\overline{C}_{baseline}DF}{DF - 1} \tag{2.58}$$

7. 技术指标

1)系统校准误差

采用 Hg^0 标气进行的 3 点系统校准误差测试，在各测试校准气体浓度下(低、中或高浓度)，校准误差应≤±5%校准量程或者 $C_s - C_v \leqslant 0.5\ \mu g/m^3$。

2)系统完整性检查

采用 $HgCl_2$ 标气和零气在运行前后进行的 2 点系统完整性检查在各测试校准气体浓度下，误差应小于或等于±5%校准量程或者$|C_s - C_v| \leqslant 0.5\ \mu g/m^3$。

3)漂移

对于每次测试，低浓度和高浓度标气的漂移应小于或等于 3.0%校准量程，或者运行前后系统完整性检查响应相差不超过 0.3 $\mu g/m^3$(即$|C_{spost.run} - C_{spre}| \leqslant 0.3\ \mu g/m^3$)。

4)干扰测试

对于每个干扰气体(或混合气)，计算含未含干扰测试气体的测量系统响应的平均差值。总体干扰响应必须不超过 3.0%校准量程或者所有干扰气体绝对平均差之和不超过 0.3 $\mu g/m^3$。

5)动态加标测试

对于测试前的动态加标，加标(气体)回收百分率平均值应在 100%±10%以内。另外，每次加标(气体)回收百分率的相对标准误差应小于或等于 5%。或者不满足对平均加标回收率的要求而理论加标样品浓度与加标样品浓度实际平均值之间的绝对差值≤0.5 $\mu g/m^3$。

8. 干扰气体测试

表 2.4 所示为干扰气体测试。

如果生产厂家提供了限制或净化该气体到确定浓度水平的可靠方法，则这些具体气体中的任何一种均可在更低浓度水平上进行测试。

HCl 及 NO 必须以混合气形式进行测试。

2.2.3.2　烟气汞连续在线监测系统

烟气汞连续在线监测系统(Hg CEMS)包括采样系统(采样探头、加热系统、过滤器、传输系统等)、转换装置、传输系统、汞分析仪、校准单元、数据采集和传输系统。其中转换装置是利用高温裂解转化或化学法转换将二价汞转化成单质汞，以便原子吸收光谱仪和冷原子荧光光谱仪的测定。汞分析仪用于测量单质汞，主要汞分析方法包括冷蒸气原子吸收光谱法(CVAAS)、冷蒸气原子荧光法(CVAFS)、金汞齐预富集和 CVAAS 结合、塞曼调制 CVAAS、金汞齐与 CVAFS 结合、差分吸收光谱法(UV-DOAS)等。

1. Thermo Fisher Scientific 公司 Mercury Freedom^{TM} 型烟气汞连续在线监测系统

1)系统概述

Mercury Freedom^{TM} 汞监测仪采用独特的稀释采样技术和冷原子荧光分析技术。系统无需昂贵且需更换的金汞齐富集设备，且彻底避免了 SO_2 等酸性气体对分析所产生的影响。i 系列分析仪快速、直接的导航和简单的菜单驱动程序使软件很容易被掌握。简单化的设计使系统对仪表的需求空间更小，与湿式转化法系统相比，不需安装水管和频繁地维护蠕动泵，也不需要氩气作为载气，这些设计使得运行、维护成本大大降低。

2)系统工作原理

Mercury Freedom^{TM} 系统基于稀释采样技术和冷原子荧光分析技术，对样品中的总汞和单质汞进行同时采样、转化和测量，并得到二价汞浓度，该系统可实时监测总汞、单质汞和二价汞湿基浓度，图 2.29 和图 2.30 为 Mercury Freedom^{TM} 系统结构框架图和工作原理图。

3)系统的主要部件

Mercury Freedom^{TM} 系统包括 Thermo Scientific 80i 型汞分析仪、Thermo Scientific 81i 型汞校准器、Thermo Scientific 82i 探头控制器、Thermo Scientific 83i 探头/转化器、氯化汞发生器。

A. 80i 汞分析仪

a. 分析原理

汞原子吸收 254 nm 的紫外光，跃迁至激发态，然后要恢复至基态，释放能量，释放相同波长的紫外线。发出的紫外线强度与 Hg 浓度成正比。

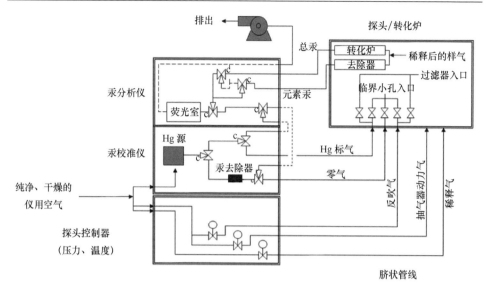

图 2.29　Mercury Freedom^{TM} 的系统结构示意图

$$Hg + h\nu\ (254\ nm) \longrightarrow Hg^* \longrightarrow Hg + h\nu\ (254\ nm)$$

b. 分析仪测量气体流程

样气由采样探头(83i)，总汞和单质汞分别通过不同管路，通过仪器背板进入分析仪。当采集总汞时，总汞样气通过电磁阀 S1(此时打开)和 S3(此时打开)，进入反应室，同时，单质汞样气经电磁阀 S2(此时打开)旁路排出；当采集单质汞时，单质汞样气经 S2(常闭状态)和 S3(常开状态)进入反应室，同时，总汞样气经电磁阀 S1(常闭状态)旁路排出。流经反应室的样气，从反应室流出后通过一个流量传感器，然后通过外部的泵排出。外部的泵将样气吸出分析仪，为仪器产生真空，真空度由压力传感器测量。

紫外线由高能汞灯发出，经由反射镜片/分光器进入反应室，参比检测器监测光源强度。激发态汞回到基态发出紫外线，其强度由光电倍增管监测(图 2.31)。

c. 特点

i)采用 CVAF(冷蒸气原子荧光法)测量原理，测量的是汞元素的发射光谱，与 CVAA(冷蒸气原子吸收法)相比，可以从原理上避免 SO_2 的干扰。因为，汞的吸收谱线与 SO_2 的紫外吸收谱线比较接近，而且，烟气中 SO_2 的含量远远高于汞含量，所以，CVAA 方法必须采取一些措施来避免 SO_2 的干扰(如采用金汞齐、双光束、塞曼背景扣除等方法)。而发射光谱中，SO_2 的发射光谱与 Hg 的发射光谱比较远，不会造成干扰。因此，CVAF 方法可以从根本上避免 SO_2 的干扰。

ii)直接测量，无需预浓缩装置(金汞齐)，是真正实时测量。而采用预浓缩装置，是批测量，测量周期 5 min。直接测量的 CVAF 方法，可以为控制工艺提供更及时的信号反馈。

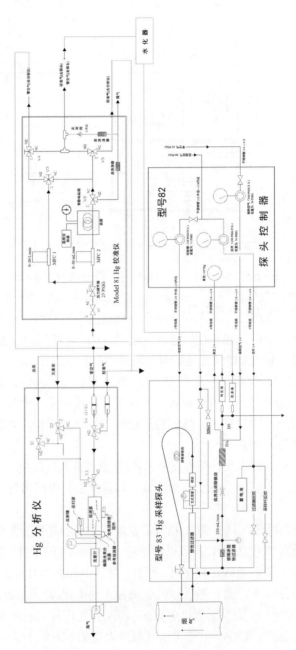

图 2.30　Mercury Freedom™ 系统工作原理图

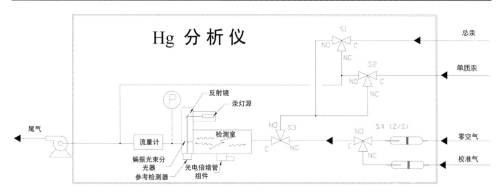

图 2.31　80i 汞分析仪分析测试原理图

iii)系统无需昂贵的金汞齐、催化管等耗材，降低了长期运行费用。

iv)分析仪提供了总汞、单质汞测量双通道，这样就可以实现分价态测量。为客户提供总汞、单质汞、离子汞数值。可以更好地判断汞排放的污染类型，方便客户优化工艺，降低汞排放。

B. 81i 汞校准仪

a. 操作原理

饱和的汞蒸气源与不含汞的稀释气混合，其输出气流温度受到控制，产生已知浓度的单质汞。81i 通常作为汞排放连续监测系统的一个部件集成在系统当中。也可以作为单独的汞校准仪。

b. 气路流程

纯净、干燥、不含汞的压缩空气(206～275 kPa)通过两个质量流量计，一个稀释气质量流量计(0～20 L/min)，一个汞源质量流量计(0～50 mL/min)，如图 2.32 所示。

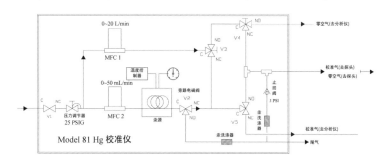

图 2.32　81i 汞校准仪原理图

汞源流量计输出的流量，通过一个缠绕的 Teflon 管包覆的汞源，其温度和压力被精确控制。汞的饱和蒸气，通过电磁阀 V2(常闭)，与来自电磁阀 V3(常闭)的稀释气混合，通过电磁阀 V5 常闭口为分析仪输送校准气，通过 V5 常开口为探头输送校准气。

送至探头的校准气，可以通过探头相应电磁阀的切换，来选择将标气送至临界小孔还是送至过滤器。单向阀用来防止校准时临界小孔压力过高。

进行探头校准时的富余流量，先经过内部的汞去除器，然后再排放。同样，在任何零气模式下(仪器、临界小孔或系统)，汞饱和蒸气通过电磁阀 V2 常开口，经汞去除器后再排放。

c. 特点

① 标气可以分别送至分析仪或采样探头，这样就可以分别校准分析仪或系统，有助于使用人员判断系统故障点。

② 内置汞源，用量至少可以满足用户正常使用 5 年。用户无需购买其他汞标物，降低了长期运行费用。

③ 安全的汞源，内置在螺旋管路中，使用非液态汞，汞不会流出，即使将汞源取出甚至敲打，汞也不会流出。

④ 采用电子质量流量控制器，可以准确控制零气、饱和汞蒸气流量；配合精确的汞源温控，可以获得准确的汞标气浓度。

⑤ 每台校准仪在出厂前都进行 NIST 溯源校准，保证了计量的可追溯性。

⑥ 采用单质汞校准系统，省去了使用氯化汞溶液的麻烦，无需配置溶液，无需使用加热挥发装置。

C. 82i 探头控制器

82i 汞探头控制器作为汞排放连续监测系统的一部分,不能单独使用(图 2.33)。

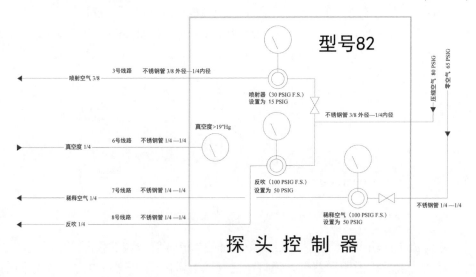

图 2.33　82i 探头控制器结构示意图

a. 气路

纯净、干燥的压缩空气(约 586 kPa)分别通过两个电子气动压力调节阀，调整并保持给 83i 探头气动抽气器和反吹气路的压力输出。

不含汞的零气或氮气通过第三个电子气动压力调节阀，调整并保持给 83i 探头稀释模块的稀释气压力。

同时，一个电子真空传感器监测 83i 内部稀释模块的真空度。

b. 电气

82i 通过 RS485 与 80i 通信。80i 作为 Mercury Freedom^{TM} System 的控制部件，与 81i、82i 作为从部件协同工作。所有的命令都是从 80i 发出，82i 接收命令并反馈信息。

82i 也接受来自探头临界小孔压力传感器和旁路文丘里压力传感器的 4~20 mA 信号。

82i 控制探头、伴热管线和转化炉(探头内)的温度。这些温度通过 80i 设置并记录。

c. 电源

82i 向稀释探头 83i 提供 220VAC 和 110VAC 电源，220VAC 电源用于探头取样管和过滤器/气动抽气器的加热，110VAC 电源用于汞转化炉和探头内部电磁阀。

82i 同时也向加热采样管线提供 220VAC 电源。

d. 特点

①采用电子压力调节阀，电子温控，实现了数字化控制。

②与 80i 分析仪直接通讯，使系统形成有机的整体，便于用户操作。

D. 83i 稀释探头

a. 结构及工作流程

83i 稀释探头设计用于监测气态汞排放，是 Mercury Freedom^{TM} 系统的组成部分(图 2.34)。

探头采用不锈钢壳体，达到 NEMA 4X 防护等级。为防止样气凝结，所有关键部件(过滤器、稀释模块、气动抽气器)都安装在铝加热块中，可保持加热温度在 250℃。

纯净、干燥的压缩空气(约 586 kPa)分别通过 82i 内部的两个电子气动压力调节阀，调整并保持给 83i 探头气动抽气器和反吹气路的压力输出。不含汞的零气或氮气通过 82i 内部的第三个电子气动压力调节阀，调整并保持给 83i 探头稀释模块的稀释气压力。同时，82i 内部的一个电子真空传感器监测 83i 内部稀释模块的真空度。

83i 稀释探头包括惯性过滤器、内置的稀释模块、高温转化炉、储气器、氯化汞发生器等部件。

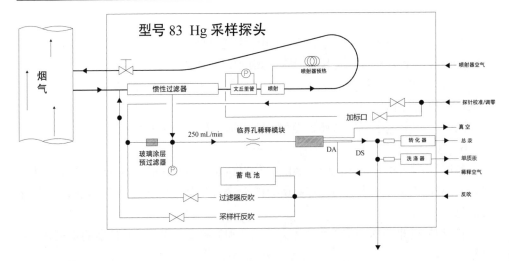

图 2.34　83i 稀释探头工作流程示意图

高温转化炉减少了分析仪 80i 离子态汞向单质汞转化的部件。

探头机箱内也包括了一个储气罐，用于过滤器的反吹。

b. 稀释抽取法

稀释系统采用独特的现场样品预处理的气体采集方式。在采样探头内部，通过一个音速小孔进行采样，并用干燥的仪表空气在探头内部进行稀释。样品气进入分析仪之前不需要除湿处理，因为样品气经过稀释后，有效地降低了样品的露点温度，从而避免了样品气的结露现象。

该仪器的稀释采样方法可以得到恒定的稀释比例：

①烟气吸入量的控制。探头设计采用独特的音速小孔设计。当系统能够满足设定的最小真空度要求时，音速小孔两端的压差将大于 46%，此时通过音速小孔的气体流量将是恒定的；也就是说音速小孔后面的负压大于一定阈值的时候(−53 kPa)，就可以保证烟气吸入量的恒定；温度、压力的变化将不会影响稀释比。采用文丘里管作为音速小孔后面的抽气器，稀释气对着文丘里管的喉部吹，就可以产生足够大的真空将烟气吸入，并满足音速小孔正常工作的真空度阈值条件。可以看到，探头的主要部件都是依照气动学原理工作。只要保证仪表气能够连续提供(仪表气要求：0.6 MPa，20 L/min)，就可以保证音速小孔和文丘里管正常工作。

②稀释气量的控制。首先，文丘里管本身就是限流元件，稀释气量在这里被有效地控制；其次仪表气进入系统后有多级的压力调节装置，送往探头的稀释气压力一般为 0.35 kPa，并且保证是恒定的压力。因而，系统就保证了稀释气量的恒定。并且，由于保证了稀释气压力的恒定，也就保证了文丘里管真空度的恒定，

同时，保证了烟气吸入量的恒定，也就保证了稀释比例的恒定。

③由于采用了两级抽取和音速小孔这些气动力学元件，有效地克服了烟气压力、温度的变化对稀释比例的影响。

④采用系统校准的方法，即标气喷入探头的最前端，经过和正常采样一样的路径，进入分析仪，可以验证稀释比例的恒定，并全面消除系统误差。

由于稀释采样方法不需要除湿设备，因而无需增加购置除湿设备的成本及其维护费用，除湿设备的损坏会导致湿度增加使样气结露并腐蚀而导致分析仪器故障。稀释法可以彻底避免样品气在采样管线中冷凝结水。

c. 惯性过滤器

惯性过滤器部件是 316 L 不锈钢材料，外部有"Sulfinert^{TM}"涂层，10 英寸①长，烧结而成，无缝带有 0.5 μm 级别微孔。

高速气流(70～100 帧/秒)轴向流经过滤器管，从这一流体的主流动方向，样气气流放射状地以低流速(0.005 帧/秒)通过过滤器管带有微孔的管壁。颗粒物的惯性冲击效果可以防止高速轴向气流带走沉积在过滤器管壁微孔上的颗粒物。放射状的低速气流可以抑制管壁微孔上的颗粒物脱离。

超细颗粒在多孔介质表面可以形成一个渗透性的表面或大约 0.01～0.015 英寸深度的"动态膜"效应。这层膜形成有效的过滤介质，可以阻止比过滤器微孔尺寸小得多的污染物通过，Prandtl 边界层的零流速可以防止流体冲刷和摩擦的损坏。

过滤器外的腔体很小，使样气驻留时间最小化，保证可以得到及时的样气更新。

d. 转化炉

使用化学物质催化加热，在高温(760℃)下将离子汞从其盐类化合物和氧化物中分离出来，并形成单质汞。包含了原来的单质汞和离子汞转化成单质汞的总和与分析仪的总汞通道相连。

使用专利技术，降低了催化加热的温度，使系统运行更简单，更稳定；有效防止单质汞的再氧化，提高了转化效率。转化效率可达 98%。

由于在探头内即把离子汞转化为单质汞，所以，离子汞传输的距离最小化。离子汞在任何"冷"(低于 190℃)的表面将被吸收或发生反应，并且离子汞的黏性较大，因此，离子汞的传输有很多困难，管线温度必须大于 190℃。而本系统，在探头内就把离子汞转化为单质汞，这样，在管线中就无需传输离子汞，管线加热温度也无需达到190℃。该公司的管线温度加热到 70℃即可。

---

① 1 英寸=2.54 cm

e. 特点

①稀释采样，可以有效降低进入系统的样气污染物，保证系统更安全；降低了稀释样品的湿度，有效防止样气凝结；可以有效控制恒定的稀释比例，保证系统的准确性。

②采用专业的转化炉，转化效率可达98%。

③在探头内完成了离子汞向单质汞的转化，使离子汞传输距离最小化，降低了管线的伴热温度，70℃即可，可使管线寿命更长。

④多种校准方式，可以更好地进行系统检验维护。可以进行从临界小孔开始的校准，可以进行从抽气前端开始的系统整体校准，也可以进行动态加标校准。使维护、检验人员更有效地进行系统维护、检查，更好地保证系统精度。

E. 氯化汞发生器

Mercury Freedom^{TM} 系统使用的是气体氯化汞发生器(图 2.35)，为系统提供二价汞标准物，气体氯化汞发生器避免了与单质汞源不一致需要进行两次溯源传递、更换氯化汞溶液对操作员有一定的危害、液体存在偏差等问题。气体氯化汞发生器置于 83i 稀释采样头内，使用一瓶 900 ppm 氮气平衡氯气，在氯化汞发生器内，对 81i 标准单质汞发生器所发生的单质汞标准物质进行氧化，生成标准的氯化汞标气。该标气在探头内提供给系统进行校准和验证，并在探头内完成采样过程中氯化汞到单质汞的转化，使得系统管线内部不传送氯化汞，防止任何低于 190℃ 的冷表面与氯化汞接触所产生的吸收或反应。

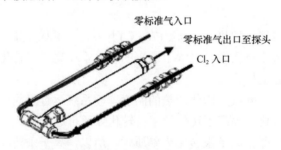

图 2.35　氯化汞发生器

4)系统特点和应用领域

Mercury Freedom^{TM} 固定污染源烟气汞连续监测系统采用独特的稀释法和冷原子荧光技术具有以下特点：

(1)更高的灵敏度：标准系统最低检出限为 0.04 μg/m³，如果烟道中 Hg 的排放低于 0.5 μg/m³，可以选择 Max Sense^{TM} 选项，最低检测限可达到 0.008 μg/m³。

(2)系统无需昂贵且需要更换的金汞齐富集设备,彻底避免 SO_2 等酸性气体对分析产生的影响。这是真正的实时在线监测。

(3)仪表间更小的空间需求,不需要安装水管,频繁地维护蠕动泵,也不需要氩气做载体,更低的运营成本,兼容的数据采集系统,系统便于使用,便于维修。

应用领域:Mercury Freedom^{TM} 固定污染源烟气汞连续监测系统,能够连续实时监测锅炉燃煤和废弃物焚化炉烟气排放中的单质汞(Hg^0)、离子汞(Hg^+,Hg^{2+})和总汞(Hg^T)。由于惯性过滤采样技术引进,该系统适用于高温、高湿、高尘等多种工况。

5)技术性能指标

80i 型汞分析仪技术性能指标

单质汞量程	$0\sim50\ \mu g/m^3$(稀释前有效量程)
零点噪声	$1\ ng/m^3$(平均时间 300 s)
最低检测限	$2\ ng/m^3$(平均时间 300 s)
零漂(24 h)	$<5\ ng/m^3$
响应时间	110 s(平均时间 60 s)
线性	±1%满量程
样气流量	每通道 0.5 L/min
干扰(SO_2)	8.4×10^8:1 SO_2 低于最低检测限
干扰(NO_x)	4.2×10^9:1 NO 低于最低检测限
工作温度	$5\sim40°C$
电源要求	100VAC,115 VAC,±10%(275 W)
尺寸和重量	425 mm(W)×219 mm(H)×584 mm(D),22.2 kg
输出	可选择电压输出,RS232/RS485,TCP/IP,10 路状态继电器,以及电源故障指示,$0\sim20$ mA 或 $4\sim20$ mA 隔离电流输出
输入	16 路开关量输入,8 路 $0\sim10$ V 模拟输入

81i 型汞校准器技术性能指标

零气流量控制器	20 L/min
源要求	50 mL/min
源控制	$0\sim15°C$
源要求	250 W
尺寸和重量	425 mm(W)×219 mm(H)×584 mm(D),21.8 kg
输出	可选择的电压输出,RS232/RS485,TCP/IP,0 位状态继电器,电源故障指示(标准) $0\sim20$ mA 或 $4\sim20$ mA 隔离电流输出(选项)
输入	16 路开关量输入(标准)8 路 $0\sim10$V 模拟输入(选项)

82i 探头控制器技术性能指标

质量流量计的准确度	读数的 2%或满量程的 1%，二者最小值(20%～100%满量程)
质量流量计线性	0.5%满量程
质量流量计重复性	2%的读数或 1%满量程，二者最小值(小于 20%～100%满量程)

83i 探头/转化器技术性能指标

工作温度	5～40℃
电源要求	120VAC，15 A 回路 220VAC，1 路 15 回路 220VAC，管线<200 英尺时，1 路 30A 回路 220VAC，管线>200 英尺时，2 路 30A 回路
尺寸和重量	425 mm(W)×219 mm(H)×584 mm(D)，21.8 kg
气体需求	10 L/min 零气 4CFM 干燥空气

注：1 英尺=0.3048 m

2. Tekran 公司 3300Xi 型烟气汞连续在线监测系统

Tekran 创立于 1989 年，是一家生产汞分析仪器的专业厂家，具有超过 20 年汞的研究和测量经验，是最先研发出大气汞连续监测汞分析仪的厂家。公司的产品涵盖了汞测量的所有领域，包括大气、水、燃煤电厂、垃圾电厂，钢铁厂、水泥厂、石油化工等等。

1)系统概述

Tekran 3300Xi 是全新一代燃煤电厂及实验室汞在线监测系统，可以同时实现出、入口汞的实时在线测量，安装、维护、操作更方便。

Tekran 新推出的 3300Xi 系统，具有已获得成功应用的 3300 系统的所有成熟部件。Tekran 3300Xi 系统具有模块化、更简单、更便于安装和维护的特点，包括全新的 2537Xi 汞分析仪，采用升级版 CEM+控制软件以及集成化程度更高的样气预处理单元 3321Xi。3300Xi 系统为优化汞控制技术的入口/出口监测、汞排放常规监测、实验室研究系统的监测。

2)工作原理及组成结构

3300Xi Hg CEMS 系统是采用稀释采样方式，汞分析仪采用原子荧光加纯金汞齐富集方法测量烟气中的汞含量(可以检测极低的汞含量，最低检出限为 0.01 μg/m³)。3300Xi Hg CEMS 可以实现烟气中总汞 Hg^T、单质汞 Hg^0、氧化汞 Hg^{2+}的实时监测，并支持远程诊断与远程协助(安全服务器)。

3300Xi Hg CEMS 由 3342 采样探头、3321 样气控制及离子汞校准模块单元、3310Xi 单质汞校准器、1318D 中心控制单元、M9932B 数据采集仪和 2537Xi Hg 分析仪、温度测量装置、压力测量装置、湿度测量装置、流量测量装置组成。

3321 样气控制单元通过非伴热稀释管线与采样探头 3342 连接，监测内部状态和配气。通过高温(180℃)伴热管线，样气进入 3321 样气处理单元。3321 样气处理单元将样气中的汞分形态后输入 2537Xi 分析仪测得总汞 Hg^T 和单质汞 Hg^0 的浓度，两者之差即为氧化汞 Hg^{2+} 的浓度。3315 离子汞校准模块、3310Xi 单质汞校准器分别对整个 Hg CEMS 系统进行离子汞和单质汞的 NIST 溯源校准。1318D 中心控制单元具有控制整个系统、故障管理、故障处理、任务调度、远程诊断等功能。

3)主要部件及性能特点

A. 3342 采样探头

Tekran Model 3342 探头是 Tekran 专用探头(图 2.36)。Tekran Model 3342 探头的一些优越特性，有助于探头对汞的监测。Tekran 系统在 3342 常规探头实现自动动态加标的功能。对于痕量级的汞元素检测，动态加标尤为重要。因为背景气体中干扰成分太多，而且其浓度往往是汞的数千、数万倍。仅仅用纯标气来标定系统不能够真实反映系统在监测烟气时的性能。Tekran 在 2.5 min 的采样时间内，定量注入 30 s 的单质汞标气，抽取 120 s 的样气，来实现加标。

图 2.36 3342 探头内部结构

B. 3321 样气控制单元及离子汞校准模块

a. 样气控制单元

Tekran 的 3321 样气控制单元工作原理见图 2.37。3321 样气控制单元是通过高温(700～850℃)裂解 $HgCl_2$，无化学试剂不产生二次污染。当裂变管温度到达 700～850℃时，$HgCl_2$ 100%产生裂变，生产 Hg 及 Cl_2，Cl_2 被水立即吸收并带走，有效阻止了 Hg 与 Cl_2 的可逆反应，处理后的样气经过纯金汞齐富集后，由氩气做载气将纯金汞齐富集的汞原子送入 2537Xi 汞分析仪测得 Hg^T(总汞)；3321 样气单元将样气中的离子汞(Hg^{2+})通过水洗涤去除，处理后的样气仍然经过纯金汞齐富集后，由氩气做载气将纯金汞齐富集的汞原子送入 2537Xi 分析仪测得 Hg^0(单质汞）；计算两者之差即可得出样气中 Hg^{2+}（离子汞）。

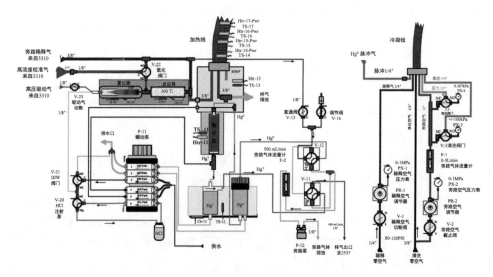

图 2.37　3321 样气控制及离子汞校准模块单元原理图

b. 离子汞校准模块

离子汞校准模块见图 2.38，HCl 标准溶液与水混合并在高温下气化，高温下与 3310 单质汞发生器产生的 Hg^0 标准气体反应形成不同浓度的 $HgCl_2$ 气体，产生的 $HgCl_2$ 标气可以对系统完整性进行校核。离子汞发生模块，无废液排出。运行安全，可靠。

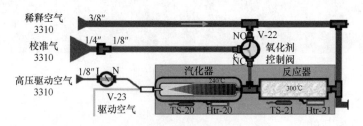

图 2.38　离子汞校准模块

C. 2537Xi 汞分析仪

Tekran 的 2537Xi Hg 分析仪原理如图 2.39 所示。样气经过纯金汞富集后，将纯金富集管加热到 700~800℃，以惰性气体氩气为载气，将单质汞带入分析仪，通过冷蒸气原子荧光方法检测样气中汞的含量。两个纯金汞齐富集管可以通入零空气进行对富集管清洗吹扫，也可将 2537Xi 自带的汞源通入分析仪对检测器进行校准。Tekran 的 2537Xi Hg 分析仪另外一个突出特点是无零点漂移。

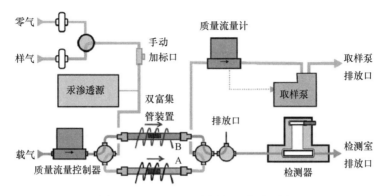

图 2.39 2537XiHg 分析仪工作原理图

D. 3310Xi 单质汞校准器

Tekran Model 3310Xi 单质汞校准源如图 2.40 所示，零空气通过高质量可控流量仪(NIST 可溯源)，进入汞蒸气发生源，将汞蒸气带出；另外一路零空气通过高质量可控流量仪一分为二进入加热管，零空气被加热后与汞蒸气混合稀释，混合后可分别生成各种浓度的单质汞标气或者动态加标(用于研究目的)标气。Tekran 系统中有 3 个独立的汞源，分别是分析仪内标源(渗透源)、单质汞发生器、离子汞校准模块。分析内标源(渗透源)用来校核分析的线性，同时也是根据单质汞溯源协议的要求，对单质汞发生器做溯源性质控，判断单质汞发生器的准确性及可靠性。

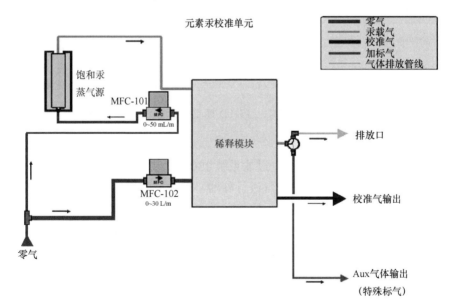

图 2.40 3310Xi 元素汞校准器工作原理示意图

E. 1318D 系统控制中心

1318D 中心控制单元具有控制整个系统的运行、故障管理、故障处理、任务调度、远程诊断等功能(图 2.41)。用户在有网络接入的情况下，可以通过远程加密的方式登录系统，查看系统的状态，同时在授权的情况下，可以查看系统内部参数，分析系统状态。

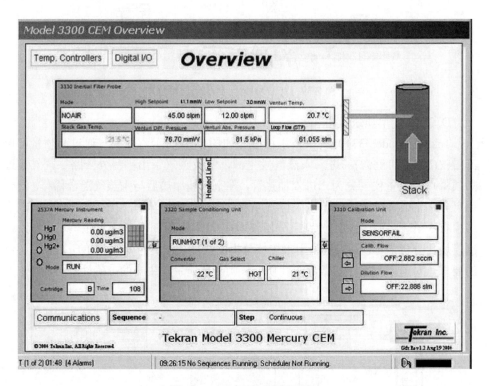

图 2.41　1318D 控制器界面

F. 其他部件

Tekran 3300Xi 系统自带空气过滤系统 1304 以及去离子水处理系统 1306。空气过滤系统 1304 可以对压缩空气进行除油、除水、除汞处理，处理后的气体作为系统运行所需要的稀释气体、反吹气体。去离子水处理系统 1306 对常规的自来水做过滤、吸附、反渗透处理，产生系统所需的去离子水。

4)产品的功能及应用领域

Tekran 3300Xi 系统具有以下功能特点：

(1)整个系统采用模块化设计，方便检修和维护。

(2)良好的系统构建，保证系统运行设备每季度可用率应不低于 95%。

(3)系统设计合理，运行稳定。具有至少 90 天运行中无需非日常维修的能力。

(4)良好的软硬件和基于嵌入式 XP 和 MYSQL 技术，实现有效数据捕集率每季度不小于 95%。

(5)系统的各部件安装简单，方便运行维护。样气预处理单元(离子汞热转换)位于分析机柜内，方便维护。日常维护不用爬烟囱/烟道。

(6)完成一次采样、分析的周期所需的时间不超过 300 s。

(7)极低的检测限值。汞分析仪采用原子荧光加纯金汞齐富集方法测量烟气中的汞含量(可以检测极低的汞含量，最低检出限为 0.01 μg/m^3)。

(8)系统采用氩气做载气，避免了二氧化硫、水分、O_3、有机物等对原子荧光的湮灭效应以及交叉干扰，最大限度减少了干扰分析仪器测量的因素。

(9)先进的工业自动化技术，具有完全无人值守安全运行至少 90 天的能力。

(10)具有强大的 QA/QC 能力，有每天、每周、每季度的质控程序。满足美国 CAMR 空气清洁法案汞条例对汞排放连续监测系统的定期质量控制/质量保证要求，而且能在完全无人值守的情况下完成。

(11)M9932B 具有对所检测烟气的参数如总汞 Hg^T、单质汞 Hg^0、氧化汞 Hg^{2+}、烟气流量、烟气温度、烟气压力、烟气含水量(湿度)、烟气含氧量实时显示实测值，4～20 mA 标准模拟量信号输出，气态总汞 Hg^T、单质汞 Hg^0、氧化汞 Hg^{2+}污染物浓度单位为 μg/Nm^3(折算到 6%氧含量)，流量计测出流速信号的单位为体积流量 Nm^3/s 的功能。3300Xi 系统中的分析仪器具有自诊断功能，同时 3300Xi 系统具有主要部件故障报警功能。3300Xi 提供内部可以访问的 160 多个系统内部参数可以完全监控系统的整个运行状态，它包括测量元件/检测探头的失效、超出量程情况，以及没有足够的采样流量能力的情况等。分析仪器应具有故障指示能力，并留有与电厂控制室内 DCS 的通信接口。这种功能包括在仪器和与 DAS 系统的接口中，常用的接口包含 RS485、RS23 通信接口和以太网接口等。

(12)Tekran 3300Xi 汞监测系统排放的废液不会对操作者产生危害或对现场造成污染。Tekran 3300Xi 汞监测系统每天生成大约 3 L 废液，其中主要是无害的超纯水。废液中的汞含量约为 42 μg/a(一个 40 W 的荧光灯管含有约 2 万微克的汞)。对于废液中的酸，假定是监测非常脏的烟气，废液中最大的酸浓度约为 0.002%。根据这两个主要指标，废液可以直接排放，无其他特殊要求。

Tekran 3300Xi 系统的诸多优点决定了其在固定污染源，尤其是燃煤电厂汞连续排放监测中具有优异的表现。同样，Tekran 也具有应对大气、水、燃煤电厂、垃圾电厂，钢铁厂、水泥厂、石油化工等行业的汞排放检测方案。

5)技术性能指标

A. 总汞(Hg^T)、单质汞(Hg^0)、氧化汞(Hg^{2+})分析仪

设备型号：2537Xi；

量程(高/低)：700～0.05 μg/m^3；

零点噪声：无；

检出下限：0.01 μg/m^3；

零点漂移：无；

跨度漂移：±2%；

响应时间：T95<300 s；

线性度：±2%；

采样流量：1.0 L/min；

采样方法：稀释法；

分析方法：纯金汞齐富集加原子荧光方法；

环境温度限制(最低/最高)：5～40℃。

B. 单质汞校准器

汞输出浓度：0.5～1000 μg/m^3；

样品流量：2～30 L/min；

主流量精度：满量程的 2%；

主流量线性：满量程的 2%；

主流量重复性：满量程的 1%；

汞源温度控制：5～30℃；

线性度：小于 2%；

环境温度限制(最低/最高)：5～40℃；

功耗：400 W。

C. 离子汞校准器模块

汞输出浓度：0.5～100 μg/m^3；

样品流量：2～30 L/min；

主流量精度：满量程的 2%；

主流量线性：满量程的 3%；

主流量重复性：满量程的 2%；

线性度：小于 4%；

环境温度限制(最低/最高)：5～40℃。

3. Lumex 公司 IRM-915 型烟气汞连续在线监测系统

1)系统概述

Lumex 的 IRM-915(图 2.42)是专门开发用于测试烟道气中总汞或单质汞含量

的检测仪器，已通过 RATA 认证，既可永久安装在烟囱上，也可暂时安装监测，是监测烟气汞含量、在线进行汞污染控制技术评估的最有力测试工具。

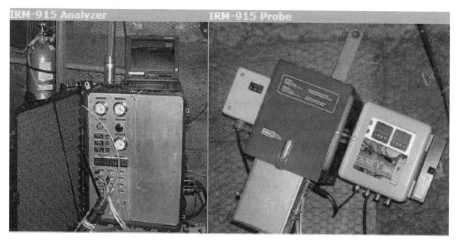

图 2.42　IRM-915 在线烟道气汞分析系统实物图

2)工作原理及组成结构

A. 工作原理

系统工作原理主要涉及原子吸收光谱法(AAS)、塞曼背景校正、稀释法采样、干法转换技术。主机采用塞曼效应背景校正的冷原子吸收法，长达 10 m 的光程池和塞曼背景扣除技术使得仪器具有较高的灵敏度和抗干扰能力。

B. 组成结构

该系统主要包括探头、一个可拖动的派力背箱(主机)、采样头、过滤器、转换器、数据处理：笔记本电脑，微软操作系统。

3)主要部件及性能特点

A. 采样单元和预处理单元

在线烟道气测汞分析仪(图 2.43)分析对象为烟道气的气态总汞，颗粒物采用滤芯过除，针对烟道气的高温、高湿特点，采样器采用全程加热稀释法采样，稀释比例约为 1∶100。粉尘滤芯采用钛合金制作，高温伴随大流量反吹法以防烟枪堵塞。

采用高温催化转化法，将烟气中的二价汞转化成单质汞，进行烟气总汞分析，并带有旁路设计，用于烟气单质汞测试，实现烟气气态汞的价态分析。催化转化炉具有体积小、流速快等特点，配合高达 1∶100 的稀释比例，可实现二价汞的高效转化，并防止单质汞与活性物质重新结合。二价汞转化器并入采样器的设计，样品传输只设计单质汞的传输，不用考虑二价汞的低温凝结等问题，有效降低了样品传输的负担。

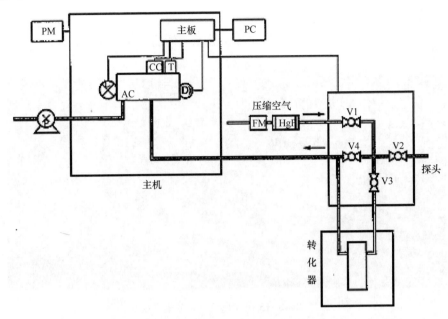

图 2.43   IRM-915 在线烟道气汞分析仪结构示意图

整个采样器采用硅涂层的不锈钢材质，耐高温的全氟密封圈封闭，管件部件采用钛合金。其结构如图 2.44 所示。

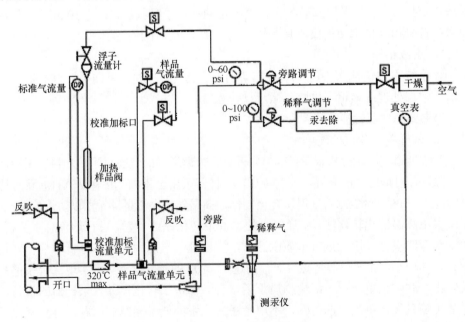

图 2.44   采样器结构示意图

B. 分析测试单元

由图 2.45 可知，汞灯放置在磁场两级的中间，由高频发器激发。光线通过偏振调节器到达光桥，光桥操作模式，自动切换光路，光桥在模式一时，光纤通过汞校准池(即在校准模式时汞校准池插入光路中)，穿过多光程样品池、单光程样品池组件，被检测器检测到；光桥在模式二时，光线到达检测器之前，只通过单光程样品池组件；光桥在模式三时，光线通过可拆卸的外接样品池光学单元、单光程样品池组件，到达检测器。

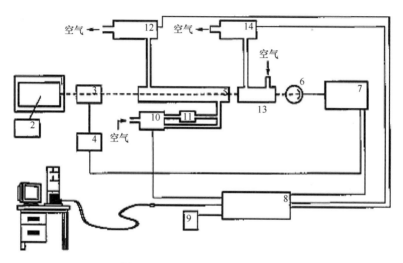

图 2.45　汞分析主机结构示意图

1. EDL 汞灯；2. 高频发生器；3. 调节控制单元；4. 偏振调制器；5. 多光路样品池；6. 光电检测器；7. 光电倍增管；8. 内置微处理器；9. 显示和控制；10. 气路转换开关；11. 吸附过滤器；12. 多光路样品池气泵；13. 单光程样品池或外加样品池；14. 单光程样品池气泵

光电检测器产生的信号通过信号处理单元，将信号按照调制频率分离，并产生分析信号，最后信号在控制单元或计算机显示出来。

C. 校准单元

a. 汞元素校准

单质汞的校准采用钢瓶进气进行校准，可选用经过 NIST 认证的汞蒸气钢瓶气对系统进行校准，通常使用 15 μg/m³、30 μg/m³ 两个浓度水平，配合零气进行校准。

b. 二价汞校准

二价汞校准采用二价汞发生器进行校准，二价汞发生器的汞源可选用可溯源的氯化汞溶液，校准时采用系统整体校准。目前市场上二价汞发生器所提供标气浓度可按需求调节。通常使用 15 μg/m³、30 μg/m³ 两个浓度水平，配合零气进行校准。

4)产品的功能及应用领域

A. 产品功能

①实时连续监测汞的含量，采用基于热催化转化技术和带有塞曼背景校正的原子吸收检测方法。这种方法不需要预浓缩，不需要金丝富集。

②多光程池和"干法转化"的使用，提供更高的灵敏度，并不受来自燃烧气体基质的干扰。

③高转化温度(700℃)，短暂停留时间和高达 1∶100 的稀释，防止分解出来的汞原子与"活性"成分重新结合。

④带加热的探针，带加热的过滤器与稀释/转化装置，可承受"高"或"低"的含汞量，现场报告"湿"基结果，实际烟气含汞量。无需转换，节省费用。

⑤汞的形态分析。

⑥易于运输和组装。

⑦模块化设计。

B. 应用领域

燃煤电厂、有色金属冶炼、钢铁生产、垃圾焚烧等行业烟道气中气态总汞(Hg^T)或气态汞的形态分析(Hg^2，Hg^0)。

5)技术性能指标

零点漂移：±2.5%；

精密度：±2.5%；

准确度：±5%；

检出限：0.05～1000 μg/m³，湿基总汞/单质汞含量；

设置或停机时间：小于 3 h；

安装需求：220 V，60 Hz，20 amp；

压缩空气：15～20 L(80 psig)；

数据输出：30 s 采集 1 个样品数据。

第 3 章　燃煤过程汞排放与控制

3.1　煤炭不同转化方式中的汞排放

3.1.1　煤的直接燃烧

国际上对燃煤电厂汞污染物排放的关注始于 20 世纪 90 年代，美国环境保护局(Environmental Protection Agency, EPA)于 1998 年确定将安大略方法(Ontario Hydro Method, OHM)作为燃煤电厂进行分形态汞测量的标准方法，并开展测试收集美国燃煤电厂汞排放数据(Information Collection Request，ICR)[1]。2011 年 12 月 EPA 宣布了发电厂汞排放的限制标准[2]，其中规定燃煤电厂的汞排放限值为 $9.07×10^{-5}$ kg/(GW·h)，该标准在 2016 年生效。美国每年汞的排放量约 158 t，占全世界向大气排放汞总量的 3%，其中份额最大的来源于燃烧行业，占 78%，而燃煤烟气汞排放所占比例最大，达到 33%，焚烧生活垃圾汞排放量占 19%，工业锅炉汞排放比例约为 18%，医疗垃圾焚烧次之。

2005 年我国的燃煤大气汞排放约为 334 t，其中，燃煤电厂排放 124.8 t[3]。2015 年我国的火电装机容量从 2005 年的 391 GW 增加到 990 GW，相应地，煤炭消费总量由 21.4 亿吨增加到 37.0 亿吨[4]，其中电力行业用煤 18.4 亿吨，约占总量的 50%，燃煤电厂所带来的汞污染物排放的问题也更加突出。我国《火电厂大气污染物排放标准》(GB 13223—2011)规定，电厂的燃煤锅炉烟气在标准状态下汞及其化合物的排放限值为 0.03 mg/m³。燃煤电厂属于集中排放，较其他排放源更易于控制，对燃煤电厂的汞排放进行控制能在很大程度上实现汞排放总量的消减。

我国各省区燃煤电厂大气汞排放量如图 3.1 所示。燃煤电厂大气汞的排放与煤炭的汞含量有直接关系，我国各省区煤炭中汞的含量如表 3.1 所示[5]。

燃煤电厂汞排放的主要形式划分为三类(图 3.2)：气态单质汞(Hg^0)，不溶于水，且挥发性极强，难以脱除；气态二价汞(Hg^{2+})，一般 Hg^{2+} 易溶于水，因而易于脱除；附着在固态颗粒上的汞(Hg^p)。

煤炭燃烧过程中汞的归宿可分为三部分：除尘器飞灰和脱硫灰、燃煤底灰和大气排放。煤中的汞在燃烧过程中几乎全部进入燃煤烟气中，并且大部分随烟气排入大气，而进入飞灰、脱硫灰和底灰的占少部分[6]。飞灰中汞含量占煤中汞总量的 23.1%～26.9%，从烟囱排出的汞占 56.3%～69.7%，煤中汞在飞灰中被富集，

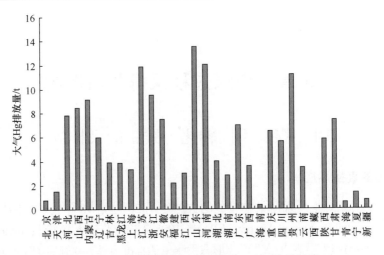

图 3.1 2007 年我国各省区燃煤电厂大气汞排放量

数据来自中国环境科学研究院

表 3.1 国内各省煤炭中的汞含量(mg/kg)

省份	含量范围	算数平均值	标准差
黑龙江	0.02~0.63	0.12	0.11
吉林	0.08~1.59	0.33	0.28
辽宁	0.02~1.15	0.20	0.24
内蒙古	0.06~1.07	0.28	0.37
北京	0.23~0.54	0.34	0.09
安徽	0.14~0.33	0.22	0.06
江西	0.08~0.26	0.16	0.07
河北	0.05~0.28	0.13	0.07
山西	0.02~1.95	0.22	0.32
陕西	0.02~0.61	0.16	0.19
山东	0.07~0.30	0.17	0.07
河南	0.14~0.81	0.30	0.22
四川	0.07~0.35	0.18	0.10
新疆	0.02~0.05	0.03	0.01

在底灰中被分散[7]。据估计，进入底灰中的汞比率在 2%左右[8]。飞灰中汞的比率为：层燃炉 26.89%，煤粉炉 23.1%。研究表明，飞灰颗粒越细则汞含量越高，由此得出的结论是飞灰中 90%以上的汞存在于<0.125 mm 粒径的飞灰粒子上[7]。

以某燃煤电厂煤粉炉为例，其工序如图 3.3 所示。煤粉燃烧温度在 1200~1600℃，烟气经静电除尘装置(ESP)脱除飞灰，操作温度在 140℃左右。然后采用

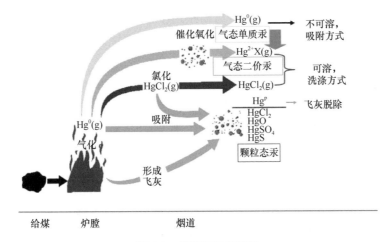

图 3.2　燃煤汞排放特征

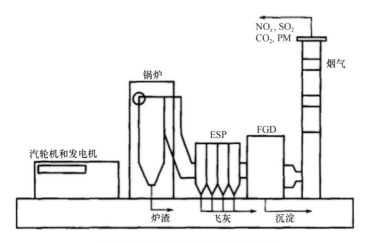

图 3.3　某燃煤电厂烟气中汞的分布

湿法脱硫(FGD)，操作温度为 50～60℃，烟气经烟囱排放。日本中央电力研究所的研究表明，炉渣中的汞含量接近于零，静电除尘器捕获的飞灰中含有汞总量的33.3%，湿法脱硫过程产生的石膏中含有 36.0%的汞，排入大气中的汞占到总量的30.6%。汞在燃煤产物中的分配情况与燃烧工艺条件及后处理技术等有关，所以了解汞在煤燃烧过程中的迁移机理，对汞污染的控制具有重要意义。

　　我国工业锅炉拥有量约 50 万台[9, 10]，燃煤工业锅炉占工业锅炉总量的 80%以上，燃油燃气锅炉约占 15%，电加热锅炉占 1%左右，其余是以沼气、生物质、垃圾等为燃料的工业锅炉。我国工业锅炉年耗煤 4 亿吨，每年向大气排放 600 万吨 SO_2、800 万吨烟尘，是我国大气污染的重要来源。我国工业锅炉设计效率为

72%~80%，接近国际水平，而运行效率平均在 60%~65%，远低于国际水平。总体上，我国的工业锅炉呈现数量大、单台容量小、燃烧效率低、烟气污染控制水平低及排放高的特点。

现场测试结果表明，燃煤工业锅炉污染物总悬浮颗粒(total suspended particulate，TSP)、SO_2、NO_x、CO 的排放水平分别为 283~350 mg/m³、914.6~1245.7 mg/m³、64.2~136.6 mg/m³ 和 109.9~890 mg/m³；排放因子分别为 3.849~20.38 g/kg、16.83~54.01 g/kg、1.441~3.791 g/kg 和 1.509~52.56 g/kg。二价汞、单质汞和颗粒态汞的排放水平分别为 0.3~5.7 μg/m³、1.5~3.8 μg/m³ 和 0.008~0.023 μg/m³ [11]。

Z. Klika 等对循环流化床锅炉负荷在 40%和 100%的情况下，烟煤和褐煤燃烧过程中痕量元素的分布进行了研究，痕量元素包括：S、Cl、Br、V、Cr、Ni、Cu、Zn、Ge、As、Se、Sn、Sb、W、Hg 及 Pb。痕量元素在燃烧产物中的浓度显示：大部分元素在飞灰中的富集比底灰高。通过元素平衡计算了每个元素在底灰、飞灰和排气中所占比例，结果表明，在这两种负荷下进入气相比例最高的元素是 Hg 和 Cl[12]。

徐旭等对某循环流化床锅炉在不同工况燃烧时电除尘器飞灰中重金属元素的含量进行了分析，并研究了锅炉负荷和 Ca/S 比变化对飞灰中重金属元素分布的影响。研究表明飞灰中重金属元素的分布一般为 Hg < Cd < Pb < Cu < Ni < Cr，锅炉负荷增大、炉内 Ca/S 比减小促进重金属元素在细小微粒表面的富集[13]。

3.1.2　煤气化

煤气化是煤化工产业化发展最重要的单元技术，是一个热化学过程。以煤炭为原料，采用空气、氧气、CO_2 和水蒸气为气化剂，在气化炉内进行煤气化反应，可以生产出不同组分不同热值的煤气。按煤在气化炉内的运动方式分为固定床(移动床)、沸腾床和气流床等形式，按气化操作压力分常压气化和加压气化，按进料方式分固体进料和浆液进料，按排渣方式分为固体排渣和熔融排渣。为了提高煤气化的气化率和气化炉气化强度，近年来煤气化技术总体发展方向为：气化压力由常压向中高压(8.5 MPa)发展，气化温度由低温向高温(1500~1600℃)发展，气化原料向多样化发展，固态排渣向液态排渣发展。典型的工业化煤气化炉型有：UGI 炉、鲁奇炉、温克勒(Winkler)炉、德士古(Texaco)炉和道化学(Dow Chemical)煤气化炉。我国以固定床气化炉为主，近年来引进了加压鲁奇炉、德士古水煤浆气化炉，用于生产合成氨、甲醇或城市煤气，总体水平与国外有较大距离[14, 15]。

重金属元素以单质、矿物、螯合物等赋存方式存在于煤中，在气化一开始就产生分解，在高温阶段继续分解，发生转移，一直到反应完毕。各种重金属元素经过复杂的物理化学过程之后，分别向气化固态产物、液态产物和气态产物转移而重新分布[17]。在气化过程中，重金属元素除了分布在气化灰和焦油中外，其余的则随烟气散发到大气中，用重金属的析出率(LR)来表示散发到大气中的重金属元素，重金属元素在气化灰和焦油中的分配用 R_a 与 R_t 表示，计算公式如下：

$$LR(\%)=100\times(1-A_m/C_m-O_m/C_m) \tag{3.1}$$
$$R_a=100\times A_m/C_m \tag{3.2}$$
$$R_t=100\times O_m/C_m \tag{3.3}$$

式中，C_m 为原煤中重金属元素的含量；A_m 为气化灰中重金属元素的测定值换算为全煤基的含量，$A_m=C_n\times A_d$，A_d 为灰产率，C_n 为气化灰中的重金属含量；O_m 为焦油中重金属元素的测定值换算为全煤基的含量。

文献[16]选用两种气化用煤：大同煤和神府煤，重金属汞在两种煤中的含量均为 0.13 μg/g，进行水蒸气气化实验，研究了在不同温度下重金属元素汞(Hg)在气化产物中的分布，如表 3.2 所示。

表 3.2　不同温度下重金属元素汞(Hg)在气化产物中的分布

煤种	温度/℃	气化析出率/%	气化灰中的 Hg		焦油中的 Hg	
			分配/%	含量/(μg/g)	分配/%	含量/(μg/g)
大同	800	43.0	57.0	0.100	<0.01	<0.01
大同	900	46.9	53.1	0.097	<0.01	<0.01
大同	1000	61.2	38.8	0.080	<0.01	<0.01
神府	800	38.9	61.1	0.092	<0.01	<0.01
神府	900	40.8	59.2	0.113	<0.01	<0.01
神府	1000	48.5	51.5	0.100	<0.01	<0.01

汞的析出率随温度升高而增大，汞是挥发性强的元素，两种煤中的汞元素在气化时的析出率均超过 38.9%。这主要是由于汞元素的沸点及其氯化物的沸点比较低，分别为 356℃和 301℃。汞与氯的亲和性很弱，因此在气化过程中，大部分汞元素以气态单质(Hg⁰)形式挥发到大气中，这与 Helble 等[17]的研究结果相符。Clarke[18]根据痕量元素在煤燃烧过程中的富集行为把它们划分为三类：第一类元素不易气化，富集在残渣中，或者介于残渣和细微颗粒之间；第二类元素在燃烧过程中挥发，然后在以后的过程中凝结；第三类元素是最易挥发的元素，它们几乎不出现在固相中。按照这种划分方法，汞的析出率大于 38.9%，属于第三类元素。汞在气化灰中的含量则显著减少，这是由元素的挥发性决定的。在煤焦油中汞的含量很低，小于检出限。由上述可得，在气化反应过程中汞是易挥发元素，其析出率超过 38.9%；汞在气化产物中的分布主要受气化温度和煤种的影响，不过无论是大同煤还是神府煤，气化温度越高，越有利于汞的挥发。

煤气化与煤燃烧所不同的主要是煤加热和冷却过程的环境气氛。气化产生的煤气在冷却过程中气氛呈还原性状态，所以汞的化学变化应该与煤燃烧有较大差异。

研究结果表明：①温度是影响煤中汞释放的主要因素，热解温度越高，汞的释放量越多，在热解温度达到 800℃时，煤中绝大部分的汞挥发。在 400~600℃的温度区间内，汞的释放率随温度的变化比较剧烈；600℃以上煤中汞的释放率随着温度的变化减慢。在气化温度达到 1000℃时，煤中汞的释放率都超过了 90%。②煤热解过程中，气态汞主要以单质汞的形态存在，占气态总汞含量的 64%以上。煤气化过程中，气态汞中单质汞和二价汞的百分比含量在 40%~60% 之间变化，随着温度的升高和停留时间的延长，气体中二价汞的百分含量升高，单质汞的百分含量减小。③在相同条件下，气化过程中汞的释放量高于热解，且在较低的温度下就开始释放，随着温度的升高，二氧化碳与煤的气化反应过程中煤主体的解离使得煤中的汞随之释放，气化和热解过程中汞释放率的差距增大，在二氧化碳的作用下，单质汞与其他气体成分发生反应转变为二价汞，使二价汞占气态总汞的百分含量高于热解过程。

3.1.3　煤的液化利用

煤的液化是以煤为原料，在一定反应条件下生产液体燃料和化工原料的煤炭转化技术，通常有直接液化和间接液化两种工艺路线。直接液化和间接液化两种技术合成的产品具有很好的互补性：直接液化合成的燃料转化效率较高；间接液化产品使用效率较高，比直接液化产品的环保性能好，但副产物多[19-21]。

直接液化是指将煤粉碎到一定粒度后，与供氢溶剂及催化剂等在一定温度(430~470℃)、压力(10~30 MPa)下直接作用，使煤加氢裂解转化为液体油品的工艺过程。煤直接液化技术主要包括：煤浆配制、输送和预热过程的煤浆制备单元；煤在高温高压条件下进行加氢反应，生成液体产物的反应单元；将反应生成的残渣、液化油、气态产物分离的分离单元；稳定加氢提质单元。典型的煤炭直接液化技术有：美国的氢煤法 H-Coal 和 HTI 工艺、德国的二段液化工艺 (integrated gross oil refining，IGOR)、日本的 NEDOL 工艺和我国的神华工艺[22]，各种煤直接液化工艺至今均未商业化。

煤炭间接液化是先将煤气化、净化生产出 H_2/CO 体积比符合要求的合成气，然后以其为原料在一定温度、压力和催化剂条件下合成液态产品的工艺过程，简称 F-T 合成。煤炭间接液化的三个主要产品是烃类燃料、甲醇和二甲醚。煤炭间接液化技术主要包括：大型加压煤气化、备煤和脱硫、除尘净化系统的造气单元；在固定床、循环流化床、固定流化床和浆态床等合成反应器中进行合成反应的 F-T 合成单元；将反应产物进行分离的分离单元；后加工提质单元。造气单元中，煤气化技术的发展趋势主要为：增大气化炉的断面，以提高产量；提高气化炉温度和压力，以增加空收率；采用粉煤气化，以降低对煤质的要求；研制气化新工艺和气化炉新结构，以减少基本建设投资和操作费用。以粉煤添加催化剂的水煤浆为原料的德士古气化炉和两段陶氏气化炉、以干粉煤为原料的 GSP 炉和 Shell 公司开发的 SCQP 炉均适用于生产合成气，国内自行开发的多喷嘴水煤浆气化炉也具有较好的发展前景[23, 24]。

美国、日本、英国等都已开始了对燃煤过程中汞、砷、氟、氯及其他微量元素排放规律的研究[25-28]，并准备对某些元素的排放标准制定法规。煤中汞的含量一般小于 1.0 μg/g，主要与硫化铁结合在一起，但也有些与煤的有机组分结合在一起。汞在煤中以各种方式存在：水溶态、离子交换态、与煤中的碳酸盐结合、与煤中的有机组分和煤中的硫化物结合[29]。目前，国内外对煤炭在加工利用过程中挥发性微量元素汞、砷、氟和氯的行为规律以及对环境影响的研究都在起步阶段，不够深入和广泛，更未涉及煤炭液化过程中分布规律的研究，也未涉及对试验方法的评价和改进。

3.2　煤燃烧过程中汞的排放特征

汞的人为排放主要来自于化石燃料的燃烧，2005 年全球人为大气汞排放量达 1930 t，其中化石燃料燃烧排放占 45.6%，小规模黄金冶炼排放占 18.2%，金属生产排放占 10.4%，水泥生产排放占 9.8%，其余垃圾焚烧、大规模黄金冶炼、氯碱工业和火葬场排放分别占 6.5%、5.3%、2.4% 和 1.3%，如图 3.4 所示[30]。

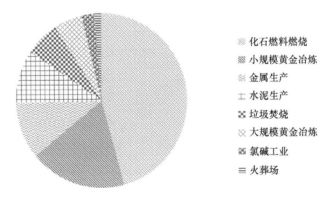

图 3.4　2005 年全球分行业人为大气汞排放量分布图

2005 年，化石燃料燃烧大气汞排放中，电厂、工业和民用燃煤排放量占总量的比例高达 98.68%，燃煤电厂大气汞排放量占最大比例 54.82%(图 3.5)，因此燃煤是化石燃料燃烧大气汞排放中最大的来源；2000 年全球人为大气汞排放中，化石燃料燃烧中用于电厂、工业及民用的煤燃烧汞排放量高出石油燃烧排放量 1～2 个数量级[31]。

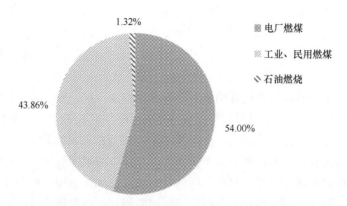

图 3.5　化石燃料燃烧中大气汞排放量比例图

3.2.1　燃烧过程汞的迁移与转化

煤中含有 80 多种微量元素,其中包括汞在内的有害或潜在有害的微量元素共计 22 种[32]。汞的热力学特性决定了汞在 700℃以上全部以气态单质汞 Hg^0 的形式存在。因此在煤燃烧过程中,煤中几乎所有的汞都会以单质汞(Hg^0)的形式释放到烟气中,随后在烟气的流动过程中,随着温度的逐渐降低,烟气中的 Hg^0 经历均相/异相氧化,部分转变为 Hg^{2+},并与烟气中的飞灰等颗粒物相互作用,通过化学/物理吸附,部分转变为 Hg^p,整个过程如图 3.6 所示。在最终的烟气中,汞以气

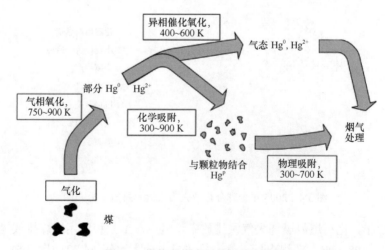

图 3.6　燃烧后煤中汞的迁移和转化

态的 Hg^0、Hg^{2+}以及固态的 Hg^p 等形式共存。汞在烟气中的存在形式不仅与煤的性质有关，也与烟气组分、灰分、烟气流经的污染控制设备等因素有关，并最终对汞的排放规律产生一定的影响。

3.2.2 汞流向特征

美国的 Pavlish 等[33]根据 EPA 的数据总结得出：煤中的汞以黄铁矿、硫化物以及有机化合物结合态的形式存在，在炉膛中高温燃烧的过程中，会全部以气态单质汞(Hg^0)的形式挥发出来，其中很少的一部分(小于 0.01%)会因为炉底残渣中没完全燃烧的炭及表面吸附性而吸附保留在底渣中，随着温度不断降低，烟气中35%~95%的单质汞(Hg^0)会发生均相或者非均相催化氧化，变成二价汞化合物(Hg^{2+})及颗粒状态的汞(Hg^p)，高氯组分的存在及低温环境有利于单质汞(Hg^0)的氧化过程。烟气流经各种污染控制设备后，大约40%左右的汞会被除尘器以及湿法脱硫装置捕获，然后以飞灰、脱硫石膏等方式排出；大约60%的汞仍然在烟气中，随着烟气排放进入大气，烟气中的汞排放过程中主要以气态形式为主，二价汞是主要的气态形式。

加拿大的 Goodarizi 等[34]测试了配有 ESP 的 6 家燃煤电厂，测试结果表明，燃煤电厂烟气总汞排放速率为 6.95~15.66 g/h，其中以单质汞(Hg^0)的形式排放速率为 6.69~12.62 g/h，是主要的汞排放形式，二价汞(Hg^{2+})的排放速率为 0.34~3.68 g/h，颗粒状态的汞(Hg^p)排放速率最小，仅为 0.005~0.076 g/h。

日本的 Yokoyama 等[35]选用了三种不同的煤种，在一家安装有 ESP + WFGD 的 700 kW 的电厂进行了燃烧实验，测试结果表明烟气中总汞的排放浓度分别为 1.113 μg/m³、0.422 μg/m³ 和 0.712 μg/m³，其中气态汞占主要部分，约为 99.5%，而颗粒态的汞只占了很小的一部分。质量平衡计算表明，飞灰中的汞排放量占总汞的 8.3%~55.2%，石膏中的汞占 13.2 %~69.2 %，烟气中的汞约占 12.2%~44.4%。

澳大利亚的 Shah 等研究人员[36, 37]于 2008 年在一家装有 FF 的 660 kW 的燃煤电厂测试中发现，烟气中单质汞(Hg^0)约占总汞的 58%。2010 年，该研究者又测试了五家装有 ESP 的燃煤电厂，测试的电厂包含了 116~850 MW 的机组，结果表明，烟气中总汞的排放浓度为 1.9~5.6 μg/Nm³，其中颗粒态汞(Hg^p)只占了很小的一部分，约为 0.3%~3.7%，绝大部分是单质汞(Hg^0)和二价汞(Hg^{2+})。

国内方面，清华大学王书肖等[38]对六台燃煤机组进行了测试，测得燃煤锅炉中排放的汞浓度范围为 1.92~27.15 μg/m³；浙江大学周劲松等[39, 40]对两家燃煤电厂进行了研究，得出煤中的汞主要以单质汞(Hg^0)的形式排放到大气中，排放浓度为 4.99~14.79 μg/m³。胡长兴等[41]测试了六家燃煤电厂，通过物料衡算得到煤中的汞以底渣形式排放所占比例很小，仅为 0.6%，以飞灰形式排放所占比例稍高，约为 7%～21%，气态汞所占比例因污染控制设备的不同而有较大的差异。王光凯等[42]得到煤中汞的排放浓度在 4.99～14.79 μg/Nm³ 之间，其中单质汞(Hg⁰)占 47.6%～66.2%，二价汞(Hg²⁺)占 33.8%～52.4%。厦门大学的陈进生[43]对一台燃煤机组进行了测试，测试结果表明汞主要以气态汞形式排出，浓度为 12.63～15.71 μg/Nm³，占煤中总汞的 79.1%以上。华中科技大学的罗光前[44]对两台燃煤机组进行了测试，测得烟气中汞的排放浓度为 1.18～32.10 μg/Nm³，大部分的汞会以飞灰和烟气的形式排放到大气中，只有很少一部分保留在残渣中。

电力锅炉燃煤中的汞的排放分为一次排放和二次排放。一次排放是指煤炭中的汞在燃烧发电过程中向大气、水体、固体副产物(粉煤灰和脱硫石膏)的排放，二次排放是指粉煤灰和脱硫石膏的再利用或处置过程向环境排放的汞，例如利用脱硫石膏制造建筑材料，粉煤灰用作水泥原料以及制造粉煤灰砖的过程等。综合考虑电力燃煤行业汞的一次直接排放和二次排放，基于 2010 年统计数据，图 3.7 给出了我国电力燃煤行业汞的物流流向。其中 2010 年电力燃煤行业向大气排放了 134.0 t 汞，其中 32.7 t 来自二次排放，约占一次排放量的 32%，有 58.6 t 的汞进入了土壤中，进入土壤的汞 90%是由于粉煤灰和脱硫石膏的未综合利用，进入产品中的汞为 76.1 t，93.0%集中在建材行业，还有 3.0 t 的汞进入了水体中[45]。

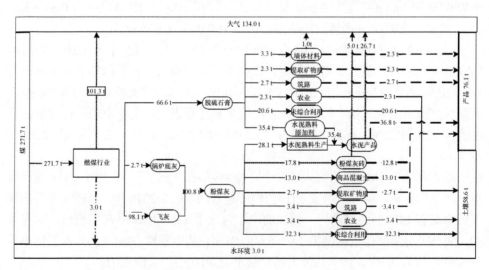

图 3.7　我国电力燃煤行业汞的物质流向

3.2.3　汞的形态分布

燃煤汞的排放除了与煤中汞的含量、烟气温度和组成烟气中颗粒碳的含量、电站使用的空气污染控制装置有关以外，还强烈依赖于汞在烟气中的形态分布。

所谓"形态分布"，是指一个样本中某种元素的各种物理形式、化学形式的分布情况。不同化学形态的汞具有不同的物理特性、化学特性、生物特性以及环境迁移能力等。

从汞形态分布来看，燃煤烟气中的汞以单质汞(Hg^0)、二价汞(Hg^{2+})以及吸附在颗粒表面的颗粒态汞(Hg^p)存在[46]。研究者[47]对 14 个电站进行的现场研究实验表明：单质汞(Hg^0)和二价汞(Hg^{2+})在燃煤电厂烟气中的相对百分比分别为 6%～60%和 40%～94%。有研究者[48]认为在燃煤烟气中，20%～50%的汞为单质汞(Hg^0)，50%～80%的汞为二价汞(Hg^{2+})。单质汞(Hg^0)是大气环境中汞的主要存在形态，也是最难控制的形态之一。二价汞(Hg^{2+})可以形成许多有机和无机的化合物，无机化合物比较稳定，在环境中普遍存在，并且许多二价汞(Hg^{2+})的化合物比较容易溶于水，例如氯化汞的水溶性大于 $6.9×10^{10}$ ng/L，因此二价汞(Hg^{2+})在大气中仅仅可以停留几天或者更短的时间，在释放点附近沉积。

从排放源来看，煤炭燃烧过程中的汞的归宿可以分为三个部分：除尘器飞灰和脱硫灰、底灰以及大气环境。据估计[49]，残留在底灰中的汞的含量小于 2%，烟气中以颗粒形态存在的汞占煤燃烧过程中汞的总排放量的比例小于 5%，飞灰中越细的颗粒中含汞量越高，90%以上的固态汞存在于粒径小于 0.125 mm 的飞灰粒子上，表现出表面富集的特征，而除尘器一般对小于 1 μm 的灰粒很难捕集，特别是 0.1～1 μm 范围内，除尘效率最低，在此范围内富集汞元素的飞灰颗粒很难被捕集。因此，布袋除尘或者静电除尘器等除尘设备只能部分除去颗粒态汞(Hg^p)，部分汞仍然存在于烟气中。

由于汞是煤中最易挥发的痕量元素之一，在煤的燃烧过程中，煤中的汞将经历复杂的物理和化学变化，最后进入气相和气溶胶。其中，绝大部分是蒸发释放，以金属汞蒸气的形态存在于烟气中。Finkelman 等[50]发现煤中的汞可以在 150℃左右的低温下挥发。在通常的炉膛温度范围内，单质汞(Hg^0)是汞的热稳定形式，而大部分汞的化合物是不稳定的，它们将会分解成为单质汞。因此，在炉膛的高温下，几乎煤中所有的汞都会转变为单质汞(Hg^0)，并且停留在烟气中。

在烟气排放过程中，到达烟囱出口的过程中，随着烟气流经各个换热设备，烟气的温度逐渐降低，烟气中的汞会进一步发生变化。单质汞(Hg^0)将保持为单质汞(Hg^0)的形式或与烟气中的其他成分发生化学反应生成二价汞(Hg^{2+})化合物。一部分气相单质汞通过物理吸附、化学吸附和化学反应等途径被飞灰吸收，转化为颗粒状态的汞(Hg^p)，颗粒状态的汞(Hg^p)主要含有氯化汞、氧化汞、硫酸汞和硫化汞等物质。当温度降低到一定范围时，一部分的单质汞(Hg^0)被含氯化合物氧化，生成气相的氯化汞[HgCl$_2$(g)]。在烟气中，一部分的气相氯化汞[HgCl$_2$(g)]和单质汞(Hg^0)会直接随着烟气一起排出；一部分的单质汞(Hg^0)被飞灰颗粒表面物质催化氧化成二价汞 Hg^{2+}X(g)；一部分气相氯化汞[HgCl$_2$(g)]被飞灰颗粒吸附形成颗粒状态的汞(Hg^P)[51]。

在煤的燃烧过程中，汞的形态变化受到很多因素的影响，包括给煤煤种、给煤的汞浓度、给煤的其他元素浓度、烟气温度和烟气成分、煤灰的物理性质以及汞及其化合物在烟气中停留时间的长短等。氯化汞[HgCl$_2$(g)]的生成，即 Hg^0(g)和 HCl(g)/Cl$_2$(g)反应生成 HgCl$_2$(g)，通常被认为是冷却烟气中汞迁移转化的主要机理之一。Hall 等用小规模台架实验研究了汞在燃煤烟气中的化学反应[52, 53]发现单质汞(Hg^0)可以与烟气中的氧气、氯化氢气体、氯气等发生快速的化学反应，反应产物是氧化汞和氯化汞。Hall 同时还发现尽管氯化氢气体可以氧化气态的单质汞(Hg^0)，但是汞-氯系统中的氯气的氧化活性更大。氯元素在煤燃烧过程中，主要以氯化氢气体的形式蒸发。当温度下降到 430~475℃时，氯气可以通过下面的反应生成：

$$2HCl(g) \ + \ 1/2O_2(g) \longrightarrow Cl_2(g) \ + \ H_2O(g) \tag{3.4}$$

刘迎晖、郑楚光等[54]利用化学热力学平衡分析方法研究发现氯元素含量对汞的形态和分布有显著的影响。如图 3.8 所示，汞在单质汞(Hg^0)和二价化合物状态的汞(Hg^{2+})之间的分布主要依赖于煤及烟气中的氯化氢气体和其他污染物的浓度。当给煤中的氯含量增大时，二价化合物状态的汞(Hg^{2+})含量增大，它作为稳定相的温度范围也越宽。

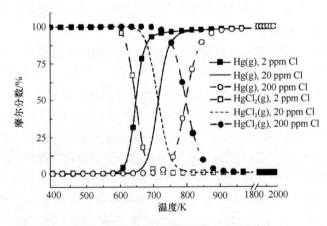

图 3.8　氯含量对汞的形态和分布的影响

同时，烟气中的二氧化硫气体也会影响汞在烟气中的形态分布，但它并不是直接和汞发生反应，而是抑制了氯化物的形成：

$$Cl_2(g) + SO_2(g) + H_2O(g) \Longleftrightarrow 2HCl(g) + SO_3(g) \tag{3.5}$$

或者减少飞灰的催化活性。因此，高硫/氯比例将会抑制氯气的形成，从而抑制氯化汞[$HgCl_2(g)$]的形成。温度低于硫酸露点时，烟气中的三氧化硫气体和水蒸气反应会生成硫酸，生成的硫酸在灰粒表面凝结，使得汞组分可能以硫酸汞液体的形式被吸附。

除了上文提到的氯化氢气体、氯气和二氧化硫以外，氧气和二氧化氮气体也是汞化学中潜在的反应物。然而，有限的化学动力以及烟气在烟道中停留时间相对较短均会抑制这类均相反应的发生，包括单质汞(Hg^0)和氧气、二氧化氮之间的反应。但当烟气中存在无机物和含碳灰粒的时候，情况会有所变化。Hall 等注意到，当温度分别为 100℃和 300℃时，氧气的存在会促进活性炭和飞灰对汞的吸附。Laudal 等利用模拟烟气研究了烟气的组分(氧气、二氧化碳、水蒸气、氮气、二氧化硫、氯化氢、一氧化氮、二氧化氮、氟化氢及氯气等)对单质汞(Hg^0)-飞灰和单质汞(Hg^0)-碳吸附反应的影响[55]，发现温度低于 200℃时，二氧化氮的存在会抑制飞灰和碳对单质汞(Hg^0)的吸附，但是会促进二价化合物状态的汞(Hg^{2+})的形成。Carey 等[56]也发现飞灰和某些灰成分(例如铁和铝等)可以促进单质汞(Hg^0)向气态二价化合物状态的汞(Hg^{2+})的转化。显然，烟气中的氧化物和氮化物以及飞灰表面上的催化氧化剂都是控制单质汞(Hg^0)向气态二价化合物状态的汞(Hg^{2+})和固相颗粒态汞(Hg^p)转化的重要因素。单质汞(Hg^0)与烟气中的无机矿物质和含碳灰粒(如飞灰等)之间发生的反应，特别是气体-颗粒表面，是烟气中汞迁移特性的一个极为重要的方面。飞灰颗粒表面的活性化学组分和催化氧化剂都可以将单质汞(Hg^0)氧化为气态二价汞(Hg^{2+})。飞灰颗粒表面还存在吸附汞的活性表面，烟气中飞灰颗粒吸附汞主要是通过物理吸附和/或化学吸附。

另外，气态二价汞(Hg^{2+})的还原可能也是烟气中汞迁移转化的机理之一。例如氧化汞被二氧化硫和一氧化碳还原的反应：

$$HgO(s, g) + SO_2(g) \longrightarrow Hg^0(g) + SO_3(g) \tag{3.6}$$

$$HgO(s) + CO(g) \longrightarrow Hg^0(g) + CO_2(g) \tag{3.7}$$

此外，实验发现氯化汞还可以被炽热的铁表面还原：

$$3HgCl_2(g) + 2Fe(s) \Longleftrightarrow 3Hg^0(g) + 2FeCl_3(s) \tag{3.8}$$

燃煤烟气中汞的最终排放，除受到煤种和燃烧条件影响之外，还与燃煤电厂的烟气净化控制设备有很大关系，这些因素彼此互不孤立，相互联系。煤质、烟气组分对烟气中汞的形态分布起着决定性的作用，而烟气中汞的形态分布决定了烟气净化控制设备对汞的去除的多少。

燃煤电厂中的烟气净化控制主要包括除尘、脱硝、脱硫等措施，这些污染物净化控制设备对烟气中的汞会有不同程度的脱除效果，而且即使某种设备没有直接的去除效果，该种设备也会帮助其他设备间接地脱除汞。除尘器对于煤燃烧过程中产生的飞灰有良好的去除作用，而飞灰会吸附大量的颗粒态汞(Hg^p)，因此烟气中大部分的颗粒态汞(Hg^p)也会随着飞灰的去除而去除；二价汞(Hg^{2+})有易溶于水的性质，因此湿法脱硫可以去除部分的二价汞(Hg^{2+})；脱硝装置虽然不能直接去除烟气中的汞，但是由于脱硝催化剂可以将单质汞(Hg^0)部分氧化成二价汞(Hg^{2+})，从而有利于后续的湿法脱硫装置对二价汞(Hg^{2+})的脱除。

表 3.3 是根据浙江大学热能工程研究所[57]对典型的中国燃煤电站进行现场测试的数据计算所得，从中容易看出 ESP 可以脱除颗粒态汞，使排入大气的主要为气态汞；FGD 会将二价汞洗涤下来，使排入大气的汞以单质汞为主。SCR 可以将单质汞氧化为二价汞，所以单质汞排放会减少，而二价汞会增加。

表 3.3   中国燃煤电站大气汞排放形态分布因子

烟气清洁装置	Hg^0	Hg^{2+}	Hg^p
ESP	0.47	0.42	0.11
ESP+FGD	0.72	0.28	—
SCR+ESP+FGD	0.16	0.82	0.02

EPA 的 ICR[35]数据显示，冷侧静电除尘器(CS-ESP)的汞去除率平均可以达到27%。而热侧静电除尘器(HS-ESP)的汞去除率仅仅为 4%。相对于静电除尘器，布袋除尘器(FF)在除尘过程中，由于气-固的接触氧化反应而对汞有较高的脱除率，平均可以达到 58%。不管是干法脱硫装置还是湿法脱硫装置，对二价汞(Hg^{2+})的脱除率均可达到80%～90%，但是对于单质汞(Hg^0)几乎没有去除作用。流化床燃烧室协同布袋除尘器，对汞的脱除效率平均可以达到86%；不同的燃煤电厂向大气环境中排放的汞也大相径庭，其可变化范围占煤中总汞含量的 10%～90%。清华大学的王书肖等[38]通过研究发现选择性催化还原脱硝(SCR)可以将烟气中 16%的单质汞(Hg^0)氧化成二价汞(Hg^{2+})，从而可以减少约 32%的总汞的排放。表 3.4 汇总了我国大气污染设施对汞的去除效率。

表 3.4   我国燃煤电厂大气污染控制设施对汞的去除效率

测试单位	测试结果	ESP	FF	ESP+WFGD	SCR+ESP+WFGD
浙江大学	去除率	0.165	—	0.662	0.866
	样本数	4	—	1	1
清华大学热能系	去除率	0.304	0.477	—	—
	样本数	2	2	—	—
清华大学环境系	去除率	0.24		0.73	0.7
	样本数	5		4	1

续表

测试单位	测试结果	ESP	FF	ESP+WFGD	SCR+ESP+WFGD
环境科学研究院	去除率	0.25	—	0.728	0.822
	样本数	1	—	1	1
上海交通大学	去除率	0.156	—	0.555	—
	样本数	3	—	3	—
华中科技大学	去除率	0.166	—	—	—
	样本数	2	—	—	—
厦门大学	去除率	—	—	—	0.741
	样本数	—	—	—	1
东南大学	去除率	0.304	—	—	—
	样本数	3	—	—	—

注：ESP-静电除尘器，FF-布袋除尘器，WFGD-湿法脱硫装置，SCR-选择性催化还原脱硝

3.2.4　燃煤工业汞排放量及排放因子

燃煤过程中汞的排放，是人为源汞排放清单中最为重要的一部分，准确的燃煤汞排放清单是进行管理决策、大气模拟和风险技术评估的必要条件。正确的汞排放量估算能够为决策者发展和制定排放控制策略，确定控制项目的可行性，研究各种因素对控制汞对整个生态环境污染的影响提供有力的依据。因此，在大气汞排放的情况方面，国内外的相关研究人员做了相当多的工作。

到目前为止，Pacyna 等[32, 58, 59]和 UNEP[47]采用排放因子法编制了 1990 年、1995 年、2000 年和 2005 年全球大气汞排放清单[60]，清单中包括了不同国家和不同经济部门的排放量，燃煤汞排放是其中较为重要的一部分。研究结果表明：1990年，全球大气汞的排放量为 1881 t，五年后增加到了 2235 t。而 1995～2005 年期间，汞的排放量逐年减少，到 2005 年，已经减少到 1930 t。早期的排放清单主要基于研究者对欧洲和北美洲已有的一些研究数据以及其他各种不完全统计数据建立的。

欧洲同样采用了排放因子法对人为源大气汞排放清单做了大量研究。1990年，Pacyna 等首次精确地制定了 1982 年欧洲大气汞排放清单，紧接着，1991 年，Axenfeld 等对排放清单进行了第一次更新，估算出了 1987 年汞的排放量为 726 t，是 1982 年的两倍，其中化石燃料燃烧的排放量从 1982 年到 1987 年增加了 30%，主要是煤的大量燃烧造成的[59]。随后，Pacyna 等在 1997 年和 2006 年又做了第二次和第三次的更新，他估算出了 1995 年汞的排放量达到了 341.8 t，2000 年，排放量有所减少，为 239 t，燃煤电厂的汞排放量所占比例都达到了 26%，是最大的排放源。

美国和欧洲在燃煤汞排放量估算方面的研究已经相当成熟，我国目前是世界最大的大气汞排放源，为查清我国燃煤电厂的大气汞排放量，国内学者近些年做了大量的研究工作。中国燃煤大气汞排放清单研究开始于 20 世纪 90 年代，起初，王起超等[60]通过全国煤中汞的平均值、除尘器对汞的脱除率以及锅炉中汞的释放率等，建立了全国燃煤大气汞的排放因子，并计算了 1995 年中国的燃煤大气汞排放量。而 Streets 等[61]考虑了煤炭的跨省运输等问题，进一步细分了炉型、污染控制措施等因素，建立了新的大气汞排放因子，详细给出了 1999 年中国的燃煤大气汞排放清单，包括各省的总排放量和全国燃煤电厂的排放量。Wu 等[62]在此基础上，进一步细分了部门类型、污染控制措施等，建立了明细的排放因子数据，计算出了从 1995 年到 2003 年全国的燃煤大气汞排放清单。随着我国实测电厂数据的增多，以及污染控制措施的进一步要求，进一步更新大气汞排放因子。目前，Tian 等研究得到的清单是最新针对中国燃煤大气汞排放的详细清单，并给出了 1980~2007 年全国燃煤电厂的大气汞排放量和各省的排放量[63]。近年来清华大学的蒋靖坤等[65]按经济部门、燃料类型、燃烧方式和污染控制技术对排放源进行分类，然后基于各省生产原煤汞含量和各省间煤炭传输矩阵，确定各省消费煤炭的汞含量，结合各省区各类排放源的煤炭消费量和排放因子，计算 2000 年中国燃煤大气汞排放量为 219.5 t，其中来自燃煤电站的汞排放占 35%，是除工业燃煤汞排放之后的第二大污染源，并得出 Hg^0、Hg^{2+} 和 Hg^p 在中国燃煤大气汞排放中所占比例分别为 16%、61% 和 23%。

图 3.9[64]为从 1980 年到 2012 年期间六个不同研究机构对我国向大气中排放的汞含量变化趋势的描述。其中以清华大学提供的数据最为全面。虽然每个机构

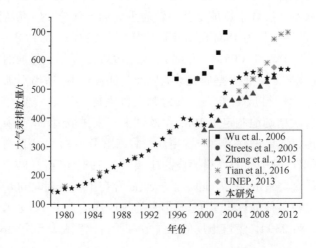

图 3.9　1980~2012 年中国向大气中排放的汞量变化趋势

所提供的数据稍有差异，但是它们共同说明我国大气汞排放量呈逐年上升趋势。三十年间，我们的大气汞排放量已经从最初每年 150 t 左右增长到每年 500 t 以上。

图 3.10 给出了 2010 年中国不同省份的燃煤电厂向大气、固体、水体中排放汞的量。内蒙古、江苏、山东、河南、河北、广东、安徽、山西、浙江、贵州向环境中排放的汞量较大，均超过了 10.0 t，其中内蒙古的排放量最大，超过了 30.0 t。北京、重庆、甘肃、海南、黑龙江、青海、新疆的排放量均比较小，低于 5.0 t。北京、海南、青海和新疆排入大气中的汞量均在 1 t 以下。各省份向大气中排放汞的量占总汞输出比例的范围为 33.1%～48.8%，这反映了各省份的污染控制设备对于汞的总去除效率在 51.2%～66.9%范围内。汞进入水体有两个排放节点，洗煤工艺和湿法脱硫工艺，目前我国电厂使用洗煤比例只有 2.1%，而湿法脱硫的应用比例虽然高达 80.0%，但 98.0%的汞会进入脱硫石膏中，只有 2.0%进入水体中，因此燃煤电厂向水体中排放的汞较少。

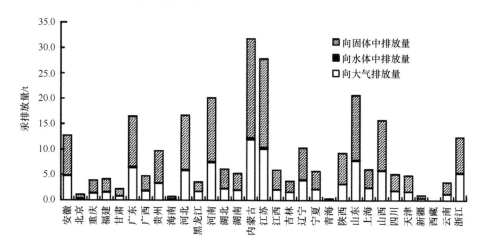

图 3.10　2010 年燃煤电厂向环境中排放的汞

排放因子是单位物料物质燃烧量污染物排放的量，对于燃煤电厂的大气汞排放来说，排放因子就是单位燃煤消耗量产生的大气汞排放量。煤在燃烧过程中，煤带入的汞分别以底渣、飞灰、脱硫石膏、烟气等形式排放出去，因此燃煤电厂的大气汞排放因子的输入关键因素，包括煤中汞的含量水平、锅炉燃烧汞的释放率，以及大气污染控制措施的汞的去除效率。为了充分体现这些因素，付建[66]建立了燃煤电厂大气汞排放因子的计算方法，可表示为下式：

$$A=C \cdot F \cdot (1-R) \tag{3.9}$$

式中，C 为煤中的汞含量；F 为燃烧过程中释放到烟气中的汞所占的比例，即释放因子；R 为电厂烟气化设备对汞的去除率。

上述公式诠释了排放因子的概念，即如果单位煤中 100% 的汞进入燃煤系统，然后通过各种燃烧器、大气污染控制措施以后，烟气中剩余部分汞最终排放到大气环境中的量。

表 3.5 是国电环境保护研究院对国内 6 家电厂的汞排放浓度实测数据[66]，6 家电厂均装有湿法脱硫及静电除尘设备，没有 SCR 脱硝装置，从表中结果来看，燃煤锅炉的容量、机组负荷与汞的排放浓度及排放因子有很大关系，基本上成负指数关系，同时还与煤中汞含量和除尘脱硫设备运行水平有关，当机组装机容量越大，发电负荷越高时，除尘和湿法脱硫设备的运行水平相对较好，除尘和湿法脱硫系统脱除烟气中的汞相对较多，向大气环境中排汞的量相对较低。

表 3.5　国内电厂现场汞测试数据及排放因子估算

电厂	A	B	C	D	E	F
燃煤量/(t/h)	35	90	100	205	200	250
装机容量/MW	125	215	300	600	600	1000
发电负荷/MW	100	198	250	490	600	850
烟气量/(m³/h)	4.4×10^5	7.5×10^5	10×10^5	18×10^5	17×10^5	22×10^5
煤中含汞量/(mg/kg)	0.20	0.18	0.22	0.14	0.14	0.18
排放浓度/(μg/m³)	12.86	14.54	6.74	4.72	6.08	5.52
烟气中汞含量/μg	5.6×10^6	11×10^6	6.7×10^6	8.5×10^6	10×10^6	12×10^6
脱除的汞/μg	1.5×10^6	5.6×10^6	15×10^6	20×10^6	17×10^6	34×10^6
脱除效率/%	20.89	33.93	69.35	70.63	62.10	74.18
汞平均排放因子/[μg/(kW·h)]	56.08	55.07	26.97	17.25	17.58	14.09

3.3　煤燃烧过程中汞排放的影响因素

3.3.1　燃用煤种

煤的组成异常复杂，几乎所有出现在元素周期表中的元素都可以在煤中找到。根据含量不同，通常将煤的组成分成三类[67]：含量高于 1000 ppm① 的称为主量元素，指碳(C)、氢(H)、氧(O)、氮(N)、硫(S)；含量在 100～1000 ppm 之间的称为次量元素，常指矿物质，如 Al、Si、Fe、Na、K、Ca、Mg、Ti 等；含量低于 100 ppm 的称为痕量元素，多指重金属，如 Hg、As、Se、Pb 等。汞是煤中的痕量重金属元素之一，煤燃烧过程中的汞排放量与煤中的汞含量有一定的关系，自然界绝大多数矿区的煤中汞含量较低，不同地区、不同煤种的煤含汞量也不同。Mukherjee 等研究

---

① ppm，parts per million，10^{-6}。

指出世界煤中汞的含量范围在 0.003～10.5 mg/kg，其中大多数煤的汞含量为 0.02～1.0 mg/kg；O'Neil 等基于美国地质调查局的煤质数据库(USGSCOALQUAL)计算出美国原煤中汞含量在 0.08～0.22 mg/kg，平均值为 0.2 mg/kg；加拿大烟煤汞含量为0.02～1.3 mg/kg；欧盟国家电站燃煤汞含量平均值为 0.30 mg/kg；英国 13 个煤田煤中汞含量范围为 0.02～1.0 mg/kg，平均值为 0.28 mg/kg；德国煤中汞含量范围为 0.1～1.0 mg/kg，平均为 0.4 mg/kg；澳大利亚的煤中汞含量在 0.03～0.25 mg/kg 范围内，平均为 0.87 mg/kg；美国东部煤中汞含量为 0.09～0.51 mg/kg，平均为 0.22 mg/kg；波兰煤中汞含量为 0.14～1.78 mg/kg，平均含量为 0.72 mg/kg。烟煤的平均汞含量为0.07 mg/kg；次烟煤的平均汞含量为 0.027 mg/kg；褐煤的平均汞含量为 0.118 mg/kg[68]。

我国的煤炭中汞含量分布很不均匀。陈冰如等[69]在研究我国煤炭中的微量元素的分布时指出，我国煤炭中汞元素的浓度范围为 0.308～15.9 mg/kg。王起超等[70]通过分析指出，我国的煤炭中汞含量的平均值为 0.22 mg/kg。张军营[71]统计了我国的 990 个煤样，结果表明，煤样中的平均汞含量为 0.158 mg/kg，汞含量范围为 0.003～10.5 mg/kg。唐修义和黄文辉[72]统计了中国的 1458 个煤样中汞的算数平均数为 0.10 mg/kg，大多数煤样中汞含量范围为 0.01～0.5 mg/kg，异常高值为 10.5 mg/kg 和 45 mg/kg。白向飞[73]统计了我国 1018 个煤样品种的汞含量的算术平均值为 0.185 mg/kg。任德贻等[74]编著的《煤的微量元素地球化学》一书中在充分考虑采样点分布特点的基础上，采用"储量权值"的概念，按照各聚煤时代煤占全国煤储量权值计算出中国煤总资源量中汞的平均含量为 0.188 mg/kg，与美国煤中汞含量的平均值 0.18 mg/kg 相差不大。

我国不同煤种中汞含量分布也不尽相同，王起超等[70]研究了东北、内蒙古东部煤炭中汞的含量分布，结果表明，各煤种汞含量由高到低依次为：瘦煤>褐煤>焦煤>无烟煤>气煤>长焰煤。

我国的煤中汞含量的地域分布也很不均匀，从图 3.11 可以看出，西北、东北、内蒙古、山西等地区的煤中汞含量较低；贵州、云南、四川和重庆等地区的煤中汞含量有所增加，煤中的汞含量有自北方地区向西南地区增加的趋势。中国煤中的汞含量最高的地区主要分布于贵州黔西断陷区，该区域内煤中汞含量高者可达55 mg/kg。汞排放的区域分布与煤中含汞量以及地区煤炭消耗量成正相关关系。

燃煤电厂烟气中汞形态分布与燃烧的煤种密切相关。烟煤燃烧产生的烟气中的汞以氧化态为主，亚烟煤燃烧后，烟气中的二价汞含量与单质汞含量相当，褐煤燃烧后烟气中以单质汞含量为主。美国燃煤主要以烟煤为主，燃煤电厂排放的汞多以氧化态为主，脱除相对简单。中国电厂主要以褐煤为主，燃煤烟气的汞主要以单质汞为主，因此烟气汞的控制难度更大。

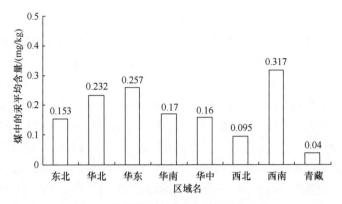

图 3.11　中国各地区煤中汞的平均含量

殷立宝等[75]比较了四种不同煤种燃烧烟气中汞的形态分布，选用的煤种为烟煤、无烟煤、贫煤和褐煤，通过 50～700℃温度下，得到不同煤种燃烧烟气中汞的形态分布，如图 3.12 所示。实验结果表明，在温度高于 500℃的氧化性气氛的

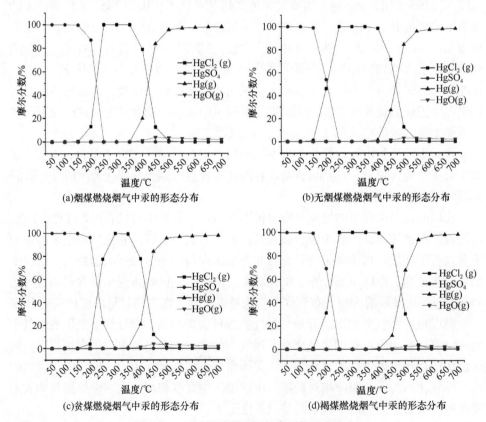

图 3.12　不同煤种燃烧烟气中汞的形态分布

烟气中，97%以上的汞以单质汞的形式存在。在该温度范围内，单质汞是汞的热力稳定形式，可以预见在燃烧区域中几乎所有的汞将蒸发转变成单质汞存在于气相中。在燃烧室的下游，随着烟气温度降低，汞在燃烧所产生的氧化性气氛的烟气中将发生一系列化学反应而形成二价汞的化合物。在 150～200℃ 以下的温度水平的氧化性气氛烟气中，汞主要以固体形式的硫酸盐——硫酸汞($HgSO_4$)凝结在细微飞灰颗粒的表面上；在 150～450℃ 范围内，汞主要以气态二价汞形式——氯化汞($HgCl_2$)存在烟气中，二价汞易溶于水，有利于燃煤电站锅炉尾气中的污染控制；在 350～450℃ 以上温度水平的氧化性气氛烟气中，汞主要以气态单质汞存在于烟气中，同时含有极为少量的 HgO。

无烟煤烟气中 $HgCl_2$ 存在的区间最长，其次是褐煤，再次是烟煤，最次是贫煤，这也与四个煤种中氯元素的含量对应，也即在原煤中氯元素含量越多，烟气中 $HgCl_2$ 存在的区间最长，低温时最容易实现从 $HgSO_4$ 到 $HgCl_2$ 的转化；高温时最难实现从 $HgCl_2$ 到单质汞的转化。

煤中汞主要赋存于比重较大的重矿物相硫化物中[76]，因此若能通过洗煤的方法在去除煤中矿物质的同时去除一部分汞，就可以有效地减少入炉煤中汞，从而降低燃煤电厂的汞排放。美国已有的研究[77]表明，因洗煤方法和煤种的不同，洗煤能去除煤中 11%～71% 的汞，但国内目前相关的研究还较少，不同洗煤技术对中国煤中汞等重金属含量的影响有还待于更加深入的研究；另一方面煤中的高灰分经燃烧后会形成大量的金属氧化物，这些金属氧化物，特别是钙、镁、钠、钾等碱金属氧化物，有可能争夺烟气中的氯、溴等卤素，从而抑制汞的氧化[78]，影响除尘、脱硫装置对汞的协同脱除效果。

可以看到，中国电厂的燃煤具有低氯、高灰的煤质特征，这一特征对汞排放控制而言是较为不利的因素。

3.3.2　燃烧方式

汞是煤中最易挥发的痕量元素之一，在煤粉燃烧温度下，单质汞是汞的热力稳定形式，大部分汞的化合物是热力不稳定的，它们将分解成单质汞。因此，绝大部分汞在煤燃烧过程中，以单质态形式(Hg^0)蒸发释放进入气相，残留在底灰中的汞的含量一般小于 2%。在复杂的燃烧后环境中，Hg^0 将经历一系列复杂的物理变化和化学变化，一部分 Hg^0 被氧化为气相二价汞 $Hg^{2+}X$（X 为 Cl_2、O、SO_4^{2-} 等），部分 Hg^0 和 $Hg^{2+}X$ 被烟气中的飞灰吸附，形成颗粒态汞 Hg^p，如图 3.13 所示。粉煤燃烧(PC)和循环流化床燃烧(CFB)是我国燃煤电厂最主要的燃烧方式，前者的燃烧温度通常在 1000℃ 以上，后者的燃烧温度通常为 800～950℃。两种燃烧方式均足以使得煤中的汞完全以 Hg^0 的形式释放出来，汞的释放及其在后续随烟气流动过程中的变化与燃烧方式本身无直接关系。

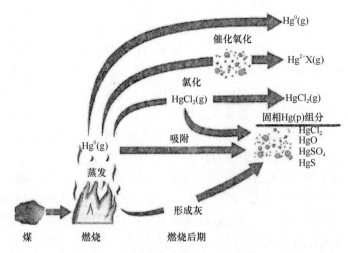

图 3.13　煤燃烧过程中 Hg 的迁移变化

段钰锋等[79]的研究发现，CFB 燃烧在我国通常用于劣质煤的燃烧，如高水分的褐煤或高灰分的煤矸石等，同时，由于燃烧温度相对较低，燃料的燃尽率较煤粉炉燃烧方式的燃尽率低，因而 CFB 机组的底渣和烟气飞灰中通常含有较高的未燃尽碳，而含碳量较高的飞灰颗粒较燃尽充分的飞灰颗粒具有更高的孔隙率和更大的比表面积，对烟气中的 Hg^0 和 Hg^{2+} 表现出更强的吸附能力，使得烟气中更多的汞转化为 Hg^p。

CFB 燃烧较 PC 燃烧能获得更多 Hg^p 在于 CFB 飞灰中含有更多未燃尽碳，如果 CFB 机组也能保证较高的燃尽率，烟气中汞的迁移和转化将在很大程度上由其他因素决定。2009 年美国能源部对安装有布袋除尘器(fabric filter，FF)的 Rosebud 电厂进行实测，结果表明，对于这台 CFB + FF 形式配置的机组，其飞灰的灼烧失重比(LOI)为 3.1%，由于煤中氯含量极低(<10 mg/kg)，烟气中的汞绝大部分以 Hg^0 的形式存在，FF 对汞的脱除率仅占总汞的 7.3%[80]。

基于回收温室气体 CO_2 而提出的氧燃料燃烧技术(oxy fuel combustion，OFC)，因具有污染物联合脱除的优点日益受到重视。与常规空气燃烧方式相比，OFC 燃烧方式采用氧气(纯度>95%)与循环烟气(高浓度 CO_2)代替空气(O_2+N_2)作为燃烧氧化介质。因循环率、氧量以及配风调整容易，OFC 技术在设计和运行方面有极大的调节性，可广泛适用于新建电厂、老机组的改造，相关的研究已从实验室范围走向工业示范电厂项目[81]。

OFC 燃烧方式下的汞相关研究还很缺乏，仅有少量零星报道，且不同研究者的研究结果并不完全一致：CANMET[82]在 0.3 MW 沉降炉系统上进行了烟煤 OFC/烟气循环试验，发现两种燃烧气氛下，汞及其他重金属在气相和灰中的分布几乎无变化；Suriyawong 等[83]在小型沉降炉上的实验得出两种燃烧方式下汞形态分布基本相同的结论；在 Agarwal 等[84]的模拟烟气汞氧化试验中，烟气组分从 96.5% N_2 + 3.5% O_2 + 2 ppm Cl_2 切换至 83.5% N_2 + 3.5% O_2 + 13.5% CO_2 + 2 ppm Cl_2 后，$Hg^0(g)$ 的氧化率由 72%略升高至 77%；刘彦等[85]利用恒温管式炉进行了空气与 O_2/CO_2 气氛下煤粉堆燃汞释放实验，发现 O_2/CO_2 气氛下烟气中 Hg^0 的比例高一些，且随堆燃温度升高而降低；B&W 和 Air Liquide[86]在燃用 Illinois 煤的 1.5 MW 锅炉上，进行了中试规模的 OFC/烟气循环燃烧试验，发现 OFC 燃烧方式与空气燃烧方式相比，汞的排放减少了 50%，可能是由于烟气再循环过程使得 Hg^0 与含氯物质的接触增加所致，另外飞灰特性的改变可能也是一个重要因素，但未见更进一步的报道；此外有研究表明，OFC 燃烧方式可在一定程度上抑制痕量元素的蒸发，可能是由于高浓度 CO_2 抑制了氧化物向次氧化物以及金属单质的转化，使得痕量元素处于更难挥发的氧化态。

　　层燃方式下，随着管式炉温度的升高，煤中的汞逐渐释放出来，并在不同的温度段出现 Hg^0 的析出峰，经由汞在线分析仪实时监测，可获得煤样的 Hg^0 动态释放曲线，实验中也同步记录了 SO_2 的析出浓度分布，以便扣除 SO_2 对 Hg^0 测量的干扰，如图 3.14 所示。图中显示 Hg^0、SO_2 的析出均呈现多峰分布，且 SO_2 的析出峰与部分 Hg^0 的析出峰存在对应关系。为深入了解汞的析出特性，针对汞(单质汞 Hg^0，总汞 Hg^T)的析出曲线，对每个析出峰，按其出现顺序，依次标记为 P1、P2、P3，进行面积积分，计算各析出峰的 Hg^0 和 Hg^T 浓度；煤样的 Hg 析出呈现

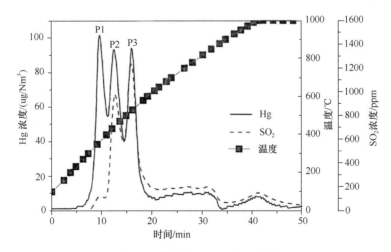

图 3.14　煤样的 Hg/SO_2 析出曲线

多峰分布，P1 峰强度较高，在 360～460℃左右；P2 和 P3 峰的强度大小不一，P2 峰在 445～850℃，P3 峰在 930℃以上；煤样总析出汞的 $Hg^0(g)$ 比例为 70%～99%，与煤种无明显关联。各析出峰的 Hg^0 比例在 38%～100%，基本上呈现 P1>P2>P3 的规律，相对总析出汞的 $Hg^0(g)$ 比例，P1 峰的 $Hg^0(g)$ 比例普遍较高，P3 峰的较低，P2 峰的情况则因煤样而异；Hg^0 和 SO_2 之间存在一定的依存关系，硫的析出也呈多峰分布，部分 Hg^0 和 SO_2 的析出温度相对应，但析出强度无明显关联。

3.3.3　燃烧条件

汞在燃煤飞灰中富集量不同，王起超等[87]就对燃煤飞灰中汞的丰度及赋存状态进行过研究，结果表明：汞在燃煤飞灰中会得到不同程度上的富集，飞灰粒度越小，汞的富集程度越高，90%以上的汞富集在粒度小于 0.125 mm 的颗粒中，并呈现出表面富集的特征。孔火良等[88]也指出：燃煤飞灰的颗粒粒径越小，汞的富集因子越大，并且煤在燃烧过程中的工况条件的变化对汞的富集程度也有较大的影响。姚多喜等[89]通过研究发现汞的富集程度从褐煤、肥煤到无烟煤依次增高，并且汞在飞灰中的富集程度取决于煤燃烧方式、炉温和气氛等多种人为条件的影响。

由于燃煤烟气冷却后，部分气态汞会通过物理和化学吸附作用附着于飞灰组分颗粒表面，因此，有学者[90, 91]对飞灰对气态汞的吸附特性进行了研究，并指出汞吸附量随飞灰烧失量的增长而增大，并且飞灰中的残炭组分对汞有较强的亲和作用，可用作吸附剂控制燃煤烟气中的汞。彭苏萍等[92]通过实验发现，汞吸附量随飞灰烧失量的增长而增大，前提必须是飞灰的微观结构及表面化学性质(如含硫量)相似。此外，残炭对汞的吸附性能还与烟气温度、烟气成分如 O_2、氯化物、NO_x 等有密切关系[93-95]。除了含碳量，燃煤飞灰对汞的吸附能力还与飞灰粒度、比表面积以及吸附于飞灰表面的其他元素的物理化学性质有关[96, 97]。许绿丝等[98]研究发现，飞灰本身的结构特性和化学组分对气态汞的吸附影响很大，烟温是关键的影响因素，而灰中含碳量则对其影响很小。

此外，煤中汞在燃烧过程中的排放还受温度、升温速率、添加剂等燃烧条件的影响。王鹏等[99]采用实验室程序升温反应系统，比较了连续升温和连续固定升温条件下汞的释放规律，连续升温过程中汞的析出是连续的，总汞析出浓度在该过程中呈现三个较为明显的波峰，其中，210℃波峰较小，280℃和 370℃对应的波峰较大。三个波峰可能对应该煤种中汞的三种不同赋存形态。同时还可以发现缓慢的升温速率导致总汞瞬时析出浓度降低，最高为 1.75 $\mu g/m^3$。在缓慢升温过程中，汞析出形态几乎全部以 Hg^0 形态存在，Hg^{2+} 比例极低。为避免各赋存形态之间的互相影响，采用连续固定升温的方法对比总汞的析出规律，从图 3.15 可知，该煤在 150℃左右汞开始析出，在升温过程中汞的释放加快，保温阶段汞的析出变慢，每个析出点完全析出需要的时间约 30 min，200℃，300℃和 400℃都有明显的析出峰，表明该研究过程中汞主要有三种赋存形态。

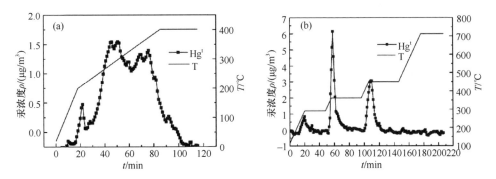

图 3.15　不同升温条件下总汞的析出曲线
(a)缓慢升温；(b)连续固定温度

　　燃烧过程中添加剂对汞析出的影响如图 3.16 所示。从图 3.16 来看，添加 $CaCl_2$ 前后，总汞析出规律极为相似。不同的是，添加 $CaCl_2$ 后的第一个析出波峰和第三个析出波峰都明显减小了。对各析出温度下汞总析出量积分结果表明，添加 $CaCl_2$ 后汞的总析出量基本不变，在三个温度点析出的汞所占总析出量的比例分别为 4.09%、69.93%和 25.97%。对比未添加 $CaCl_2$ 的结果发现，第一赋存形态的汞析出减少了 34%，第二赋存形态的汞析出增加了 30%，第三赋存形态的汞析出减少了 35%，即 35%左右的前后两种形态的汞释放温度变为 300℃左右，与第二赋存形态接近。分析其原因可能为 $CaCl_2$ 添加后，基于其改性吸附剂的能力使得第

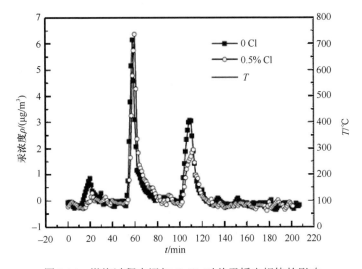

图 3.16　燃烧过程中添加 $CaCl_2$ 对总汞析出规律的影响

一赋存形态的部分汞在释放后被吸附在样品上，并在温度升高至第二释放温度点和第二赋存形态的汞一起重新释放出来；另外，$CaCl_2$ 可能参与煤中的某些赋存形态汞的结合，使得第三赋存形态的汞变得更加不稳定而降低了其析出温度。

为了得到更适合的添加剂，降低煤燃烧过程中 Hg^0 的释放，近年来，美国 Argonne 国家实验室分别采用几种卤素类物质作为添加剂在小型试验台上进行了试验，试验结果表明，由于 I_2 和 Hg^0 之间快速发生气态反应，碘溶液即使在很低含量时(<1 ppm)也可以有效地氧化 Hg^0，但是混合烟气中必须要有 NO 存在，否则碘溶液就会失去对 Hg^0 的氧化性；气体成分为 O_2 和 N_2 时，Br_2 溶液(250 ppm)才能氧化 Hg^0，而加入 NO 和 SO_2 气体时，Br_2 溶液对 Hg^0 的氧化作用减小了。由于 I_2 和 Br_2 这种对烟气气体成分的依赖性，因而不宜作为商用添加剂来进行开发；混合气体中不存在 NO 和 SO_2 时，由于 Cl_2 和 Hg^0 之间的反应缓慢，氯溶液含量增加对 Hg^0 的氧化作用无明显改变，当加入 NO 时，NO 的催化作用促进了 Hg^0 的脱除，这可能是由于 NO 和氯形成了过渡化合物，如氯化亚硝酰，它可以与 Hg^0 快速反应。另一方面，SO_2 即使含量很低也会抑制 Hg^0 的脱除效率。当 NO 单独存在或者 NO 和 SO_2 两种气体存在时，都会促进氯溶液对 Hg^0 的氧化作用；含氯化合物如氯酸溶液与氯溶液相似，NO 存在能够促进对单质汞的氧化作用，SO_2 抑制 Hg^0 的脱除。增加氯酸含量(从 0.71%到 3.56%)，单质汞的脱除率也相应增加。

吴辉[100]研究了添加剂 CaO 和 Fe_2O_3 对燃煤过程 Hg^0 释放的影响(图 3.17)。O_2/CO_2 气氛下，高浓度的 CO_2 有利于钙基固硫，其中表面负载了硫化物的吸附剂脱汞性能更佳，表明 CaO 具有潜在的脱汞能力。

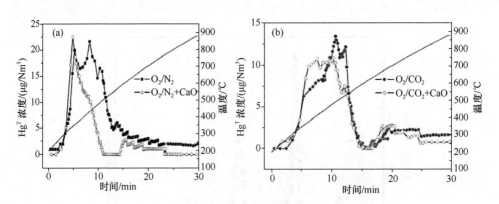

图 3.17　不同气氛条件下 CaO 添加剂对汞析出的影响

(a) O_2/N_2；(b) O_2/CO_2

煤样添加 CaO 前后的 Hg 排放情况如图 3.18 所示。煤样添加 CaO 之前，在 20% O_2/N_2 气氛和 20% O_2/CO_2 气氛下，所排放的 $Hg^0(g)$ 和 $Hg^T(g)$浓度分别为

8.5 μg/Nm³、13.6 μg/Nm³ 和 7.6 μg/Nm³、14.1 μg/Nm³，添加 CaO 后，烟气中 Hg^0(g)
和 Hg^T(g)的浓度均降低。空气气氛下，Hg^0(g)的排放浓度降低了 4.3 μg/Nm³，比
Hg^T(g)的降低幅度高 1.5 μg/Nm³，说明煤中添加 CaO 后，一部分 Hg^0(g)转变成了氧
化态 Hg^{2+} 或颗粒态 Hg^P。O_2/CO_2 气氛下，Hg^0(g)的降低幅度为 3.5 μg/Nm³，Hg^T(g)
的降幅达 4.2 μg/Nm³，明显高于空气气氛，显示 O_2/CO_2 气氛促进了 Hg^{2+}(g)的吸附。

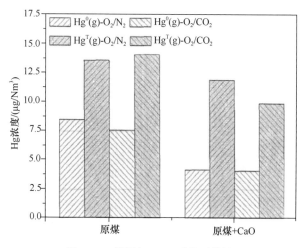

图 3.18　煤添加 CaO 后的汞排放

相关研究表明，Fe_2O_3 含量较高的烟煤燃烧烟气中 Hg^{2+}(g)比例较高[101]，铁氧
化物含量高的飞灰对 Hg^0 的氧化率也较高，显示铁氧化物具有潜在的脱汞能力。

煤粉添加 Fe_2O_3 后，煤样的 Hg 析出曲线如图 3.19 所示。从图中可看出，O_2/CO_2
气氛下，煤粉添加 Fe_2O_3 后，煤样的 Hg 析出曲线变化很大，析出曲线上 500℃附
近的汞析出明显受到抑制。

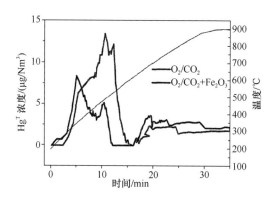

图 3.19　煤添加 Fe_2O_3 对煤中汞析出的影响

煤粉添加 Fe_2O_3 后,可以在一定程度上抑制 Hg 的排放,如图 3.20 所示。同原煤样相比,空气气氛下 $Hg^T(g)$ 的浓度降低了 1.7 $\mu g/Nm^3$,O_2/CO_2 气氛下 $Hg^T(g)$ 的浓度降低了 2.1 $\mu g/Nm^3$,两种气氛下 $Hg^0(g)$ 的浓度变化都不大,均低于 $Hg^T(g)$ 的,此外添加 Fe_2O_3 主要降低了烟气中 $Hg^{2+}(g)$ 的浓度,即促进了氧化态 Hg 的吸附。目前,对飞灰中铁氧化物脱 Hg 的研究结论并不一致,有部分研究认为 Fe_2O_3 对 $Hg^0(g)$ 氧化起重要作用,但也有部分研究认为无显著的催化作用。

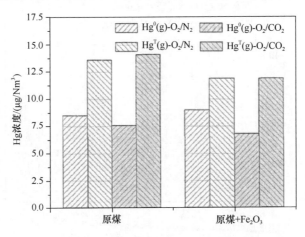

图 3.20 煤粉添加 Fe_2O_3 后的 Hg 排放

温度是影响汞释放的关键因素之一[102],图 3.21 考察了空气气氛中不同释放温度对煤样中汞释放的影响。

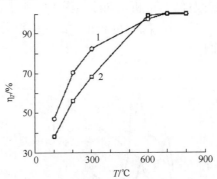

图 3.21 温度和 Hg 释放率的关系
1. 煤样 j; 2. 煤样 k

100℃时两种煤的汞释放率已分别达到 38.1% 和 47.1%,其中高汞煤起始释放温度较低;任建莉等[103]的研究表明,在燃烧条件下,煤样中汞在 700℃以上加热 30 min,汞基本上全部析出,表明煤中汞随着温度的变化与煤种关。

图 3.22 考察了释放时间对汞释放率的影响，释放时间为 5 min 时两个煤样汞释放率均达到80%以上，随着时间的增加，释放率增加的幅度开始明显变缓。15 min后均过 90%，30 min 后达到 100%，两种煤的变化曲线大体一致，表明燃烧时间对煤样汞析出率的影响不大，煤中汞的析出时间很短。

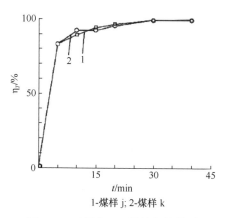

1-煤样 j; 2-煤样 k

图 3.22　时间和 Hg 释放率的关系

3.4　燃煤烟气汞排放协同控制技术

目前燃煤汞排放控制可分为燃烧前控制、燃烧中控制和燃烧后控制。燃烧前控制的主要手段是洗选煤技术，但是只能脱除煤中部分的汞。燃烧中控制包括煤基添加剂和炉膛喷射等技术，主要是通过提高烟气中 Hg^{2+} 的比例，有利于后续净化设备对汞的脱除。燃烧后控制主要是利用已有的烟气净化装置协同脱除燃煤烟气中的汞。对燃煤电厂来说，汞排放受到锅炉运行方式、污染控制设备及其布置方式的影响，特别是脱硝系统、除尘系统、脱硫系统等布置方式。污染控制设备对汞转化及脱除效果差异很大[104]。

图 3.23 描述了烟气由炉膛产生经过主要污染控制设备的过程。烟气先后通过选择性催化还原(selective catalytic reduction，SCR)脱硝反应器，空气预热器、除尘器(静电除尘器 ESP 和布袋除尘器 FF)，然后经过烟气脱硫系统(flue gas desulfurization，FGD)，最后通过烟囱排放到大气中。汞排放受到脱硝系统、除尘系统和脱硫系统的综合影响。

3.4.1　脱硝系统对汞排放的控制

燃煤电厂最常用的几种脱硝方式包括：低氮燃烧(低氮燃烧器、空气分级燃烧、

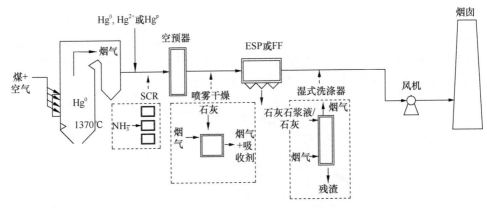

图 3.23　燃煤电站烟气污染控制设备

燃料分级燃烧、再燃等)、选择性非催化还原(selective non-catalytic reduction，SNCR)脱硝和选择性催化还原(selective catalytic reduction，SCR)脱硝。低氮燃烧与 SNCR 都工作在较高温度(>900℃)，对汞的释放和在下游流动过程中的迁移转化没有实质性的影响。SCR 装置的工作温度通常为 300～400℃，是汞发生异相催化氧化的温度区间，SCR 催化剂对烟气中汞的价态转化具有重要影响。

　　SCR 装置在还原 NO_x 的同时，能够将 Hg^0 氧化成 Hg^{2+}，Hg^{2+} 相对更易被湿式喷淋脱硫装置脱除。Hg^0 被 SCR 装置催化氧化的效率可达 80%～90%，氧化效率受催化反应器的空塔速度、反应的温度、氨的浓度、催化剂的寿命、气流中氯的浓度等因素影响[106]。

　　胡长兴等[106]研究了 SCR 催化剂对汞形态变化的影响，结果表明，SCR 催化剂不影响烟气中总汞浓度，但改变了烟气中各类汞形态之间的比例，将部分 Hg^0 氧化成 Hg^{2+}。李建荣等[107]研究发现烟气中 HCl 浓度对 Hg^0 的氧化有很大影响，温度为 350℃时，可达到近 100%的氧化效率。何胜等[108]研究发现，增加 SO_2 浓度可以降低 SCR 系统出口处的 Hg^0 浓度，这是由于 SCR 催化剂在脱硝的同时把烟气中部分 SO_2 氧化成 SO_3，SO_3 可以促进 Hg^0 的氧化。此外，碱性物质可以抑制 SCR 催化剂对 Hg^0 的氧化。

　　烟气中的氯能显著增强 SCR 催化剂对 Hg^0 的催化氧化作用，涉及的化学反应主要包括[105, 109-111]：

$$2Hg^0 + 4HCl + O_2 \longrightarrow 2HgCl_2 + 2H_2O \tag{3.10}$$

$$4HCl + O_2 \longrightarrow 2H_2O + 2Cl_2 \tag{3.11}$$

$$Hg + Cl_2 \longrightarrow HgCl_2 \tag{3.12}$$

　　SCR 催化剂能够将烟气中一部分 SO_2 催化氧化成 SO_3，SO_3 能同时促进汞的氧化，主要化学反应有[109]：

$$2SO_2 + O_2 \longrightarrow 2SO_3 \tag{3.13}$$
$$2Hg + 2SO_3 + O_2 \longrightarrow 2HgSO_4 \tag{3.14}$$

在 SCR 脱硝过程中，喷入的 NH_3 会抑制汞的氧化，这一方面是因为 NH_3 会与汞竞争烟气中的 HCl 或 Cl_2，削弱它们对汞的氧化作用[109]；另一方面则是因为 NH_3 会竞争催化剂表面的活性位，降低催化剂对汞氧化的催化活性[110]。

中国电厂关于 SCR 装置控制汞排放的实测数据与美国的数据一致，美国的现场测试表明[109, 112]，烟气流经 SCR 装置后，40%以上的 Hg^0 被催化氧化成 Hg^{2+}，煤中的氯含量越高，这种催化氧化效果越明显，个别电厂几乎全部的 Hg^0 都被氧化成 Hg^{2+}。SCR 技术的使用可以有效地弥补中国燃煤中氯含量低的不足，强化 Hg^0 向 Hg^{2+} 的转化，促进下游除尘和脱硫系统对汞的协同脱除。SCR 装置在削减 NO_x 的同时加强 Hg^0 的氧化，从而增加后续设备对汞的去除率。下面以不同电厂脱硝系统前后烟气中的汞浓度变化来说明脱硝系统对汞排放的影响。10、16 号电厂 SCR 脱硝系统前后各种形态的汞含量及总汞变化情况如图 3.24 所示。

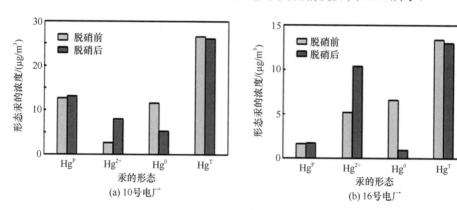

图 3.24　SCR 前后各形态汞及总汞的变化情况

SCR 脱硝前后，烟气中 Hg^T 和 Hg^P 的浓度基本一致，SCR 系统对烟气中 Hg^T 和 Hg^P 的减排效果不明显。而经过 SCR 系统后，Hg^0 的浓度明显降低，Hg^{2+} 的浓度明显增加，SCR 对 Hg^0 具有明显的催化氧化作用。SCR 催化剂对 Hg^0 的氧化与烟气中 HCl 的浓度密切相关[109, 113]，一个可能的机制为 HCl 吸附在催化剂的钒活性位上，形成活性 Cl，然后活性 Cl 氧化气相中的 Hg^0。煤中氯含量越高，烟气中 HCl 浓度越高。16 号电厂燃煤氯含量对 Hg^0 氧化率的影响如图 3.25 所示。

煤中的氯对 SCR 催化剂氧化 Hg^0 的影响非常显著，当氯含量由 109 mg/kg 增加到 876 mg/kg 时，Hg^0 的氧化率随着氯含量的增加而增加，由 2%增加到 89%。Senior[114]研究发现，当煤中的氯含量大于 500 mg/kg 时，SCR 催化剂可达到较高的 Hg^0 氧化率。

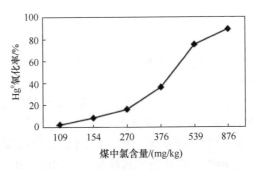

图 3.25　煤中氯含量对 SCR 氧化 Hg^0 的影响

　　NH_3 与 HCl 在 SCR 催化剂表面活性位上存在竞争吸附，Kamata[110]通过动力学分析，NH_3 在 SCR 催化剂上的吸附平衡常数为 $5.10×10^5 \ mol/m^3$，而 HCl 的吸附平衡常数为 $9.42×10^2 \ mol/m^3$，NH_3 在活性位上的强吸附能力导致了吸附到催化剂表面的 HCl 的减少，进而减少了活性 Cl 的浓度，抑制了 Hg^0 的氧化，并且随着氨氮比的增加，这种抑制作用越明显。SCR 通过对 Hg^0 的催化氧化，生成易溶于水的 Hg^{2+}，有利于在下游湿法烟气脱硫系统中被洗涤脱除。

3.4.2　除尘系统对汞排放的控制

　　由于静电除尘器(electrostatic precipitator，ESP)和布袋除尘器(fabric filter，FF)对飞灰等颗粒物的捕集效率已达到非常高的水平(>98%)，因此可认为 ESP 或 FF 可以脱除烟气中几乎全部的 Hg^p。美国的信息收集调查项目(Information Collection Request，ICR)数据中有 8 个电厂仅安装了与国内类似的冷端 ESP 而无 SCR 装置[115]，其 ESP 的平均汞脱除率为 27%，高于中国的相应数值。中、美 ESP 平均汞脱除率的差异反映了两国电厂燃煤中氯含量的差异。对于仅安装有 FF 无 SCR 装置的煤粉炉电厂，只有 Valley 电厂的 FF 几乎没有脱除汞，其余电厂的脱汞率普遍较高，脱除的 Hg^p 均占到各自总汞的 60% 以上。

　　对于安装有 SCR 装置的电厂，如前讨论所述，SCR 装置能够将烟气中更多的 Hg^0 催化氧化成易黏附于颗粒表面的 Hg^{2+}，使得烟气中更多的汞转化为 Hg^p，从而在 ESP 或 FF 中得到脱除。烟气中汞的价态转化是一个动态过程，在 ESP 中，气态的 Hg^0 与 Hg^{2+} 之间存在着氧化与还原的竞争关系，气态汞与 Hg^p 之间也存在着吸附与解吸附的竞争关系。烟气流经 ESP 后，Hg^0 份额的变化是多种因素共同影响的结果。美国的测试数据中也发现了同样的现象[104]，具体原因还有待进一步研究。

　　飞灰对汞的吸附程度与其含碳量一般呈正相关，即飞灰含碳量增大时，其对汞的吸附能力增强[116]。在循环流化床(circulating fluidized bed，CFB)锅炉内，循环灰的停留时间长,飞灰对汞的吸附能力增强。CFB 锅炉烟气中 Hg^p 比例较高,CFB + ESP 的协同脱汞效率明显优于 PC + ESP 的脱汞效率,达到了 76.4%。CFB 锅炉烟气中主要是 Hg^p,ESP 前 Hg^p 比例为 97.5%。美国环境保护局[104]对 5 套 CFB-FF 系统进行现场测试,发现 CFB 燃烧方式具有 66%~99% 的脱汞效率。我国燃煤灰分较高,烟气中飞灰浓度高,提供了大量可吸附汞的比表面。电厂普遍配煤燃烧导致部分电厂烟气中飞灰含碳量高,提供了可吸附汞的残炭吸附剂,导致烟气中 Hg^p 浓度增加,除尘设施对汞具有较高的协同脱除效果。

FF 的脱汞效率要高于 ESP 的脱汞效率。在 FF 中,气态汞与飞灰的接触面积和时间增加,促进了气态汞在飞灰表面的吸附;同时,由于 FF 在脱除亚微米级飞灰颗粒时呈现相对较高的效率,而亚微米级飞灰易富集汞[117]。ESP 通过产生离子场脱除带电飞灰颗粒,从而减少飞灰排放,同时脱除烟气中的 Hg^p。我国燃煤电站 95% 以上是冷端 ESP,烟气经过省煤器后温度较低(130~150℃),部分汞凝结在颗粒物上,因而比热端 ESP 的脱汞效率更高[118]。FF 能脱除高比电阻和微细粉尘,且往往微细粉尘上富集了大量的汞,所以 FF 的协同脱汞效率高于 ESP[119]。

3.4.3　脱硫系统对汞排放的控制

石灰石-石膏湿法烟气脱硫(wet flue gas desulfurization,WFGD)是燃煤电厂中最常见的脱硫技术,该技术在利用石灰石浆液捕集烟气中 SO_2 的同时,也能捕集烟气中易溶于水的 Hg^{2+}。美国的 ICR 数据中虽未明确给出 WFGD 装置对 Hg^{2+} 的脱除率[114],但安装有 WFGD 装置的电厂,其烟囱出口处 Hg^{2+} 的排放因子远低于 Hg^0 的排放因子,也从一个侧面证明了 WFGD 装置对 Hg^{2+} 的有效脱除。

Hg^{2+} 易溶于水,能被 WFGD 的循环液吸收,然而,气态单质汞 Hg^0 难溶于水,不能被循环液吸收[119]。值得注意的是,在通常的 WFGD 系统中,Hg^0 不但不会被吸收,还略微有所增加。此外,在满足正常的锅炉操作条件下,Hg^0/Hg^{2+} 比例应控制在一个相对稳定的范围内,能够适应一些可预料的变化发生,才能使得 WFGD 系统脱汞效率高且效果稳定[120]。

硫酸根对汞的还原存在抑制作用,硫酸根对汞还原的抑制是由于硫酸根和液相汞离子以及亚硫酸根离子结合并形成了相对稳定的物质($HgSO_3SO_4^{2-}$)。液相 $HgSO_3$ 的形成与降解是汞还原的限制步骤。硫酸根和过量亚硫酸根的存在抑制汞还原主要是限制了 $HgSO_3$ 的形成与降解。脱硫浆液中二价汞的还原机理是通过与亚硫酸根反应而被其还原,最终释放出 Hg^0;该过程中 Hg^{2+} 也可能会与过量的亚硫酸根及氯元素形成汞-硫或者汞-硫-氯络合物,并且石膏结晶过程也具有一定吸附和裹挟作用,从而综合影响 Hg^{2+} 的还原过程[121, 122]。

研究表明[123]，Hg^0 再释放途径是首先 Hg^{2+} 和 SO_3^{2-} 形成 Hg·S(Ⅳ)络合物，Hg·S(Ⅳ)络合物再分解释放出 Hg^0：

$$Hg^{2+} + SO_3^{2-} \Longrightarrow HgSO_3 \qquad\qquad (3.15)$$

$$HgSO_3 + SO_3^{2-} \Longrightarrow Hg(SO_3)_2^{2-} \qquad\qquad (3.16)$$

$$HgSO_3 + H_2O \longrightarrow Hg^0\uparrow + SO_4^{2-} + 2H^+ \qquad\qquad (3.17)$$

$$Hg(SO_3)_2^{2-} + H_2O \longrightarrow Hg^0\uparrow + 2SO_4^{2-} + 2H^+ \qquad\qquad (3.18)$$

由上述反应可以得出 SO_3^{2-} 的浓度也是汞被还原的重要影响因素[124]，当溶液中 SO_3^{2-} 浓度较低时，Hg^{2+} 与 SO_3^{2-} 络合的主要产物是 $HgSO_3$；而当 SO_3^{2-} 浓度较高时，Hg^{2+} 与 SO_3^{2-} 络合主要形成 $Hg(SO_3)_2^{2-}$。与 $HgSO_3$ 相比，$Hg(SO_3)_2^{2-}$ 分解释放出 Hg^0 的速率要慢得多。因此，Hg^{2+} 还原速率随着浆液中 SO_3^{2-} 浓度的升高而降低。以石灰石或石灰作为吸收剂的 WFGD 系统对于 Hg^{2+} 的脱除率均可达到 80% 以上，但是其对于 Hg^0 几乎没有脱除能力，因此，设法提高烟气中 Hg^{2+} 的比例是优化脱硫设备协同脱汞效果的关键措施。常用的方法是向吸收液中添加氧化剂，如刘盛余等[125]将次氯酸钾应用到 Hg^0 的氧化脱除中，氧化率可达 40%。另外，Fenton 试剂和 $K_2S_2O_8/CuSO_4$[126]等氧化剂对于 Hg^0 的氧化脱除都具有促进作用。

然而，尽管 WFGD 能够有效脱除 Hg^{2+}，但对 Hg^0 无控制作用。许多电厂 WFGD 系统脱汞效率不高，可能与烟气中 Hg^{2+} 的比例较低，或者部分 Hg^{2+} 被亚硫酸盐等还原成 Hg^0，发生了汞的二次释放(re-emission)有关[127]。有研究显示，脱硫浆液中的二价汞离子会因为被还原为单质汞而重新释放到大气中[128]。一般认为，二价汞离子在脱硫浆液中还原主要是由于亚硫酸根离子与汞离子结合生成了亚硫酸汞。而亚硫酸汞由于非常不稳定，会分解为单质汞和硫酸根离子，从而造成了汞的二次释放[129]，如下式所示：

$$HgSO_{3(aq)} \longrightarrow Hg^0_{(aq)} + S(Ⅵ) \qquad\qquad (3.19)$$

但是，当吸收系统中含有过量的亚硫酸根离子时却会抑制汞离子的还原反应。这是因为当溶液中存在过量的亚硫酸根离子时，亚硫酸汞会与其反应生成亚硫酸汞络合离子$[Hg(SO_3)_2^{2-}]$，如下式所示：

$$HgSO_3 + SO_3^{2-} \longrightarrow Hg(SO_3)_2^{2-} \qquad\qquad (3.20)$$

亚硫酸汞络合离子比较稳定，不易分解，从而减少了汞离子的还原反应。

还有研究认为，溶液中的亚硝酸根也会促进汞离子的还原反应[130]。因为在体系中含有亚硝酸根时，其会与汞离子反应生成不稳定的过渡态物种，$HgNO_2^+$，进而分解生成单质汞和硝酸根离子。

$$Hg^{2+} + NO_2^- \longrightarrow HgNO_2^+ \qquad\qquad (3.21)$$

$$HgNO_2^+ \longrightarrow Hg^0 + NO_3^- \qquad\qquad (3.22)$$

同样，过量的亚硝酸根离子由于与汞离子生成较稳定的络合离子，由此抑制汞离子的还原反应。

$$HgNO_2^+ + xNO_2^- \longrightarrow Hg(NO_2)_{x+1}^{-(x-1)} \quad (x=1\sim3) \tag{3.23}$$

镁离子在钙基脱硫系统中促进汞还原是由于在镁离子的作用下液相钙离子增加并形成悬浮小颗粒。钙离子浓度较低时，钙离子主要是以 $CaSO_3^0$ 离子对的形式存在；钙离子超过一定浓度后，这些离子对发生重结晶并形成了 $CaSO_3 \cdot 0.5H_2O$ 固体小颗粒。而悬浮固体小颗粒的形成及亚硫酸钙颗粒尺寸的减小为还原反应提供了更多比表面积和活性点。汞极易吸附于这些颗粒表面并富集从而促进了汞的还原。对于双碱法脱硫系统，汞还原的抑制主要是由于镁离子和亚硫酸根结合生成了 $MgSO_3^0$ 中性离子对，减少了亚硫酸根和液相汞结合的机会[122]。

王青峰[131]研究表明在镁法脱硫系统中，有机氧化抑制剂的引入都会一定程度地加剧液相二价汞的还原。氧化抑制剂对液相二价汞还原的促进作用主要源于氧化抑制剂对液相二价汞的直接还原作用。而硫代硫酸钠的引入则会抑制液相二价汞的还原，其原因是液相二价汞可与 $S_2O_3^{2-}$ 生成稳定的 $Hg(S_2O_3)^{2-}$。阳离子 Mg^{2+} 可与浆液中的 SO_3^{2-} 生成难溶的 $CaSO_3$ 或者离子对 $MgSO_3$，从而降低浆液中 SO_3^{2-} 的浓度，使 Hg^{2+} 与 SO_3^{2-} 主要形成易释放出单质汞的 $HgSO_3$ 络合物，导致 Hg^{2+} 的还原速率随着 Mg^{2+} 离子浓度的增加而增加[125]。

还原过程还受到 pH 的影响[132]，研究表明随着 pH 的增加，各种捕集剂对 Hg^{2+} 的去除率均随之显著增加，但在 pH>7 后 TMT 和 DTCR 对 Hg^{2+} 的去除率增速逐渐趋缓，酸性条件下 TMT 和 DTCR 基团上的硫原子均被一定程度地质子化，随着 pH 的升高，其配位能力逐渐恢复，有利于 Hg^{2+} 的去除，但 pH>7 后配位能力不再持续增加，去除率的提高主要是因为 OH⁻ 与 Hg^{2+} 反应。在不同浸泡 pH 下，捕集剂投加量的增加对石膏总浸出汞、汞的还原和浸泡液中汞含量的降低都非常显著。用 DTCR 和 TMT 作为捕集剂，生成的螯合沉淀物更为稳定，在石膏浸泡过程中不易溶出因此，通过投加 TMT 和 DTCR 来稳定脱硫石膏中汞的溶出和还原效果显著，可以有效解决石膏使用过程中受酸雨侵蚀等情况下汞的二次污染问题。

为了抑制汞离子在脱硫浆液中的还原和再释放，很多研究者进行了有益的探索。Wang 等[133]发现当向脱硫浆液中添加镁离子时，因为会生成亚硫酸镁，降低了活性亚硫酸盐的浓度，由此减少了亚硫酸根离子与汞离子之间结合的机会，从而抑制了汞离子的还原反应。而 Tang 等发现使用三钠水合物(TMT)或二硫代氨基甲酸钠(DTCR)不但可以强化湿法脱硫系统对烟气中二价汞的吸收，而且显著抑制了脱硫浆液中二价汞离子的还原反应[134]。

半干法烟气脱硫使用的浆液或增湿水都有助于钙基吸收剂捕捉 Hg^{2+} [103, 135]。根据美国环境保护局(Environmental Protection Agency，EPA)的研究报告[136]，当烟气温度低于 100℃时，CaO 和 Ca(OH)₂ 对烟气中的 HgCl₂ 具有较强的化学吸附能力；这一吸附能力在 140℃以上才出现明显下降，这对通常工作在近绝热饱和温度附近的半干法脱硫系统来说，是十分有利的。在美国 ICR 数据中[137]，采用半干法脱硫后，下游 FF 脱除汞的变化范围非常宽泛，从几乎不脱除(1.47%)到几乎全部脱除(98.81%)，平均值为 53.0%。

在喷射干式吸收(spray dry adsorption，SDA)脱硫系统中，Hg^p 很容易被除去，Hg^0 和 Hg^{2+} 能潜在地被吸附在 SDA 系统的飞灰、硫酸钙或亚硫酸钙颗粒表面。当烟气通过下游的 ESP 或 FF 时，吸附有汞的颗粒能很容易被吸附和捕获，ESP 脱汞的效率是 50%，FF 脱汞的效率可达 80%以上。当气流通过 FF 上由飞灰和干浆粒结成的阻塞层时，气态汞的捕获会进一步增强，达到更高的脱除效率，可达 90%以上[103]。

当使用炉内喷钙脱硫时，为保证脱硫效果，掺入炉膛的石灰石量通常较大(Ca/S>2)，掺入炉膛后石灰石会很快煅烧成 CaO，过量的 CaO 有可能在 ESP 附近对烟气中的 $HgCl_2$ 产生较强的化学吸附[135]。此外，还有研究认为 CaO 有可能催化汞与烟气中氯的反应[138]，以及烟气中的 SO_2 会促进 Hg^{2+} 在钙基脱硫剂表面的化学吸附[139]，这些因素有利于 CFB 锅炉通过喷入石灰石脱硫达到较高的汞脱除率。

3.4.4 污染物净化系统组合对汞排放的控制

采用安大略法对国内 20 个典型燃煤电厂 SCR 脱硝系统、ESP 或者 FF 除尘系统、WFGD 系统前后烟气汞的形态和浓度进行测试，研究电厂常规污染物控制设施对烟气汞的转化及协同控制作用。采样期间锅炉及各设备运行工况维持稳定，各采样点同步进行。按照我国国家标准《煤中氯的测定方法》(GB/T 3558—1996)分析煤中的氯含量[140]。电厂的具体情况如表 3.6 所示。机组的装机容量从 150 MW 到 1000 MW，燃烧方式包括煤粉炉(pulverized coal boiler，PC)燃烧与循环流化床锅炉(circulating fluidized bed boiler，CFB)燃烧，燃煤涵盖了褐煤、烟煤和无烟煤等煤种，污染物控制设施包括 SCR 脱硝、除尘和 WFGD 之间多种方式的组合，代表了国内燃煤电厂的技术特点。

表 3.6 燃煤电厂基本情况

电厂编号	机组容量/MW	煤种	污控设施
1	150	烟煤	ESP + WFGD
2	200	烟煤	ESP + WFGD
3	300	烟煤	ESP + WFGD
4	300	烟煤、贫煤混煤	ESP + WFGD
5	600	贫煤	ESP + WFGD

电厂编号	机组容量/MW	煤种	污控设施
6	300	烟煤	ESP + WFGD
7	300	烟煤	ESP + WFGD
8	300	烟煤	ESP + WFGD
9	600	烟煤	ESP + WFGD
10	300	烟煤	SCR + ESP + WFGD
11	300	烟煤	FF + WFGD
12	300	无烟煤、白煤混煤	FF + WFGD
13	300	烟煤	FF + WFGD
14	300	褐煤	CFB + ESP
15	300	烟煤	CFB + ESP
16	300	烟煤	SCR + ESP + WFGD
17	600	贫煤	SCR + ESP + WFGD
18	1000	烟煤	SCR + ESP + WFGD
19	200	贫煤	ESP + WFGD
20	600	烟煤	ESP + WFGD

对烟气汞进行了测试，汞平衡以 4、5、10 号电厂为代表进行计算。4、5 号机组容量分别为 300 MW、600 MW，代表了我国燃煤电厂的主流机组，其配备了 ESP + WFGD。10 号机组容量为 300 MW，配备了 SCR + ESP + WFGD，代表了电厂主流的污控设施组合。对 4、5、10 号电厂进行汞平衡计算具有代表性。汞质量平衡定义为：(总汞输出/总汞输入)×100%。如表 3.7 所示，输入物料包括燃煤和石灰石，输出物料包括炉渣、粉煤灰、脱硫石膏和烟气等。采样过程中，烟气采样与其他固体样品的采集同时进行，采样时，机组的负荷接近满负荷并保持稳定。

表 3.7 电厂燃煤汞平衡计算

电厂	项目		汞浓度/(mg/kg)	(消耗量/产生量)/(t/h)	(输入量/输出量)/(g/h)
4	输入	煤	0.0954	129.7	12.400
	输出	粉煤灰	0.2680	16.8	4.500
		炉渣	0.0042	1.7	0.007
		脱硫石膏	0.2570	7.6	2.000
		烟气	6.95 [a]	928300 [b]	6.500
5	输入	煤	0.0956	247.8	23.700
	输出	粉煤灰	0.0451	59.6	2.700
		炉渣	0.0140	3.1	0.040
		脱硫石膏	0.4470	12.7	5.700

电厂	项目		汞浓度/(mg/kg)	(消耗量/产生量)/(t/h)	(输入量/输出量)/(g/h)
5	输出	烟气	7.24[a]	1975788[b]	14.300
10	输入	煤	0.0954	129.7	27.400
		石灰	0.0096	9.7	0.090
	输出	粉煤灰	0.4160	47.0	19.600
		炉渣	0.0074	2.6	0.020
		脱硫石膏	0.1680	18.8	3.200
		烟气	3.94[a]	1238554[b]	4.900

a. 单位为 $\mu g/m^3$；　b. 单位为 m^3/h

由于取样过程有许多不可忽略的因素存在，汞的总体平衡会有一定的误差，一般认为，汞质量平衡率在 70%～130% 是可以接受的[115]。由表 3.7 可知，4、5、10 号电厂的汞质量平衡分别为 104.9%、95.9%、100.8%，说明本研究采用的取样和分析方法准确度和可信度较好。汞从烟气中转移到飞灰和石膏等固体产物中，因此，汞对固体产物的影响、汞在其上的稳定性及二次污染问题值得关注。

根据对 20 个燃煤机组的现场测试分析和统计，各种污染物控制设施组合协同脱除燃煤烟气汞的效果如表 3.8 所示。不同的燃烧方式与污染物控制设施呈现不同的脱汞效率。当煤粉炉配置 ESP + WFGD 时，污染物控制设施的协同脱汞效率为 57.4%，而配置 FF + WFGD 时，脱汞效率达到 67.1%，归结于 FF 对烟气汞的影响。当煤粉炉配置 SCR + ESP + WFGD 时，污染物控制设施的协同脱汞效率达到 70.0%，SCR 催化剂虽然对汞的脱除没有直接作用，但促进了 Hg^0 向 Hg^{2+} 的转变，有利于被下游 ESP 和 WFGD 设施脱除。采用 CFB + ESP 时，脱汞效率相对于 PC + ESP + WFGD 有一定的增加，达到了 69.3%。由于 CFB 飞灰含碳量相对较高，加之采用炉内喷钙脱硫，烟气中 Hg^p 比例较高，CFB + ESP 的协同脱汞效率优于煤粉炉的 ESP + WFGD 的脱汞效率。

表 3.8　污染物控制设施组合对汞的协同脱除效果

污控设施	平均脱汞效率/%	备注
PC + ESP + WFGD	57.4(11.4～80.8)	11 套
PC + FF + WFGD	67.1(55.9～79.3)	3 套
PC + SCR + ESP + WFGD	70.0(48.3～86.1)	4 套
CFB + 炉内喷钙 + ESP	69.3(62.2～76.4)	2 套

煤的燃料特性影响烟气汞的形态和浓度，对常规污染物控制设施的协同脱汞效果会造成影响。对 16 号电厂进行混煤燃烧实验，SCR 对 Hg^{2+} 的影响如图 3.26

所示。两种煤的汞含量很接近，A、B 煤的氯含量分别为 540 mg/kg 和 107 mg/kg，随着混煤中 A 煤的比例增加，SCR 出口烟气中 Hg^{2+} 的浓度增加。燃用 B 煤时，SCR + ESP + WFGD 协同脱汞效率为 34.2%，A、B 煤种按照不同比例混烧时，SCR + ESP + WFGD 协同脱汞效率增加至 46.2%～67.0%。燃用低氯含量的煤的机组，可以通过混烧高氯含量的煤改变烟气中汞的形态，提高常规污染物控制设施的协同脱汞效果。

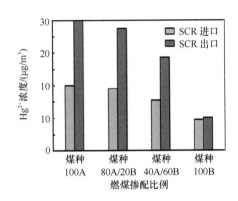

图 3.26　A、B 煤种混烧时 SCR 前后 Hg^{2+} 浓度变化

　　总体而言，SCR 对烟气中总汞的减排效果不明显，但促进了 Hg^0 向 Hg^{2+} 的转变。SCR 催化氧化 Hg^0 与煤中的氯含量成正相关性，NH_3 对 SCR 催化氧化 Hg^0 具有抑制作用。ESP、FF 对烟气中汞的影响主要体现在对 Hg^p 的协同脱除上，FF 的脱汞效率高于 ESP 的脱汞效率。循环流化床锅炉配置 ESP 的脱汞效果高于煤粉炉配置 ESP 的脱汞效果。WFGD 对汞的脱除依赖于烟气中 Hg^{2+} 的比例，随着液气比、pH 的增加，WFGD 脱汞效率逐渐增加。SCR 促进了 ESP、WFGD 的脱汞效果，对于配置 SCR + ESP + WFGD 的燃煤电厂，对烟气汞的排放具有很好的协同控制能力。

　　电催化氧化(electric catalytic oxidization，ECO)技术是一种能够脱除烟气中多种污染物的气体净化技术，ECO 系统通常安装在 ESP 或 FF 的出口，如图 3.27 所示。ECO 系统包括：一个诱发污染物氧化的介质阻挡放电反应器(BDR)，一座双回路的氨喷淋塔，用来除去 SO_2 和污染物中的水溶性氧化态物质，一台除去酸雾和细粉颗粒的湿式除尘系统，一套产品收集系统和汞脱除系统，该系统是用碳纤维或石英纤维除去汞，并且还能从喷淋塔中把硝酸铵和硫酸铵结晶出来，作为肥料在市场上出售[141]。

　　ECO 能脱除多种污染物，美国 Powerspan 中试结果[142]表明，ECO 对 SO_2 的脱除率可达到 99%，对 NO_x 的脱除率可达到 80%，在烟气总汞含量为 16 μg/m³ 的

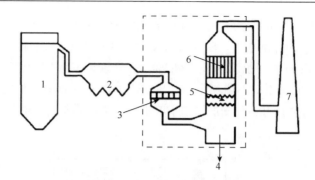

图 3.27　ECO 安装位置示意图

1. 锅炉；2. ESP/FF；3. BDR 反应器；4. 去副产品收集装置；5. 双回路喷氨装置；6. WFGD；7. 排放烟囱

条件下，脱除率可达 75%～85%，然而该法对 Hg^0 脱除效果不理想，处理后 Hg^0 含量略有增加。由于吸收塔中的化学反应，烟气中 $SO_2/NO_x \geqslant 3$(摩尔比)的条件下，ECO 装置运行效果最佳。

3.5　燃煤烟气汞排放控制强化技术

尽管已有的烟气污染物控制装置对汞有一定的脱除能力，但是对 Hg^0 的脱除效果并不明显，并对低汞浓度燃煤烟气脱汞效果欠佳。因此需要开发专门的技术用于强化汞的控制。本节介绍了几种典型的汞排放控制的强化技术以及相关的研究进展。

3.5.1　吸附剂脱汞技术

吸附剂脱汞技术则可以弥补上述烟气净化装置的不足，结合已有的污染物控制装置实现不同形态汞的高效脱除，是目前最有效的燃煤烟气脱汞强化技术。

3.5.1.1　活性炭喷射吸附强化脱汞技术

目前，控制燃煤汞污染最成熟可行的技术是活性炭喷射(activated carbon injection，ACI)技术，美国已经对该技术进行了大量的中试和燃煤电厂现场测试[143-146]。活性炭喷射技术的原理是：先通过活性炭的吸附作用将烟气中的气态汞转化为颗粒汞，再利用除尘方式将其从烟气中去除。工程上一般采用将粉状吸附剂直接喷入流动的烟气中，通过混合悬浮在烟气中，并与烟气一起流动。最后再用除尘装置将粉状吸附剂从烟气中收集下来。

活性炭喷射技术根据活性炭的喷入位置(图 3.28)，可分为除尘前布置(Toxecon 工艺)和除尘后布置(COHAPC 工艺)，除尘前布置是直接将活性炭喷入未经除尘的原烟气中，活性炭与烟尘最后用同一除尘单元收集；除尘后布置是先对烟气进行预除尘，脱除90%的烟尘后，再喷入活性炭，喷入的活性炭再经专门的除尘装置去除。由于具有以下优点，ACI 技术尤其适合现有燃煤锅炉的汞排放控制：①投资成本低(<3 美元/kW)；②改造容易且耗时短，几乎无需机组停运；③不论烟煤还是次烟煤均适用；④当使用布袋除尘器时在较低的吸收剂喷射速率下就可达到90%以上的汞去除效率。

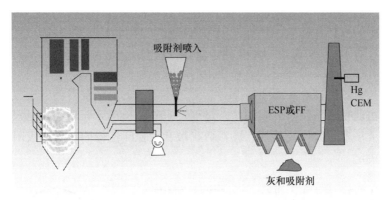

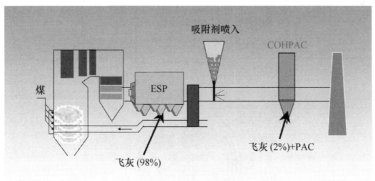

图 3.28　活性炭喷射的布置方式

国内外的研究人员对活性炭喷射脱汞技术进行了大量的基础研究和报道，Serre 等[147]在气流床上考察了商业活性炭喷射脱汞性能，发现减小吸附剂粒径，降低烟温，可加强脱汞效果；碳汞比从 2000∶1 增加到 11000∶1 时，脱汞效率从11%增加到了30%；停留时间从 3.6 s 增加到 12 s 时，可增加烟煤制活性炭的脱汞效果。Lee[143]利用高硫石油焦制成脱汞吸附剂，在气流床上考察了其喷射脱汞特性，发现粒径越小，吸附剂与汞的接触效率越高，越有利于汞的吸附；入口汞浓度越高，汞脱除率越高。Lee 等[148]在停留时间 0.75 s，烟温 140℃条件下，考察了不同吸附剂的喷射脱汞效率，发现 CuCl$_2$ 改性活性炭的脱汞效果高于商业溴化活性炭，短停留时间的喷射脱汞率与吸附剂含碳量有很大关系。

田和忠[149]研究了向烟气中喷入像粉末状活性炭之类的吸收剂，是一种最简单和最成熟的控制燃煤锅炉汞排放的方法。在 4 个不同的燃烟煤和次烟煤的电厂开展的第一次吸收剂喷射实验计划，证明了活性炭喷射(ACI)在控制汞排放方面的有效性。

在活性炭吸附烟气中 Hg^0 时，SO_2 对 Hg^0 的脱除有一定的促进作用，NO_2 对活性炭吸附 Hg^0 也会起积极的促进作用，但是当两种气体同时存在时，Hg^0 被活性炭吸附的效率反而会降低[150]。HCl、NO 以及两种气体同时存在的情况下，活性炭对 Hg^0 起着积极的吸附作用，吸附效率可达 90%以上。NH_3 的存在对汞的脱除起着明显的阻碍作用，但 Lee 等研究发现，NH_3 和 SO_3 反应生成的颗粒物则对汞的脱除有积极的吸附作用，对单质汞的脱除率最高可达 49%[151]。

活性炭喷射的过程如图 3.29 所示。烟道中喷入的活性炭对烟气中气相汞的吸附是包含物理吸附与化学吸附的复杂过程。如图 3.30 所示，活性炭对汞的吸附过程包含三个基本步骤：膜传质、颗粒内扩散和汞在活性位的吸附，吸附速率由最慢的一步决定[152]。

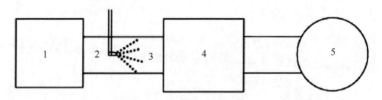

图 3.29　活性炭喷射示意图

1. 前处理设备；2. 喷射活性炭装置；3. 活性炭；4. ESP/FF；5. 烟囱

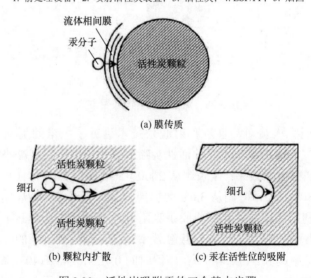

图 3.30　活性炭吸附汞的三个基本步骤

　　膜传质即烟气中气相汞分子向吸附剂表面传递的过程。烟气中的气相汞分子一直进行着布朗运动，当活性炭喷入到烟道中，烟气与活性炭表面存在汞浓度梯度，气相汞开始向活性炭表面传质。

　　颗粒内扩散即活性炭表面的汞分子向活性炭内部活性位点扩散的过程。进入到活性炭表面的汞分子在浓度梯度的作用下继续向活性炭内部扩散。孔隙较大时，主要发生分子扩散，孔隙的曲折对分子扩散有阻力作用。当孔隙小于汞分子自由行程时主要发生 Kundsen 扩散。当孔隙尺寸与汞分子尺寸在同一个数量级时发生构型扩散，属于过渡区。

　　汞在活性位的吸附主要由范德华力(色散力和排斥力)主导，活性炭表面的含氧官能团对汞的吸附也有重要的影响[153]。活性炭表面的官能团分为酸性官能团与碱性官能团，酸性官能团对汞吸附具有重要的影响，活性炭表面的羰基($C=O$)和羧基(COOH)能将烟气中易挥发的 Hg^0 氧化成低挥发性的 Hg^{2+}，并能稳定地吸附在活性炭表面[154]。

　　应用活性炭喷射技术的运行成本高，据 Brown 等[155]介绍，若要达到 90%的处理效率，每处理 1 磅①汞需要 25000～70000 美元。活性炭喷射技术的改进，主要是提高活性炭的吸附能力，降低活性炭用量，节省成本。Durham 等[156]研究表明通过混合烟煤和亚烟煤，用卤素处理活性炭以及加入 E-3 型添加剂等方式可以达到提高活性炭吸附能力的目的。

　　目前，已有学者从理论模型的角度研究喷射脱汞技术中活性炭的喷射量问题，如Rostam-Abadi 等以质量平衡为基础建立了活性炭在管道流中的炭汞比选择模型[157, 158]，如式(3.24)所示。实际活性炭喷射吸附脱汞过程相当复杂，模型并不能完全反映实际情况。

$$(C/Hg)_{min} = \frac{833.3\rho_c d_p^2 \ln\dfrac{[Hg]_{in}}{[Hg]_{out}}}{tD_{Hg}[Hg]_{in}} \tag{3.24}$$

　　通过不同汞浓度对活性炭喷射量影响研究，发现在不同初始汞浓度下要达到相同的脱汞效率[如式(3.25)所示]，低汞浓度时需要的炭汞比较大，如图 3.31 所示。

$$E = \frac{[Hg]_{in} - [Hg]_{out}}{[Hg]_{in}} \times 100\% \tag{3.25}$$

　　从吸附机理看，被吸附物质的浓度越大，需要的吸附剂也就相应越多。研究表明[159]，活性炭对汞浓度为 10 μg/m³ 烟气进行固定床吸附，其平衡吸附容量约为200 μg/g，即炭汞比为 5000。说明活性炭喷射脱汞过程中导致高炭汞比的原因不

---

　　① 磅，lb，1 lb=0.453 592 kg

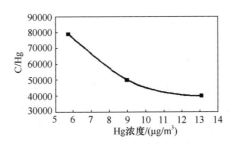

图 3.31　在 120℃达到 70%脱汞效率时，初始 Hg 浓度对 C/Hg 需求的影响

是活性炭本身对汞的吸附容量问题。活性炭喷射吸附汞是一种非均相气固反应行为，只有汞与活性炭表面间距离足够近，形成相互吸附作用力才能完成吸附行为。受表面反应动力学限制，浓度越低，汞在烟气中的扩散能力越差，很难满足发生吸附的要求。Livengood 等[160]推测由于汞浓度的增加而增大了吸附的推进力，从而提高了活性炭的利用率，以至于获得同样的脱汞效率在较高浓度下炭汞比较低，喷射量较少。为了控制炭汞比降低汞脱除成本，针对燃煤锅炉烟气中的汞浓度较低的特点，应尽可能通过加强湍流、循环使用活性炭等手段增强烟气中汞与活性炭的接触机会，增大活性炭的利用率，降低炭汞比，减少喷射量。

　　在其他条件相同的情况下，研究停留时间(从活性炭进入烟道与烟气接触到活性炭被捕捉与烟道分离的时间)对活性炭喷射量的影响，试验结果如图 3.32 所示。燃煤烟气脱汞过程是活性炭在流动状态下与烟气中的汞相互接触，进行吸附反应的过程。活性炭与汞的相互接触时间直接影响着活性炭对汞的吸附能力，而停留时间在一定程度上决定着吸附反应的接触时间，是影响活性炭吸附能力的一个关键因素。停留时间增加，意味着汞与活性炭接触而发生吸附作用机会增多，汞有足够的时间扩散到活性炭各孔内部，从而活性炭吸附汞越充分，相同脱汞效率下所用的活性炭也就越少。在相同脱汞效率下停留时间越长，炭汞比越小，即在长停留时间下活性炭的喷射量较少。因此可通过延长活性炭在烟道中的停留时间，来减少活性炭的喷射量。

　　温度是影响物理吸附和化学吸附的关键参数，它可以改变吸附力的性质。由图 3.33 可见，相同脱汞效率下，随着温度升高，炭汞比也相应增加，表明汞的吸附能力降低，符合物理吸附的特征。物理吸附具有可逆性，在汞的吸附和脱附动态平衡中，温度的升高对脱附更加有利[161]。因此较高温度下活性炭的吸附能力降低，导致在相同脱汞效率下活性炭的喷射量增加。在烟气脱汞技术中，通常采用喷水冷却烟气的方法控制烟温来提高活性炭的吸附能力。但是受到酸露点的影响，烟温不可能太低，要通过进一步降低温度来提高活性炭的吸附能力有一定难度。

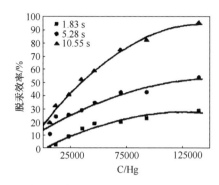

图 3.32　在不同停留时间内 C/Hg 对脱汞效率的影响

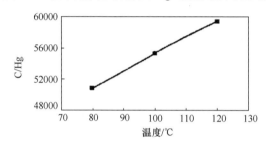

图 3.33　在初始汞浓度为 13 μg/m³ 脱汞效率为 70% 时，温度对 C/Hg 需求的影响

从图 3.34 可以看出，在不同炭汞比下布袋除尘器后脱汞效率均高于布袋除尘器前，而且有较大增幅，平均脱汞效率在 90% 左右。表明布袋除尘器的加入，较大程度上提高了活性炭的利用率，使得在低炭汞比下获得高脱汞效率成为可能。原因在于布袋除尘器上面累积有大量的活性炭，这就将烟道内流动状态下的吸附转化成了固定床状态下的吸附，较大幅度地增加了接触时间，使活性炭与烟气中的汞蒸气有了很好的气固接触，使得脱汞效率明显提高。

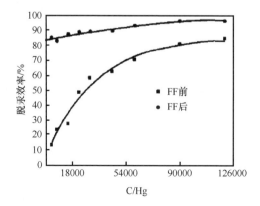

图 3.34　在 100℃，布袋除尘器前后 C/Hg 对脱汞效率的影响

　　有研究者对烟气在 ESP 流动过程的扩散吸附跟在 FF 类似的固定床的扩散吸附做过简单的计算[162]，从结果来看，FF 中烟气到颗粒的扩散传质能力较强，从而使得在相同脱汞效率下，带有 FF 系统的活性炭喷射所需要的活性炭量要少于带有 ESP 系统的情况。除尘设备均有一定脱汞能力，但不同的除尘设备其脱除效率是不同的，研究表明[159]空气预热器前 ESP、空气预热器后 ESP 和 FF 的平均脱汞效率分别为 4%、27%和 58%。

　　由于活性炭的价格昂贵，而未经表面处理的活性炭对汞的吸附效果不是很好，一般只能在 30%左右。在 140℃的烟气中，当汞的浓度达到 110 μg/m^3 时，普通AC 对汞的吸附量约为 10 μg/g[163]。经化学方法改性后的 AC 汞吸附能力高于未改性的 AC。常用的方法是用卤素、硫等单质或者化合物对 AC 进行化学改性。De等[164]研究了汞浓度、吸附温度和改性剂种类对 AC 汞脱除效率的影响。发现 AC经卤化物改性后，对 Hg^0 的吸附能力显著提高，其中碘化物改性 AC 的脱汞效率在 98%以上。脱汞效率随汞初始浓度的增加而增大，随吸附温度的升高而减小。卤素改性活性顺序为：I > Br> Cl，卤化铵的改性效果比卤化钾好。但是，由于碘的价格较贵，加上载碘活性炭容易黏结，限制了其使用。因此，目前载溴活性炭在除汞领域的应用得到广泛关注，如美国原 Sorbent Tech. Corp.开发的 B-PAC、原Norite 公司生产的 Darco Hg-LH 等除汞吸附剂都是利用溴来增强吸附剂的除汞性能的。

　　任建莉等[165]对活性炭脱除 Hg^0 进行了实验研究，结果表明，随着 Hg^0 入口浓度的增加，活性炭的吸附量随之增加；随着温度的升高，活性炭的吸附能力降低。高洪亮等[166]研究发现，随着碳/汞比值的增加，汞脱除效率提高，但当碳/汞比值增加到一定程度后，汞的脱除效率维持在一定水平不再增加。罗誉娅等[167]研究发现载硫活性炭对汞的吸附能力很强，最高效率可达到 95%～98%。Tian 等[168]制备了 CeO$_2$/AC，研究发现 CeO$_2$ 负载量为 3%的改性活性炭，在 100℃时具有最佳的吸附性能，30 min 内汞脱除效率可达到 95%。

　　孙巍等[169, 170]和 Qu 等[171]在国内最早研究了载溴活性炭对单质汞的吸附特性，分别考察了不同载溴浓度的活性炭对汞的吸附容量及动力学方面的影响。在上述基础上，他们又提出利用硫卤化合物(氯化硫或溴化硫)对活性炭或其他吸附剂继续负载改性，以提高对单质汞的吸附作用，并将所吸附的汞转化为稳定的硫化汞。为提高活性炭对烟气中单质汞的吸附作用，利用溴对活性炭进行处理。通过对吸附容量和吸附动力学的测试，研究了载溴活性炭对气体中的单质汞的去除行为。结果表明，载溴可使活性炭对单质汞的吸附量显著增加，并加快对单质汞的吸附速率。实验条件下，当载溴量为 0.33%时，活性炭对汞的饱和吸附量可增加约 80 倍，吸附容量达 0.2 mg/g；相对吸附系数增加了约 40 倍。溴负载量越高，吸附强化作用越显著。温度升高，载溴活性炭的吸附能力略有下降。烟气中的二氧化硫对单质汞的吸附速率略有抑制作用。模拟含汞气体条件下研究了高温下负载氯化硫的活性炭对单质汞的去除效果及反应条件对去除率的影响。实验发现，140℃时负载氯化硫的活性炭在接近实际烟气汞浓度条件下能在长时间内保持较高的单质汞去除率；单质汞去除率与氯化硫负载率成正比，与反应温度和模拟含汞气体进口汞浓度成反比。

除活性炭外，许多学者还对其他的炭基材料的脱汞性能进行了研究，主要有以下几类材料。

1. 活性焦

活性焦具有活性炭的吸附、催化、催化剂载体的特性，其特有的性质如机械强度高等使其得到广泛运用。活性焦是以煤炭为主要原料制备的一种吸附剂，主要用于烟气脱硫和脱硝，也具有一定的脱汞能力。熊银伍等[172]在固定床实验装置上研究了活性焦和改性活性焦的脱汞性能。结果表明，活性焦样品经 KCl 或 KClO$_3$ 改性后，脱汞效率均有极大的提高，最高达到 90%以上。随着温度的升高，汞吸附效率先升高再减小。

2. 活性炭纤维

活性炭纤维(activated carbon fiber，ACF)是一种新型多孔炭质吸附材料，与传统的颗粒活性炭相比，微孔丰富、比表面积高且吸附性能优异[173]。国内外学者在 ACF 吸附烟气汞方面已展开了研究。Hsi 等[174]将 ACF 与硫在 250~650℃时进行硫化，获得多种 S-ACF，研究了 S-ACF 的汞吸附性能，发现 S-ACF 表面存在的硫单质和 ACF 的微孔特性对吸附性能影响很大。Feng 等[175, 176]研究了用 H$_2$S 硫化后的 ACF 表面硫的赋存形态与汞吸附性能之间的关系，表明单质硫、噻吩和硫酸盐 3 种类型有助于提高汞吸附能力。许绿丝等[177]对活性炭纤维活化处理后，使材料表面上增加碱性或酸性官能团，可促进 ACF 对 SO$_2$ 和 Hg^0 的吸附能力；对活性炭纤维进行氨水溶液活化处理后，明显增强了其脱除 Hg^0 的能力。Li 等[178, 179]在室温下研究活性炭吸附 Hg^0，发现活性炭表面水分对化学吸附有重要作用，以及炭表面含氧成分似乎易于为 Hg^0 的吸附提供活性区域；后来进一步确定炭表面的含氧基团可显著影响活性炭吸附水平。况敏[180]等研究发现，随着炉内反应温度的升高，汞的吸附率先增大后降低。

3. 生物质活性炭

利用稻壳、坚果壳、毛竹木材废料等为原料，可制备出各种性能的生物质活性炭[181, 182]。然后通过物理或化学方法改变活性炭的比表面积和孔径分布，扩大或缩小孔径，达到改变活性炭表面结构的目的，从而提到活性炭的吸附能力。Tan 等[183]在小型固定床试验装置上研究了竹炭(bamboo carbon, BC)脱除单质汞的性能，结果表明 BC 有一定的汞脱除能力，最佳脱除温度为 60℃；BC 对汞的吸附能力随粒径的减小而升高。KI 改性后的 BC 吸附能力明显提高，140℃时，吸附效率在 99%以上。

3.5.1.2　飞灰吸附

煤燃烧的主要副产品为燃煤飞灰，我国每年有大量的飞灰产生，其综合利用率一直不高。国外已有很多将飞灰应用于烟气脱汞的实验研究，以取代活性炭作为新的汞脱除吸附剂[184-187]。与活性炭相比，飞灰的汞吸附能力较弱，且和煤种等关系很大。在没有氧化的情况下，燃煤飞灰对 Hg^0 的吸附能力很差，汞捕捉能力往往伴随着汞氧化能力的提高而提高[188]。但由于燃煤烟气中汞的浓度很低，喷入飞灰脱汞还是具有一定的经济性和可行性的。

飞灰主要由未燃尽碳和一些无机矿物组成，如氧化硅、氧化铝及一些金属、非金属的氧化物。飞灰中特定元素的含量直接影响着烟气中汞形态的分布，如氯元素含量高的煤，其烟气中的游离态的氯元素较多，对烟气汞氧化起着较强的作用。Ghorishi 等[189]采用模拟飞灰进行研究，发现在有 HCl 的模拟烟气中，Fe_2O_3 和 CuO 对单质汞 Hg^0 的氧化有着很强的催化作用，Al_2O_3、SiO_2 和 CaO 对汞氧化没有作用，而且 CaO 可能与烟气中的 HCl 反应从而抑制汞的氧化。

罗津晶等[190]研究发现，飞灰的存在显著提高了烟气组分对 Hg^0 的氧化效果，这是由于飞灰为烟气组分与 Hg^0 的反应提供了反应介质和催化剂，使得烟气中汞的氧化同时存在均相反应和异相反应。赵永椿等[191]在 N_2 气氛下进行了重复性试验，结果表明，飞灰对 Hg^0 有直接氧化作用，其重要氧化剂是晶格氧。屈文麒等[192]研究表明，烟气中含有低浓度 NO 时会促进飞灰对汞的吸附，而高浓度的 NO 会抑制飞灰对汞的吸附。飞灰的脱汞性能不及活性炭，但是在低汞浓度下，飞灰对汞的吸附能力与活性炭相当，而且具有显著的价格优势。

Hassett 等[193]研究了飞灰对汞的吸附，发现含有不同结构的碳的飞灰，对汞的吸附能力不同。高灰烧失率(loss on ignition, LOI)的飞灰对汞吸附效果最好，中等 LOI 的飞灰对汞的吸附很快达到饱和。这种现象可能与飞灰中的含碳量有关，具有高 LOI 的飞灰增加了汞与炭结合的机会，所以脱汞效率增加。Kolker 等[194]从飞灰中分离出来残炭，对汞的吸附进行了研究，发现汞在低浓度区(0.05～1.2 mg/m^3)时，飞灰中的碳对汞的吸附在理论上是可行的。O'Dowd 等[195]研究飞灰中的残碳对气态汞的吸附：在很低的 LOI 情况下，脱汞效率很低；在高 LOI 情况下，布袋除尘器里飞灰将对脱汞产生很大影响。这与彭苏萍等[196]研究的飞灰烧失率对脱汞的影响一致。

　　飞灰中未燃尽碳(un-burned carbon, UBC)是飞灰具备汞脱除能力的一个主要因素。在对飞灰中 UBC 的汞含量进行分析后发现，未燃尽碳本身自带的汞含量比飞灰中其他物质要高得多[197, 198]。通过浮选灼烧后的 UBC，尚有部分物质未燃尽，对 UBC 的成分分析显示，除了碳和硫外，未燃尽碳中还包含有一定数量的金属氧化物。汞在未燃尽碳结构中的富集现象表明未燃尽碳是一种非常有效的汞吸附剂。飞灰中 UBC 含量受较多因素影响，燃用煤种及掺烧比例、锅炉燃烧特性、送风比例、停留时间等。使用低氮燃烧器将使飞灰中 UBC 含量升高，在燃烧较为完全的情况下，一般 UBC 含量小于 5%。在满足燃烧供热条件下，控制燃烧温度、减少 NO 形成的同时，烟气飞灰中未燃尽碳的含量会增加，增加的碳有利于吸附烟气中的汞。对于烟煤而言，汞的脱除率可高达 90%，对于亚烟煤而言，脱汞率为 20%～40%[199]。Chen 等[200]研究发现：比起 Fe_2O_3，飞灰中 UBC 对烟气汞的氧化和吸附起到更大的作用。飞灰中 UBC 形态与烟气汞氧化和吸附能力有关。总体来说，飞灰中 UBC 含量越高，其氧化和吸附烟气汞的能力越强。但是飞灰中 UBC 与烟气汞作用的具体机理尚不明确，在研究 UBC 颗粒以及烟气组分的非均相反应的时候，需要考虑具体烟气种类与碳组分的表面化学反应[201-204]。

　　对尾部烟道烟气汞形态分布进行研究发现[205, 206, 197]，在锅炉出口之后的尾部烟道中，随着温度的下降，二价汞(Hg^{2+}和Hg^p)的比例不断增高，其中飞灰对汞具有一定的吸附富集作用，并且对烟气汞的形态分布有着较大的影响。在尾部烟道中烟气汞形态转变过程中，均相反应机理不能完全解释其形态转变的原因，烟气汞与飞灰的非均相反应在汞形态转变过程中，尤其是对单质汞 Hg^0 的氧化起了很重要的作用。在烟道尾部飞行冷却过程中，飞灰不仅能吸附烟气中的汞，而且在汞与其他烟气成分的反应中起到催化的作用。

　　Maroto-Valer 等[207]对未活化的飞灰炭与活化的飞灰炭进行了对比实验，结果是未活化的飞灰炭要比活化的飞灰炭更具有吸附汞的能力，前者是后者的 15 倍，但是经过活化的飞灰炭具有很高的比表面积。主要原因是飞灰炭的表面含氧官能团和卤素在活化的过程中被释放除去，使炭表面的活性位大大减少，降低了脱汞效率。在有 O_2 存在下，飞灰炭吸附 Hg^0 的量会增加，NO_2 也有这种促进作用，富含硫的飞灰粒子对 Hg^0 的吸附也有利[208]。王立刚等[209]通过实验认为飞灰残炭中的 C＝O 基团对汞的吸附有利，它能氧化汞然后使汞吸附在炭上。

　　陈雷等[210]在电厂采样过程中发现煤灰中酸碱氧化物的比例和烟气中汞的氧化有线性关系，也就是他提出的 BAR(酸碱度)的概念。一般认为，电厂煤灰中 BAR 是灰中碱性氧化物与酸性氧化物质量总和之比，如式(3.26)所示。BAR 值与煤中 Cl 含量共同对试验结果的影响，如图 3.35 所示。

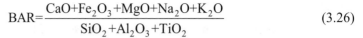

$$BAR=\frac{CaO+Fe_2O_3+MgO+Na_2O+K_2O}{SiO_2+Al_2O_3+TiO_2} \qquad (3.26)$$

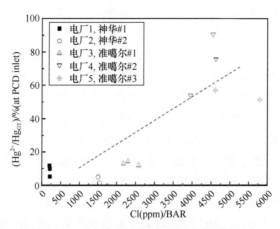

图 3.35　Cl 和 BAR 值对汞氧化的共同影响

由图可见，煤灰中酸性氧化物和 HCl 对汞的氧化转化有着一致的促进作用，而碱性氧化物反而阻碍着 Hg^0 向 Hg^{2+} 的转化。酸性氧化物对飞灰氧化汞起着催化剂的作用，也有的金属矿物在飞灰中通过改变飞灰的表面积和物质成分间接改变了其对汞的氧化能力。

总的来说，较高的 LOI、大量的中孔结构、表面有大量的含氧官能团和无机成分(S、Cl)对飞灰炭吸附汞有利[211]。

3.5.1.3　贵金属及其氧化物的吸附

烟气脱汞催化氧化技术的研究主要集中在 SCR 催化剂、炭基吸附剂、金属及其氧化物型催化剂的开发和应用[212-214]。大部分的金属化合物被认为在煤燃烧过程中起着吸附剂或者催化剂的作用，有的金属化合物也有着脱氯剂或者脱硫剂的作用，这使得研究它们在汞氧化中的作用更加复杂。

美国 ADA Technologies、CONSOL 和 Public Science Gas & Electric 等研究机构用贵金属(如金等)作为吸附剂循环利用，称之为"Mercu-Re"过程[215]。贵金属能够在烟气复杂条件下，吸附大量金属汞和相关的含汞化合物，而且在用高温气流加热到几百摄氏度后又能够脱附，用冷凝器脱附时汞以及化合物可以回收，脱附后贵金属吸附剂可以重新再循环利用。从实验室研究得到的结果来看，循环开始时，吸附剂的脱除效率可达 90%以上，随时间增加，除汞效率逐渐降低，循环系统运行 7 周以后，除汞效率降为 65%。吸附剂吸附能力的下降，主要是由于循环过程中烟气中的酸性气体冷凝而附着在吸附剂表面，导致吸附剂部分吸附活性区域的丧失，这些问题还有待进一步深入研究。

Galbreath 等[216]的研究中指出，往燃用次烟煤的循环流化床锅炉烟气中喷入 Al_2O_3 或者 TiO_2 等金属氧化物粉末对汞的氧化有催化作用，但是在复杂的烟气条件下它们的催化作用又受到一定的限制。叶群峰等[217]研究了 Cu^{2+} 化合物如 $CuSO_4$ 对气态汞的氧化吸收的催化作用，由此可以推断煤粉以及烟气中的 CuO 等物质对汞的氧化也应具有相应的催化能力。Galbreath 等的另一项研究[218]表明，Fe_2O_3 对汞的形态转化的作用取决于化合物的种类，$\gamma\text{-}Fe_2O_3$ 对 Hg 有催化氧化的作用，而 HCl 是主要的氧化剂。但 $\alpha\text{-}Fe_2O_3$ 却没有任何的影响。

铁及其氧化物对 Hg^0 具有催化氧化作用。Ghorishi 等[189]利用固定床反应器对含有 HCl 的飞灰进行研究，结果表明，含有 Fe_2O_3 的飞灰，在 250℃时 Hg^0 的氧化效率可以达到 90%，而不含 Fe_2O_3 的飞灰只能将 10%的 Hg^0 氧化。Galbreath 等[216]在含有飞灰的烟气中分别加入 $\alpha\text{-}Fe_2O_3$ 和 $\gamma\text{-}Fe_2O_3$ 两种催化剂，研究结果表明，$\alpha\text{-}Fe_2O_3$ 对 Hg^0 氧化没有催化效果，而 $\gamma\text{-}Fe_2O_3$ 可以提高 Hg^0 的氧化效率。孔凡海[219]在模拟烟气条件下对纳米 $Fe_2O_3\text{-}SiO_2$ 复合材料的脱汞性能进行了实验研究，结果发现，10%为纳米 $Fe_2O_3\text{-}SiO_2$ 脱汞吸附剂的最佳负载量，且其运行的烟气环境中 SO_2 体积分数应低于 10^{-3}。

锰氧化物负载于惰性氧化铝($\alpha\text{-}Al_2O_3$)小球作为催化剂具有催化氧化 Hg^0 的性能。乔少华等[220]在模拟烟气中研究了 $MnO_x/\alpha\text{-}Al_2O_3$ 催化剂对 Hg^0 的催化氧化效果，结果表明，300℃时催化剂活性最大，在 8000～32000 h^{-1} 空速范围内，Hg^0 的氧化效率保持在 90%以上。此外，SO_2 对催化氧化反应有一定的抑制作用。Li 等[221]在 $MnO_x/\alpha\text{-}Al_2O_3$ 中添加了 Mo、Pb、W 等金属元素，结果表明，在所有测试的添加物中 Mo 的催化氧化效果最好，$Mo(0.01)\text{-}MnO_x/\alpha\text{-}Al_2O_3$ 对 Hg^0 的氧化效率可达到 95%，并且在 Mo 存在的情况下 NO 和 SO_2 对催化剂的抑制作用明显减弱。

3.5.1.4　钙基吸附剂吸附

美国 EAP 已经采用钙基类物质[CaO、$Ca(OH)_2$、$CaCO_3$、$CaSO_4\cdot 2H_2O$]研究汞的脱除，发现钙基类物质的脱除效率与燃煤或废弃物燃烧的烟气中汞存在的化学形式有很大关系[222]。研究结果表明，$Ca(OH)_2$ 对 $HgCl_2$ 的吸附效率可达到 85%，CaO 也可以很好地吸附 $HgCl_2$，但是对于单质汞的吸附效率却很低。废弃物燃烧烟气中汞主要以二价汞的形式存在，而燃煤烟气中单质汞 Hg^0 的比例要高一些。因此也就可以解释在废弃物燃烧炉中利用钙基类物质除汞可以得到较好的结果，而对于燃煤烟气中汞的去除效果较差。

钙基类物质廉价易得，同时又是烟气脱硫剂，如果能够在除汞方面取得一定突破，那么将会在多种污染物联合脱除方面很有意义。如何加强钙基类物质对单质汞的脱除能力成为比较迫切需要解决的问题，目前主要从两方面进行尝试，一方面是增加钙基类物质捕捉单质汞的活性区域，另一方面是往钙基类物质中加入氧化性物质。Ghorishi 等[139]采用第二种方法尝试改善 CaO 和 CaSiO$_3$ 的吸附性能，结果发现改性后吸附效率有所增加。Ghorihsi 等在研究 HCl 对钙基吸附剂的影响时发现，由于氯原子和 Hg^0 相互作用，带有结晶水的 CaSO$_4$(CaSO$_4$·2H$_2$O、CaSO$_4$·1/2H$_2$O)对 Hg^0 的吸附作用大大增强了。

3.5.2 烟气中单质汞的氧化强化技术及其研究进展

与烟气中其他形态的汞相比，单质汞由于其高挥发性并且不溶于水从而是汞排放控制中的难点，因此如果能将烟气中的单质汞有效地进行氧化是一种可行的汞控制强化措施。近年来，大量的研究人员对气相中的单质汞的氧化进行了研究，目前关于单质汞的氧化技术多处于研究阶段，本节将对一些具有应用前景的方法进行介绍。

3.5.2.1 烟气中单质汞的均相氧化

烟气中汞的氧化态形式主要是 HgCl$_2$，汞也可以和其他气态成分或飞灰中的成分反应形成其他 Hg^{2+} 的化合物形式。Sliger 等[223]认为，燃煤烟气中 HgCl$_2$ 的形成过程中，氯原子是 Hg 和氯氧化反应中一种重要的中间介质，氯原子可在烟气任何温度下快速氧化 Hg^0(g)，燃煤过程中氯原子的行为特性决定了 Hg^0(g)与氯原子发生氧化反应的程度。刘迎晖[224]采用化学热力平衡分析方法研究了在煤燃烧和气化过程中产生的烟气里痕量元素汞的形态及分布，在一个大气压下，400～2000 K 温度范围里，研究了汞-煤系统和汞-煤-氯系统中汞在还原性气氛和氧化性气氛的烟气中的化学形态和分布，结果表明在煤燃烧和气化的最高温度区域里，单质汞是汞的主要形式，少量的氯元素可以大大地增强汞元素的蒸发。在还原性气氛烟气中，汞的主要形式是单质汞，在氧化性气氛的燃煤烟气中随着在烟气中温度的降低，单质汞将发生化学反应而生成氯化汞。烟气中氯元素的含量越大，氯化汞作为稳定相的温度范围越宽。

为了研究飞灰中汞和 Cl 元素之间的相互反应，EERC(Energy and Economy Research Center)的研究者们在 O$_2$ 和 N$_2$ 的混合气体中(1250℃)进行 Hg^0 的喷射实验，分别在喷射 100 ppmv HCl 和不喷射 HCl 两种情况下进行。没有喷射 HCl 时，50%喷射的汞转化为 Hg^{2+}，当烟气从 667℃降到 93℃，Hg^0 经过与 O$_2$ 的反应转化为 HgO。喷射 HCl，EERC 发现 Hg^0 的量很少，是由于 HgCl$_2$ 的形成，形成后黏附在炉壁上，可能是炉中的氧化铝对 HgCl→HgCl$_2$ 的过程起了催化作用。Radian 国际有限公司[225]一直在研究气态 Hg^0 的催化氧化，目的在于提高 APCDs 中

$Hg^0 \rightarrow Hg^{2+}$ 的转化率。提高 Hg^{2+} 的吸收量，并发展其他汞控制的技术，由于所有除汞的方法并不是对汞的各种形式(包括 Hg^0 与 Hg^{2+})都有效，因此，使汞的某一形式(Hg^0 或 Hg^{2+})达到 90%比最大限度地吸收或除去汞更重要。

大量的实验室研究及现场测试的结果均表明，烟气中的卤素气体含量与汞的形态分布存在密切的关系，一般来说卤素气体的含量越高，烟气中的二价汞的比例则越高。基于这一普遍性规律，研究人员对以下方法进行了研究：

(1)燃煤溴化物添加技术。该技术就是在电厂输煤皮带上或给煤机里加入溴化盐溶液(多为溴化钙)，也可直接将溶液喷入锅炉炉膛(图 3.36)。

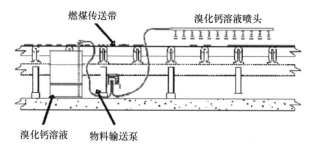

图 3.36 燃煤加溴技术示意图

在烟气中溴离子氧化单质汞形成二价汞，脱硝装置 SCR 可加强单质汞和溴代氧化形成更多的二价汞，二价汞溶于水从而被脱硫装置所捕获，从而达到除汞目的。这种技术对装备了 SCR 和湿法脱硫装置的燃煤电厂脱汞效果好，成本低。而且由于加入煤里的溴相对于煤里本身含有的氯很少，所以添加到煤里的溴化盐不会对锅炉加重腐蚀。Dombrowski 等[226]研究燃煤添加溴化钙除汞技术对机组的影响发现，溴化钙对单质汞的氧化率很高，SCR 装置可以进一步强化溴对单质汞的氧化，脱汞效果保持在 90%以上。经检测飞灰中的溴含量不超过溴添加量的 1%，石膏中未检测到溴，绝大部分的溴化物被湿法脱硫设备洗涤脱除进入脱硫废水中。现在很多装备了 SCR 和湿法脱硫系统的美国燃煤电厂已经试验过这种脱汞技术，其中一些电厂已经取得了很好的烟气除汞效果。神华集团的三河电厂也曾在 300 MW 发电机组上测试过燃煤加溴技术的除汞效果。结果表明，在燃煤中添加溴化钙对烟气中单质汞的氧化效果显著。在燃煤中添加 100 ppm 的溴化钙后，烟气经过湿法脱硫工艺后，烟气汞的排放浓度相对于加溴前的汞排放降低了 60%左右。

(2)向烟气中直接注入少量的单质溴、单质碘、氯化溴、溴化硫等气相促进剂。气相 Hg^0 可以与气相氧化物如 Cl_2、HCl、O_3 等发生氧化反应，因此直接将氧化剂喷入烟气中，利用氧化剂与 Hg^0 和飞灰之间的反应，实现将其转化的目的是最简便的方法。一般来说，当燃煤中氯含量升高时，烟气中 Hg^{2+} 的比例就会增大，因此氯气是首先进入了研究者的视野。然而氯气与 Hg^0 的反应速率常数非常低，不能在较短的时间内实现 Hg^0 的高效氧化，不能满足工业应用。因此，许多研究者将视线转移到其他高效氧化剂。

Liu 等[227]利用溴强化烟气中 Hg^0 的氧化取得了较好的效果。反应温度为 410 K 时，Hg^0/Br_2 的反应速率常数约为 3.6×10^{-17} $cm^3 \cdot molecule^{-1} \cdot s^{-1}$，比 Hg^0/Cl_2 的反应速率常数高了近两个数量级，完全可以满足工业应用。Cao 等[228]使用 HBr 作为氧化剂与飞灰共同作用，同样可以促进烟气中单质汞的高效氧化。Chi 等[229]在此基础上考察了碘对 Hg^0 的氧化活性，结果表明碘比溴具有更强的氧化作用，而且反应速率常数比 Hg^0/Br_2 的反应速率常数提高了近 1 倍。研究还发现，在实际烟气中，由于飞灰的存在，氧化剂与 Hg^0 还能发生表面反应，这样也可以显著地提高 Hg^0 的转化效率。不过溴和碘并非燃煤烟气的固有组分，过多使用其作为氧化剂氧化 Hg^0 不仅价格昂贵而且可能严重的腐蚀烟道，并造成二次污染。因此，Qu 等[230]尝试利用卤素间化合物氯化溴(BrCl)对 Hg^0 进行氧化。结果表明在达到同样的氧化效率要求时，采用氯化溴可以大大地减少单质溴的消耗量。氯化溴与 Hg^0 的反应产物以氯化汞为主，还有部分单质溴生成，这说明溴在反应体系中更主要的是起加速氧化 Hg^0 的作用。

这可能是因为氯化溴分子首先与单质汞反应，形成一个过渡态物种$(Hg-BrCl^*)$。过渡态物种继续与氯或氯化溴反应时，会与其中氧化性更强的氯原子优先结合生成稳定的氯化汞(图 3.37)。其后溴原子则继续与氯原子或溴原子反应，生成氯化溴或单质溴。当采用氯化碘作为氧化剂时，会发现同样的现象，即反应产物以氯化汞为主，且有部分单质碘生成。在飞灰的作用下，向烟气中加入 0.5 ppm 的氯化溴或 0.2 ppm 的氯化碘即可实现 90%以上 Hg^0 的转化。

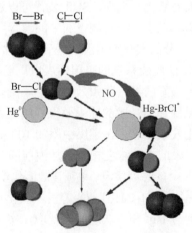

图 3.37　氯化溴对汞的氧化机制

有研究报道，通过除尘设备去除的含汞飞灰在处置过程中可能会由于雨水浸渍等原因导致 Hg^{2+} 重新进入环境，形成二次汞排放。为了解决这个问题，Yan 等[231]利用卤硫化物作为氧化剂对烟气中的 Hg^0 进行转化。研究结果表明，卤硫化物能高效快速地实现燃煤烟气 Hg^0 的转化。该方法利用卤硫化物中的卤素原子加速与单质汞的氧化反应，最后通过其中的硫原子将单质汞转化为稳定的、毒性较低的硫化汞。而且在浸出实验中，经过卤硫化物与飞灰共同作用下捕集的汞不易从飞灰中浸出，显著降低了二次污染的风险。

直接氧化除汞技术目前已经在中试规模的试验中得到了验证，大规模的示范研究有所欠缺，因此有必要在实际工况条件下进行试验，筛选更佳的氧化剂，同时优化工艺参数，提高氧化剂的利用率，为工业级推广应用打下坚实基础。

3.5.2.2　烟气中单质汞的催化氧化方法研究

利用催化剂实现 Hg^0 的氧化也是目前的一个研究热点，现在研究最多的催化剂大致分为三类：炭基催化剂、金属和金属氧化物催化剂和 SCR 催化剂[232]。

1. 炭基催化剂

活性炭是一种常规吸附剂，可以同时去除烟气中的 NO、SO_2、HCl 等不同组分。吸附了 HCl 和 Hg^0 的活性炭可能会发生非均相氧化反应，因此含碳材料也被用做单质汞的氧化催化剂。有许多研究报道飞灰上的炭能够吸附 Hg^0，其吸附量取决于飞灰中未燃烧的炭含量(unburned carbon，UBC)，故而许多炭基催化剂的研究聚焦在飞灰上。一般认为飞灰上的 Hg^0 氧化反应主要发生在炭活性位上，通过飞灰的表面反应，Hg^0 被氧化成了 Hg^{2+}。Galbreath 等[233]发现，在飞灰存在情况下增加烟气中 HCl 的浓度可以相应增加 Hg^{2+}。Norton 等[234]观察到 NO_2 在飞灰作用下可以强化 Hg^0 的氧化，而 NO 则会抑制 Hg^0 的氧化。Laudal 等[235]注意到 SO_2 可以抑制飞灰对 Hg^0 的吸附，从而也抑制了其对 Hg^0 的催化氧化作用。目前确切的关于飞灰对 Hg^0 的催化氧化机理尚不太明了。这是因为飞灰上的 UBC 能吸附 Hg^0，理论上存在飞灰上的 Hg^0 和 HCl 之间的 Langmuir-Hinshelwood 反应，同样也可能存在吸附态的 Hg^0 与气相中的 HCl 之间的 Eley-Rideal 反应。此外，飞灰上还含有许多金属氧化物和氯化物，Mars-Maessen 反应也有可能发生。

2. 金属和金属氧化物催化剂

由于金属和金属氧化物催化剂的高转化率及可再生等性能，被认为是一种经济的转化单质汞的途径。金属如金、银、铜、铁、锰等都有一定的催化氧化单质汞的能力。其中过渡金属元素锰是一种非常有用的汞氧化催化剂，在单质汞的多相氧化作用中，其催化作用明显。Li 等[236]研究了不同金属催化剂的催化性能，认为在 573 K, 有 HCl 存在时, 五种金属 Mn、Co、Zr、Fe、Cu 的催化效率由强到弱依次排序为: Mn>Co>Zr>Fe>Cu。其中锰氧化物对单质汞的催化氧化效率可达到 90%以上; Qiao 等[237]也发现, 锰氧化物在氯化氢协同作用下, 在 373~573 K 范围内, 对单质汞具有高效的转化效率。上述研究还都表明 SO$_2$ 对单质汞的氧化具有一定的抑制作用。向锰催化剂中加入稀土元素、过渡元素或者碱金属元素等能够起到抗硫的作用, Mo 改性的锰氧化物催化剂其抗硫性能有明显的改变, 与其他改性剂相比具有良好的改性效果。在稀土金属元素中, Wen 等[238]发现将氧化铈对单质汞具有很好的氧化活性。CeO$_2$ 利用晶格氧促进单质汞的氧化, 并生成 Ce$_2$O$_3$; 其后 Ce$_2$O$_3$ 又在氧气作用下还原为 CeO$_2$ 继续氧化单质汞。

3. SCR 催化剂

选择性催化还原(selective catalytic reduction, SCR)催化剂主要被用来控制烟气中的氮氧化物排放, 目前商用的 SCR 催化剂的主要成分为以二氧化钛为载体的五氧化二钒(活性组分)/三氧化钨(助剂)。研究表明 SCR 催化剂可以有效地将烟气中的单质汞转化为二价汞, 促进烟气汞的去除[239]。Blythe 等[240]对比了利用 SCR 催化和活性炭喷射(ACI)两种脱汞技术的经济性, 结果显示利用现有 SCR 系统协同除汞比 ACI 技术具有更好的性价比。为了提高 SCR 催化剂对烟气单质汞的协同脱除效果, 研究人员对现有 SCR 催化剂进行了改进, 主要集中在两个方面, 即分别利用常规金属或贵金属对钛基 SCR 催化剂进行改性。常规金属主要有锰、钴、铜、铈、锆等, 而贵金属则主要由钯、铂、金、铑等[241]。

3.5.2.3　汞的催化氧化机理

关于单质汞在催化剂表面的吸附、氧化, 以及单质汞在催化剂表面的催化作用机制被广泛研究。目前主流的单质汞催化氧化机理主要有: Deacon 反应机制、Eley-Rideal 机制、Langmuir-Hinshelwood 机制和 Mars-Maessen 机制。

1. Deacon 反应机制

Deacon 过程是指氯化氢在 300~400℃条件下通过催化氧化反应生成氯气的过程。

$$4HCl_{(g)} + O_{2(g)} \longrightarrow 2Cl_{2(g)} + H_2O \qquad (3.27)$$

通过合适的催化剂, Deacon 过程可以将高浓度的氯化氢转化为氯气这个可以促进烟气单质汞氧化的关键因素。Mortensen 等[242]通过研究 Deacon 过程的热化学过程认为该过程主要由两个的步骤组成: 首先氯化氢被金属氧化物吸附生成金属氯化物或氯氧化物; 随后氯化物或氯氧化物被氧气生成金属氧化物和氯气。铜、铁和锰都是有利于 Deacon 反应进行的活性组分。

2. Eley-Rideal 机制

Senior 等[243]认为在脱硝过程中，氯化氢和氨气会在催化剂表面的活性位点上发生竞争吸附，然后吸附态的氯化氢会与气相中的单质汞发生反应将其转化为氯化汞。

$$HCl_{(g)} \longrightarrow HCl_{(ads)} \tag{3.28}$$
$$HCl_{(ads)} + Hg^0_{(g)} \longrightarrow HgCl_{2(g)} \tag{3.29}$$

3. Langmuir-Hinshelwood 机制

He 等[244]在研究钒基 SCR 催化剂的除汞机理发现时其符合 Langmuir-Hinshelwood 机制(图 3.38)。首先氯化氢和单质汞都被吸附在催化剂表面的钒活性位点上，然后吸附态的氯化氢和单质汞发生反应从而生成氯化汞和 V—OH 物种。最后 V—OH 继续被氧气氧化生成 V=O 和水。

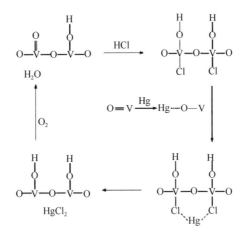

图 3.38 汞的 Langmuir-Hinshelwood 氧化机制

4. Mars-Masessen 机制

Zhang 等[245]在研究 Co$_x$Mn$_y$Ti 催化剂的除汞过程时提出了 Mars-Masessen 的作用机制。在这一过程中，单质汞首先与催化剂表面的晶格氧或吸附态氧结合，形成一个过渡态物种 Hg-O-M-O$_{x-1}$(M 是指 Mn 或 Co)。最终这个过渡态物种转化为氧化汞。被消耗的晶格氧或吸附态氧由气相中的氧气补充。

$$Hg_{(g)} \longrightarrow Hg_{(ads)} \tag{3.30}$$
$$Hg_{(ads)} + M_xO_y \longrightarrow HgO_{(ads)} + M_xO_{y-1} \tag{3.31}$$

$$M_xO_{y-1} + 1/2O_2 \longrightarrow M_xO_y \tag{3.32}$$

$$HgO(ads) \longrightarrow HgO_{(g)} \tag{3.33}$$

$$HgO_{(g)} + M_xO_y \longrightarrow HgM_xO_{y+1} \tag{3.34}$$

3.5.2.4　单质汞的其他氧化技术

此外，还有一些其他的单质汞氧化技术。利用光化学氧化法(photochemical oxidation，PCO)对气态单质汞的转化的研究也得到关注。Granite 等[246]探索了利用光化学法去除烟气中的单质汞，发现波长 253.7 nm 的紫外光对单质汞的氧化反应有明显促进作用。另一种新颖的单质汞催化氧化方法就是光催化法[247]。在紫外光存在时，单质汞和水反应，在 TiO$_2$ 表面生成 TiO$_2$·HgO 复合物。这个反应对于单质汞的浓度来说显示一级动力学速率常数，在低温下能够去除 90%的单质汞。

放电等离子体技术对气态单质汞的氧化作用也非常明显。常用的放电技术有脉冲放电和介质阻挡放电(DBD)技术。低温等离子体技术现常被用来进行废气处理的研究，其氧化在较低的反应温度下可以进行，且具有很好的氧化效率[248]。介质阻挡放电过程中，O$_3$ 常被认为是对单质汞的氧化起主要作用的物质。也有研究发现将 HCl、H$_2$O 等气体引入介电阻挡放电过程中，可以产生 Cl·、·OH 等活性物质，这些活性物质可以与 Hg^0 发生氧化反应[249]。目前电场普遍使用的 ESP 装置，电晕极和集尘极间所施加的高电压足以维持一个使气体电离的静电场，产生等离子体。与介质阻挡放电或脉冲电晕放电相比，静电除尘器中的电晕放电强度较弱，所形成的电晕区也较小。因而，ESP 电场属于弱电离环境，能够被其充分激发而参与 Hg^0 氧化的气体组分也相对较少。为了提升 ESP 弱电离场对 Hg^0 的氧化效果，Huang 等[250]设计了一种新型的放电电极，强化电极对烟气中 HCl 的作用生成活性更高的氯原子或自由基，显著提升了 ESP 对 Hg^0 的氧化效率，其在实际工况中的应用效果还有待检验。

受投资成本、处理规模以及能量效率等方面的限制，目前光氧化法及等离子体氧化法在单质汞转化方面还难以达到实用水平。

参 考 文 献

[1] Laumb J, Jensen R, Benson S. Information Collection Request (ICR) for Mercury: Correlation analysis of coal and power plant data. Conference on Air Quality II: Mercury, Trace Elements, and Particulate Matter, McKean, Virginia, 2000.

[2] U.S. EPA. Federal Register, 2013, 78: 38001-38005.

[3] Pirrone N, Mason R. Mercury fate and transport in the global atmosphere: Measurements, models and policy implications. Interim Report of the UNEP Global Mercury Partnership, 2008.

[4] 中华人民共和国国家统计局. 中国统计年鉴 2011. 北京: 中国统计出版社, 2012: 7.

[5] 王起超, 沈文国. 中国燃煤汞排放量估算. 中国环境科学, 1999, 19(4): 318-321.

[6] 任建莉, 周劲松, 骆仲泱, 等. 煤中汞燃烧过程析出规律试验研究. 环境科学学报, 2002, 22(3): 289-293.

[7] 王起超, 马如龙. 煤及灰渣中的汞. 中国环境科学, 1997; 17(1): 76-79.

[8] DOE/NETL. Advanced Carbon Dioxide Capture R&D Program: Technology Update, 2011.

[9] 孙德刚. 燃煤工业锅炉污染物排放特征及节能减排措施研究. 北京: 清华大学硕士学位论文, 2010.

[10] 杨泽亮, 杨承, 陈振林. 工业锅炉煤洁净工程. 动力工程, 2004, 24(3): 426-430.

[11] Ratafia-Brown J A. Overview of trace element partitioning in flames and furnaces of utility coal-fired boilers. Fuel Processing Technology, 1994, 39(1): 139-157.

[12] Klika Z, Bartoňová L, Spears D A. Effect of boiler output on trace element partitioning during coal combustion in two fluidised-bed power stations. Fuel, 2001, 80(7): 907-917.

[13] 徐旭, 严建化. 燃煤飞灰中重金属元素分布规律的试验研究. 热力发电, 2002, 31(1): 51-53.

[14] 武利军, 周静. 煤气化技术进展. 洁净煤技术, 2002, 8(1): 31-34.

[15] 郁向民, 李文鹏, 徐显明, 等. 我国煤化工技术现状及其发展趋势. 云南化工, 2005, 2(32): 57-62.

[16] 王云鹤, 李海滨, 黄海涛, 等. 重金属在煤气化过程的分布迁移规律及控制. 中国环境科学, 2002, 22(6): 556-560.

[17] Helble J J, Mojtahedi W, Lyyränen J, et al. Trace element partitioning during coal gasification. Fuel, 1996, 75(8): 931-939.

[18] Clarke L B. The fate of trace elements during coal combustion and gasification: An overview. Fuel, 1993, 72(6): 731-736.

[19] 常丽萍. 煤液化技术研究现状及其发展趋势. 现代化工, 2006, 25(10): 17-20.

[20] 罗安祖. 中国冶金百科全书——炼焦化工卷. 北京: 冶金工业出版社, 1992.

[21] 黄清. 煤化工的最高境界——煤制油. 中国能源, 2004, 26(3): 45-47.

[22] 叶青. 神华集团煤直接液化示范工程. 煤炭科学技术, 2003, 31(4): 1-3.

[23] 韩德奇, 陈平, 何承涛, 等. 煤间接液化技术现状及其经济性分析. 化工科技市场, 2004, (1): 21-27.

[24] 杨华玉. 煤中微量元素(汞, 砷, 氟和氯)在煤炭加工利用中运移规律的研究. 北京: 煤炭科学研究总院硕士学位论文, 2001.

[25] Brown T D, Smith D N, Hargis Jr R A, et al. Mercury measurement and its control: What we know, have learned, and need to further investigate. Journal of the Air & Waste Management Association, 1999, 49(9): 1-97.

[26] Hatanpää E, Kajander K, Laitinen T, et al. A study of trace element behavior in two modern coal-fired power plants Ⅰ. Development and optimization of trace element analysis using reference materials. Fuel Processing Technology, 1997, 51(3): 205-217.

[27] Aunela-Tapola L, Hatanpää E, Hoffren H, et al. A study of trace element behaviour in two modern coal-fired power plants Ⅱ. Trace element balances in two plants equipped with semi-dry flue gas desulphurisation facilities. Fuel Processing Technology, 1998, 55(1): 13-34.

[28] Clemens A H, Damiano L F, Gong D, et al. Partitioning behaviour of some toxic volatile elements during stoker and fluidised bed combustion of alkaline sub-bituminous coal. Fuel, 1999, 78(12): 1379-1385.

[29] Toole-O'Neil B, Tewalt S J, Finkelman R B, et al. Mercury concentration in coal-unraveling the puzzle. Fuel, 1999, 78(1): 47-54.

[30] Chemicals Branch, DtIE. The Global Atmospheric Mercury Assessment: Sources, Emissions and transport. UNEP, 2008.

[31] Pacyna E G, Pacyna J M, Steenhuisen F, et al. Global anthropogenic mercury emission inventory for 2000. Atmospheric Environment, 2006, (40): 4048-4063.

[32] Swaine D J. Trace elements in coal. Butterworths, 1990: 109-113.

[33] Pavlish J H, Sonderal E A, Marm M D, et al. Status review of mercury control options for coal-fired power plants. Fuel Processing Technology, 2003, 82(2-3): 89-165.

[34] Goodarizi F. Speciation and mass-balance of mercury from pulverized coal fire power plants burning western Canadian subbituminous coals [J]. Journal of Environmental Monitoring. 2004, 6(10): 792-798.

[35] Yokoyama T, Asakura K, Matsuda H, et al. Mercury emissions from a coal-fired power plants in Japan. Science of the Total Environment, 2000, 259(1-3): 97-103.

[36] Shah P, Strezov V, Prince K, et al. Speciation of As, Cr, Se and Hg under coal fired power station conditions. Fuel, 2008, 87(10-11): 1859-1862.

[37] Shah P, Strezov V, Prince, et al. Speciation of mercury in coal-fired power station flue gas. Energy and Fuels, 2010, 24(1): 205-212.

[38] Wang S X, Zhang L, Li G H, el al. Mercury emission of coal-fired power plants in China. Atmospheric Chemistry and Physics , 2010, (10): 1183-2010.

[39] 周劲松, 张乐, 骆仲泱, 等. 300 MW 机组锅炉汞排放及控制研究. 热力发电, 2008, (4).

[40] 周劲松, 张乐, 骆仲泱, 等. 600 MW 煤粉锅炉汞排放的实验研究. 热能动力工程, 2006, 21: 6.

[41] 胡长兴. 燃煤电站汞排放及活性炭稳定吸附机理研究. 杭州: 浙江大学博士学位论文, 2007.

[42] 王光凯. 燃煤电厂汞排放测试及脱汞产物汞稳定性研究. 杭州: 浙江大学硕士学位论文, 2006.

[43] 陈进生. 海水脱硫电站燃煤过程中汞的形态转化与排放特征研究. 厦门: 厦门大学博士学位论文, 2007.

[44] 罗光前. 燃煤汞形态识别及其脱除的研究. 武汉: 华中科技大学博士学位论文, 2009.

[45] 惠霖霖, 张磊, 王祖光. 中国燃煤电厂汞的物质流向与汞排放研究. 中国环境科学, 2015, 35(8): 2241-2250.

[46] U.S.EPA. Mercury Study Report to Congress: Fate and transport of mercury in the Environment. EPA-452/R-97-005. Washington DC, 1997.

[47] Prestbo E M, Bloom N S. Mercury speciation adsorption (MESA) method for combustion flue gas: Methodology, artifacts, inter comparison, and atmospheric implications. Water, Air and Soil Pollution, 1995, 80: 145-158.

[48] Carpi A. Mercury from combustion sources: A review of the chemical species emitted and their transport in the atmosphere. Water, Air and Soil Pollution, 1997, 98: 241-254.

[49] 王起超, 马如龙. 煤及其灰渣中的汞. 中国环境科学, 1997, 17(1): 76-77.

[50] Finkelman R B, Palmer C A, Holub V. Modes of occurrence of sulfide minerals and chalcophile elements in several high sulfur Czechoslovakian coals. 29th International Geological Congress, Japan, 1992.

[51] 王泉海. 煤燃烧过程中汞排放及其控制的实验及机理研究. 武汉: 华中科技大学博士学位

论文, 2006.

[52] Hall B, Schager P, Lindqvist O. Chemical reactions of mercury in combustion flue gases. Water, Air and Soil Pollution, 1991, 56: 3-14.

[53] Hall B, Lindqvist O, Ljungstrom E. Mercury chemistry in simulated flue gases related to waste incineration conditions. Environmental Science and Technology, 1990, 24: 108-111.

[54] 刘迎晖, 郑楚光, 游小清, 等. 氯元素对烟气中汞的形态和分布的影响. 环境科学学报, 2001, 21(1): 69-73.

[55] Laudal D L , Brown T D , Nott B R. Effects of flue gas constituents on mercury. Fuel Processing Technology, 2000, 65-66: 157-165.

[56] Carey T R, Skarupa R C, Hargrove O W. Enhanced control of mercury and other HAPs by innovative modifications to wet FGD processes, first quarter 1996 technical progress report. United States: NP, 1996.

[57] 张乐. 燃煤过程汞排放测试及汞排放量估算研究. 杭州: 浙江大学. 2007.

[58] Pacyna E G, Pacyna J M, Sundseth K, et al. Global emission of mercury to the atmosphere from anthrogenic souces in 2005 and projections to 2020. Atmospheric Environment, 2010, (44): 2487-2499.

[59] Pacyna E G, Pacyna J M, Pirrone N, et al. European emissions of atmospheric mercury from anthropogenic sources in 1995. Atmospheric Environment, 2001, (35): 2987-2996.

[60] 王起超, 沈文国, 麻壮伟. 中国燃煤汞排放量估算. 中国环境科学, 1999, 19 (4): 318-321.

[61] Streets D G, Hao J M, Wu Y, et al. 2005. Anthropogenic mercury emissions in China. Atmospheric Environment, 39(40): 7789-7806.

[62] Wu Y, Wang S X, Streets D G, et al. 2006. Trends in anthropogenic mercury emissions in China from 1995 to 2003 [J]. Environmental Science and Technology, 40(17): 5312-5318.

[63] Wu Q R, Wang S X, Li G H, et al. Temporal trend and spatial distribution of speciated atmospheric mercury emissions in China during 1978—2014. Environmental Science & Technology, 2016, 50(24): 13428-13435.

[64] Tian H H, Lin K Y, Zhou J R, et al. Atmospheric emission inventory of hazardous trace elements from China's coal-fired power plants-temporal trends and spatial variation characteristics. Environmental Science & Technology, 2014, 48: 3573-3582.

[65] 蒋靖坤, 郝吉明, 吴烨, 等. 中国燃煤汞排放清单的初步建立. 环境科学, 2005, 26(2): 34-39.

[66] 付建. 北京某燃煤电厂大气汞的排放特征与排放因子研究. 成都: 成都理工大学硕士学位论文, 2013; 王圣, 王慧敏, 朱法华. 基于实测的燃煤电厂汞排放特性分析与研究. 环境科学, 2011, 32(1): 33-36.

[67] Linak W P, Wendt J O L. Toxic metal emissions from incineration: Mechanisms and control. Progress in Energy and Combustion Science, 1993, 19(2): 145-185.

[68] 郑楚光, 张军营, 赵永椿, 等. 煤燃烧汞的排放及控制. 北京: 科学出版社, 2010: 43-48.

[69] 陈冰如, 钱琴芳, 杨亦男, 等. 我国 107 个煤矿样中微量元素的浓度分布. 科学通报, 1985, 1: 27-29.

[70] 王起超, 沈文国, 麻壮伟. 中国燃煤汞排放量估算. 中国环境科学, 1999, 19 (4): 318-321.

[71] 张军营. 煤中潜在毒害微量元素富集规律及其污染性抑制研究. 北京: 中国矿业大学博士学位论文, 1999.

[72] 唐修义, 黄文辉.中国煤中微量元素. 北京: 商务印书馆, 2004.

[73] 白向飞.中国煤中微量元素分布赋存特征及其迁移规律试验研究. 北京: 煤炭科学研究总院博士学位论文, 2003.

[74] 任德贻, 赵峰华, 代世峰, 等. 煤的微量元素地球化学. 北京: 科学出版社, 2006.

[75] 殷立宝, 禚玉群, 徐齐胜, 等. 中国燃煤电厂汞排放规律. 中国电机工程学报, 2013, 29(33): 1-8.

[76] 冯新斌, 洪业汤, 洪冰, 等. 煤中汞的赋存状态研究. 矿物岩石地球化学通报, 2001, 20(2).

[77] Pavlish J H, Sondreal E A, Mann M D, et al. Status review of mercury control options for coal-fired power plants. Fuel Processing Technology, 2003, 82(2): 89-165.

[78] Chen L, Zhuo Y, Zhao X, et al. Thermodynamic comprehension of the effect of basic ash compositions on gaseous mercury transformation. Energy & Fuels, 2007, 21(2): 501-505.

[79] 段钰锋, 江贻满, 杨立国, 等. 循环流化床锅炉汞排放和吸附实验研究. 中国电机工程学报, 2008, 28(32): 1-5.

[80] Pavlish J H, Thompson J S, Hamre L L. Mercury emission measurement at a CFB plant-final, DE-FC26-98FT40321. US DOE- EERC Research Cooperative Agreement, 2009.

[81] IEA GHG Int. Oxy-combustion network. Yokohama Japan, Mar 5-6, 2008.

[82] Tan Y W, Croiset E. Emissions from oxy-fuel combustion of coal with flue gas recycle. The 30th International Technical Conferenee on Coal Utilization & Fuel Systems, Clear water, Florida, USA, April 17-21, 2005.

[83] Suriyawong A, Gamble M, Lee M-H, et al. Submicrometer particle formation and mercury speciation under O_2-CO_2 coal combustion. Energy & Fuels, 2006, 20: 2357-2363.

[84] Agarwal H, Stenger H G, Wu S, et al. Effects of H_2O, SO_2, and NO on homogeneous Hg oxidation by Cl_2. Energy & Fuels, 2006, 20: 1068-1075.

[85] 刘彦, 韦宏敏, 徐江荣, 等.O_2/CO_2 与空气对燃煤汞形态分布的影响. 中国电机工程学报, 2008, 28(11): 48-53.

[86] Châtel-Pélage F, Marin O, Perrin N, et al. A pilot-scale demonstration of oxy-combustion with flue gas recirculation in a Pulverized coal-fired boiler. The 28th International Technical Conference on Coal Utilization & Fuel Systems, March 10-13 2003, Clear water, Florida.

[87] 王起超, 邵庆春. 不同粒度飞灰中 16 种微量元素的含量分布. 环境污染与防治, 1998, 20(5): 37-41.

[88] 孔火良, 吴慧芳. 电厂燃煤灰渣中微量元素富集规律的试验研究. 青岛理工大学学报, 2007, 28(4): 65-68.

[89] 姚多喜, 支霞臣, 郑宝山. 煤燃烧过程中 5 种微量元素的迁移和富集. 环境化学, 2004(01): 31-37.

[90] 王立刚, 刘柏谦. 燃煤汞污染及其控制. 北京: 冶金工业出版社, 2008.

[91] 王立刚, 彭苏萍, 陈昌和. 燃煤飞灰对锅炉烟道气中 Hg^0 的吸附特性. 环境科学, 2003(06): 59-62.

[92] 彭苏萍, 王立刚. 燃煤飞灰对锅炉烟道气汞的吸附研究. 煤炭科学技术, 2002(09): 33-35.

[93] 吴成军, 段钰锋, 赵长遂. 污泥与煤混烧中飞灰对汞的吸附特性. 中国电机工程学报, 2008, 28(14): 55-60.

[94] 段钰锋, 江贻满, 杨立国, 等. 循环流化床锅炉汞排放和吸附实验研究. 中国电机工程学报, 2008, 28(32): 1-5.

[95] 赵毅, 刘松涛, 马宵颖, 等. 改性粉煤灰吸收剂对单质汞的脱除研究. 中国电机工程学报, 2008, 28(20): 55-60.

[96] 杨祥花, 段钰锋, 江贻满, 等. 燃煤锅炉烟气和飞灰中汞形态分布研究. 煤炭科学技术, 2007, 35(12): 55-58.

[97] 江贻满, 段钰锋, 杨祥花, 等. ESP 飞灰对燃煤锅炉烟气汞的吸附特性. 东南大学学报: 自然科学版, 2007, 37(3): 436-440.

[98] 许绿丝, 程俊峰, 曾汉才. 燃煤飞灰对痕量重金属吸附脱除的研究. 热力发电, 2004, 33(4): 10-13.

[99] 王鹏, 董勇, 喻敏, 等. 煤中汞赋存形态及其热解时析出规律研究. 燃料化学学报, 2014, 42(2): 146-149.

[100] 吴辉. 燃煤汞释放及转化的实验与机理研究. 武汉: 华中科技大学博士学位论文, 2011.

[101] Galbreath K C, Zygarlieke C J, Tibbetts J E, et al. Effects of NO$_x$, α-Fe$_2$O$_3$, γ-Fe$_2$O$_3$, and HCl on mereury transformations in a 7-KW coal combustion system. Fuel Processing Technology, 2004, 86: 429-448.

[102] 赵新亮. 煤热解气化过程中汞元素形态转化的实验研究. 武汉: 华中科技大学硕士学位论文, 2012.

[103] 任建莉, 周劲松. 燃煤过程中汞的析出规律试验研究. 浙江大学学报, 2002, 3(4): 397-403.

[104] Pavlish J H, Sondreal E A, Mann M D, et al. Status review of mercury control options for coal-fired power plants. Fuel Processing Technology, 2003, 82: 89-165.

[105] Richardson C, Machalek T, Miller S, et al. Effect of NO$_x$ control processes on mercury speciation in utility flue gas. Journal of the Air & Waste Management Association, 2002, 52(8): 941-947.

[106] 胡长兴, 周劲松, 何胜, 等. SCR 氮氧化物脱除系统对燃煤烟气汞形态的影响. 热能动力工程, 2009(04): 499-502.

[107] 李建荣, 何炽, 商雪松, 等. SCR 脱硝催化剂对烟气中零价汞的氧化效率研究. 燃料化学学报, 2012, 40(02): 241-246. DOI: 10.3969/j.issn.0253-2409.2012.02.018.

[108] 唐念, 盘思伟. 大型煤粉锅炉汞的排放特性和迁移规律研究. 燃料化学学报, 2013, 41(4): 484-490. DOI: 10.3969/j.issn.0253-2409.2013.04.015.

[109] Eswaran S, Stenger H G. Understanding mercury conversion in selective catalytic reduction (SCR) catalysts [J]. Energy & Fuels, 2005, 19(6): 2328-2334.

[110] Kamata H, Ueno S, Naito T, et al. Mercury oxidation over the V$_2$O$_5$ (WO$_3$)/TiO$_2$ commercial SCR catalyst [J]. Industrial & Engineering Chemistry Research, 2008, 47(21): 8136-8141.

[111] 王铮, 薛建明, 许月阳, 等. 选择性催化还原协同控制燃煤烟气中汞排放效果影响因素研究. 中国电机工程学报, 2013, 33(14): 32-37.

[112] YANG H, Wei-Ping P A N. Transformation of mercury speciation through the SCR system in power plants [J]. Journal of Environmental Sciences, 2007, 19(2): 181-184.

[113] Presto A A, Granite E J. Survey of catalysts for oxidation of mercury in flue gas [J]. Environmental Science & Technology, 2006, 40(18): 5601-5609.

[114] Senior C L. Oxidation of mercury across selective catalytic reduction catalysts in coal-fired power plants [J]. Journal of the Air & Waste Management Association, 2006, 56(1): 23-31.

[115] Laumb J, Jensen R, Benson S. Information Collection Request (ICR) for mercury: Correlation

analysis of coal and power plant data//Conference on Air Quality II: Mercury, Trace Elements, and Particulate Matter, McKean, Virginia, 2000.

[116] 殷立宝, 禚玉群, 徐齐胜, 等. 中国燃煤电厂汞排放规律. 中国电机工程学报, 2013, 33(29): 2-9.

[117] 王运军, 段钰锋, 杨立国, 等. 燃煤电站布袋除尘器和静电除尘器脱汞性能比较. 燃料化学学报, 2008, 36(1): 23-29.

[118] 徐玮. 燃煤烟气中汞的形态分布特征及净化设备的除汞效果. 上海: 上海交通大学硕士学位论文, 2010.

[119] Srivastava R K, Nick H, Blair M, et al. Control of mercury emissions from coal-fired electric utility boilers. Environmental Science & Technology, 2006, 40(5): 1385-1393; Reynolds J. Mercury removal *via* wet ESP. Power, 2004, 148(8).

[120] Nolan P S, Redinger K E, Amrhein G T, et al. Demonstration of additive use for enhanced mercury emissions control in wet FGD systems. Demonstration of additive use for enhanced mercury emissions control in wet FGD systems – Research Gate, 2002, 85(6): 587-600.

[121] 王岳军. 气相零价汞催化氧化及二价汞液相吸收、还原过程研究. 杭州: 浙江大学博士学位论文, 2011.

[122] 周婷. 钙基湿法烟气脱硫浆液中二价汞的还原影响因素研究. 湘潭: 湘潭大学硕士学位论文, 2015.

[123] Pal B, Ariya P A. Studies of ozone initiated reactions of gaseous mercury: kinetics, product studies, and atmospheric implications. Physical Chemistry Chemical Physics, 2003, 6(3): 572-579.

[124] 张建华. 湿法烟气脱硫浆液中二价汞再释放研究. 北京: 华北电力大学, 2011.

[125] 刘盛余, 能子礼超, 赖亮, 等. 燃煤烟气中单质汞的氧化吸收研究. 煤炭学报, 2010(2): 303-306.

[126] 梁大镁, 刘晶, 林晓珍, 等. 湿法脱硫系统协同脱除汞的实验研究. 武汉: 华中科技大学硕士学位论文, 2010.

[127] 李志超, 段钰锋, 王运军, 等. 300 MW 燃煤电厂 ESP 和 WFGD 对烟气汞的脱除特性. 燃料化学学报, 2015, 41(04): 491-498.

[128] Wo J J, Zhang M, Cheng X Y, et al. Hg^{2+} reduction and re-emission from simulated wet flue gas desulfurization liquors. Journal of Hazardous Materials, 2009, 172: 1106-1110.

[129] Loon L V, Mader E, Scott S L. Reduction of the aqueous mercuric ion by sulfite: UV spectrum of $HgSO_3$ and its intramolecular redox reaction. Journal of Physical Chemistry A, 2000, 104: 1621-1926.

[130] Liu Y, Wang Q F, Mei R J, et al. Mercury re-emission in flue gas multipollutants simultaneous absorption system. Environmental Science and Technology, 2014, 48: 14025-14030.

[131] 王青峰. 湿法脱硫系统中氧化态汞的还原行为及脱硫石膏中汞的稳定性研究. 杭州: 浙江大学博士学位论文, 2015.

[132] 汤婷媚. 燃煤烟气脱硫液及脱硫石膏中汞的稳定化研究. 杭州: 浙江大学硕士学位论文, 2011.

[133] Wang Y J, Liu Y, Mo J S, et al. Effects of Mg^{2+} on the bivalent mercury reduction behaviors in simulated wet FGD absorbents. Journal of Hazardous Materials, 2012, 237: 256-261.

[134] Tang T M, Xu J, Lu R J, et al. Enhanced Hg^{2+} removal and Hg^0 re-emission control from wet flue gas desulfurization liquors with additives. Fuel, 2010, 89: 3613-3617.

[135] 王帅, 高继慧, 吴燕燕, 等. 烟气组分对脱硫灰吸附及催化氧化汞的影响. 中国电机工程学报, 2010 (29): 30-36.

[136] Krishnan S V, Jozewicz W, Gullett B K. Mercury control by injection of activated carbon and calcium-based sorbents. Air and Waste Management Association, Pittsburgh, PA (United States), 1996.

[137] 中华人民共和国国家统计局. 中国统计年鉴 2011. 北京: 中国统计出版社, 2012: 7.

[138] Liu K, Gao Y, Riley J T, et al. An investigation of mercury emission from FBC systems fired with high-chlorine coals. Energy & Fuels, 2001, 15(5): 1173-1180.

[139] Ghorishi S B, Sedman C B. Low concentration mercury sorption mechanisms and control by calcium-based sorbents: application in coal-fired processes. Journal of the Air & Waste Management Association, 1998, 48(12): 1191-1198.

[140] 中国国家标准化管理委员会. 煤中氯含量的测定方法[S]. GB/T 3558—1996. 北京: 中国标准出版社, 2009.

[141] 徐稳定, 石林, 耿曼. 燃煤电厂烟气中汞控制技术研究概况. 电站系统工程, 2006(6): 1-4. doi: 10.3969/j.issn.1005-006X.2006.06.001.

[142] Staudt J E, Jozewicz W. Performance and cost of mercury and multi pollutant emission control technology applications on electric utility boilers. EPA-600/R-03/110, October 2003.

[143] Lee S H, Rhim Y J, Cho S P, et al. Carbon-based novel sorbent for removing gas-phase mercury. Fuel, 2006, 85(2): 219-226.

[144] Pavlish J H, Thompson J S, Martin C L, et al. Fabric filter bag investigation following field testing of sorbent injection for mercury control at TXU's Big Brown Station. Fuel Processing Technology, 2009, 90(11): 1424-1429.

[145] Bustard C J, Durham M, Lindsey C, et al. Full-scale evaluation of mercury control with sorbent injection and COHPAC at Alabama Power EC Gaston. Journal of the Air & Waste Management Association, 2002, 52(8): 918-926.

[146] Jones A P, Hoffmann J W, Smith D N, et al. DOE/NETL's phase II mercury control technology field testing program: preliminary economic analysis of activated carbon injection. Environmental Science & Technology, 2007, 41(4): 1365-1371.

[147] Serre S D, Gullett B K, Ghorishi S B. Entrained-flow adsorption of mercury using activated carbon. Journal of the Air & Waste Management Association, 2001, 51(5): 733-741.

[148] Lee S S, Lee J Y, Keener T C. Bench-scale studies of in-duct mercury capture using cupric chloride-impregnated carbons. Environmental Science & Technology, 2009, 43(8): 2957-2962.

[149] 田贺忠. 汞控制技术中的吸收剂喷射工艺. 国际电力, 2005, 9(6): 56-57.

[150] Miller S J, Dunham G E, Olson E S, et al. Flue gas effects on a carbon-based mercury sorbent. Fuel Processing Technology, 2000, 65(99): 343-363.

[151] Lee J Y, Khang S J, Keener T C. Mercury removal from flue gas with particles generated by SO$_3$-NH$_3$ Reactions. Industrial & Engineering Chemistry Research, 2004, 43(15): 4363-4368.

[152] Seiichi K, Tatsuo I, Ikuo A. 吸附科学. 李国希, 译. 北京: 化学工业出版社, 2006, 202.

[153] Yang R T, 马丽萍, 宁平, 等. 吸附剂原理与应用. 北京: 高等教育出版社, 2010.

[154] 谭增强, 邱建荣, 苏胜, 等. 高效脱汞吸附剂的脱汞机理研究. 工程热物理学报, 2012,

33(2): 344-347.

[155] Brown T D, Smith D N, Hargis Jr R A, et al. Mercury measurement and its control: what we know, have learned, and need to further investigate. Journal of the Air & Waste Management Association, 1999, 49(6): 1-97.

[156] Durham M. Sorbent injection making progress. Power, 2004, 148(8).

[157] 胡长兴, 周劲松, 骆仲泱, 等. 烟气脱汞过程中活性炭喷射量的影响因素. 化工学报, 2006, 56(11): 2172-2177.

[158] Rostam-Abadi M, Chen S G, Hsi H C, et al. Novel vapor phase mercury sorbents. Proceedings of the EPRI-DOE-EPA Combined Utility Air Pollutant Control, 1997: 25-29.

[159] Pavlish J H, Sondreal E A, Mann M D, et al. Status review of mercury control options for coal-fired power plants. Fuel Process Technol. Fuel Processing Technology, 2003, 82: 89-165.

[160] Livengood C D, Huang H S, Wu J M. Experimental evaluation of sorbents for the capture of mercury in flue gases. Argonne National Lab., IL (United States), 1994.

[161] Olson E S, Miller S J, Sharma R K, et al. Catalytic effects of carbon sorbents for mercury capture [J]. Journal of Hazardous Materials, 2000, 74(1): 61-79.

[162] Reed G P, Ergüdenler A, Grace J R, et al. Control of gasifier mercury emissions in a hot gas filter: the effect of temperature. Fuel, 2001, 80(5): 623-634.

[163] Bustard J, Durham M, Lindsey C, et al. Results of activated carbon injection for mercury control upstream of a COHPAC fabric filter. The Mega Meeting: Power Plant Air Pollution Control Symposium, Washington DC, May. 2003: 19-22.

[164] De M, Azargohar R, Dalai A K, et al. Mercury removal by bio-char based modified activated carbons. Fuel, 2013, 103(1): 570-578.

[165] 任建莉, 周劲松, 骆仲泱, 等. 活性碳吸附烟气中气态汞的试验研究. 中国电机工程学报, 2004(02): 171-175. DOI: 10.3321/j.issn: 0258-8013.2004.02.033.

[166] 高洪亮, 周劲松, 骆仲泱, 等. 燃煤烟气中汞在活性炭上的吸附特性. 煤炭科学技术, 2006(05): 49-52. DOI: 10.3969/j.issn.0253-2336.2006.05.017.

[167] 罗誉娅, 任建莉, 陈俊杰, 等. 炭基类吸附剂脱汞吸附的研究进展. 电站系统工程, 2009(02): 1-3. DOI: 10.3969/j.issn.1005-006X.2009.02.001.

[168] Qu Z, Yan N, Liu P, et al. Oxidation and stabilization of elemental mercury from coal-fired flue gas by sulfur monobromide. Environmental Science & Technology, 2010, 44(10): 3889-3894.

[169] Tian L, Li C, Li Q, et al. Removal of elemental mercury by activated carbon impregnated with CeO_2. Fuel, 2009, 88(9): 1687-1691.

[170] 孙巍, 晏乃强, 贾金平. 载溴活性炭去除烟气中的单质汞. 中国环境科学, 2006, 26(3): 257-261.

[171] 孙巍, 晏乃强, 贾金平. 负载硫氯化合物的活性炭去除单质汞的研究. 环境科学与技术, 2006, 29(12): 84-86.

[172] 熊银伍, 杜铭华, 步学鹏, 等. 改性活性焦脱除烟气中汞的实验研究. 中国电机工程学报, 2007(35): 17-22. DOI: 10.3321/j.issn: 0258-8013.2007.35.004.

[173] 任建莉, 陈俊杰, 罗誉娅, 等. 活性炭纤维脱除烟气中气态汞的试验研究. 中国电机工程学报, 2010(5): 28-34.

[174] Hsi H C, Rood M J, Rostam-Abadi M, et al. Effects of sulfur impregnation temperature on the

properties and mercury adsorption capacities of activated carbon fibers (ACFs). Environmental Science & Technology, 2001, 35(13): 2785-2791.

[175] Feng W, Borguet E, Vidic R D. Sulfurization of carbon surface for vapor phase mercury removal- I : Effect of temperature and sulfurization protocol. Carbon, 2006, 44(14): 2990-2997.

[176] Feng W, Borguet E, Vidic R D. Sulfurization of a carbon surface for vapor phase mercury removal – II : Sulfur forms and mercury uptake. Carbon, 2006, 44(14): 2998-3004.

[177] 许绿丝, 钟毅, 金峰, 等. 催化活性炭纤维脱硫除汞性能试验研究. 安全与环境学报, 2004(02): 10-12. DOI: 10.3969/j.issn.1009-6094.2004.02.003.

[178] Li Y H, Lee C W, Gullett B K. The effect of activated carbon surface moisture on low temperature mercury adsorption. Carbon, 2002, 40(1): 65-72.

[179] Li Y H, Lee C W, Gullett B K. Importance of activated carbon's oxygen surface functional groups on elemental mercury adsorption. Fuel, 2003, 82(4): 451-457.

[180] 况敏, 杨国华, 陈武军, 等. 活性碳纤维对气态汞的吸附和脱附实验. 环境化学, 2008, 27: 605-609. DOI: 10.3321/j.issn: 0254-6108.2008.05.012.

[181] 施雪, 赵丽丽, 吴江, 等. 生物质活性炭对模拟烟气汞吸附特性的实验研究. 上海理工大学学报, 2013(05): 435-438. DOI: 10.3969/j.issn.1007-6735.2013.05.006.

[182] 王玉新, 时志强, 周亚平. 孔隙发达竹质活性炭的制备及其电化学性能. 化工进展, 2008, 27(3): 399-403. DOI: 10.3321/j.issn: 1000-6613.2008.03.015.

[183] Tan Z, Xiang J, Sheng S, et al. Enhanced capture of elemental mercury by bamboo-based sorbents. Journal of Hazardous Materials, 2012, 239-240(18): 160-166.

[184] 张锦红. 燃煤飞灰特性及其对烟气汞脱除作用的实验研究. 上海: 上海电力学院硕士学位论文, 2013.

[185] 张建星, 邓双, 姚福德, 等. 燃煤烟气中汞吸附技术的研发进展. 环境科技, 2013, 26: 46-50. DOI: 10.3969/j.issn.1674-4829.2013.04.012.

[186] 牛丽丽, 徐超, 刘维屏. 中国燃煤汞排放及活性炭脱汞技术. 环境科学与技术, 2012(9): 45-55.

[187] 熊银伍, 杜铭华, 朱书全, 等. 煤基吸附剂脱除烟气中气态汞的研究现状. 洁净煤技术, 2007(01): 36-39. DOI: 10.3969/j.issn.1006-6772.2007.01.010.

[188] Dunham G E, Dewall R A, Senior C L. Fixed-bed studies of the interactions between mercury and coal combustion fly ash. Fuel Processing Technology, 2003, 82(2-3): 197-213.

[189] Ghorishi S B, Lee C W, Jozewicz W S, et al. Effects of fly ash transition metal content and flue gas HCl/SO$_2$ ratio on mercury speciation in waste combustion. Environmental Engineering Science, 2005, 22(2): 221-231.

[190] 罗津晶, 张龙东, 黄华伟, 等. 烟气组分及飞灰对汞形态转化的影响. 北京科技大学学报, 2011(06): 771-776.

[191] 赵永椿, 张军营, 刘晶, 等. 燃煤飞灰氧化汞的机制研究. 科学通报, 2009(21): 3395-3399.

[192] 屈文麒, 刘晶, 袁锦洲, 等. NO 对未燃尽炭吸附汞影响的机理研究. 工程热物理学报, 2010, 31(3): 523-526.

[193] Hassett D J, Eylands K E. Mercury capture on coal combustion fly ash. Fuel, 1999, 78(2): 243-248.

[194] Kolker K H. Vapor-phase elemental mercury adsorption by residual carbon separated from fly

工业烟气汞污染排放监测与控制技术

ash. Journal of Environmental Sciences, 2005, 17(3): 518-520.

[195] O'Dowd W J, Hargis R A, Granite E J, et al. Recent advances in mercury removal technology at the National Energy Technology Laboratory. Fuel Processing Technology, 2004, 85(6-7): 533-548.

[196] 彭苏萍, 王立刚. 燃煤飞灰对锅炉烟道气汞的吸附研究. 煤炭科学技术, 2002(9): 33-35. DOI: 10.3969/j.issn.0253-2336.2002.09.012.

[197] Hower J C, Senior C L, Suuberg E M, et al. Mercury capture by native fly ash carbons in coal-fired power plants. Progress in Energy & Combustion Science, 2010, 36(4): 510-529.

[198] Hwang J Y, Sun X, Li Z. Unburned carbon from fly ash for mercury adsorption: I. Separation and characterization of unburned carbon. Journal of Minerals & Materials Characterization & Engineering, 2002, 01.

[199] Srivastava R K, Staudt J E, Jozewicz W. Preliminary estimates of performance and cost of mercury emission control technology applications on electric utility boilers: An update [J]. Environmental Progress, 2005, 24(2): 198-213.

[200] Chen X H. Impacts of fly ash composition and flue gas components on mercury speciation. University of Pittsburgh, 2007.

[201] Lu Y, Rostam-Abadi M, Chang R, et al. Characteristics of fly ashes from full-scale coal-fired power plants and their relationship to mercury adsorption. Energy Fuels, 2007, 21(4): 2112-2120.

[202] López-Antón M A, Abad-Valle P, Díaz-Somoano M, et al. The influence of carbon particle type in fly ashes on mercury adsorption. Fuel, 2009, 88(7): 1194-1200.

[203] Laumb J D, Benson S A, Olson E A. X-ray photoelectron spectroscopy analysis of mercury sorbent surface chemistry. Fuel Processing Technology, 2004, 85(6-7): 577-585.

[204] Olson E S, Crocker C R, Benson S A, et al. Surface compositions of carbon sorbents exposed to simulated low-rank coal flue gases. Journal of the Air & Waste Management Association, 2005, 55(6): 747-754.

[205] Senior C L, Sarofim A F, Zeng T, et al. Gas-phase transformations of mercury in coal-fired power plants. Fuel Processing Technology, 2000, 63(2): 197-213.

[206] Gibb W H, Clarke F, Mehta A K. The fate of coal mercury during combustion. Fuel Processing Technology, 2000, 65: 365-377.

[207] Maroto-Valer M M, Zhang Y, Granite E J, et al. Effect of porous structure and surface functionality on the mercury capacity of a fly ash carbon and its activated sample. Fuel, 2005, 84(1): 105-108.

[208] Galbreath K C, Zygarlicke C J. Mercury transformations in coal combustion flue gas. Fuel Processing Technology, 2000, 65(99): 289-310.

[209] 王立刚, 彭苏萍, 陈昌和. 燃煤飞灰对锅炉烟道气中 Hg^0 的吸附特性. 环境科学, 2003, 24: 59-62. DOI: 10.3321/j.issn: 0250-3301.2003.06.010.

[210] 陈雷, 姚强, 禚玉群, 等. 燃煤烟气降温过程汞的均相化学反应动力学模拟. 工程热物理学报, 2007, 28(2): 343-346. DOI: 10.3321/j.issn: 0253-231X.2007.02.051.

[211] Norton G A, Yang H, Brown R C, et al. Heterogeneous oxidation of mercury in simulated post combustion conditions. Fuel, 2003, 82(2): 107-116.

[212] 黄永琛. 燃煤烟气中金属及氯对汞氧化的影响. 武汉: 华中科技大学硕士学位论文, 2007.

[213] 郝思琪, 赵毅, 薛方明. 燃煤烟气中元素态汞催化氧化剂的研究进展. 工业安全与环保, 2014(01): 16-18. DOI: 10.3969/j.issn.1001-425X.2014.01.006.

[214] 高洪亮, 周劲松, 骆仲泱, 等. 燃煤烟气中汞氧化的动力学机理. 动力工程学报, 2007(06): 975-979.

[215] Rodríguez-Pérez J, Díaz-Somoano M, García R, et al. Regenerable sorbents for mercury capture in simulated coal combustion flue gas. Journal of Hazardous Materials, 2013, 260(6): 869-877.

[216] Galbreath K C, Zygarlicke C J, Olson E S, et al. Evaluating mercury transformation mechanisms in a laboratory--scale combustion system. Science of the Total Environment, 2000, 261(1-3): 149-155.

[217] 叶群峰, 汪大翚, 王成云, 等. Cu^{2+}催化过硫酸钾氧化吸收气态汞. 化工学报, 2006, 57(10): 2450-2454. DOI: 10.3321/j.issn: 0438-1157.2006.10.035.

[218] Galbreath K C, Zygarlicke C J. Mercury speciation in coal combustion and gasification flue gases. Environmental Science and Technology, 1996, 30(8): 2421-2426.

[219] 孔凡海. 铁基纳米吸附剂烟气脱汞实验及机理研究. 武汉: 华中科技大学博士学位论文, 2010. DOI: 10.7666/d.d185934.

[220] 乔少华, 晏乃强, 陈杰, 等. MnO$_x$/α-Al$_2$O$_3$催化氧化燃煤烟气中 Hg^0 的试验研究. 中国环境科学, 2009(03): 237-241. DOI: 10.3321/j.issn: 1000-6923.2009.03.003.

[221] Li J, Yan N, Qu Z, et al. Catalytic oxidation of elemental mercury over the modified catalyst Mn/α-Al$_2$O$_3$ at lower temperatures. Environmental Science and Technology, 2009.

[222] 任建莉. 燃煤过程汞析出及模拟烟气中汞吸附脱除试验和机理研究. 杭州: 浙江大学博士学位论文, 2003.

[223] Sliger R N, Kramlich J C, Marinov N M. Towards the development of a chemical kinetic model for the homogeneous oxidation of mercury by chlorine species. Fuel Processing Technology, 2000, 65(99): 423-438.

[224] 刘迎晖, 郑楚光, 游小清, 等. 氯元素对烟气中汞的形态和分布的影响. 环境科学学报, 2001(1): 69-73. DOI: 10.3321/j.issn: 0253-2468.2001.01.014.

[225] Radian International LLC. Enhanced Control of Mercury and Other HAPs by Innovative Modifications to Wet FGD Process; Final, Report under Phase I DOE/FETC Mega PRDA Program (period of performance, September 1995 to July 1997)September, 1997.

[226] Dombrowski K, McDowell S, Berry M, et al. The balance of plant impacts of calcium bromide injection as a mercury oxidation technology in power plants. Power Plant Air Pollutant Control MEGA Symposium. Baltimore MD (USA), 2008: 84.

[227] Liu S H, Yan N Q, Liu Z R, et al. Using bromine gas to enhance mercury removal from flue gas of coal-fired power plants. Environmental Science and Technology, 2007, 41: 1405-1412.

[228] Cao Y, Wang Q H, Li J, et al. Enhancement of mercury capture by the simultaneous addition of hydrogen bromide and fly ashes in a slipstream facility [J]. Environmental Science and Technology, 2009, 43: 2812-2817.

[229] Chi Y, Yan N Q, Qu Z, et al. The performance of iodine on the removal of elemental mercury from the simulated coal-fired flue gas. Journal of Hazardous Materials, 2009, 166: 776-781.

[230] Qu Z, Yan N Q, Liu P, et al. Bromine chloride as an oxidant to improve elemental mercury removal removal from coal-fired flue gas. Environmental Science and Technology, 2009, 43: 8610-8615.

[231] Yan N Q, Qu Z, Chi Y, et al. Enhanced elemental mercury removal from coal-fired flue gas by sulfur-chlorine compounds. Environmental Science and Technology, 2009, 43: 5410-5415.

[232] Presto A A, Granite E J. Survey of catalysts for oxidation of mercury in flue gas. Environmental Science and Technology, 2006, 40: 5601-5609.

[233] Galbreath K C, Zygarlicke C J. Mercury speciation in coal combustion and gasification flue gas. Environmental Science and Technology, 1996, 30: 2421-2426.

[234] Norton G A, Yang H Q, Brown RC, et al. Heterogeneous oxidation of mercury in simulated post combustion conditions. Fuel, 2003, 82: 107-116.

[235] Laudal D L, Brown T D, Nott B R. Effects of flue gas constituents on mercury speciation. Fuel Processing Technology, 2000, 65: 157-165.

[236] Li JF, Yan N Q, Qu Z, et al. Catalytic oxidation of elemental mercury over the modified catalyst Mn/alpha-Al$_2$O$_3$ at lower temperatures. Environmental Science and Technology, 2010, 44: 426-431.

[237] Qiao S H, Chen J, Li J F, et al. Adsorption and catalytic oxidation of gaseous elemental mercury in flue gas over MnO$_x$/alumina. Industrial and Engineering Chemistry Research, 2009, 48: 3317-3322.

[238] Wen X Y, Li C T, Fan X P, et al. Experimental study of gaseous elemental mercury removal with CeO$_2$/gamma-Al$_2$O$_3$. Energy Fuels, 2011, 25: 2939-2944.

[239] Pudasainee D, Lee S J, Lee S H, et al. Effect of selective catalytic reactor on oxidation and enhanced removal of mercury in coal-fired power plants. Fuel, 2010, 89: 804-909.

[240] Blythe G M, Dombrowski K, Machalek T, et al. Pilot testing of mercury oxidation catalysts for upstream of wet FGD systems. Department of Energy, United States, 2006.

[241] Zhao L K, Li C T, Zhang X N, et al. A review on oxidation of elemental mercury from coal-fired flue gas with selective catalytic reduction catalysts. Catalysis Science and Technology, 2015, 5: 3459-3472.

[242] Mortensen M, Minet R G, Tsotsis T T, et al. The development of a dual fluidized-bed reactor system for the conversion of the hydrogen chloride to chlorine. Chemical Eng Sci. 1999, 54: 2131-2139.

[243] Senior C, Linjewile T. Oxidation of mercury across SCR catalysts in coal-fired power plants burning low rank fuels. National Energy Technology Laboratory (US), 2003.

[244] He S, Zhou J S, Zhu Y Q, et al. Mercury oxidation over a vanadia-based selective catalytic reduction catalyst. Energy Fuels, 2009, 23: 253-259.

[245] Zhang A C, Zheng W W, Song J, et al. Cobalt manganese oxides modified titania catalysts for oxidation of elemental mercury at low flue gas temperature. Chemical Engineering Journal, 2014, 236: 29-38.

[246] Granite E J, Pennline H W. Photochemical removal of mercury from flue gas. Industrial and Engineering Chemistry Research, 2002, 41: 5470-5476.

[247] Wang H Q, Zhou S Y, Xiao L, et al. Titania nanotubes—A unique pohtocatalyst and adsorbent for elemental mercury removal. Catalysis Today, 2011, 175: 202-208.

[248] Byun Y, Ko K B, Cho M, et al. Oxidation of elemental mercury using atmospheric pressure non-thermal plasma. Chemosphere, 2008, 72: 652-658.

[249] Chen Z Y, Mannava D P, Mathur V K. Mercury oxidization in dielectric barrier discharge plasma system. Industrial and Engineering Chemistry Research, 2006, 45: 6050-6055.

[250] Huang W J, Qu Z, Chen W M, et al. An enhancement method for the elemental mercury removal from coal-fired flue gas based on novel discharge activation reactor. Fuel, 2016, 171: 59-64.

第4章 有色金属冶炼行业汞排放与控制

4.1 我国有色金属行业的发展现状

有色金属是指除铁、锰、铬三种金属以外的所有金属，通常可以细分为重有色金属和轻有色金属两类。重有色金属是指密度大、原子量较高的金属元素，包括铅、锌、铜等。而与之对应的轻有色金属，则是指密度及原子量均较低的金属元素，如镁、铝等。此外，还可以根据其功能或其在自然界中的禀赋度，进一步分为贵金属(如金、银、铂)及稀有金属(如钨、钼)等。

近年来，我国有色金属行业发展迅猛，2010 年十种有色金属产量达到 3136 万吨，至 2012 年达到 3696 万吨，同比增长 7.5%，有色金属产量已经连续 11 年居世界第一，消费量已连续 10 年居世界第一[1]。然而，与其他国家相比，我国的有色金属生产过度依赖矿产资源，再生金属的占比相对较低，加重了资源、能源与环境的压力。

随着我国有色金属行业的快速发展，面临的问题也日益突出。有色金属的提取、制备、生产、使用和废弃是一个不断消耗资源和能源的过程，属于单向流动的线性经济。我国的有色冶炼行业是典型的高能耗、高开采、低利用、高污染的行业，有色金属冶炼产能的急剧扩张与粗放型的经营发展，已导致矿产资源大量消耗，环境污染加剧等后果。与此同时，有色金属资源的严重短缺与我国经济发展需求之间的矛盾也日益突出，严重影响我国经济的快速健康稳定发展。

针对这种不可持续发展的线性经济模式，有色金属行业开始重视发展有色金属循环经济，以"减量化、再利用、资源化"为原则，着重建立有色金属资源再生利用、有价金属综合回收、"三废"治理及利用等产业及相关的衍生产业，发展有色金属循环经济的模式。其中在"三废"治理中，有色金属冶炼行业的汞排放作为我国大气汞污染的主要来源之一，已逐步引起了国民的广泛关注。

自工业革命以来，人为源导致的汞排放逐渐成为大气汞的一个主要来源。目前，我国有色金属冶炼行业汞的排放主要集中在锌、铅和铜等重有色金属的冶炼过程中，尤其是涉及火法冶炼的生产工艺[2]。根据 Wu 等[3]的计算，2003 年中国有色金属冶炼气态汞排放量为 320.5 吨，占全国汞排放量的 46%。其中锌冶炼、铅冶炼、铜冶炼汞排放量分别占全国总汞排放量的 27%、10.7%、2.7%，而且在 1995～2003 年间，有色金属冶炼大气汞排放量以平均每年 4.2%的速度增长。其他有色金属冶炼行业如金、汞、镍、钴、镁、铝等也不同程度地向环境中排放大量汞。随着国内外对汞污染问题的重视与控制不断增强，有色金属冶炼行业对大气汞污染的贡献日益凸显，加强对有色金属冶炼行业汞排放的综合控制迫在眉睫。

为了加强有色金属行业污染防治工作，环境保护部分别于 2010 年、2011 年先后发布了《铝工业污染物排放标准(GB 25465—2010)、《铅、锌工业污染物排放标准》(GB 25466—2010)、《铜、镍、钴工业污染物排放标准》(GB 25467—2010)、《镁、钛工业污染物排放标准》(GB 25468—2010)、《稀土工业污染物排放标准》(GB 26451—2011)、《钒工业污染物排放标准》(GB 26452—2011)等 6 项污染物排放标准。此外，为了落实《大气污染防治行动计划》要求，推进重点区域污染防治工作，2013 年发布了上述六项有色行业污染物排放标准的修改单，增设了大气污染物特别排放限值。

4.2　有色冶炼过程主要污染物

4.2.1　硫氧化物

在有色金属冶炼的过程中，硫氧化物被认为是最主要的污染物之一。大多重有色金属的原矿往往以金属硫化物的形式存在，且其加工多涉及火法焙烧加工。烧结焙烧使得赋存在原矿中的硫化物在高温(800℃以上)条件下经氧化转化为氧化物，并产生大量的含硫烟气，烟气中的硫主要以 SO_2 的形式存在。部分 SO_2 在迁移过程中会转化为 SO_3，对设备造成进一步的腐蚀。同时，烟气中的 SO_3 会将烟气露点温度提高 7℃左右，从而致使排烟温度必须提高，否则会造成设备的低温腐蚀。此外，烟气中 SO_3 的存在会增大洗涤系统的用水量，产生大量污酸。烟气中硫氧化物对烟气中汞的迁移、转化和归趋产生重要影响，在选择和设计烟气汞控制技术时需要将硫氧化物作为重要的影响因素进行考虑。

4.2.2　颗粒物

有色冶炼行业冶金窑炉烟尘一般具有高温度、高浓度、高湿度、高黏度的特点，烟气污染物产生量大、烟气中细颗粒物比重大、重金属易富集，治理难度较大。

随着污染物排放控制技术的发展以及环保要求的提高，大多数冶炼厂都添加了制酸、除尘设备，烟尘中大颗粒物排放明显减少，转而以超细颗粒物 $PM_{2.5}$ 排放为主。有色金属冶炼行业的含重金属超细粉尘是主要的重金属污染源，对作业环境及周边环境的污染极其显著。有色金属冶炼烟气中的颗粒物常附着有大量的烟气汞，已经成为有色冶炼行业汞排放的重要出口之一。

4.2.3　汞

有色金属冶炼行业已经成为我国汞排放的最主要人为排放源之一，其贡献量占我国大气汞人为排放量的 30%~40%左右[4]。有色金属冶炼烟气中的汞主要有颗粒态汞(Hg^p)、二价汞(Hg^{2+})和单质汞(Hg^0)三种形态[1]。有色金属冶炼企业现有烟气净化工艺及设备对于烟气汞具有一定的去除作用。大部分颗粒汞会通过除尘装置被捕集下来；部分气态二价汞经过洗涤装置进入污酸；而单质汞由于易挥发且水溶性较差，是烟气汞排放到大气中的主要形态。此外，在有色金属冶炼过程中产生的酸性污泥中还含有大量的汞。如铅、锌冶炼酸泥含汞量约为 0.5%~1.0%，而铜冶炼酸泥(铅滤饼)中汞含量约为 0.01%~0.05%，处置不当将对环境造成严重污染[1]。然而，有色金属冶炼厂工艺复杂，烟气净化设备种类繁多，这对于如何有针对性地选择和设计烟气汞排放控制技术造成一定困扰。因此，熟悉有色冶炼厂的现有工艺对于了解冶炼过程中汞的排放特性以及设计合理的汞排放控制技术具有重要的意义。

4.3　铅、锌冶炼工艺及汞的排放

4.3.1　铅冶炼

近年来，我国铅冶炼工业取得了长足的发展，成为世界上最大的精铅生产国和仅次于美国的第二大精铅消费国。2013 年，我国精铅产量为447.5 万吨，其中矿产铅328.1 万吨，再生铅119.4 万吨[5]。随着国内需求的强劲增长和资源开发瓶颈的日益显现，我国铅的供应不能满足国内需求，净进口逐年增加。

对铅冶炼行业来说，汞主要来源于铅精矿，精矿中汞含量有较宽的变化范围，其含量取决于矿石种类和矿石的形成，表 4.1 汇总了部分国家的精矿汞浓度数据，从表 4.1 可以看出不同的测试结果存在较大差异，这可能与精矿汞浓度的变化区间较大有关系。总体而言，不同国家的铅精矿汞浓度不同，中国的铅精矿汞浓度偏高，因此，有必要对中国的铅冶炼中的汞排放进行关注。表 4.2 是中国部分省份的铅精矿的汞浓度分析结果。从表 4.2 中可以看出，不同省份间铅精矿的汞浓度存在较大的差别，铅精矿的高汞浓度区主要在重庆、内蒙古、吉林、辽宁和山西等省份。

近年来虽然汞排放引起了人们的重视，然而，目前铅冶炼过程产生的汞污染物并没有得到有效的控制及回收利用。由于铅熔炼炉温度一般在 1000℃左右，在

表 4.1　各国铅精矿汞浓度数据[6](μg/g)

国家	几何均值	最小值	最大值
中国	10.29		193
澳大利亚	10	5	15
澳大利亚	5.69	4.95	6.55
秘鲁	10	2	100
波兰	2.48	1.83	3.38
哈萨克斯坦	5.38	5.28	5.42
加拿大	—	10	200
加拿大	2.7	—	—
美国	0.2	—	—
美国	1.57	0.30	62.94
墨西哥	—	20	25
西班牙			

表 4.2　中国部分省份铅精矿汞浓度数据[6](μg/g)

省份	浓度	省份	浓度	省份	浓度
安徽	14.66	河南	2.25	山东	4.92
重庆	114.91	内蒙古	62.21	四川	26.42
福建	12.63	江苏	18.61	云南	21.54
甘肃	10.77	吉林	55.58	浙江	20.96
广东	43.75	辽宁	61.04	全国	10.29
广西	10.13	陕西	45.14		
黑龙江	25.67	山西	52.17		

此高温下，铅精矿中的 Hg—S 键断裂，精矿中的汞大多以气态汞的形式释放到烟气中，进入熔炼烟气中的汞在后续的烟气处理过程又会进入到烟尘、污酸和硫酸等介质中，并进入周边环境，对当地生态环境造成一定程度的影响。因此，掌握铅冶炼的工艺过程进而弄清汞的流向分布及产排情况对于铅冶炼行业汞污染防治具有重要的指导作用。

4.3.1.1　典型铅冶炼工艺及其汞排放的研究

铅的冶炼方法主要分为传统法和直接炼铅法两大类。传统的烧结-鼓风炉熔炼法一直是生产铅的主要方法，目前采用该方法冶炼的铅依旧占世界铅产量的50%以上[7]。

随着人们环保意识的不断提高，新建的铅冶炼厂大多采用直接炼铅工艺，即取消硫化铅精矿烧结工序,生精矿直接入炉熔炼[8]。直接炼铅法可以分为熔池熔炼和闪速熔炼两种方法。典型的熔池熔炼方法包括氧气底吹炼铅法(QSL 法)、卡尔多法、氧气顶吹浸没熔炼法以及我国的水口山法(SKS 法)。基夫赛特法和奥托昆普熔炼法则属于闪速熔炼,其特点是用工业氧气将经过充分磨细和深度干燥的炉料高速喷入高温反应器内,在高度分散的条件下实现硫化铅的受控氧化[9]。

1. 传统的烧结-鼓风炉熔炼法及汞的排放

1)烧结-鼓风炉熔炼法

烧结-鼓风炉还原熔炼法是较为传统的炼铅方法,是将铅烧结块或含铅氧化物块料投置于鼓风炉内进行还原熔炼生产粗铅的铅熔炼方法,常见的工艺流程图如图 4.1 所示,主要可以分为烧结焙烧工序、鼓风炉熔炼工序、精炼工序和烟化工序等[10, 11]。

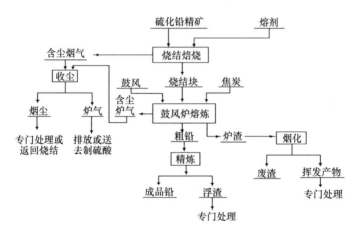

图 4.1　烧结-鼓风炉炼铅工艺流程图

A. 烧结焙烧工序

烧结焙烧的作用是使铅精矿中的硫化铅转化为氧化铅,从而除去原料中的硫。同时,经过烧结使原来呈细颗粒状的精矿产生高温团聚,产出符合鼓风炉还原熔炼要求的坚硬多孔的烧结块,这一点与钢铁烧结的作用相似。

铅精矿的烧结焙烧主要包括配料、混合、制粒、布料、点火、鼓风烧结等工序。烧结前进行配料,主要满足 S、Pb 和造渣组分的要求,合理控制和调节炉料的含硫量与含铅量,是保证烧结块优质高产的途径。为保证烧结混合料(包括铅精矿、熔剂、返料、水淬渣和烟尘等)化学成分、粒度和水分的均匀一致,并在加入烧结机前达到最佳湿度,必须对炉料进行良好的混合与润湿。一般采用二段混合,且多数工厂将混合与润湿工序同时进行。鼓风烧结所采用的制粒设备主要有圆盘制粒机和圆筒制粒机。布料要将混合料按不同供料比例送入点火料斗和主料斗，并保持足够的布料数量，一般点火料斗和主料斗的供料比例为 1：6~1：10。鼓风烧结时，点火层料厚度为 20~40 mm，总料层厚度为 350 mm 左右，点火温度为 800~1000℃，点火时间波动在 30~120 s 的范围。

烧结过程是强氧化过程，需要大量的空气和返回烟气参与反应。生产过程中，实际空气的消耗量大于理论量，要有一定过量的空气才能使料烧透。目前，标准的铅烧结单位鼓风量约为 425 Nm³/t 料。此外，在烧结过程中，硫化铅的氧化则需要较高的氧势，因此，控制较高的床层温度对烧结过程的脱硫和提高烧结块强度是很必要的。

铅精矿的烧结焙烧也是铅冶炼过程中污染物释放强度最高、极易造成严重污染的工序之一。铅精矿中的绝大部分硫经过被焙烧后，将以 SO_2 的形式进入烟气中，也有少量进一步转化为三氧化硫。

由于汞和铅精矿是伴生的，在高温焙烧过程中，铅精矿中伴生的汞化合物大部分会发生分解，并以单质汞的形式释放到烟气中。在烟气冷却过程中，一部分烟气汞被粉尘吸附，而其余则进入制酸单元。只有很少的部分汞化合物存在于铅烧结矿里，然后进入鼓风熔炼工序。因此，烧结焙烧工序的含尘烟气为高汞含量烟气，该部分烟气的汞排放控制值得重点关注。

B. 鼓风炉熔炼

鼓风炉熔炼的目的在于最大限度地将烧结块中的铅还原出来获得金属铅，同时将 Au、Ag、Bi 等贵重金属富集其中；使各种造渣成分(包括 SiO_2、CaO、FeO、Fe_3O_4 等)进入炉渣；使烧结块中易挥发的有价金属化合物(如 CdO 等)富集于烟尘中，从而达到不同组分相互分离，以便进一步进行综合回收。

鼓风炉炼铅的原料由炉料和焦炭组成。炉料为自熔性烧结块，约占炉料组成的 80%~100%，其中烧结块中铅含量要求 40%~50%，含硫应小于 3%。根据鼓风炉正常工作需要，需加入少量铁屑、返渣、黄铁矿、萤石等辅助物料。焦炭是熔炼过程的发热剂和还原剂，一般用量为炉料的 9%~13%。鼓风炉炼铅的具体操作是将焦炭、烧结块、返渣等料仓内的物料通过配料和计量，靠电动机械矿车或皮带等运输设备，把物料分别从炉顶两侧或中部加入炉内。一般进料顺序为焦炭—返渣—烧结块。生产中有高料柱(3.6~6 m)和低料柱(2.5~3 m)两种作业制度。高料柱作业时，炉顶温度低(100~150℃)，因而被炉气带走的铅尘少，炉渣含铅低，回收率高，但炉子生产能力较低，焦炭消耗大。低料柱作业的特点是炉子生产能力较高，焦炭消耗少，炉顶温度高(约 600℃)，被炉气带走的铅尘量大，渣含铅高，故而铅回收率低。

铅烧结块鼓风炉还原熔炼的产物主要有含尘炉气、粗铅以及炉渣。由于鼓风炉的温度很高，铅烧结块中的汞主要以单质汞的形式进入炉气，并与烧结焙烧工序的烟气混合进而进入制酸单元，而其余的汞则进入炉渣及粗铅中。

C. 粗铅精炼

粗铅精炼的目的在于除去各种杂质，提高铅的纯度，同时综合回收各种有价金属。粗铅精炼分火法和电解法两种，国外多数工厂广泛采用火法精炼，我国和日本等国多采用电解法精炼。

火法精炼即将粗铅置于精炼炉或精炼锅中，加入不同熔剂，使各种杂质造渣除去而得到精铅。火法精炼的目的是除去粗铅中对电解作业有害的铜、锡等杂质，调整锑含量，浇铸成适合于电解要求的阳极。在冷却过程中，铜以固熔体的形态析出，其密度比铅小，浮在铅液表面而被除去。对于铅液中的锡，由于其对氧的亲和力大于铅对氧的亲和力，因此，用氧化铅作为氧化剂，借助机械搅拌将其加入到铅液中，氧化铅中的氧被锡夺走生成不溶于铅的氧化锡而浮于铅液表面，呈稀渣状而被除去。为了满足铅电解对阳极含锑的要求，当粗铅含锑低时，需加入部分含锑较高的氧化锑，使阳极含锑量达到 0.4%～1.0%。

铅电解精炼是为了进一步提高铅的纯度，综合回收贵金属和其他有价金属。以火法精炼铅为阳极，纯铅加工成的始极片为阴极，阴阳极按一定间距装入盛有硅氟酸铅和游离硅氟酸水溶液的电解液，在直流电作用下，阳极上的铅和比铅更负电性的金属(如 Fe、Zn、Ni、Co 等)电化溶解，以离子状态进入电解液；一些电位比铅更正电性的金属杂质(如 Au、Ag、Bi、As、Sb)和一些难溶化合物不溶于电解液，保留在阳极表面，形成网状阳极泥，进一步用于回收贵金属和其他有价金属。电解液中的铅离子在阴极上析出，成为阴极铅，从而实现了铅与杂质的分离。

由于经过烧结焙烧和鼓风炉熔炼工序，铅精矿中的汞大部分都进入了含尘烟气及含尘炉气中，故而，粗铅精炼工序中的汞相对含量较少。但少量汞也可能会溶解在粗铅中，或以颗粒汞形式被粗铅熔融体所裹挟。

在电解精炼过程中，粗铅中的部分汞首先电化溶解，以离子态形式进入电解液，然后在阴极析出。当电解槽为敞开式时，大部分以单质汞形态释放到大气中，而剩余汞则继续残留在电解铅泥中。当电解铅泥作为配料返回鼓风炉时，这部分汞再重新释放进入烟气。

D. 烟化炉工序

鼓风炉渣烟化过程是把煤粉与空气的混合物吹入烟化炉的液体炉渣中，炉渣层内在烟化炉的高温条件下进行还原反应，将其中的铅、锌氧化物还原成铅锌蒸气，其后金属铅锌蒸气在烟道系统再次被氧化形成氧化铅和氧化锌，并被捕集于收尘设备中，以粗氧化锌产物回收，产生的炉渣经水淬形成水淬渣。烟化过程中极少量汞进入冲渣水，大部分汞分别进入烟尘和洗涤废液中。

2)典型烧结-鼓风炉熔炼过程中汞排放研究

王亚军等以国内某传统烧结焙烧-鼓风炉还原熔炼企业为对象，对烧结焙烧-鼓风炉熔炼工艺中的汞走向进行了分析，各工序的汞比例分布如图4.2所示[12]。

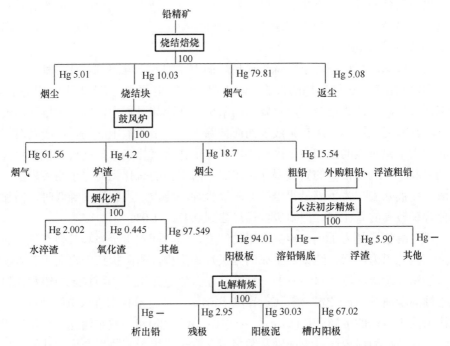

图 4.2　铅烧结焙烧-鼓风炉还原熔炼工艺中汞的走向分布图[12]

在烧结焙烧工序中，汞从铅精矿中释放出来，由于烧结温度非常高，汞大部分以单质汞的形式释放并进入烟气。随着烟温的降低，部分单质汞转化为二价汞和颗粒态的汞。从图4.2中可以看出约有80%的汞进入烟气，烧结块、返粉和烟尘中的汞含量则分别约10%、5%和5%，主要是以颗粒态的汞为主。烧结块中的汞是下一工序汞的来源，而返粉中的汞又重新回到精矿原料中。因此，烧结-鼓风炉熔炼工序中汞的减排主要是控制烟气中的汞排放。

图4.2显示鼓风炉中的汞有约4.2%进入鼓风炉渣，成为烟化炉工序中汞的来源，15.5%左右的汞进入鼓风炉粗铅，成为火法精炼工序中汞的来源，约18.7%的汞进入烟尘，其余约61.6%的汞则进入烟气，在生产过程中鼓风炉烟气用碱液进行洗涤，二价汞及颗粒汞进入洗涤液，单质汞由于其难溶于水而排入大气中。

烟化炉内温度高达1300℃，因此，随鼓风炉渣进入此工序的汞几乎都以单质汞的形式进入烟气，经过余热锅炉和表面冷却机，冷却后大部分汞吸附到此部分的烟尘中，其余很少部分进入水淬渣和氧化锌耗散损失，这部分可以忽略不计。

　　火法精炼工序的原料主要是鼓风炉粗铅、外购粗铅以及浮渣反射炉粗铅，经过精炼之后形成铅电解阳极板以及浮渣。粗铅中的汞含量较少，经过初步精炼，汞主要存于阳极板，其余少量的汞存于浮渣中。

　　铅电解精炼工序中汞的含量也很少。从图 4.2 中可以看出，汞在阳极泥中所占的比例约为 30%，其余约 67% 的汞则存在于槽内阳极中，3% 的汞留在残极里。

　　2. 直接炼铅法

　　随着人们环保意识的不断提高，新建的铅冶炼厂大多采用直接炼铅工艺，即取消硫化铅精矿烧结，生精矿直接入炉熔炼。按照实现强化作业的技术手段划分，直接炼铅法可以简单地分为熔池熔炼和闪速熔炼两种方法[7]。

　　1) 熔池熔炼方法

　　典型的熔池熔炼方法包括氧气底吹炼铅法(QSL 法)、氧气顶吹浸没熔炼法、卡尔多炉炼铅法以及我国的水口山炼铅法(SKS 法)。

　　A. 氧气底吹炼铅法(QSL 法)

　　氧气底吹炼铅法(QSL 法)是一种将氧气和粉煤同时喷入熔池使铅精矿发生氧化还原反应的直接炼铅法，德国鲁奇公司在 20 世纪 70 年代开发[9]，常见的工艺流程图如图 4.3 所示。氧气底吹炼铅法的炉料须经制粒才可加入反应器，以避免炉料在落入熔池前被气流带走，常以河砂作硅质熔剂，烧渣作铁质熔剂，返渣用水碎渣。氧气底吹炉的炼铅过程是将炉料加入反应器的氧化段，在氧气喷枪造成激烈湍动的熔池中进行氧化脱硫，部分氧化铅和硫化铅交互反应产出粗铅，其余的铅和脉石、熔剂生成初渣(富铅渣)。初渣经隔墙下部的开孔进入还原段，经还原喷枪喷出的粉煤使渣中氧化铅和硅酸铅等还原成金属铅，金属铅流回氧化段，与氧化段生成的铅汇合后经虹吸口放出。氧气底吹法是在强氧条件下进行氧化熔炼的，渣中残硫可降至 0.5% 以下，明显低于传统炼铅法。在此条件下，炉料中易于氧化的杂质在硫氧化的同时也充分氧化而进入炉渣和烟尘。因熔炼采用氧气作为氧化剂，故烟气中 SO_2 浓度较高，可以达到 15% 左右，有利于制酸[9]，烟气离开废热锅炉的温度为 350～400℃，离开电收尘器的烟气温度为 320～340℃。在 QSL 法中，铅精矿经过熔炼，里面含的大部分汞以零价态的形式进入烟气，然后通过废热回收工段，部分单质汞冷却变为二价和颗粒态的汞吸附于烟尘上，烟气中仍有大量汞存在，而炉渣和粗铅中所含汞含量不高[9]。

　　B. 氧气顶吹浸没熔炼法(澳斯麦特法、艾萨法)

　　20 世纪 70 年代，澳大利亚在铜冶炼上成功开发了氧气顶吹浸没熔炼技术，后来被移植到铅冶炼上。该工艺已发展成为能够处理铜、铅、锌、锡、阳极泥等多种物料的方法，该工艺的原理是通过空气冷却的喷枪从圆筒形炉子顶端斜烟道

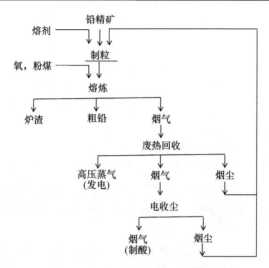

图 4.3　氧气底吹炼铅工艺流程图

的开孔插入，头部埋于熔体中，燃料和空气通过喷枪直接喷射到高温熔融渣层中，产生的燃烧反应剧烈搅动熔体，使得物料氧化脱硫。熔炼产物为粗铅和富铅渣，富铅渣浇铸成块后再送入鼓风炉进行还原熔炼。此方法与 QSL 法一样属于浸没式熔炼，其不同之处在于喷嘴并不是安装在可倾翻炉子的底部，而是由从上方插入熔池的钢制喷枪喷射空气和燃料，并且由两台设计相似的炉子(氧化炉和还原炉)通过热流槽连接在一起完成整个熔炼过程，实现连续作业。汞的分布与 QSL 法也相似，大部分汞以单质汞的形式进入烟气中[13]。

C. 卡尔多炉炼铅法

卡尔多炉炼铅法(Kaldo 法)是由瑞典玻立顿公司开发的一种以闪速熔炼和熔池熔炼相结合的直接炼铅法，是氧气冶金在顶吹转炉上的一种应用，属于熔池熔炼的范畴，常见的炼铅流程如图 4.4 所示。卡尔多炉法采用了卡尔多顶吹回转炉氧气顶吹熔炼富铅精矿，工艺分为氧化和还原两段周期进行，氧化段可实现自热，还原段则需要补加部分重油。卡尔多炉有多种类型，但基本结构相似，其炉子本体与炼钢氧气顶吹转炉的形状相类似，由圆筒形的下部炉缸和喇叭形的炉口两部分组成，内衬为铬镁砖，加料、氧化、还原、放渣/放铅等步骤均在一台炉内完成，以周期作业的形式进行。由于还原期的烟气几乎不含有 SO_2，为了维持烟气制酸系统的连续正常运行，需要将氧化期产生的高浓度 SO_2 烟气抽出一部分进行压缩、冷凝，转化成液体 SO_2，在还原期重新解析补充到烟气中以维持烟气中 SO_2 的含量，操作比较烦琐，能耗较高。在卡尔多炉工艺中，熔炼、还原和精炼都在同一炉内完成，适合于各种炉料，且结构紧凑，能完全封闭，可以满足环保要求。但该方法的阶段性作业，不利于对 SO₂ 进行回收利用，且要求入炉物料的含水率小于 0.5%，还原期需烧油，也在一定程度上限制了该方法的推广使用。同时，由于熔体剧烈搅动，炉衬耐火材料寿命较短，一般只有 1～2 个月[14]。铅精矿经过氧化及还原熔炼，绝大部分汞是以零价态的形式进入烟气，然后经过冷却收尘，一部分进入烟尘，其余进入制酸段。粗铅和炉渣里含有少部分的汞。

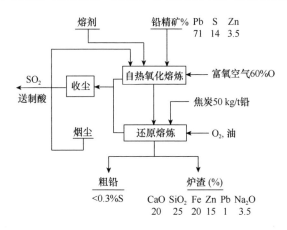

图 4.4　卡尔多炉炼铅工艺流程图

D. 水口山炼铅法(SKS 法)

20 世纪 80 年代，在借鉴 QSL 法的基础上，我国开发出了水口山炼铅法(SKS 法，又称氧气底吹熔炼法)。该项目是综合了 20 世纪 80 年代国内外的直接炼铅工艺，在水口山矿具体情况的基础上开发出来的直接炼铅工艺。该工艺的反应器对 QSL 法的氧化段进行了保留，但取消了还原段，因此炉体结构相对简单。在工艺运行过程中，铅精矿、铅烟尘、熔剂及少量粉煤经计量、配料、制粒后，从炉子上方的加料口进炉内，氧气仍然从熔池底部吹入，氧气进入熔池后首先和铅液接触反应，生成氧化铅，其中一部分氧化铅在激烈地搅动状态下和位于熔池上部的硫化铅进行交互反应生成一次粗铅、氧化铅和二氧化硫，所生成的一次粗铅和铅氧化渣经过沉淀分离后，粗铅虹吸或直接排出，铅氧化渣则由铸锭机铸块后，送至鼓风炉进行还原熔炼，产出二次粗铅，通过氧化熔炼产生的二氧化硫烟气经余热锅炉和电收尘器后送硫酸车间进行制酸[15]。汞的分布与 QSL 法相似，大部分汞以零价态的形式进入烟气，然后通过废热回收和收尘，部分单质汞冷却变为二价和颗粒态的汞吸附于烟尘上，剩余的汞进入制酸单元。炉渣和粗铅中的汞含量较低。

2)闪速炼铅法

闪速炼铅法是用工业氧气将经过充分磨细和深度干燥的炉料高速喷入高温反应器内，在高度分散的条件下实现硫化铅的受控氧化，常见的为基夫赛特法和奥托昆普熔炼法。

A. 基夫赛特法

前苏联全苏有色金属矿冶科学研究所开发的"氧气鼓风旋涡电热熔炼"即基夫赛特(Kivcet)法，属于闪速熔炼-电热还原法。反应主要在基夫赛特炉的反应塔空间进行，该法将炉料和细焦粒、工业氧一起喷入反应塔，喷入氧量由炉料成分和脱硫率确定。在高温(750～1450℃)和高氧位(90%～95%)条件下，金属硫化物被氧化并放出大量的热能，反应温度达到1300～1400℃，硫化铅精矿在悬浮状态下完成氧化脱硫和熔化过程，生成粗铅、高铅炉渣和含SO_2的烟气，并放出大量热。焦炭在反应塔内的沉淀熔体上面形成赤热的焦炭层，将含有一次粗铅和高铅炉渣的熔体进行过滤，使高铅渣中的PbO被还原出金属铅来，在这里，约有80%～90%的氧化铅被还原。熔体中氧化锌也被还原进入烟尘。在熔池中设置焦炭层是基夫赛特炼铅技术的主要特点之一[16]。由于高温以及焦炭的还原作用，硫化铅精矿中的大部分汞将以单质汞的形式进入烟气中。

B. 奥托昆普熔炼法

奥托昆普熔炼法是芬兰奥托昆普公司开发的一种熔炼法。该公司从60年代起，在原来炼铜的试验炉上进行炼铅试验，并在1980～1981年完成了中间试验工作，试验结果良好。奥托昆普熔炼法与基夫赛特熔炼法设备很相似。氧化段为闪速熔炼炉，还原段为电炉。奥托昆普法是熔炼炉与还原电炉分开设置，其间用溜槽连接，在电炉中顶吹粉煤进行熔体的还原作业。生产的灵活性好，控制比较方便[9]。汞的分布与基夫赛特熔炼法相似，都大部分以单质汞的形式进入烟气中。

3)某典型直接炼铅工艺汞排放分析

当前，我国铅冶炼采用传统工艺的比重已大幅减少，采用传统工艺的企业中除个别企业采用烧结机外，其余多采用烧结锅或烧结盘。近年来投产或即将建设的铅冶炼厂多采用我国自主研发的富氧底吹-鼓风炉还原熔炼工艺或富氧底吹-液态高铅渣还原工艺。目前在河南省济源豫光金铅、金利公司、万洋集团各自采用的液态高铅渣直接还原的三种炉型代表了我国铅冶炼发展的最高水平，而目前关于此方面的汞排放数据很少，因此，研究这类工艺的汞排放情况很有必要。

吴清茹等研究了某个典型直接炼铅生产线，测试的铅冶炼厂的基本信息如表4.3所示[17]。

表4.3　测试铅冶炼厂的基本信息

省份	产能/万t	工艺类型	大气污染控制设备类型			
			干燥	熔炼	吹炼	精炼
河南	32	熔池炼铅	布袋除尘器收尘	余热锅炉+静电除尘器+电除雾+双转双吸制酸系统	布袋除尘器	烟气净化冲洗塔+布袋除尘器

烟气采样点包括熔炼和吹炼工段，主要大气污染控制设备前后采样口、尾气排放口以及渣/产品产生过程的环境集烟尾气排放口。固体和液体样品包括熔炼工段炉渣、吹炼工段炉渣以及大气污染控制设备的副产物。

烟气采样方法主要采用 ASTM D6784–02 标准方法，即 Ontario Hydro 方法 (OH 方法)。对 SO_2 浓度大于 1000 ppm 的烟气中的汞，研究采用修正 OH 法采集。

在有色金属冶炼的过程中，干燥、焙烧/熔炼、吹炼及精炼工段均存在加热过程，因此都有可能存在汞的释放。引入汞释放率来表征各个工段入炉原料中的汞释放到烟气的比例，结果如表 4.4 所示。

表 4.4　不同工段汞的释放率(%)

工段	干燥	熔炼	吹炼	精炼
汞释放率	—	98.7	60.1	—

注：—为测试冶炼厂无该工段

表 4.4 中可以看出，熔炼阶段汞的释放率约为 98.7%，表明铅精矿中的汞绝大部分都释放到烟气中。熔炼工段是有色金属冶炼过程第一个烟气汞高温释放节点，在高温下，矿物中大部分的汞化合物处于热力学不稳定状态，很容易裂解生成 Hg^0 释放出来。而吹炼工段的汞释放率为 60.1%，相对较低些，这可能是由于能够热解的化合物基本上都已在焙烧/熔炼阶段释放到烟气中，因此，在渣或产品残留的微量汞再释放比较困难。

有色金属冶炼过程中，焙烧/熔炼工段是最重要的汞释放节点。因此，研究重点关注了熔炼烟气中汞的形态转化。

由于熔炼温度很高，烟气中几乎都是单质汞，然而，从表 4.5 中可以看出，预热锅炉后汞主要是以二价汞的形态存在，说明在汞随烟气进入烟道及通过预热锅炉的过程中，随着烟气温度不断降低，烟气中的汞与其他组分进一步发生复杂的物理和化学反应，从而生成二价汞。

表 4.5　熔炼烟气后不同形态汞浓度($\mu g/m^3$)

	预热锅炉后	静电除尘后	净化后	制酸后
Hg^{2+}	12136.8	10868.6	NT	39.7
Hg^0	1323.4	1625.8	NT	10.9
Hg^p	525.2	267.0	NT	0
Hg^t	13985.4	12761.4	NT	50.6

注：NT 为由于现场条件限制未进行测试

静电除尘后烟气中的 Hg^t 为 12761.4 μg/m³，对比预热锅炉后的烟气汞的数据，结果显示经过除尘后，约有 8.75%的烟气汞在静电除尘装置中被去除，去除效率不高。此外，静电除尘器后烟气汞的价态仍以二价汞为主，这与汞在静电除尘器中的行为相关。静电除尘器中主要发生 Hg^{2+} 的荷电还原、Hg^{2+} 的吸附转化、Hg^0 的氧化以及 Hg^p 的去除。表 4.5 的数据显示，烟气汞经过静电除尘器后，Hg^{2+} 和 Hg^p 的浓度均降低，而 Hg^0 的浓度则增加。可能是由于高 Hg^{2+} 烟气条件下，烟气中 Hg^0 的氧化受到了抑制，而主要发生 Hg^{2+} 的还原、Hg^p 的生成和去除。

在制酸后，总汞浓度降为 50.6 μg/m³。与除尘后的汞浓度相比，约有 99.6%的汞在净化和制酸中去除。烟气净化系统对汞形态转化的影响主要包括洗涤酸液对 Hg^{2+} 的溶解及脱除，洗涤酸液对 Hg^p 的冲刷及脱除，烟气温度降低对 Hg^0 的冷凝及脱除。由于 Hg^{2+} 极易溶于水而 Hg^p 容易被水冲刷，因此，烟气净化系统将除去大部分的 Hg^{2+} 和 Hg^p。

在制酸系统中汞的氧化和脱除主要在吸收塔内进行。在 SO_3 吸收的过程中，烟气中的 Hg^0 也会随 SO_3 一起进入液相中被浓硫酸氧化并吸收形成 $HgSO_4$。因此，通过净化及制酸单元，烟气中的大部分汞都被去除。

4.3.2 锌冶炼

我国是世界上最大的锌生产国，从 2002 年起，锌的产量及消费量均居世界第一，是名符其实的锌生产和消费大国[18]。锌冶炼也是中国人为大气汞排放最重要的来源之一，2003 年中国锌冶炼大气汞排放达到 187.6 t，占中国人为大气汞排放总量的 27%[19]。然而目前对中国锌冶炼大气汞排放的估算仍然有很大的不确定性，因此，需要对锌精矿的汞浓度的进行分析考察。表 4.6 汇总了部分国家的锌精矿汞浓度数据，从表 4.6 可以看出不同的来源结果存在较大差异，总体而言，不同国家的锌精矿汞浓度不同，中国的锌精矿浓度均值不高，然而最大值很大，说明中国锌精矿汞浓度地区间的差异较大。表 4.7 为中国部分省份的锌精矿汞的浓度数据，从 4.7 表中可以看出，不同省份间的锌精矿汞的浓度区别很显著，例如福建和西藏分别为 0.54 μg/g 和 0.23 μg/g，而甘肃锌精矿的汞浓度高达 499.91 μg/g。

由于锌冶炼行业是汞污染重要的来源之一，因此摸清锌冶炼行业汞污染源的主要流程有利于促进建立健全汞污染防治全过程管理机制，提高汞污染防治水平，并进一步开展该行业汞污染防控监管对策研究。

4.3.2.1 典型锌冶炼工艺及其汞排放的研究

目前全球普遍采用两种锌冶炼工艺：①火法炼锌工艺，即高温下制造液态锌；

表 4.6　各国锌精矿汞浓度数据[6] (μg/g)

国家	几何均值	最小值	最大值
中国	9.74		2534.06
澳大利亚	60	9	170
澳大利亚	14.01	3.84	47.74
秘鲁	20	2	150
秘鲁	8.54	0.79	107.01
德国	—	6	164
加拿大	40	9	190
加拿大	—	11	123
俄罗斯	—	5	123
俄罗斯	1.57	0.30	62.94
美国	—	1	100
美国	—	5	21
蒙古	24.09	6.71	50.16
墨西哥	111	93	132
挪威	60	—	—
瑞典	60	17	2500
瑞典	4.33	1.40	13.43
西班牙	—	43	130
印度	34.76	32.90	35.87

表 4.7　中国部分省份锌精矿汞浓度数据[6] (μg/g)

省份	Wu 等 (2012)[a]	Yin 等 (2012)[b]	宋敬祥等 (2012)[c]
安徽	4.10	4.10	4.10
福建	0.54	0.54	0.52
甘肃	499.91	132.57	499.91
广东	72.16	6.21	85.96
广西	9.34	9.09	2.87
河南	4.96	13.54	7.68
湖南	4.72	3.17	3.74
内蒙古	2.16	4.22	2.28
江苏	13.29	1.64	13.29
江西	1.47	1.55	1.88
陕西	240.77	50.31	233.07
四川	45.55	15.13	20.71
新疆	16.86	4.25	6.86
西藏	0.23	—	0.23
云南	10.98	4.51	11.82
浙江	0.88	14.51	1.17
全国	9.74	7.34	4.35

a. Wu Q R, Wang S X, Zhang L, et al. Update of mercury emissions from China's primary zinc, lead and copper smelters, 2000—2010. Atmospheric Chemistry and Physics, 2002, 12(22): 11153-11163.

b. Yin R, Feng X, Li Z, et al. Metallogeny and environmental impact of Hg in Zn deposits in China. Applied Geochemistry, 2012, 27(1): 151-160.

c. 宋敬祥, 王书肖, 李广辉. 中国锌精矿中的汞含量及其空间分布. 中国科技论文在线, 2010, 5(6): 472-475.

②湿法炼锌工艺，利用电解质制造固体锌沉淀。世界 80%的锌都是采用湿法冶金的方法生产[20]。

1. 火法炼锌

火法炼锌的一般原则工艺流程图如图 4.5 所示。火法炼锌首先需将锌精矿进行氧化焙烧或烧结焙烧，使 ZnS 变为 ZnO，然后用碳质还原剂还原。由于锌的沸点较低，在高于其沸点温度下还原出来的锌将呈蒸气状态从炉料中挥发出来，以便与炉料中的其他组分分离。然后，锌蒸气随炉气一起进入冷凝器，在冷凝器内冷凝成液体锌。由于与锌一起进入气相的还有其他易挥发的杂质金属，如镉和铅，这些元素会影响锌的纯度，因此，需将冷凝所得的粗锌进行精炼。火法炼锌的精炼方法是利用锌和杂质的沸点不同，采用蒸馏的方法来提纯，称为锌精馏。将精馏锌浇注成锭，可以得到纯度在 99.99%以上的精锌。

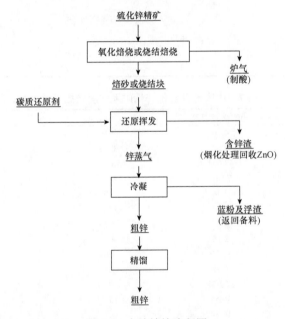

图 4.5　火法炼锌流程图

资料来源：赵永. 从火法炼锌焙烧烟尘中回收锌及其他有价金属的研究. 沈阳：东北大学博士学位论文，2008

火法炼锌的方法有平罐炼锌、竖罐炼锌、鼓风炉炼锌(简称 ISP 法)以及电炉炼锌四种。平罐炼锌由于能耗高、回收率低、浪费资源、污染环境，已被国家明令禁止生产和兴建，现已基本被关停或改造[18, 21, 22]。竖罐炼锌经过几十年的发展，单罐受热面积由最初的 40 m² 提高到 100 m²，热利用效率大大提高，但是能耗偏高，制约了其工艺的发展，也逐步被其他方法所代替。鼓风炉炼锌是英国帝国熔炼公司开

发的技术,中国于 1966 年采用这项技术设计建成韶关冶炼厂。电炉炼锌是 20 世纪
30 年代出现的炼锌技术,我国于 20 世纪 80 年代开始采用该工艺,目前已有几十个
小型工厂应用该方法,但是其生产规模都较小,一般产量为 500～2500 t/a。

1)竖罐炼锌

竖罐炼锌是在土法炼锌基础发展而来的一种工业化炼锌方法,是指在高于锌
沸点的温度下,于竖井式蒸馏罐内用碳做还原剂还原氧化锌的球团,反应产生的
锌蒸气冷凝成液体金属锌,用该方法炼锌的产量占到中国锌锭总产量的 10%以上。

国外早已于 1980 年关闭了最后一条竖罐炼锌生产线。我国竖罐炼锌以葫芦
岛锌厂为典型,该厂经多年努力,开发了高温沸腾焙烧、自热焦结炉、大型蒸馏
炉、精馏炉、双层煤气发生炉、罐渣旋涡熔炼挥发炉等新技术,将竖罐炼锌提高
到一个新水平,形成了 20 t/a 的竖罐炼锌产能。但因单系列产能难以大型化,加
上能耗和环保难与湿法工艺媲美,因此该方法没有获得大规模推广应用[①]。

2)鼓风炉炼锌

鼓风炉炼锌(简称 ISP 法)于 1950 年始在英国投入工业生产。该工艺可分为以
下几个阶段:①铅锌硫化精矿、氧化物料和熔剂的烧结与脱硫。②烧结焙烧过程
产生的 SO_2 烟气经净化后送去生产硫酸。③烧结块和其他含 Pb、Zn 的团块配入
焦炭,加入鼓风炉中进行热风熔炼。④从鼓风炉下部放出粗铅和炉渣,在电热前
床中分离。⑤从鼓风炉顶部溢出的含锌炉气经炉喉引入铅雨冷凝器中,锌蒸气被
铅雨捕集、吸收,含锌铅液由铅泵抽出,经冷却分离后产出粗锌。⑥产出的粗锌
与粗铅经进一步精炼,得到符合国家标准的产品锌锭和铅锭[②]。

鼓风炉炼锌工艺对铅锌难以分选的混合精矿处理具有独特优点,20 世纪六七十
年代获得快速发展。随着铅锌混合矿分选技术的提高,加上铅锌精矿烧结过程的烟
气和返粉破碎的粉尘污染等环保问题难以解决,ISP 技术已是夕阳西下。全世界先
后共建设了 19 套 ISP 装置,在发达国家,因环保原因已有多套装置被关闭。

3)电炉炼锌

电炉炼锌是以电能为热源,在焦炭或煤等还原剂存在的条件下,直接加热炉
料使其中的氧化锌还原成锌蒸气,然后冷凝成金属锌。

我国电炉炼锌是在结合国外电炉炼锌技术和国内竖罐炼锌技术的基础上发展
起来的,取消了国外炉料预热工序,吸收了竖罐炼锌的冷凝技术,开始进行的是
400 kVA 工业试验炼锌电炉,后经过 500 kVA、 1250 kVA、 2000 kVA 到现在电
炉的规格可以达到 3000 kVA。电炉炼锌由于其投资成本相对较低,短流程,操作
简易,环保没有突出问题,因此近十多年来在云、贵、川、陕、甘、宁、青海等

---

① 蒋继. 我国锌冶炼现状及近年来的技术进展. 中国有色冶金. 2006
② 吴胜男. 湿法炼锌过程中锌铁分离与铁资源利用. 硕士论文. 中南大学. 2010

边远省区有锌矿资源、电力充足的地方不断发展。

以上几种火法炼锌的汞分布相似，由于锌精矿需进行氧化焙烧或烧结焙烧，汞大部分都以单质汞的形式进入炉气，并进入制酸单元，而焙砂或烧结块中经高温还原，里面所含的少部分汞又大部分进入锌蒸气中，经冷凝等过程进入粗锌及精锌中，锌渣及浮渣中的汞含量较少。

2. 湿法炼锌

湿法炼锌包括传统的湿法炼锌和全湿法炼锌两类。传统的湿法炼锌实际上是火法与湿法的联合流程，是20世纪初出现的炼锌方法，包括焙烧、浸出、净化、电积和熔铸五个主要过程。全湿法炼锌是在硫化锌精矿直接加压浸出的技术基础上形成的，于20世纪90年代开始应用于工业生成，该工艺省去了传统湿法炼锌工艺中的焙烧和制酸工序，锌精矿中的硫以元素硫的形式富集在浸出渣中另行处理[18,22,23]。

1)传统的湿法炼锌

传统的湿法炼锌的一般工艺流程图如图4.6所示。传统的湿法炼锌也需要对硫化锌精矿进行焙烧，使ZnS变成ZnO。在浸出过程中，还有杂质金属与氧化锌一道溶解进入溶液，这些杂质将严重影响下一步的锌电积过程，因此必须将这种溶液进行净化。净化过程得到的含杂质金属滤渣送去回收有价金属(镉、铜等)，净化后的$ZnSO_4$溶液在备有铅(0.5%～1%银)阳极和铅阴极的电解槽中进行电积，锌呈致密的沉积物在阴极延铝板上析出，定期从阴极板上剥下析出锌，最后在感应电炉中溶化，并浇注成锌锭。

A. 氧化焙烧

传统湿法炼锌厂焙烧硫化锌精矿，并不要求全部脱硫，为了使焙砂中形成少量硫酸盐以补偿电解与浸出循环系统中硫酸的损失，焙砂中需要保留3%～4%硫酸盐形态的硫。焙烧硫化锌精矿的设备广泛采用沸腾焙烧炉。沸腾焙烧是强化焙烧过程的新方法，使空气自下而上地吹过固体燃料层，使精矿悬浮于炉气中进行焙烧，运动的粒子处于悬浮状态，其状态如同水的沸腾。在焙烧过程中，根据下一步工序对焙砂的要求不同，沸腾焙烧分别采用高温氧化焙烧和低温部分硫酸化焙烧两种不同的操作。高温氧化焙烧主要是为了获得适于还原蒸馏的焙砂。除了把精矿含硫脱除至最低限度外，还要把精矿中铅、镉等主要杂质脱除大部分，以便得到较好的还原指标，高温氧化焙烧时以采用1070～1100℃为适宜。低温部分硫酸化焙烧主要是为了得到适合传统湿法炼锌浸出用的焙砂，此种焙砂要求含一定数量硫酸盐形态的硫(又称可溶性硫)，沸腾层焙烧温度比高温焙烧低，一般为850～900℃。硫酸锌精矿的焙烧是一个复杂过程。焙烧作业的速度、温度及气氛控制受多种因素的影响。由于氧化焙烧时的温度很高，因此，硫化锌精矿焙烧后

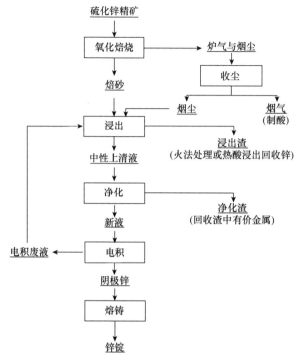

图 4.6　湿法炼锌流程图

汞大多数以单质汞的形式进入烟气中，进而进入后续除尘以及制酸单元，而剩下的少部分则存在于焙砂中，并进入后续浸出程序。

B. 浸出

浸出是整个湿法流程中的最重要环节，湿法炼锌厂的主要技术经济指标取决于所选择的浸出工艺及操作条件。锌焙砂浸出是以稀硫酸溶液去溶解焙砂中的氧化锌，作为溶剂的硫酸溶液实际上是来自锌电解车间的废电解液。目前，大多数湿法炼锌厂都采用连续多段浸出流程，即第一段为中性浸出，第二段为酸性或热酸浸出。通常将锌焙砂矿采用第一段中性浸出、第二段酸性浸出、酸浸渣用火法处理的工艺流程称为常规浸出流程，其典型的工艺流程如图 4.7 所示

常规浸出流程是首先用来自酸性浸出阶段的溶液对锌焙砂进行中性浸出，其实质是用锌焙砂去中和酸性浸出溶液中的游离酸，控制一定的酸度(pH=5.2～5.4)，用水解法除去溶解的杂质(主要是 Fe、Al、Si、As 和 Sb 等)。因此中性浸出的目的，除了使部分锌溶解外，另一个重要目的是保证锌与其他杂质很好地分离。中性浸出仅有少部分 ZnO 溶解。此时有大量过剩的锌焙砂存在，必须用含酸浓度较大的废电解液(含 100 g/L 左右的游离酸)进行二次酸性浸出，使浸出渣中的锌尽可能完全溶解，进一步提高锌的浸出率。酸性浸出的目的除了要尽量保证焙砂中的

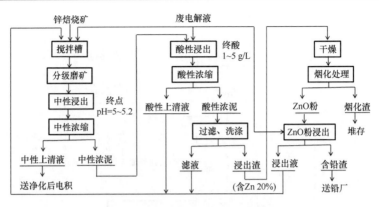

图 4.7　锌焙砂的常规浸出工艺流程

锌更完全地溶解，同时也要避免大量杂质溶解，所以终点酸度一般控制在 1～5 g/L。经过两段浸出，锌的浸出率约为 85%～90%，但是所得的浸出渣含锌仍有 20%左右，这是由于锌焙砂中有部分锌以铁酸锌(ZnFe₂O₄)或 ZnS 形态存在。这些形态的锌在上述两次浸出条件下是不溶解的，与其他不溶解的杂质一道进入渣中。这种含锌高的浸出渣一般是用火法冶金将锌还原挥发出来与其他组分分离，然后将收集到的粗 ZnO 粉进一步用湿法处理。

　　由于常规浸出流程复杂，且生产率低，回收率低，生产成本高，随着 20 世纪60 年代后期各种除铁方法的研制成功，锌焙烧矿热酸浸出法在 20 世纪 70 年代后得到广泛应用。现代广泛采用的热酸浸出流程见图 4.8。

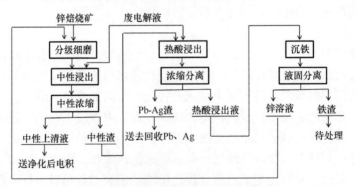

图 4.8　锌焙砂的热酸浸出工艺流程

　　热酸浸出工艺是在常规浸出的基础上，用高温高酸浸出代替其中的酸性浸出，以湿法沉铁过程代替浸出渣的火法烟化处理。热酸湿锌的浸出过程条件为温度90～95℃，始酸浓度大于 150 g/L，终酸浓度 40～60 g/L，可将常规浸出流程中未被溶解进入浸出渣中的铁酸锌和 ZnS 等溶解，从而提高了锌的浸出率，浸出渣量也大大减少，使焙烧矿中的铅和贵金属在渣中的富集程度得到了提高，有利于这些金属下一步的回收。具体反应如下：

$$ZnO \cdot Fe_2O_3 + 4H_2SO_4 =\!=\!= ZnSO_4 + Fe_2(SO_4)_3 + 4H_2O$$

$$ZnS + Fe_2(SO_4)_3 =\!=\!= ZnSO_4 + 2FeSO_4 + S$$

热酸浸出结果使铁酸锌的溶出率达到 90% 以上，金属锌的回收率显著提高(达 97%～98%)。

由于二价汞易溶于水，因此，无论在常规浸出工艺还是热酸浸出工艺中，锌焙烧矿经过两次浸出，大部分的二价汞都溶于浸出液，而浸出渣中则主要以结合态的汞存在。此外，常规浸出工艺中，浸出渣经过烟化处理后，渣里的汞则大部分以零价态进入烟气中。

C. 净化

由于浸出过程中有些杂质金属与氧化锌一道溶解进入溶液，因此必须将这种溶液进行净化，将浸出过滤后中性上清液中的有害杂质除至规定的限度以下，保证电积时得到高纯度的阴极锌及电积过程的经济性，并从各种净化渣中回收有价金属。由于原料成分的差异，不同工厂中性浸出液的成分波动很大，故而所采用的净化工艺各不相同。净化方法按原理可分为两类：锌法置换法和加特殊试剂沉淀法。硫酸锌溶液中的铜和镉等杂质可以用锌粉置换除去，即用较负电性的锌从硫酸锌溶液中还原较正电性的铜、镉、钴等杂质金属离子，具体反应如下：

$$Cu^{2+} + Zn =\!=\!= Zn^{2+} + Cu$$

$$Cd^{2+} + Zn =\!=\!= Zn^{2+} + Cd$$

置换反应在加入溶液中的锌表面上进行。加锌粉净化过程在机械搅拌槽或沸腾净化槽内进行。

实践证明，钴、镍是溶液中最难除去的杂质，单纯用锌粉除钴、镍难以除净，必须采取其他措施，如砷盐净化法、锑盐净化法、合金锌法净化法除钴。加特殊试剂沉淀法主要是除钴，其次是除氯和氟。常见除钴的试剂为黄药除钴和 β-萘酚除钴。常用的除氯方法有硫酸银沉淀法、铜渣除氯法和离子交换法等，溶液中的氟可以加入少量石灰乳使其形成难溶化合物氟化钙而除去。

净化工序中汞含量不高，绝大部分溶于净化液中的二价汞在锌置换过程中转化为单质汞。当净化槽为敞开式时，部分将挥发释放到大气环境中。当汞含量较高时，也有部分将沉积到进入浸出渣中。

D. 电积

净化过程得到的含杂质金属滤渣送去回收有价金属(镉、铜等)，净化后的 $ZnSO_4$ 溶液进行电积。锌的电解沉积是湿法炼锌的最后一个工序，是用电解的方法从硫酸锌水溶液中提取纯金属锌的过程。电解沉积是将净化后的硫酸锌溶液与一定比例的电解废液混合，连续不断地从电解槽的进液端进入电解槽，用铅(0.5%～1%银)合金板作阳极，以压延铝板作阴极，当电解槽通过直流电时，在阴极铝板上析出金属锌，阳极上放出氧气，溶液中硫酸再生。总化学反应式为：

$$ZnSO_4+H_2O =\!=\!= Zn+ H_2SO_4+\frac{1}{2}O_2$$

随着电解进行，溶液中含锌量不断降低，而硫酸含量逐渐增加，当锌含量达45～60 g/L，硫酸135～170 g/L 时，则作为废电解液从电解槽中抽出，一部分作为溶剂返回浸出，一部分经冷却后与新液按一定比例混合后返回电解槽循环使用。电解24～48 h 后将阴极锌剥下，经熔铸后得到产品锌锭。

电积工序中的汞含量已很低，汞主要存在电解槽内的电解液中，并逐渐在阴极的电子还原，最终绝大部分汞将转化为零价态。其中一部分沉积到电解泥中，也有一部分随着电解酸雾挥发到空气中。

2)全湿法炼锌工艺

传统的湿法炼锌为火法与湿法的联合过程，只有硫化锌精矿直接酸浸工艺才是真正意义上的全湿法炼锌工艺。

硫酸锌精矿的直接酸浸是硫化锌精矿不经焙烧，在有氧存在的条件下用废电解液浸出锌精矿，使硫化物直接转化为硫酸盐和元素硫的过程，总反应式如下：

$$ZnS+H_2SO_4+\frac{1}{2}O_2 =\!=\!= ZnSO_4+S+H_2O$$

该反应需要有一定浓度的铁作为氧的有效载体才能快速进行。硫化锌与溶解的硫酸铁反应，生成硫酸锌及单质硫，三价铁则被还原为二价铁。在氧化条件下，二价铁被快速氧化为三价铁，实现铁的循环，整个反应过程实际上可以分解为两个反应：

$$ZnS+Fe_2(SO_4)_3 =\!=\!= ZnSO_4+2FeSO_4+S$$

$$2FeSO_4+H_2SO_4+\frac{1}{2}O_2 =\!=\!= Fe_2(SO_4)_3+H_2O$$

硫化锌精矿的直接酸浸方法可分为常压富氧酸浸法(又称常压富氧浸出)及加压富氧酸浸法(又称氧压浸出)两种。从物理化学的角度看，常压富氧浸出法与氧压浸法并没有本质的区别，只是氧压浸出需要在较高的反应温度以及氧气压力条件下运行，反应时间较短，一般在 2 h 左右，而常压富氧浸出是在溶液的沸点以下进行，反应时间较长，一般需要 24 h 以上。

A. 硫化锌精矿的氧压浸出

锌精矿直接氧压浸出，20 世纪 50 年代即开始研究，但直到 80 年代才获得工业应用。该工艺于 1959 年由加拿大舍利特·高顿(Sherritt Gordon)公司首先试验成功，1993 年 7 月加拿大 Hudson Bay 矿冶公司锌冶炼厂成功实现了锌精矿的完全氧压浸出。2009 年广东某锌冶炼厂在国内率先从加拿大引进氧压浸出技术，实现了 10 万吨/年的规模化生产，锌的浸出率大于 98%。

硫化锌精矿的氧压浸出是锌精矿不经焙烧直接加入高压釜内然后充氧，以废电解液为溶剂，在高温(140～160℃)、高压(350～700 kPa)下，使硫化锌精矿中的锌以硫酸锌的形式进入溶液，原料中的硫、铅、铁等则留在残渣及尾矿，进入硫酸锌溶液中的部分铁，经中和沉铁后进入后续处理工序处理。该工艺特别适合处理高铁闪锌矿。锌的氧压浸出基本反应过程仍基于氧作为强氧化剂，三价铁离子作为催化剂。

硫化锌精矿的氧压浸出工艺的浸出反应是在硫化锌矿粒表面进行的多相反应。为了提高浸出过程的反应速率，硫化锌精矿需在球磨机内磨细至 98%小于 44 μm。升高温度浸出反应速率会增加，但当温度提高到元素硫的熔点(119℃)时，产生的熔融硫会包裹在硫化锌矿粒表面，阻碍浸出反应的继续进行。研究发现，熔融硫的黏度在 153℃时最小，而温度高于 200℃时，硫氧化生成硫酸盐的速度大为增加。故而，浸出温度在 150℃左右为宜。加木质磺酸盐作表面活性剂，可以破坏精矿粒表面上包裹的熔融硫，有利于反应顺利进行。溶液中三价铁的存在对浸出反应起加速作用，在使硫化锌氧化时，本身被还原成二价铁，接着又被进一步氧化成三价铁。

氧压浸出工艺锌的浸出率高，可达到 98%左右，其原料适应性很强，并且能很好地处理含铁、铅、硅高的锌精矿；由于不产生 SO_2 废气以及废渣，在环保方面具有较大优势。但是氧压浸出工艺由于工艺全过程都是在密闭环境中富氧条件下运行，要求自动化控制，对设备标准要求高，需要高压设备，且建设费用较高。总体来说，面对国内外环保以及经济的日益严峻，氧压浸出法在未来将会具有很好的前景。

B. 硫酸锌精矿的常压富氧浸出

硫酸锌精矿的常压富氧浸出是在氧压浸出基础上发展起来的直接浸出技术，由芬兰 Outokumpu 炼锌公司和韩国高丽锌公司率先推向工业化应用。我国株洲冶炼集团从 Outokumpu 公司引进了常压氧浸技术，并进行了消化创新，于 2008 年建成了 10 万吨/年的搭配处理湿法炼锌浸出渣的常压富氧直接浸锌示范工程，锌的浸出率在 98%左右。

常压富氧浸出是在温度为 95～100℃，压力 0.1 MPa，通入氧气的工艺条件下，用废电解液连续浸出硫化锌精矿，硫化锌被转化为硫酸锌进入溶液，硫以元素硫形态进入浸出渣。在浸出过程中，氧需通过某些中间物质(如 Fe^{3+}/Fe^{2+})才能起氧化剂的作用。它规避了氧压浸出高压釜设备制作要求高、操作控制难度大等问题，而且同样达到浸出回收率高的目的。然而，因常压富氧浸出反应温度低于100℃，Fe^{2+}的氧化速率不能达到工业要求，所以反应速率较慢。

据相关资料报道，经常压富氧和氧压对比试验证明，达到相接近的锌浸出率，反应时间不低于24 h，而氧压浸出反应时间为1 h；在相同的酸度下，常压富氧浸出终液含铁量明显高于氧压浸出终液的含铁量，即增加了溶液除铁量，锌回收率略低于或接近氧压浸出工艺[①]。

常压氧浸与高压氧浸的工艺对比如表4.8所示。

表 4.8　常压氧浸与高压氧浸的工艺对比

	常压氧浸	高压氧浸
Zn 回收率	98%以上	98%以上
反应时间	24 h	1 h
铁溶出率	较高，需要设除铁工序	较低，不需要设除铁工序
反应容器	较大	较小
反应压力	100~200 kPa	1100~1300 kPa
原料处理	浆化设备较多，费用较高	浆化设备较少，费用较低

由于硫化锌精矿不经焙烧，故而汞很少进入气相中，一部分二价汞集中于浸出液，而其余的汞则存在于浸出渣中，浸出液和浸出渣中的汞含量都相对较高，需要处理回收。

3. 典型锌冶炼工艺过程汞分析

由于锌和汞都为亲硫元素，因此汞是锌矿中(尤其是硫化锌)重要的伴生元素。从锌矿中提炼锌需要经过烘烤、烧结和高温冶炼(900~1000℃)。在这样的高温冶炼下，汞不可避免地被排放到大气中。中国过去十年经济的高速增长使得有色金属的需求量显著增加。这其中，锌产品的增加也导致了大气汞排放量的增加。然而，目前关于锌冶炼排放汞的数据不多且具有一定的不确定性。为了更可靠地预估中国锌冶炼中的汞排放量，有必要了解汞在锌冶炼过程中的存在形式及排放机理。

1)典型锌冶炼过程中汞的主要归趋

选取焙烧浸出湿法炼锌工艺来分析汞的主要归趋过程。根据锌冶炼工艺生产中焙烧浸出工艺过程，可以得出汞的来源是锌精矿自身伴生产生，由于硫化锌精矿的焙烧过程是在高温下进行的，其中高温氧化焙烧段达到1000℃左右，在此高温下，锌精矿中的汞几乎全部以单质汞的形式释放出来并进入烟气，随着烟温的

---

① 刘斌. 简述锌冶炼浸出新技术、中国有色冶金，2011

降低，部分单质汞转化为二价汞和颗粒态的汞，进而进入除尘系统，大部分颗粒态的汞被除尘装置捕集，如锌尘。经过除尘后的烟气经洗涤、电除雾等净化系统处理后送至二转二吸制酸系统，最后硫酸尾气经烟囱排空。由于二价汞易溶于水而单质汞难溶于水，因此大部分的二价汞存留在烟气净化阶段产生的废水以及制酸系统产生的硫酸中，剩余的单质汞则通过废气排放。锌焙砂和锌尘中含有少量的汞，它们一起进入浸出、净化及电积系统，最终存留在浸出渣、净化渣以及电积废液中。对锌冶炼的工艺以及可能发生的化学反应进行分析，可以得出汞在锌冶炼过程中的大致流向为：含汞硫酸，制酸系统烟气净化车间产生的含汞废水，含汞废气，锌焙砂浸出后的含汞废渣。锌冶炼企业汞流向分析见图 4.9。

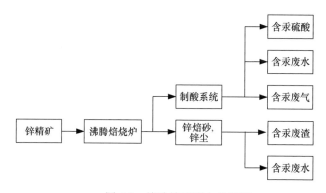

图 4.9　锌冶炼汞流向分析图

含汞废水包括硫酸车间污酸；浸出及浓缩工段、过滤及浸出渣干燥工段、浸出渣挥发工段、锌净液工段、锌电极及冷却工段，硫酸车间的卫生及地面冲洗水。由于汞易挥发的特性，含汞废气主要来源于矿石的焙烧过程。含汞固废包括锌冶炼所产生的炉渣、灰渣[19, 24]。

2)某典型直接炼锌工艺汞排放分析

宋敬祥等选择湖南的某冶炼厂(传统湿法炼锌)进行现场测试，并对冶炼过程中的汞分布进行了分析[19]。

企业概况：选取的锌冶炼厂为我国有色行业的国有大型一档企业。工厂以生产铅锌系列产品为主，并综合回收铜、金、银、铟、镉和铋等 10 余种稀贵有色金属。冶炼厂的工艺流程为：以锌精矿(ZnS)为原料，先对锌精矿进行干燥，干燥后的锌精矿经过一个 870~920℃左右的高温焙烧过程，焙烧产物(焙砂)利用酸液浸出，浸出液电解得到电解锌，浸出渣经挥发窑处理回收锌。焙烧烟气经过收尘、烟气净化、电除雾和脱汞等净化过程后进行制酸。通过选取各工艺段的气体、液体和固体来进行分析。

　　测试期间,对锌精矿、收尘合脱硫石膏等固体样品和硫酸和烟气净化污酸等液体样品进行采集。对于烟气则利用 Ontario Hydro Method 对制酸尾气的汞进行分形态采集,而其他采样点利用改进后的 EPA Method 29 进行采集。

　　焙砂及石膏等汞浓度较低的固体样品利用 DMA-80 测汞仪(检测限 0.01 ng)进行测量,而锌精矿、电尘、硫酸、烟气净化污酸和烟气采样吸收液等样品经过预处理后利用 F732-V 智能测汞仪(检测限 0.05 μg/L)进行测量。

　　测试的汞流向分布如图 4.10 所示。

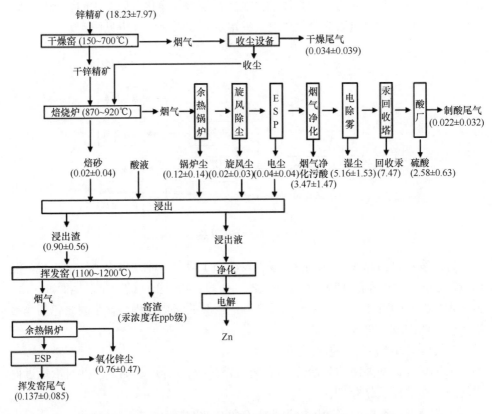

图 4.10　锌冶炼厂汞流向图(kg/d)

　　从图 4.10 中可以看出,锌冶炼过程释放的汞主要来于锌精矿,在焙烧和烧结等高温过程中,锌精矿中绝大部分的汞都会进入烟气中。进入烟气中的汞,在后续的烟气处理过程又会进入到收尘、污酸和硫酸等介质中,冶炼厂回收汞、电除雾湿尘、烟气净化污酸和硫酸中含汞量分别占总汞排放的 39.6%、27.3%、18.4% 和 13.7%,只有大约 1%左右的汞会进入大气中。

　　由于精矿中的汞大部分进入烟气并经过后续烟气处理设备,故而重点分析烟气在制酸前, 收尘、烟气净化塔、电除雾器和脱汞塔等污控设备对烟气汞的脱除性能, 结果如表 4.9 所示。

表 4.9　污控设备的脱汞效率

污控设备	脱汞效率/%			测试组数
	最小值	最大值	平均值±标准方差	
烟气净化	17.0	17.7	17.4±0.5	2
电除雾	—	—	30.9±9.3	3
酸厂	96.5	98.2	97.4±0.6	6
脱汞塔	82.8	92.1	88.0±3.5	6

注: 由于电除雾进出口烟气汞浓度波动较大, 在计算其脱汞效率的时候, 采用的是进口平均浓度与出口平均浓度来计算得到

烟气净化是利用循环的稀酸洗涤烟气, 主要目的为降低烟气温度和去除烟气中 F 和 Cl 等物质。从表 4.9 中可以看出, 锌冶炼厂的烟气净化设备的平均脱汞效率为 17.4%, 表明烟气净化单元具有一定的脱汞能力。这可能是由于在烟气净化过程中, 烟气中的 Hg^{2+} 及 Hg^p 很容易进入到冲洗酸液中; 此外由于烟气净化后, 烟气中部分 Hg^0 由于温度的降低并发生冷凝而从烟气中脱除。

冶炼厂的电除雾脱汞性能为 30.9%, 汞减少的原因可能是由于烟气净化后烟气中存在大量的水雾, 而这些水雾上可能会附着部分汞, 当水雾在电除雾去除时, 附着在其上面的汞也随之被去除。

从表 4.9 中可以看出, 冶炼厂制酸单元的平均脱汞效率为 97.4%, 说明制酸过程对汞的脱除效率很高。制酸单元去除汞的机理可能是由于 V_2O_5 催化剂在催化氧化 SO_2 的同时催化氧化 Hg^0, 此外, 浓硫酸在一定条件下也能直接氧化烟气中的 Hg^0, 生成的二价汞再溶于溶液中而去除, 这有可能导致成品酸或者废水里汞含量过高。

冶炼厂采用 Boliden-Norzink 方法脱除烟气中汞, 其除汞工艺是一个连续的气体洗涤过程, 从表 4.9 中可以看出脱汞效率为 88.0%, 说明该方法对烟气中汞有较高的脱除率。

4.4　铜、镍、钴冶炼工艺及汞的排放

4.4.1　铜冶炼

4.4.1.1　铜冶炼的主要工艺

目前工业上用于铜冶炼的工艺主要包括火法冶炼与湿法冶炼两大类, 其中

硫化矿的冶炼一般使用火法,而氧化矿的冶炼一般使用湿法。目前世界上约80%的铜通过火法冶炼生产,而我国98%以上的铜由火法冶炼生产[25],这是因为铜的火法冶炼具有反应速率快、化学平衡易控制、金属硫化物的氧化热可利用、产物的金属浓度高、冰铜(粗铜)与熔渣分离简单、贵金属回收率高、炉渣稳定的特点。

火法炼铜工艺包括造锍熔炼、铜锍吹炼、粗铜精炼等过程,主要工艺流程见图4.11[26]。

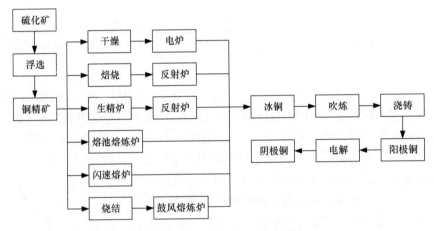

图 4.11　火法炼铜工艺流程图

造锍熔炼是利用不同物质间的亲和力差异来分离物质的一个方法。铜对硫的亲和力大于铁和一些杂质金属,而铁对氧的亲和力大于铜。因此,在高温及控制氧化气氛条件下,铁等杂质金属会被逐步氧化,之后进入炉渣或烟尘而被除去;而铜则不断得到富集,生成铜锍。造锍熔炼方法有鼓风炉熔炼、反射炉熔炼、回转窑熔炼、电炉熔炼、高炉熔炼、闪速熔炼和熔池熔炼,其中闪速熔炼和熔池熔炼属于强化造锍熔炼方法,它们都在熔炼过程中使用了富氧技术。传统的反射炉熔炼、鼓风炉熔炼和电炉熔炼等工艺都有着共同的缺点:未能充分利用粉状精矿巨大表面积和矿物燃料氧化反应放热。此外,鼓风炉熔炼工艺能耗高、污染大、矿石适应性差;而反射炉热效率低、烟气中的二氧化硫浓度低,鼓风炉床能力和脱硫效率低、能耗高;对于电炉,则存在能耗高、投资大的缺点。因此反射炉、鼓风炉、电炉等工艺正逐渐被新的工艺淘汰。闪速熔炼克服了传统熔炼方法的缺点,大大减少了能耗,提高了硫的利用率,减少了对环境的污染,成为目前一种广泛使用的熔炼方法。精矿粉粒悬浮在富氧风中分解、氧化和熔化,然后落入沉淀池中汇集,继续完成炉渣和铜锍的最终形成过程。熔池熔炼则是向炉内熔体吹入富氧风，使加入的物料在熔池中被气体湍流包裹、搅动，完成快速的传热传质和激烈的物理化学反应过程。在熔池熔炼过程中，精矿的加热、熔化、氧化、造渣和产品聚集过程可以同时进行。传统造锍熔炼的设备主要有鼓风炉、反射炉、电炉等；闪速熔炼的设备有奥托昆普闪速炉、因科闪速炉、金川合成炉等；熔池熔炼的设备则包括自热熔炼炉、诺兰达炉、特尼恩特炉、三菱炉、艾萨炉、奥斯麦特炉、瓦纽柯夫炉、白银炉以及底吹炉等[27]。

铜锍吹炼则是进一步除去铜锍中的铁、硫及其他杂质的过程。鼓入空气，铜锍中的 FeS 生成 FeO 和 SO_2，FeO 再与加入吹炼炉中的石英熔剂反应，进入炉渣中被除去。这一过程产生的锍的主要成分为 Cu_2S，被称为白锍。之后白锍继续被空气氧化，生成 Cu_2O 和 SO_2，Cu_2O 又与未被氧化的 Cu_2S 反应生成 Cu 和 SO_2。粗铜的铜含量可以达到 98.5%以上。传统的吹炼工艺采用间歇式的周期性作业，大多使用卧式侧吹转炉，烟气量和 SO_2 浓度波动大，烟气容易逸散，后来发展出来的三菱法连续熔炼技术、闪速吹炼技术、诺兰达转炉技术以及氧气顶吹技术等有效解决了上述问题，大大增加了硫的回收率，减少了 SO_2 排放，降低了生产成本。

为了使铜的品位更高，提高铜的性能，在得到粗铜后还需要对铜进行电解精炼。铜的电解精炼以粗铜为阳极，纯铜为阴极，硫酸和硫酸铜溶液为电解液。

电解时，阳极上发生以下反应：

$$Cu =\!\!= Cu^{2+} + 2e^-$$

$$H_2O =\!\!= 2H^+ + \frac{1}{2}O_2 + 2e^-$$

阴极发生以下反应：

$$Cu^{2+} + 2e^- =\!\!= Cu$$

$$2H^+ + 2e^- =\!\!= H_2$$

阳极上的铜溶解进入电解液，而比铜负电性差的金属和某些难溶化合物以阳极泥的形式沉淀。电解液中的铜离子在阴极上析出，成为纯净的阴极铜，从而实现铜与其他杂质的分离。

除了使用传统的纯铜作为阴极外，还可以采用不锈钢阴极。不锈钢阴极具有短路现象少、电流密度高、极距小、残极率低、综合能耗低的特点，因而单位面积的产能和产品质量都可以得到提高。

湿法炼铜是指采用浸出剂浸出铜矿石或铜精矿中所含的铜，然后再用化学提取法或电解提取法从经过净化处理的浸出液中获得金属铜的过程。该工艺具有生产成本低、环境污染小、投资省、产品质量较高、不受规模限制等优点，因而在未来有很好的发展前景。该技术工序可简单地分为三个步骤：浸出、萃取、电解。其主要工艺流程见图 4.12[28]。

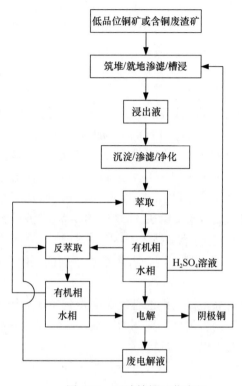

图 4.12 湿法炼铜工艺流程

浸出步骤是指利用溶剂将矿石中的铜及其化合物溶解到溶液中，而其他物质则留在浸出渣中被除去。常用的浸出剂有水、稀硫酸、氨水等，常用的浸出方法有筑堆、就地渗滤和槽浸等。萃取则是通过萃取剂使浸出液中剩余的杂质进入有机相，而铜富集在萃余相中，经过反萃后得到纯度较高的铜溶液。常用的铜萃取剂有 LIX984、LIX973N、ACORGAP5100、ACORGAM5640 等。

湿法炼铜的电解原理与火法冶金类似。电解时，电解液中的铜在直流电的作用下沉积到阴极上。电解使用的阳极为不溶阳极，即 Pb-Ca-Sn 合金制成的阳极板，阴极则为纯铜极片或不锈钢阴极。

湿法炼铜作为一项很有发展潜力的工艺，其研究和发展的进程在加快，主要表现在以下几个方面：处理低品位氧化铜矿的酸浸厂在增加；低品位矿石、废矿石和低品位混合矿石的细菌冶金工艺发展较快；有机萃取剂在湿法炼铜工业中应用更为广泛；低品位氧化铜矿和硫化铜矿已采用堆浸-溶剂萃取法、细菌浸出法；

硫化铜精矿和氧化铜精矿采用焙烧-浸出-电积法、加压浸出法等[29]。

4.4.1.2 铜冶炼过程中汞的主要归趋

由火法铜冶炼工艺过程可知，汞元素主要来源于铜精矿的伴生矿，由于汞的沸点低于其他金属，因此绝大部分汞会随着烟气进入制酸系统或者外排[25]。Wu 等[30]计算表明，2003 年中国有色金属冶炼气态汞排放量为 320.5 吨，占全国汞排放量的 46%，其中铜冶炼汞排放量为 17.6 吨，占全国总汞排放量的 2.7%。王书肖等[31]估算了中国非燃煤大气汞排放量，铜冶炼行业的汞排放因子为 9.6 g/t。湿法炼铜由于不用焙烧，熔炼等过程，故而汞大多以二价态的汞溶于浸出液、萃余液和电解液等溶液中。

铜冶炼生产中的汞的大致流向如图 4.13[25]所示。具体包括：

(1)废气，主要包括气流干燥烟气、闪速熔炼工艺的闪速炉和转炉烟气、熔池熔炼工艺的熔炼和吹炼烟气、阳极炉烟气，以及生产环境中的无组织排放废气。

(2)废水，主要包括熔炼工艺污酸、清洗废水、电解车间废水、硫酸车间冲洗废水，以及湿法冶炼工艺产生的浸出液和萃余液。

(3)废渣，主要包括冶炼过程中产生的水淬渣、转炉尾渣、净化滤饼、硫化滤饼、中和渣、石膏、锅炉渣、白烟尘等。

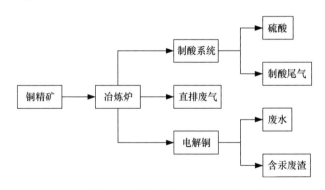

图 4.13　铜冶炼企业汞流向分析图

4.4.2　镍冶炼

4.4.2.1　镍冶炼主要工艺及其发展趋势

镍冶炼的原料为氧化镍矿或硫化镍，冶炼的工艺包括火法与湿法两大类。经不同的工艺流程可以得到不同的镍产品，其方法归类如图 4.14 所示，原则工艺流程如图 4.15 所示[32]。硫化镍矿的镍火法冶炼可分为造锍熔炼、低镍锍的吹炼、高镍锍的分离以及电解精炼四个步骤，氧化镍矿的火法冶炼可分为破碎、筛分、煅烧、还原熔炼和吹炼五个步骤，镍的湿法冶炼则可分为浸出、还原和精炼三个步骤。

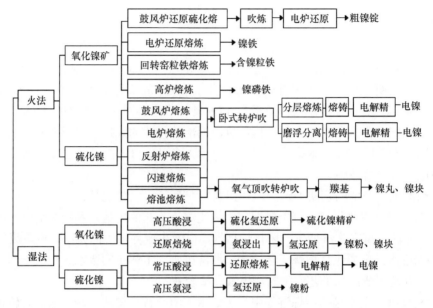

图 4.14 镍冶炼方法归类

镍的造锍熔炼原理与铜类似，镍对硫的亲和力近似于铁，而对氧的亲和力远小于铁，因此在造锍熔炼过程中，铁的硫化物被不断氧化成氧化物，会在随后与脉石造渣的步骤中被除去，而镍则会经过造锍得到富集，品位逐渐提高。镍的造锍熔炼工艺流程和设备与铜的造锍熔炼类似，不同之处在于铜的造锍熔炼能得到粗铜，而镍经过造锍熔炼得到的是低镍锍。

低镍锍的吹炼是向熔融的低镍锍中鼓入空气，使硫氧化成二氧化硫气体逸出，而铁则被氧化为氧化铁。经过吹炼后，铁、硫等杂质得以去除。卧式转炉是处理镍硫化物的主要设备，它靠金属硫化物与鼓入的空气反应放出的热量运行，因而可以节省燃料。此外，卧式转炉还具有处理量大、反应速率快、氧利用率高、可自热熔炼、可处理大量冷料的优点。而它的缺点则是硫的氧化效率不高、烟气容易外逸、污染较大、烟气量波动大等。

低镍硫经转炉吹炼仍然不能得到粗镍，这是因为镍及其氧化物的熔点比较高，比铜容易氧化，因而吹炼得到的高硫镍中还含有较多的铜。此外，原料中的铂族金属、贵金属及钴等也会富集在高镍锍中。因此，高镍锍需要进行进一步的分离和精炼。处理高镍锍的方法有分层熔炼法、选矿磨浮分离法、选择性浸出法和羰基法。目前，高镍锍的分离和精炼工艺还有待进一步开发和完善。在未来，该工艺将逐步结合分离与精炼过程，流程逐渐简化。

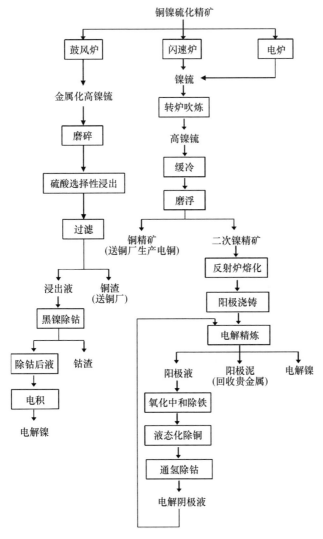

图 4.15　镍冶炼原则工艺流程

高镍锍经过处理后得到的高镍精矿需要进一步处理来得到电镍、氧化镍、镍粉等产品,此时则需要进行电解精炼。主要方法包括硫化镍阳极电解提取和粗镍电解精炼。硫化镍阳极电解时主要反应如下:

阳极:$Ni_3S_2 \rightleftharpoons 3 Ni^{2+} + 2S^0 + 6e^-$

阴极:$Ni^{2+} + 2e^- \rightleftharpoons Ni$

我国目前由磨浮分离法得到的高镍精矿均采用硫化镍阳极电解法进一步精炼,为了防止阳极破碎,还必须在 550℃以下进行保温缓冷[32]。使用氧化镍矿的镍冶炼工艺主要用于生产镍铁合金和镍锍产品。两者都需要经过破碎、筛分、煅烧和还原熔炼四个步骤，而生产镍锍产品时还要经过吹炼，且在还原熔炼过程中需要加入硫化剂(黄铁矿、硫黄或其他含硫镍原料等)。

氧化镍原矿开采出来后，需经过破碎、筛分等预处理。煅烧过程则可以使原矿中的物质氧化，便于后续处理。

还原熔炼是在高温熔炼炉中的还原气氛下将氧化镍物料还原成为熔体金属。在此过程中，高价的 Fe_2O_3、Fe_3O_4 被还原为低价的 FeO，并与炉料中的 SiO_2、CaO 等组分发生造渣反应，生成炉渣。通过还原熔炼可以达到除杂的目的。还原熔炼之后可得镍铁产品。

产镍锍产品时还要经过吹炼，其基本原理与硫化镍矿的吹炼类似。吹炼之后得到的高镍锍一般通过湿法处理，其最终产品为电解镍、还原镍粉或用于生产不锈钢的通用镍。此外，生产过程中产生的钴可以作为副产品回收利用。目前，镍硫产品的生产工艺还存在着生产流程长、金属回收率低等缺点。

湿法冶炼分为浸出、还原和精炼三道工序，是通过溶液浸出使所需的镍、钴等金属留在溶液中，而其他杂质随浸出渣被除去，最后经还原与精炼得到镍的过程。硫化镍矿的湿法冶金工艺主要有高压氨浸法、硫酸化焙烧浸出法、氧化焙烧还原氨浸法以及氧压浸出法，氧化镍矿的工艺则包括湿法氨浸和湿法酸浸两种，主要适宜处理低品位褐铁矿类型或过渡层氧化镍矿。氧化镍矿的氨浸法适用于含硅酸盐较多、氧化镁较高的矿石，而褐铁矿较高、氧化镁较低的矿石则适于酸浸法。

镍的冶炼还有生物冶金工艺、微波浸出工艺、氯化离析工艺等新工艺，这些工艺目前仍处于实验室阶段，相信随着技术的不断发展，今后这些工艺能够应用被应用于生产中。

4.4.2.2 镍冶炼过程中汞的主要归趋

镍冶炼过程中的汞主要来源于原料矿石。王雅静[33]等研究指出，原料中的有毒组分一般以化合物存在，如 HgS。在焙烧、熔炼过程中，上述原料中的 Hg 氧化或升华后进入烟气，部分进入烟尘，其中 Hg 在烟气冷却和制酸系统的烟气净化时会冷凝成液态汞珠，导致汞蒸气，危害操作人员健康。也有一部分汞会进入废渣中，或进入废水。

镍冶炼汞排放比铅、锌等金属冶炼过程的汞排放要少，其产生的重金属污染主要为镍、铜、锌等。何绪文等[34]对熔炼炉和转炉烟(粉)尘中的重金属含量进行了测定，如表 4.10 所示。由表中数据可知，汞的含量为 2 μg/g，是被测重金属中含量最少的。

表 4.10　熔炼炉、转炉烟尘重金属元素含量(mg/g)

重金属	熔炼粉尘	转炉粉尘
As	1.452	16.270
Cd	0.167	0.147
Co	0.481	0.513
Cr	0.188	0.099
Cu	36.446	71.850
Hg	0.003	0.002
Ni	35.196	63.894
Pb	2.578	15.343
Zn	13.014	37.000

4.4.3　钴冶炼

4.4.3.1　钴冶炼主要工艺及其发展趋势

与其他金属的冶炼工艺类似，钴的冶炼也有火法和湿法的过程。由于生产原料的不同，钴的冶炼工艺也不同，有钴硫精矿提钴工艺、砷钴矿提钴工艺、水淬富钴锍提钴工艺、镍系统钴渣提钴工艺、含钴合金废料提钴工艺。这些工艺中大都包含焙烧、浸出、萃取除杂、沉钴等过程。

1. 钴硫精矿提钴工艺

钴硫精矿提钴工艺流程如图 4.16 所示。该工艺包括酸化焙烧、焙砂浸出、浸出液净化、$Co(OH)_3$ 的还原熔炼、粗钴阳极板电解精炼五个步骤。

酸化焙烧就是控制一定条件，将钴硫精矿中所含的有价金属硫化物(铜、镍、钴等)氧化生成可溶性的硫酸盐，而大部分铁还是以不溶性氧化物的形式留在焙烧残渣中。在实际生产中，酸化焙烧的温度范围通常为 550～600℃。

由于在焙烧后的焙砂中，铜、钴、镍等有价金属主要以可溶性硫酸盐的形态存在，因此可以对培砂用水浸出，使焙砂中的有价金属转入溶液中，达到与其他杂质分离的目的。浸出步骤一般在空气搅拌槽中进行。

浸出液净化是为了去除浸出液中镍、铜、铁等杂质。在得到浸出液后，首先用萃取液对其进行萃取，使铜、铁等杂质进入有机相中得到去除，然后对萃余液通入氯气，使钴被氧化成三价钴并水解生成 $Co(OH)_3$ 沉淀，而镍仍然留在溶液中，钴和镍因此得到分离。

$Co(OH)_3$ 的还原熔炼是指将制得的 $Co(OH)_3$ 还原为低价氧化物。首先将 $Co(OH)_3$ 在反射炉中高温煅烧、脱水，得到焙砂后再在电炉内进行还原熔炼。最后将得到的钴产品进行浇铸，可得到钴量为 95% 左右的粗钴阳极板。

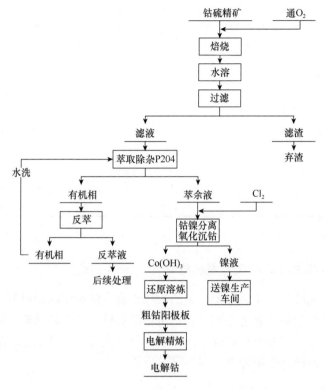

图 4.16　钴硫精矿提钴工艺流程

电解精炼则是通过对粗钴阳极板电解得到高纯度的钴产品。将粗钴阳极板作为阳极进行电解，除去铁、铅、锌、镍、铜、碳等杂质。这一步得到的电解钴产品含钴量在 99%以上[35]。

2. 砷钴矿提钴工艺

砷钴矿提钴工艺流程如图 4.17 所示，包括火法熔炼、氧化焙烧、硫酸浸出、除杂四个步骤。其中，除杂又可分为化学沉淀法除杂和萃取法除杂，经不同的方法除杂可以得到不同的钴产品。

在砷钴矿中，铁、镍、钴等金属以高砷化合物的形式存在，需要经过火法处理将砷脱除。火法熔炼即是将原矿和萤石、无烟煤按照特定比例加入电弧炉中，使得以上高砷化合物在高温条件下分解，生成较稳定的砷化物。这些砷化物组成以钴为主体的多种金属砷化物合金，即黄渣，又称砷硫，将会在后续工艺中进行进一步处理。其余的砷以砷化物形式进入炉渣，或以游离砷或氧化砷的形式挥发，进入到收尘系统。

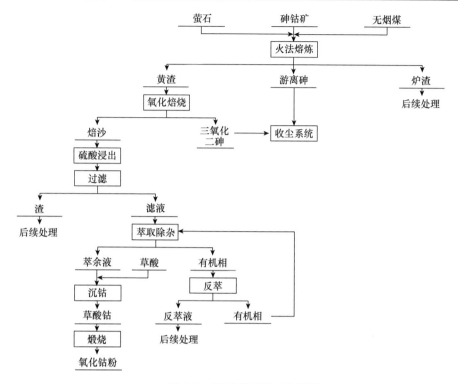

图 4.17　砷钴矿提钴工艺流程

氧化焙烧是指将得到的黄渣在沸腾焙烧炉中焙烧，焙烧温度为 800~850℃。在氧化气氛下，黄渣中的镍、钴等金属转变为可溶解于硫酸的氧化物，而砷则被氧化为三氧化二砷，进入收尘系统。

焙烧后的焙砂主要成分为可溶于硫酸的镍、钴等金属氧化物，因此对培砂用硫酸浸出，可以使焙砂中的有价金属转入溶液，达到与其他杂质分离的目的。经过酸浸后，焙砂浸出液中还存在大量的钙、镁、锌、铁、铜等杂质，需要进一步除杂。除杂的方法包括化学沉淀法和萃取法两种。化学沉淀法是先用中和法除铁，再用硫化沉淀法除铜，然后进行沉钴得到 $Co(OH)_3$，再经反射炉与电弧炉的还原熔炼得到粗钴阳极板，最后通过电解精炼制得高纯度的电解钴。萃取法是利用萃取剂萃取，使铁、锰、铜、镍、锌等杂质进入有机相，萃余相中的 $CoCl_2$ 经草酸沉淀后得到草酸钴，最后将草酸钴在回转窑中煅烧，即可制得纯度较高的氧化钴粉。

3. 水淬富钴锍提钴工艺

水淬富钴锍提钴工艺流程如图 4.18 所示，主要包括加压氧浸、萃取除杂和沉钴三个步骤。该工艺可以大大提高镍矿中钴的回收率。

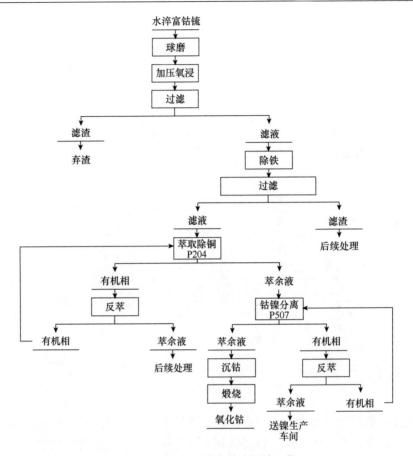

图 4.18　水淬富钴锍提钴工艺

　　加压氧浸是指在高温高压条件下将原料中的钴、镍、铜等物质氧化成可溶性硫酸盐，这些硫酸盐会溶于浸出液中，而硫、铁等不溶物质则被除去。加压氧浸是整个工艺中最关键的步骤，反应条件控制的好坏直接影响铁、硫等杂质的去除。

　　萃取除杂过程是指通过加入萃取剂使得铜等杂质进入有机相中被去除。由于加压氧浸的浸出液中铜含量较高，仅通过萃取的方法除铜难以达到较好的效果，因而在实际生产中一般先往浸出液中加入硫化钠，使浸出液中铜含量降低，再通过萃取进一步除铜。经过萃取后的萃余液需要再一次萃取，进行钴镍分离，钴进入萃余液，而有机相中的镍经过反萃可以送到镍盐车间制备精制硫酸镍。

　　沉钴步骤则是用草酸铵使反萃液中的氯化钴沉淀，得到草酸钴。草酸钴在回转窑中煅烧即可制得精制氧化钴粉。

4. 镍精炼钴渣提钴工艺

以镍精炼钴渣为原料生产钴产品的方法可分为可溶阳极电解法和溶剂萃取除杂法。就目前湿法冶金的发展趋势来说，使用了不溶阳极电积步骤的萃取法将逐步取代可溶阳极电解法[36-38]。

可溶阳极电解法的工艺流程如图 4.19 所示，主要包括调浆、还原溶解、除铁、沉钴、煅烧及还原熔炼、电解精炼这几个过程。

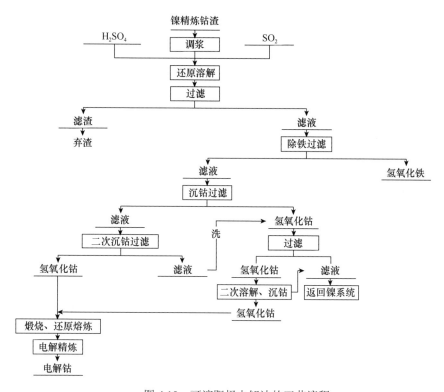

图 4.19　可溶阳极电解法的工艺流程

调浆过程是指用水将镍净化钴渣浆化以便后续操作，而还原溶解则是在浆中加入适量 H_2SO_4 使矿渣溶解，并通入 SO_2 对矿渣进行还原。

除铁步骤采用黄钠铁矾法，即往溶液中加入硫化钠，控制 pH 范围为 1.5～1.8 使铁以黄钠铁矾的形式析出。之后提高 pH 值，使溶液中剩余的铁生成氢氧化铁沉淀而被除去。

沉钴步骤是将除铁后液通入氯气使钴氧化，并水解生成 $Co(OH)_3$，而镍则留在溶液中。过滤后的滤液需进行二次沉钴，得到的二次 $Co(OH)_3$ 进行煅烧及还原熔炼，而滤液则用来对一次 $Co(OH)_3$ 进行酸洗，进一步降低一次 $Co(OH)_3$ 中的镍含量。一次 $Co(OH)_3$ 经过酸洗后进行二次溶解以及二次沉钴，制得的二次 $Co(OH)_3$。滤液中的镍将会返回镍系统。

二次 $Co(OH)_3$ 在反射炉中煅烧后进入电炉还原熔炼，制得粗钴阳极板，再采用可溶阳极电解精炼处理粗钴阳极板，制得高纯度的钴产品。

5. 含钴合金废料提钴工艺

含钴的合金材料使用寿命结束后，可以对其进行废物利用，再次进行钴的提取。其提钴工艺流程包括磨屑、酸浸、除铁、萃取除杂、钴镍分离、电积或制备钴盐这几个步骤。将废料进行磨屑后加入硫酸溶液进行浸出，再加入 $NaClO_3$ 和 Na_2CO_3 对滤液进行氧化中和，铁在此步骤生成沉淀而被除去。之后选用萃取剂进行萃取，进一步除去溶液中的铁和铜。钴镍分离的步骤依然采用萃取法，可以用 P204 萃取剂进行镍钴分离的萃取。萃取得到的有机相经反萃后可以得到纯净的 $CoCl_2$ 溶液，之后送去电积制备高纯度的电解钴，或者经沉钴和煅烧得到氧化钴。萃余液中的镍经过再次富集萃取和反萃后可以得到高浓度的纯镍液，送镍盐生产车间。

4.4.3.2　钴冶炼过程中汞的主要归趋

钴冶炼过程中的汞来自于钴硫精矿、砷钴矿等钴冶炼原料，在焙烧、电解等过程中进入烟气、生产废液和废渣中。

生产过程中产生的含汞的废水有萃取除杂废水、除杂萃余液皂化废水、沉铜废水和沉镍废水；含汞烟气有氢氧化钴和草酸钴的闪蒸干燥废气以及钴原料浆化、焙烧过程中产生的烟气和烟尘；含汞废渣则有钴提纯和电积钴工艺产生的铁渣和铜渣、电积钴工艺产生的溶解渣和碳酸镍以及氢氧化钴生产工艺的铁渣、钙镁渣和滤渣。

杨晓松等[39]对几家钴冶炼企业排放的各类废水、废气和废渣中的重金属含量进行了分析测定，如表 4.11 至表 4.13 所示。由表可知，无论是废气、废水还是废渣，其中的汞含量在与其他重金属相比是最低的。废水中汞的浓度为 $0.01\sim0.06$ mg/L，废气中的汞浓度为 $1.2\times10^{-5}\sim7.0\times10^{-5}$ mg/m^3，而废渣中汞的含量为 $0.04\sim1.11$ g/kg。

4.4.4　铜、镍、钴冶炼过程中汞防治策略

我国《铜、钴、镍工业污染源排放标准》(GB 25467—2010)中对铜、钴、镍冶炼行业的汞排放做出了限定，如表 4.14 所示。

目前铜、镍、钴冶炼生产中并没有专门针对的汞控制的系统，汞一般会随着 SO_2、颗粒物、废水等其他污染物的控制过程一并被除去。

表 4.11　各工序生产废水水质(mg/L)

重金属	萃取除杂废水	P₅₀₇皂化废水	沉铜废水	沉镍废水
Ni	3.882～5.368	3.843～5.227	3.222～5.349	3.203～5.313
Co	1.486～1.887	7.349～10.477	6.268～9.453	1.315～1.801
Cr	9.778～12.346	9.778～12.479	9.554～14.347	9.635～14.556
As	0.477～0.648	0.368～0.634	0.335～0.676	0.248～0.512
Pb	3.364～3.589	2.558～3.275	2.117～4.370	2.175～4.245
Zn	10.245～12.338	10.117～12.723	9.734～13.431	8.654～10.348
Cu	13.642～15.363	13.338～15.767	14.340～17.412	14.301～15.278
Cd	2.677～3.887	2.336～3.677	2.346～3.673	2.231～3.376
Hg	0.01～0.06	0.02～0.04	0.01～0.04	0.01～0.04

表 4.12　钴闪蒸干燥废气重金属质量浓度(标态)(mg/m³)

重金属	草酸钴闪蒸干燥废气	氢氧化钴闪蒸干燥废气
Ni	0.502～0.733	0.206～0.349
Pb	0.062～0.375	0.082～0.281
Cd	$2.4×10^{-5}～6.3×10^{-5}$	—
Hg	$1.2×10^{-5}～2.5×10^{-5}$	$4.748×10^{-3}～13.890×10^{-3}$
As	$4.740×10^{-3}～7.825×10^{-3}$	$3.6×10^{-5}～7.0×10^{-5}$

表 4.13　钴冶炼废渣重金属含量(g/kg)

重金属	钴提纯		电积钴				氢氧化钴生产		
	铁渣	铜渣	溶解渣	铁渣	碳酸镍	铜渣	铁渣	钙镁渣	滤渣
Co	15.10	10.00	15.00	30.00	3.68	10.00	20.00	2.70	230.00
Cu	6.30	55.80	2.00	6.30	11.50	55.80	8.30	265.55	30.91
Hg	0.09	0.053	0.070	0.09	0.04	0.07	0.74	0.92	1.11
Cr	8.05	2.37	5.54	10.85	3.55	7.15	18.02	12.16	6.70
Cd	5.79	5.48	13.07	39.72	28.98	19.70	39.45	36.85	45.07
As	0.58	0.38	22.64	5.73	2.80	0.25	60.65	54.72	61.72
Pb	3.47	1.62	1.64	2.30	1.76	1.55	36.42	28.57	44.80
Ni	11.10	5.48	5.51	15.13	6.56	4.86	67.03	89.02	113.76

表 4.14　GB 25467—2010 规定的铜、钴、镍冶炼行业汞污染物浓度限值

序号	项目		浓度限值	
			一般区域	特别区域
1	污水中总汞排放浓度限值(mg/L)		0.05	0.01
2	烟气中汞及其化合物排放浓度限值(mg/m³)	破碎、筛分工序	—	
3		其他采选工序	—	
4		铜、钴、镍冶炼	0.012	
5		烟气制酸	0.012	
6	企业边界大气汞及其化合物任意 1 小时平均浓度限值(mg/m³)		0.0012	

注：特别区域是指根据环境保护工作的要求，在国土开发密度已经较高、环境承载能力开始减弱，或环境容量较小、生态环境脆弱，容易发生严重环境污染等问题而需要采取特别保护措施的地区

4.4.4.1　铜冶炼废物去除方法

对于铜冶炼生产过程中的废气,气流干燥烟气可由旋风除尘处理,闪速熔炼工艺的闪速炉、转炉烟气及熔池熔炼工艺的熔炼、吹炼烟气,可经余热锅炉回收热能及电除尘器净化。熔炼和吹炼烟气随后会再经稀酸洗涤净化,进入制酸系统制酸,制酸尾气由碱液吸收后排放。阳极炉烟气可由布袋除尘处理。生产环境中的无组织排放废气由环境集烟系统收集,由碱法脱硫除尘系统净化。

闪速熔炼工艺的污酸、清洗废水、电解车间废水使用两级石灰乳中和法处理,而熔池熔炼工艺的污酸废水可经车间污酸处理装置后与其他生产污水送至厂区污水站处理后回用,不外排。鼓风炉熔炼工艺的污酸采用硫化钠处理工艺处理,处理后的水与电解液净化排水、硫酸区域车间冲洗废水等经调节池混合均质后采用石灰乳和碱液中和,使汞等重金属形成沉淀除去。湿法冶炼工艺产生的浸出液和萃余液会储存在酸性废水集水库中,部分含较高重金属离子的萃余液可由控制硫化技术回收 Cu 等有价金属,回收金属后的废水进入 HDS 处理系统,之后与矿山其他处理后的废水混合,部分废水回用于选矿厂选矿、采区降尘等工序,多余部分排放[39]。

冶炼过程中产生的水淬渣、转炉尾渣、净化滤饼、硫化滤饼、中和渣、石膏、锅炉渣、白烟尘等,可以根据不同的废渣特点,选择不同的处理方式,如作为水泥掺和料、送选矿厂再选而返回生产工艺、作为炼铁原料外销、加工成造船除锈剂、外售危废处理单位处理、堆存等。

4.4.4.2　镍冶炼废物去除方法

对于焙烧、烧结、精炼等过程产生的含硫含尘烟气,可经布袋除尘或电除尘等除尘装置后采用接触法生产硫酸。废气中的硫酸雾多用过滤除雾器除去。湿法冶炼过程产生的含氯和氯化氢废气多用碱液吸收法去除。

冲渣水和直接冷却水含有炉渣微粒等固体颗粒物以及含有少量的重金属污染物,多采用沉降池脱除固体颗粒后循环使用,并定期开路,一部分用中和法进行处理。烟气净化污水大多采用硫化-中和的工艺进行处理,即污水经鼓风脱除二氧化硫后,投加硫化钠脱砷,再投加石灰石乳液中和回收石膏,中和液再投加硫酸亚铁和石灰乳进行一级中和,经氧化后再次投加石灰乳进行二级中和,最终达标排放。

废渣由于其量大,处理的方法一是堆存(修筑尾矿坝和冶炼弃渣堆场),二是作为采矿的充填料返回矿山;少量用于建材生产。

4.4.4.3 钴冶炼废物去除方法

氢氧化钴和草酸钴生产工艺产生的闪蒸烟气经布袋除尘净化，粉尘直接回用于钴湿法冶炼系统。生产过程中产生的废水按照各自水质特点大都回用于生产工艺，如萃取除杂过程中氯化铜、氯化铁反萃液在箱内循环使用，当反萃液中的酸降到一定程度时，更换新酸，换下的氯化铁溶液又继续返回溶解工序。排放的废水进入重金属废水处理站，用石灰乳和碱液中和，使汞等重金属形成沉淀除去。钴系统的浸出渣、铁渣、锰渣等工业固体废弃物全部送到冶炼厂做熔剂回收有价金属。

4.5 汞、金冶炼工艺及汞的排放

4.5.1 汞冶炼

4.5.1.1 汞冶炼工艺

我国的汞矿资源丰富，是世界上第三大产汞国，同时由于对汞的开采、使用等环节的重视程度不够，我国的汞污染问题亦日趋严重。同时也是世界上汞污染最严重的国家之一。目前，汞的冶炼已成为我国汞污染的主要来源之一。

汞的冶炼可以分为火法冶炼和湿法冶炼两种。火法炼汞是指在高温下焙烧汞矿石或精汞矿，直接将汞的硫化物还原，使汞与汞矿石或精汞矿发生分离，并以气态形式释放出来，再冷凝成固态的方法。湿法炼汞是指用次氯酸钠或硫化钠等溶液浸出汞矿石，浸出液经净化后用置换或电解等方法获得汞。随着汞矿资源日渐枯竭和人们对环境污染问题的认识越来越深入，未来从含汞废物中回收汞将逐渐成为汞冶炼的主要方式。

1. 火法炼汞

火法炼汞是指在高温下焙烧汞矿石或汞精矿以提取金属汞的方法。其中，汞矿石主要是指品位低、粒度大的原矿石，精汞矿主要是指原矿石经重选、浮选后产出的品位高、粒度细的矿石。目前，火法炼汞主要包括汞矿高温焙烧、汞蒸气冷凝和汞废气净化处理三个环节，生产工艺流程见图 4.20。

汞矿焙烧是指在低于汞矿石或汞精矿熔化温度的条件下，将汞矿中的硫化汞氧化生成单质汞，并以蒸气的形式与大部分伴生元素杂质分离；汞蒸气冷凝是指将含汞炉气中的汞蒸气冷凝成液态汞，使之得以回收；汞废气净化是为了回收火法炼汞废气中的汞，使火法炼汞废气中的汞含量达到国家规定的排放标准。

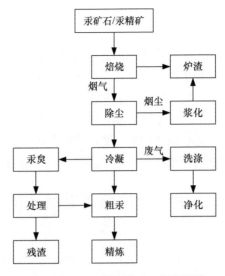

图 4.20　火法炼汞工艺流程图

2. 湿法炼汞

湿法炼汞是指用次氯酸钠或硫化钠等溶液浸出汞矿石，并将浸出液用置换或电解等方法获得汞。与火法炼汞相比，湿法炼汞在常温下即可进行，且无汞蒸气等废气产生；同时汞的回收率高，能得到汞含量为 99.99% 的精汞产品。而火法炼汞仅能得到粗汞。湿法炼汞工艺流程主要分为破碎、磨粉、浮选、浸出、电解五个阶段，生产工艺流程见图 4.21[40]。

1)破碎、磨粉

汞矿石被破碎成粒度为 10～15 mm 的颗粒，然后被送入球磨机中，加水磨制成矿浆。

2)浮选

矿浆经初、精两级浮选后得到高品位的精汞矿浆。在矿浆中加入浮选-捕收剂(乙基黄原酸钠)、起泡剂松醇油和调整剂硅酸钠、硫酸铜，通过浮选剂的分离作用使矿浆中的汞得到富集，并以泡沫状的形式浮在液面上，从而得到精汞矿浆。乙基黄原酸钠($C_2H_5OCSSNa$)捕集汞的反应式如下：

$$C_2H_5OCSSNa + H_2O \longrightarrow C_2H_5OCSSH + Na^+ + OH^-$$

$$C_2H_5OCSSH + OH^- \longrightarrow C_2H_5OCSS + H_2O$$

$$HgS + 2C_2H_5OCSS + 2O_2 \longrightarrow Hg(C_2H_5OCSS)_2 + SO_4^{2-}$$

初选浮选机内的水、渣通过底部排砂口排放，上清液返回浮选机循环使用；而精选浮选机产生的水、渣全部送至球磨机重复利用。

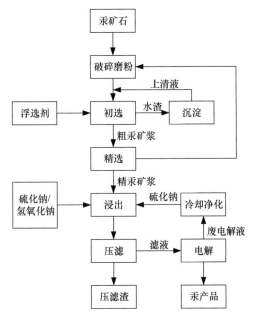

图 4.21　湿法炼汞工艺流程图

3)浸出、压滤

在精汞矿浆中加入硫化钠与氢氧化钠的混合溶液，常温下机械搅拌，在搅拌过程中 Na_2S 与 HgS 可反应生成可溶性的复合物 $HgS \cdot Na_2S$，而氢氧化钠的主要作用是抑制 Na_2S 的水解。浸出工序可提取精汞矿浆中 95%以上的汞。反应式如下：

$$Na_2S + H_2O \rightleftharpoons NaOH + NaHS$$

$$S^{2-} + Hg(C_2H_5OCSS)_2 \longrightarrow HgS + 2C_2H_5OCSS^-$$

$$HgS + Na_2S \longrightarrow HgS \cdot Na_2S$$

浸取后的固、液混合物被送至压滤机上进行压滤，压滤得到的液体为电解液，而压滤渣送至浮选机上被利用。

4)电解

将电解液送至电解槽内，在低温、低压直流电的条件下进行电解。由于电解析出的汞在常温下呈液态，能沉入电解槽底部，因此，可利用槽底开口排出汞产品。含有杂质的产品经过简单过滤后，可得到纯度为 99.99%的精汞产品，并密封储存在铁罐中。电解反应如下：

阳极反应式：$2OH^- - 2e \longrightarrow H_2O + \dfrac{1}{2}O_2 \uparrow$

阴极反应式：$HgS_2^{2-} + 2e \longrightarrow Hg + 2S^{2-}$

　　然而废电解液中往往会含有大量的 Na_2S，会导致废电解液黏度高、流动性差。因此，需要将废电解液的温度冷却至 15℃左右，多余的 Na_2S 就能从溶液中以 $Na_2S·9H_2O$ 晶体的形态析出，从而降低废电解液中 Na_2S 的含量。剩余的废电解液全部送至浸出工序使用。

　　湿法炼汞具有无含汞废气产生、无含汞废水排放和总汞回收率高等优点，但同火法炼汞一样，都具有含汞废渣产量大等缺点。目前，由于湿法炼汞行业内尚无关于含汞废渣再利用的有效途径，因此，企业在选择渣场场址和落实渣场环保设施方面具有一定的困难。

　　3. 再生汞冶炼

　　我国是世界上最大的汞消费国，汞及其化合物主要用于化工触媒、节能灯、氯碱生产和医药等行业。其中，生产聚氯乙烯过程中产生的废氯化汞触媒、有色金属冶炼(尤其是铜、铅锌的冶炼)烟气净化时产生的酸渣和废旧节能灯等都含有大量的汞，对环境和人体都会产生严重的危害。因此，可对其进行汞的回收再生，从而达到废物再生利用的目的。

　　汞的再生冶炼主要分为火法和湿法两种。火法冶炼是指用蒸馏的方式提取汞；而湿法冶炼是指用浸出剂或吸收剂将含汞物料中的汞溶解或吸收，再从溶液中提取汞。由于浸出剂价格贵，且浸出反应不完全。因此，目前我国的再生汞冶炼工艺主要以火法冶炼为主。

　　再生汞的火法冶炼主要包括化学预处理、蒸馏、冷凝净化和废水处理四个部分，其工艺流程见图 4.22[41]。

　　化学预处理：将含汞废触媒加入到含 15%～20%的 NaOH 或 Na_2CO_3 溶液中，通入蒸气加速含汞废触媒中的氯化汞与 NaOH 或 Na_2CO_3 反应，生成氧化汞。反应式如下：

$$HgCl_2 + 2NaOH =\!=\!= HgO + 2HgCl + H_2O$$

　　含汞废触媒经干燥后送至蒸馏炉；预处理后的废碱液送至废碱液池后再返回预处理池循环使用。

　　蒸馏：将预处理后的含汞废触媒装入蒸馏罐内，用煤气(或电)加热至 700～800℃，使含汞废触媒中的氧化汞在高温下分解成汞蒸气。反应如下：

$$2HgO =\!=\!= 2Hg + O_2$$

　　冷凝净化：将含汞废气送入冷凝系统处理，大部分汞蒸气会迅速冷凝，形成液态汞后送入集汞箱储存，成为汞产品。冷凝系统处理后的气体仍含有残余的汞蒸气，需要送至净化系统深度脱汞。净化系统采用多管陶瓷冷凝器+焦炭塔+活性炭吸附塔工艺处理。多管陶瓷冷凝器中得到的汞和汞戾送入集汞槽储存。

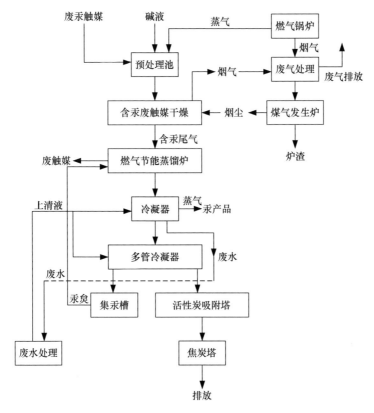

图 4.22　再生汞火法冶炼工艺流程图

　　废水处理：将上述过程产生的各种废水收集后进入废水处理系统。含汞废水送入废水池，经沉淀后得到的上清液，送入冷凝系统和汞朵处理系统循环使用。

4.5.1.2　汞冶炼过程中汞的归趋

　　通过对汞冶炼工艺进行分析，可以得到汞在冶炼中的归趋。汞主要来源于汞矿石，而最终会到生产过程中产生的废水、废气以及固体废弃物中去。

　　含汞废水主要包括预处理废碱液、含汞触媒干燥废水、冷凝净化系统废水、汞朵处理系统废水、电解废水、浮选废水、碱液吸收废水等。

　　含汞废气主要包括火法焙烧废气、再生汞工艺预处理废气、含汞触媒干燥废气、焦炭塔废气和原料破碎、储存、装卸以及焙烧过程中产生的含尘废气。燃气节能蒸发部分也会产生含汞尾气。

　　含汞的固体废弃物主要包括焙烧炉废渣、汞朵废渣、焦炭塔中的废焦炭、活性炭吸附塔产生的废活性炭、含汞污泥等。

1. 汞的控制与回收

1)废水处理

汞冶炼过程中产生的废水均经过废水处理系统处理。进入废水处理系统的废水经过调节池和两级沉淀(可以在沉淀池中加入次氯酸钠、氢氧化钠)后加入硫化钠,沉淀后的上清液经三级活性炭吸附,再经第三级沉淀池沉淀封闭循环使用。具体回用情况为:预处理工序产生的废碱液送废碱液池,经处理后再经泵送回预处理池循环使用;冷凝净化系统和汞贡处理系统产生的含汞废水会进入废水池,经处理得到上清液,送入冷凝系统和汞贡处理系统循环使用。初选浮选机内的水、渣通过底部排砂口排放,经沉淀后,上清液返回浮选机循环使用;而精选浮选机产生的水、渣全部送至球磨机重复利用。

2)废气处理

冷凝系统处理后的尾气采用多管陶瓷冷凝器+焦炭塔+活性炭吸附塔工艺处理,也可以使用二级活性炭净化塔+次氯酸钠稀溶液洗涤处理工艺。燃气节能蒸发炉的冷凝及尾气净化处理系统与含汞废触媒处理相同。

3)固体废弃物处理

汞贡残渣经沉淀、干燥后送燃气节能蒸馏炉再蒸馏,再次回收汞。对于其他固体废物,如烧炉废渣、焦炭塔中的废焦炭、活性炭吸附塔产生的废活性炭、含汞污泥,则采用密闭包装堆存或建设防渗渣场堆放。

4.5.2　金冶炼

4.5.2.1　金冶炼主要工艺及发展趋势

黄金是化学元素金的单质形式,是一种金黄色、抗腐蚀的贵金属。我国黄金储量非常丰富,据中国黄金协会公布的数据显示,2015 年上半年,全国黄金产量完成 228.735 吨,比 2014 年同期增加 17.662 吨,同比增长 8.37%。其中,黄金矿产金完成 191.689 吨,有色副产金完成 37.046 吨。目前,含金矿石仍是我国黄金冶炼生产的主要原料,而副产金来源则是有色重金属电解阳极泥、银锌壳和硫酸烧渣中的金。

随着科学技术和经济的快速发展,金在工业和科学技术的应用需求也越来越大。然而随着黄金的需求量日趋增长,易处理金矿石的日益减少,品位低、杂质含量高、难处理的金矿石已逐渐成为我国黄金生产的主要原料。因此,如何充分开发利用黄金矿产资源,促进黄金产业的升级及可持续发展,成为亟须解决的艰巨任务。

黄金的提取主要来自脉金和砂金。自 1970 年以来,中国脉金的产量在 75%～

85%左右，而砂金占 15%～25%左右[42]；到 1990 年以后，砂金的产量在不断下降。脉金矿石的选矿方法主要包括浮选、重选、氰化及堆浸等，而砂金矿石选矿一般采用重力选矿方法。

1. 金的选冶方法

1)重选法

重选法是根据矿粒的密度差异而进行选矿的一种方法。它不仅是金矿的传统选矿方法，而且也是目前对含有游离金、品位低的金矿进行粗选的唯一方法。

2)浮选法

浮选法是根据矿粒表面对水的润湿性不同，对磨碎的固体物料进行湿式选别的一种方法。近年来，金矿石的浮选工艺快速发展，在新药剂的研制、工艺流程的革新、新型浮选设备的应用等方面都取得了很大的进步。其中，在药剂方面，主要是采用新型药剂或多种药剂混合添加；而新工艺流程的革新主要表现在优先富集、泥砂分选和异步混合浮选流程等。

3)混汞法

混汞法是根据金在矿浆中能被汞选择性地润湿形成金汞齐的一种方法。通常，经混汞法处理后的脉金矿物，回收率都不高，所以很少单独使用混汞法提金，普遍采用的是包括混汞法在内的联合流程。

4)氰化法

氰化法是根据金能溶解于有氧存在的 KCN 溶液中而生成一价金的络合物的一种方法。由于氰化法提金对金矿石的适应性强，回收率高，而且能就地产金，因此目前被很多选金厂所采用。但由于氰化法提金对环境污染大，因此需要严格的操作标准。

在诸多选金的方法中，混汞法是一种被普遍使用的方法，尤其在亚洲、非洲和南美洲。在 20 世纪 50 年代，混汞法提金已占世界总产量的 28%～40%[43]。但由于当时对汞的污染问题的重视度相对较低，汞的释放量几乎与金的产量相一致。另外，据估计美国第一次的淘金热时，有将近 60000 吨的汞释放到环境中。1997年，Lacerda 估算了过去 400 年内，混汞法提金向环境释放的汞多达 26000 吨[44]。随着混汞法技术的不断改进以及逐步被取缔，汞的释放有所降低，但在中国及南美地区，问题仍很突出。混汞法提金的工艺流程见图 4.23[43]：

混汞法提金是根据金属汞能与矿浆中的金粒进行选择性润湿的原理，使之与其他金属矿物元素相分离而提取金的一种方法。混汞后，刮取汞膏，经洗涤、压滤的工序之后，蒸馏汞齐，从而使汞挥发出来得到海面金，海面金再经铸得到金锭。同时，蒸馏汞齐时挥发出来的汞蒸气经冷凝回收后，可返回混汞工段进行循

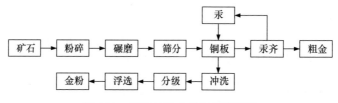

图 4.23　混汞法提金的工艺流程图

环使用。在混汞过程中，汞对金的润湿程度往往受金的粒度、矿浆的酸碱度、金与汞的成分、矿浆温度和浓度等因素的影响。因此，在大型炼金企业中，混汞法提金过程中一般都设有汞蒸气冷凝回收装置；而在民间，混汞设施十分简陋，人们直接将汞加入到金矿石和水的混合物里进行碾磨，将金汞齐直接进行露天煅烧，导致大量的汞直接释放到环境中，危害人类健康。

4.5.2.2　金冶炼过程中汞的主要归趋

金冶炼过程中汞的释放和金矿开采后尾矿中汞的释放是造成环境汞污染问题的重要原因之一。在整个混汞法提金的过程中，汞的释放主要分为三个阶段[42]：①混汞设备运行过程中汞的流失。由于汞具有沸点低、挥发性高的特点，因此，汞易以气态形式进入大气；同时由于金矿石中的杂质硫或硫化物易与汞板作用，因此为了提高提金率就必须加大汞的投加量，导致已粉化的汞随着投加的过量汞一起流失；此外，由于金矿石容易摩擦碰撞汞板表面，因此造成汞与汞膏的直接流失。②汞膏处理过程中汞的流失。在蒸馏过程中，由于目前蒸馏罐技术条件的限制以及长期使用后不能完全封闭的问题，导致一部分汽化汞释放到大气中；此外，由于在汞膏的蒸馏过程中，需要大量的水来冷却汽化汞和洗涤汞膏，汞会随废水进入土壤和地下水而造成污染。③尾矿中汞的流失。在汞膏和其他生产过程中产生的大量尾矿中，通常含有较金矿区环境背景值高得多的汞及汞的化合物，但由于金矿企业及相应管理部门对于含汞尾矿还未找到一种合适的处理办法，因此导致尾矿中的汞及汞化合物大量流失，引起环境污染问题。

此外，无论用何种方法冶炼金，金中始终会存在一定的残余汞。金在进行二次加工的过程中，在高温条件下，汞会释放出来，造成汞污染。

4.5.2.3　金冶炼过程中汞的控制及回收方法

目前，关于含汞废气的净化技术[45]主要包括氯化-活性炭吸附法和软锰矿吸收法。氯化-活性炭吸附法是使汞生成沉淀状的氯化亚汞后由活性炭吸附回收残留汞，吸附率可达 99.9%；锰矿吸收法是指使用软锰矿的稀硫酸溶液洗涤含汞废液生成硫酸亚汞，然后再加铁屑或铜屑置换使汞沉淀回收，吸汞效率可达 95%～99%。

含汞废水的处理方法主要包括滤布过滤和铝粉置换联合法、硫化钠共沉淀法和活性炭吸附法等。滤布过滤和铝粉置换联用法是指使用滤布过滤以除去部分汞，然后在碱性条件下加铝粉置换出汞，汞的总去除率可达97%。硫化钠共沉淀法是指向含汞废水中加入硫化钠，先生成硫化亚汞沉淀，然后进一步分解为硫化汞和汞，最后通过加入硫化钠和硫酸亚铁的共沉淀剂，使硫化汞吸附在硫化铁的絮状物表面上产生共沉淀。

4.6　其他有色金属工艺及汞的排放

4.6.1　锑冶炼

4.6.1.1　锑冶炼工艺

金属锑是我国丰产的有色金属，其储量和产量均居于世界第一。锑是一种无延展性的金属，其性质在有色金属中也比较特殊，按密度大小划分，锑属于重金属，它与其他有色重金属相比，世界年产量较少，可称得上是稀有金属。地壳中含锑矿物分为金属间化合物、硫化矿、氧化矿和天然锑四大类，其中硫化矿物辉锑矿是锑冶金工业的主要原料。

金属锑的冶炼方法，可分为火法和湿法两大类，目前以火法炼锑为主。火法炼锑的主要流程为先经挥发焙烧产出三氧化锑，再进行还原熔炼和精炼，产出金属锑。对于高品位的辉锑矿石或精矿也可采用沉淀熔炼法直接产出金属锑。湿法炼锑可分为碱性浸出-硫代亚锑酸钠溶液电解和酸性浸出-氯化锑溶液电解两种方法[46, 47]。

1. 火法炼锑

在高温下从锑矿石或锑精矿中提取粗锑的冶金过程。主要用于处理硫化锑矿、硫氧混合锑矿。适应于具有易挥发性、易氧化和易还原的特性的锑化合物，主要有沉淀熔炼和挥发焙烧(或挥发熔炼)还原熔炼两类工艺。

沉淀熔炼，又称为硫化锑精矿沉淀熔炼，该方法由英国首先采用，适宜于处理含锑大于50%的锑金矿，其实质是利用铁和锑与硫之间亲和力的差异，在高温下用铁置换锑。

挥发焙烧-还原熔炼：利用硫化锑矿易于氧化挥发的特性，第一环节是使锑氧化挥发。锑氧化挥发有两种方法：一种是在物料不造渣的条件下，挥发焙烧低品位硫化锑块矿石、硫氧混合锑块矿石及高品位硫化锑粉精矿制取三氧化锑；另一种在物料造渣熔化的条件下，挥发熔炼硫化锑精矿、硫氧混合锑精矿及含金的硫化锑精矿，制取三氧化锑和含金粗锑，然后使锑与脉石分离，锑氧化物再经过还原熔炼，生产金属锑，其中挥发焙烧是锑冶炼回收率的重要环节。现用的挥发设备有：回转窑、沸腾炉、烧结机、砖窑、鼓风炉、漩涡炉等。锑氧化物的还原熔炼一般在反射炉内进行，采用无烟煤或木炭为还原剂，碳酸钠为熔剂，温度1000℃。

2. 湿法炼锑

1)碱性湿法炼锑

碱性湿法炼锑是锑精矿经碱性溶液浸出和电解沉积处理产出金属锑的过程。工业上用 Na_2S 和 $NaOH$ 溶液作为浸出剂。碱性浸出具有选择性好和可分离金、银、铅、铜、锌等特点。

浸出原理：精矿中的硫化锑和氧化锑易于与 Na_2S 发生反应，生成水溶性化合物硫代亚锑酸钠(Na_3SbS_3)。反应方程式如下：

$$Sb_2S_3 + 3Na_2S = 2Na_3SbS_3$$
$$Sb_2O_3 + 6Na_2S + 3H_2O = 2Na_3SbS_3 + 6NaOH$$

Sb_2O_4 与 Na_2S 的反应速度较慢，Sb_2O_5 与 Na_2S 的反应要在 403 K 以上才开始。Na_3SbS_3 在溶液中离解为 Na^+ 和 SbS_3^{3-}，在 pH=13.6～14.2 范围内，SbS_3^{3-} 配位离子稳定。Na_2S 极易水解和氧化，生成 $NaOH$、Na_2SO_4、Na_2CO_3 和 $Na_2S_2O_3$。溶液中加入 $NaOH$ 可以抑制 Na_2S 水解和氧化，稳定 Na_3SbS_3 的存在。当 Na_2S 用量不足时，$NaOH$ 也可起溶解 Sb_2S_3 的作用，反应为：$Sb_2S_3 + 6NaOH = 3Na_2S + 2H_3SbO_3$。砷的硫化物和氧化物在碱浸出过程中的行为与相应的锑化合物类似。锑精矿中的其他伴生金属，如铝、铁、铜、锌、铋、钼、镉、银和金以及以毒砂(FeAsS)形态存在的砷，在硫化碱溶液中溶解度极小，富集于浸渣中。

锑电解沉积采用不溶阳极，在直流电作用下使锑精矿碱浸出液中的锑离子被还原沉积在阴极上的过程。这是从锑精矿碱浸出液中制取金属锑的工业方法。

电解沉积原理：在阴极发生 Sb_3^{3-} 被还原成金属的反应，总反应为：

$$2Na_3SbS_3 + 6NaOH = 2Sb + 6Na_2S + 3H_2O + \frac{3}{2}O_2$$

影响电解沉积的主要因素有电解液的组成，电流密度、电解液温度、电解液温度循环速度等。阴极液主要由锑离子、$NaOH$ 和 Na_2S 等组成。锑离子浓度高，有利于提高电流效率，降低电耗。

2)酸性湿法炼锑

酸性湿法炼锑过程主要由锑精矿氯化浸出和回收两阶段组成。锑精矿氯化浸出是在酸性介质中用氯化剂溶出锑精矿中的有价成分的过程。工业上使用盐酸介质，常用的氯化剂有氯气和五氯化锑。浸出作业包括浸出和浸出剂再生两个主要过程。

浸出原理是：氯化浸出实质上是氧化浸出。Sb_2S_3 的氧化还原标准电极电位 E 为 0.486 V，而 Cl_2 和 $SbCl_5$ 的标准氧化还原电位(Cl_2/Cl^-)分别为 1.359 V 和 (Sb^{5+}/Sb^{3+})0.75 V，都可用作浸出 Sb_2S_3 的氧化剂。浸出时锑转变为 $SbCl_3$ 进入溶液，硫氧化为元素硫入渣，反应为：

$$Sb_2S_3+3Cl_2 = 2SbCl_3+3S$$
$$Sb_2S_3+3SbCl_5 = 5SbCl_3+3S$$

硫化锑矿中的杂质，如铅、砷、铜等的硫化物也不同程度地被溶出。

影响浸出的主要因素有盐酸浓度和 Cl^- 浓度、浸出温度、浸出时间和氯化剂(氧化剂)用量等。硫化锑精矿用洗渣水调浆加入 $SbCl_5$ 浸出时，通蒸汽加热保持所需温度，通 Cl_2 浸出反应放热，精矿含锑高(即含硫高)时，足以维持所需温度甚至有余。可控制通 Cl_2 速度或通水冷却，以免温度过高。反应完毕进行液固分离，滤液送去回收锑。用 $SbCl_5$ 溶液浸出时，部分溶液送去再生 $SbCl_5$ 返回浸出，滤渣用水解回收锑的水解液(补足所需 Cl^-)洗涤。滤渣含有较多的元素硫，可用浮选、热滤、凝聚筛分或用四氯乙烯、硫化铵等试剂提取回收。在一般条件下，锑的浸出率可达 98%～99%。氯气和 $SbCl_5$ 等有强烈的腐蚀性，浸出槽外表用防腐漆或玻璃钢防腐蚀。

锑回收是除去锑氯化浸出液中的杂质并获得锑产品的过程。氯化浸出液含有少量 Sb^{5+} 以及铅、砷、铁、铋、锡等杂质离子，工业上主要用水解除杂质，中和脱氯生产锑白。水解除杂质是锑回收的主要作业。$SbCl_3$ 在较高的酸度下发生水解，在 H^+ 浓度为 1～2mol/L 时，锑的水解沉淀就相当完全，而在此酸度下，大部分杂质不发生水解，留在水解液中。三氯化锑水解反应为：

$$SbCl_3+H_2O = SbOCl+2HCl$$
$$4SbCl_3+5H_2O = Sb_4O_5Cl_2+10HCl$$

水解液酸度大于 2.5 mol/L 时，沉淀产物主要为 $SbOCl$；水解液酸度大于 0.25 mol/L 时，则主要为 $Sb_4O_5Cl_2$。

氯化浸出最初用于处理杂质铅和砷含量不高于 0.5% 的单纯硫化锑矿。20 世纪 80 年代后期，也用于处理含铅、砷量高于 0.5% 的精矿，并研究用于处理复杂硫化锑矿，如脆硫锑铅矿等。方法是在浸出、还原、水解或中和过程中加入一些添加剂或改变操作条件，如提高水解的温度。氯化浸出还可用于锑金精矿的预处理浸出脱锑，使金、锑分离。胶体五氧化锑和锑酸钠，多由三氧化二锑和过氧化氢以及氢氧化钠溶液(制取锑酸钠时)反应制得，成本高。氯化浸出液用氯气氧化三价锑为五价锑，水解制取五氧化锑，或再与氢氧化钠反应制取锑酸钠，简化了生产过程，生产成本大大降低，是五氧化锑和锑酸钠生产的发展趋势。

4.6.1.2　锑冶炼过程中汞的归趋

锑冶炼工艺中的汞有两种主要来源：锑原料矿石和煤炭。由于锑和汞两种元素的地球化学性质相似，锑矿和汞矿常发生共生和伴生现象。辉锑矿与辰砂经常密切共伴生，形成锑汞矿床。锑矿石的工业类型，根据我国锑矿床物质成分特点，有的以锑为主的单一矿床，更多的是多组分共伴生矿床，故锑矿石工业类型有：单一锑、锑金、锑汞、锑金钨、锑钨等。在锑矿石的冶炼中，会由于矿床伴生的原因，产生一系列重金属污染物。此外，锑冶金的主要原料焦炭的使用，也是体系中汞的重要来源之一。体系中的汞在冶炼过程中逐渐累积，主要聚集在废气和废渣中。

废气汞集中于鼓风炉、反射炉等处的加料口、出料口、出渣口以及皮带机受料点。它是原料矿石中和焦炭中的含汞化合物在高温燃烧过程中分解而产生的。在一些工艺中，鼓风炉的烟气会经过表面冷却器→袋式收尘器→脱硫处理，在此过程中，颗粒态汞会吸附于粉尘表面，绝大部分会被袋式除尘器捕集下来，二价汞则在经过脱硫塔的过程中溶于湿式脱硫装置中。剩余的单质汞则会被排入环境中。经过冷却和袋式除尘器后得到的粉尘颗粒，被作为原料在反射炉中进行还原熔炼、精炼。颗粒态汞重新进入燃烧体系进行价态转变。反射炉后的尾气进行表面冷却器袋式收尘器的两步净化工艺，此时烟气中主要成分二价汞和单质汞则会被排入环境。

废渣中的汞主要存在于脱硫渣和污水处理渣中。脱硫渣通常作为一般工业固废进行再利用，用于制作石膏板或井下充填等材料。污水处理渣属于危险固废，通常作为鼓风炉系统的配料使用，并进入冶炼体系中进行再循环[48]。

4.6.2　铝冶炼

4.6.2.1　铝冶炼主要工艺及发展情况

在很多常用的金属中，铝的物理性质具有优越性，如密度小，导电、导热和反光性能很好等。铝在自然界中分布极广，含铝的矿物总计有 260 多种，其中最主要的是铝土矿、高岭土、明矾石等[49]，地壳中的铝含量为 8%，仅次于氧和硅，居第三位。其广泛用于电器工业、无线电工业等；在冶金工业被广泛用作脱氧剂。

金属铝最初用化学法制备。自 1825 年以来，不同科学家分别利用钾汞齐和钾还原无水氯化铝制备金属铝，用钠还原 NaCl-AlCl₃ 络合盐，用镁还原冰晶石来生产铝。1886 年美国霍尔和法国埃鲁特通过实验同时申请了冰晶石-铝熔盐电解法的专利，这就是沿用至今的霍尔-埃鲁特(Hall-Heroult)法。目前全世界共有 67 个国家生产铝，2012 年世界原铝产量约 4700 万吨[22]，这些铝都是用电解法生产出来的。铝的生产工艺主要包括电解铝和碳热还原炼铝。

1. 电解铝工艺

现代铝工业生产以拜耳法、烧结法或联合法生产的氧化铝为原料，采用冰晶石-氧化铝熔盐电解法生产金属铝。氧化铝呈白色粉末状，熔点高达 2323 K，难以直接熔化提炼铝。但固体氧化铝可部分地溶解在熔点较低的熔融冰晶石中，形成导电性良好的均匀熔体，使铝电解能在较低温度下进行。其中全世界生产的氧化铝和氢氧化铝有 90%以上是拜耳法生产的，其生产氧化铝的基本流程如图 4.24[49]所示。

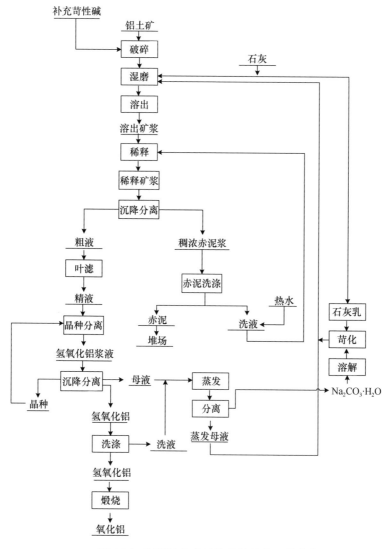

图 4.24　拜耳法生产氧化铝的基本工艺流程

图 4.24 为拜耳法生产氧化铝的具体工艺流程图，铝土矿经过破碎、湿磨、溶出、稀释、沉降分离等物理操作后，其基本过程主要包括分解和溶出两个部分。铝酸钠溶液在常温下，添加氢氧化铝作为晶种，不断搅拌，溶液中的 Al_2O_3 便以氢氧化铝形式慢慢析出。同时，析出大部分氢氧化铝后的溶液就是分离母液，在加热时溶出氧化铝水合物。交替使用分解和溶出两个过程对铝土矿进行批量处理，就可以得到纯的氢氧化铝产品，经过煅烧即可得到氧化铝产品。

电解法以碳素体作为阳极(预焙阳极块)，铝液作为阴极(表 4.15)，向电解槽内通入直流电流，在 1213～1233 K 条件下，阳极气体主要有 CO_2 和 CO 气体，其中也含有一定量的 HF 等有害气体和固体粉尘，经净化处理除去有害气体和粉尘后排入大气；阴极析出的产物铝液通过真空处理从电解槽内抽出，经混合炉内净化澄清之后浇铸成铝锭，或生产成线坯、型材等，其中铝含量一般达到 99.5%～99.7%[22]。其生产工艺流程如图 4.25[50]。

表 4.15　电解铝两极电化学反应

阴极	阳极
$Al^{3+}_{(络合状)}+3e \longrightarrow Al_{(液)}$	$O^{2-}_{(络合状)}-2e \longrightarrow O_{(原子)}$
	$2O_{(原子)}+C_{(固)} \longrightarrow CO_{2(气)}$

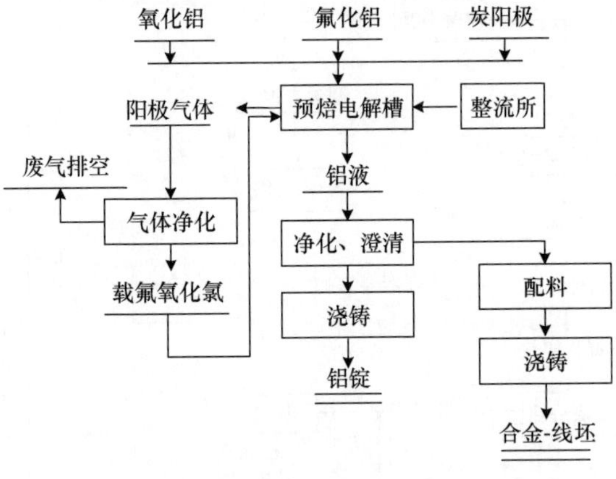

图 4.25　铝电解生产工艺流程简图

冰晶石-铝熔盐电解法发明至今，已有一百多年的历史，电解法基本理论变化很小，但电解槽的型式和容量发生了很大的变化。当前，世界各国正在竞相发展大型中间下料预焙阳极电解槽。此种预焙槽向大型化、大电流、自动下料、自动处理阳极效应、电子计算机控制生产的具有当代先进科学技术水平的现代化槽型方向发展。从环境及能源角度来看，伴随着电解铝工艺的进一步成熟，很多大型铝业集团相继采用 160 kA 以上的大型预焙槽，并且在废气治理方面取得了很大的进步，但是小型铝厂的技术没有得到明显改观。

2. 碳热还原炼铝工艺

碳热还原炼铝工艺是另一类原理的炼铝工艺，采用还原的方法利用还原剂碳从氧化铝还原金属铝，主要包括高炉炼铝、电热法炼铝硅合金、碳热还原法制备金属铝等。此法可以利用较为便宜的含铝矿石为原料，降低生产成本。在氧化铝生产过程中，主要污染物有二氧化硫、赤泥、尾矿液；电解铝生产产生的烟气含有氟化物、沥青烟、粉尘等；铝土矿开采不仅会产生粉尘及固体废弃物污染，还可能导致地貌变化、植被破坏等现象[51]。

高炉炼铝是将铝土矿、黏土等含铝矿物与煤粉混合成形后进行焦化，在高炉内进行还原生成粗铝合金，再经过与电解铝相似的后续程序得到纯铝。此法省掉了由铝土矿生成氧化铝的工序，且不必使用高品位的铝土矿。

电热法炼铝硅合金的工艺路程如图 4.26[49]所示，主要分为碳热还原氧化铝直接得到铝和碳热还原氧化物得到合金等两类。电热法可以广泛地应用自然界的各类铝矿，无需氟化盐，且使用交流电省去了电解法的整流设备。但用一次铝合金提炼工业纯铝的成本仍比电解法高。

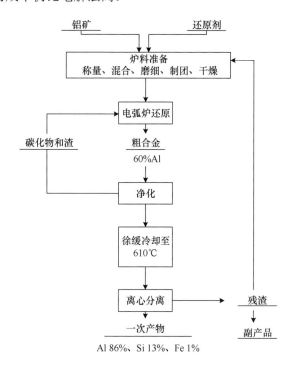

图 4.26　电热法炼铝的生产流程

4.6.2.2　铝冶炼过程中汞的归趋

汞在天然水中的浓度为 0.03～2.8 μg/L。在冶金、化工、化学制药、仪表制造、电气、木材加工、造纸、油漆颜料、纺织、鞣革、炸药等工业的含汞生产废水都可能是环境水体中汞的污染源。其中冶炼厂的溶解性汞达 0.002～0.004 mg/L。

对铝制品的汞含量控制有相应的法规要求。因为铝在人们的日常生活中常被制成易拉罐、饭盒和储水罐等，如果金属铝中所含的汞超出标准，人长期食用，必将损害健康。纯铝中杂质元素有 Ca、Mg、Cu、Fe、Zn、Ti、V、Ga、Mn 和 Hg 等[52]。聚氯化铝中汞的含量是衡量净水剂卫生状况的重要指标，国家标准方法 GB 15892—2009《生活饮用水用聚氯化铝》中提出生活饮用水用聚氯化铝的汞的质量分数小于等于 1.0×10^{-7}。铝合金广泛应用于建材、电子元件、轻工业及民用等方面，欧盟颁布的报废电子电器指令(WEEE)规定了电子电器产品中汞的质量分数不得超过 1 g/kg[53]。

铝冶炼产生的汞相对较少，因此，当前很少有相关报道。由铝冶炼工艺可知，汞的来源可能是铝选矿、电解铝和氧化铝自身伴生产生。由于在电解铝工艺中，铝土矿是经过破碎、湿磨、溶出、稀释、沉降分离等物理操作，故而大部分二价汞都溶于矿浆液等溶液中，在煅烧氢氧化铝时，有可能有残存的少量汞以单质汞形式进入气相中。在碳热还原炼铝工艺中，由于是使用碳热在高温下还原氧化铝，故而，大部分汞是以单质汞的形式进入气相中，而一次产物及残渣中含汞量较少。

目前没有专门针对汞的控制措施，汞一般随着其他污染物处理设施(如烟气净化装置和废水净化装置等)被除去。

4.6.3　镁冶炼

4.6.3.1　镁冶炼主要工艺及发展情况

镁是一种重要的工程材料，具有密度小、电磁屏蔽性好、减震性好、比强度高、容易热成型、加工成本低等特点。镁及镁合金在汽车制造、航空航天、电子电器、光学仪器、交通等领域具有重要的应用价值和广阔的发展前景，被誉为世纪的绿色工程材料和最具前途的轻量化材料[54]。镁作为工程材料有着巨大的生产和消费量，2015 年全球镁生产量和消费量分别约为 100.2 万吨和 98 万吨。我国是镁的生产和消费大国，2015 年我国原镁产量 85.21 万吨，镁合金产量 24.16 万吨，镁粉产量 11.27 万吨，而全国镁消费量达 36.52 万吨[55]。

镁的生产方法主要有电解法和热还原法两大类，其中熔盐电解法可根据原料的不同(菱镁矿、光卤石、卤水或海水等)分为道屋法、诺斯克法、氧化镁氯化法和光卤石法等，热还原法又可分为皮江法、巴尔扎诺法、MTMP 法和马格尼特法。

热还原法中大部分都使用硅作为还原剂，这类方法称为硅热法。其中我国的原镁98%以上由硅热法生产[56]。

电解法的工艺流程如图 4.27 所示。其基本原理是电解熔融状态下的无水氯化镁得到金属镁。电解法制取制备的金属镁纯度较低，是含有较多杂质的粗镁。电解法的原料无水氯化镁可以通过菱镁矿、光卤石、卤水或海水等制得，但无水氯化镁的制备工艺存在控制难度较大、电能消耗大的问题。据统计，用于氯化镁脱水的费用占金属镁的生产成本一半以上[57]。

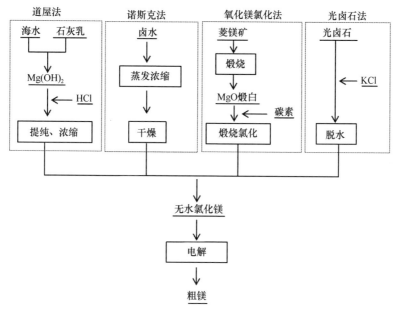

图 4.27　电解法工艺流程图

热还原法的工艺流程如图 4.28 所示。可以看出皮江法炼镁的主要流程是白云石经过破碎、煅烧、研磨后与硅铁粉(还原剂)和萤石粉(催化剂)混合均匀压制制团，然后在 1100℃高温真空还原罐中加热还原得到镁蒸气，高温镁蒸汽最后经冷凝冷却结晶得到粗镁。巴尔扎诺法由皮江法演化而来，是将煅烧后的白云石与硅铁混合制团，并用电热器直接对团块加热，还原罐内反应温度为 1200℃，压强为 3 Pa。马格尼特法以白云石和铝土矿为原料，用硅铁还原得到镁。马格尼特法同样采用电加热方式，反应温度为 1300～1700℃，但炉内所有物质均为液态。由于该法采用连续加料，间歇排渣的方式，故又被称为半连续热还原法。MTMP 法(Mintek Thermal Magnesium Process)炼镁工艺则由南非的 Mintek 与 Eskom 公司共同开发，是将白云石与硅铁在电弧炉中反应，反应温度为 1700～1750℃，再经过冷凝得到粗镁。MTMP 法的废渣可以连续排放。

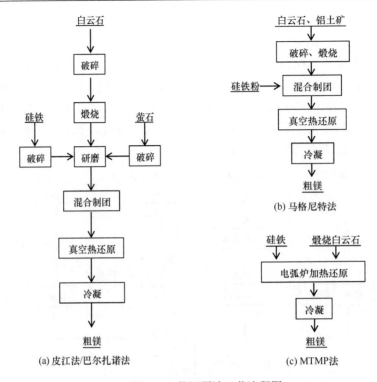

图 4.28　热还原法工艺流程图

硅热法得到的粗镁中往往含有蒸气压较高的钾、钠、锌等金属杂质和来自炉料的非金属杂质，如氧化镁、氧化钙、氧化铁、二氧化硅等。粗镁体积大，材质疏松，不易保管和储存，因而需要进一步精炼，精炼工艺流程如图 4.29[58]所示，粗镁可以用溶剂精炼制成精镁锭。此外，由于金属镁性质活泼，易受腐蚀，因而还需对镁锭进行表面处理。对于需要长期保存的镁锭，可用机械方法清理表面，用清水洗涤，浸入 40 g/L 的稀硝酸中清洗，然后浸入镀膜液中镀膜，再经水洗及真空干燥完成精炼。对于很快就使用的镁锭，可不进行表面处理，或用碳酸钠溶液洗去表面盐类，再浸入稀硝酸中洗涤，最后用冷水清洗，干燥。

4.6.3.2　镁冶炼过程中汞的归趋

由镁冶炼工艺可知，汞的来源主要是矿石。汞在煅烧的过程中进入烟气，或随着残渣外排。徐德朋[59]对部分白云石样品中重金属含量进行了测定，其中汞含量为 0.172 ppm，相比于铅(2.900 ppm)和砷(0.720 ppm)，汞含量较低。胡晓静、曾泽等[60-62]都曾对轻烧白云石中的汞含量进行了测定，汞含量在 0.02～0.62ppm 之间。

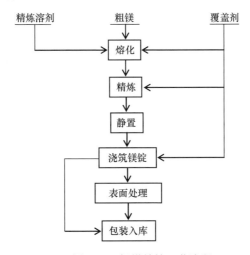

图 4.29　粗镁精炼工艺流程

根据镁冶炼生产中的工艺过程，对其中可能发生的化学反应进行分析，可以得出汞在镁冶炼过程中的大致流向，具体包括：矿石煅烧产生的烟气、热还原产生的废气或者直排的废气、电解车间产生的废水、热还原废渣以及表面处理工段产生的废水。

与铝冶炼过程中的汞控制相类似，镁冶炼产生的汞相对较少，目前没有专门针对汞的控制措施，汞一般随着其他污染物处理设施被除去。因此，可以通过去除镁冶炼过程产生的废气、废水及废渣进而去除汞。

废气中的汞可以经除尘设备碱液喷淋脱硫装置去除。电解法冶炼镁过程产生气体净化废水和氯气导管及设备冲洗废水，含盐酸、硫酸盐、游离氯和大量氯化物，常用石灰乳或石灰石粒料作中和剂中和后排放。此外，镁冶炼还原废渣则可进行综合利用，用于制作墙体材料、路用材料、水泥混合材料、水泥熟料、陶瓷球等。

4.7　含高浓度硫和汞烟气的测试方法

高汞、高硫烟气汞浓度测试步骤主要包含采集、制备和测定。监测方法主要包括离线测试方法和在线测试方法，其中离线方法是用吸收液或吸附剂采集烟气样品，将其转化为固体或液体后再进行分析。采样方法种类较多，根据原理主要可分为两类：一类方法建立在干吸收剂法基础上，包括金丝管吸附法、MESA(Mercury Speciation Adsorption)方法[63]及芬兰 VTT 建立的扩散管法、30B 法等[64]；另外一类为湿化学方法，主要包括 EPA Method 101、EPA Method 101B、

EPA Method 29、Ontario Hydro Method(OH Method)。30B 干法采样可用于检测烟气中的蒸气态汞，包括单质汞和二价汞[65]。其原理是用活性炭或具有类似吸附作用的化学试剂作为吸附剂来吸附烟气中的气态汞。该法主要应用于气态汞浓度较低的(如火电厂)烟气采样测试，不适用于高汞、高硫浓度的烟气测定。湿化学方法相对干吸收剂法来说，具有样品采集体积大，采样时间长等优点[66]，适合作为气体成分及流量波动较大的固定源汞排放的测量方法。在湿法采样方法中，EPA Method 29 和 Ontario Hydro Method 又是最为常用的两种方法[67]。有色金属冶炼烟气普遍具有汞浓度高、二氧化硫浓度高、烟气波动大等特点[68]，本节基于烟气汞湿法采样方法，并结合有色金属冶炼烟气的自身特性，介绍了适合于有色冶炼烟气中汞的采样与分析方法。

4.7.1 采样方法

固体样品的采集主要可分为移动流采样法和静止堆采样法。根据采样方法，移动流采样法又可分为皮带采样法和落流采样法，静止堆采样法可分为运输工具采样法和堆场采样法；根据采样方式，移动流采样法可分为系统采样法和分时随机采样法，静止堆采样法可分为系统采样法和分区随机采样法。固体样品的制备参照 ASTM 标准方法 D2013-03，样品首先通过空气干燥至恒重，然后用球磨机研磨至 80 目(粒径约为 200 μm)，将样品放入自封袋中，写上编号，置于阴凉处以供分析之用。

液体样品的采集一般采用移动流采样法，以分时随机采样的方式采取，每个样品包含 10～20 个子样品。在采样过程中加入少量硝酸，以利于保存。

选择合适的采样技术和测试方法来测定汞浓度是控制大气汞污染的关键问题之一。有色金属冶炼烟气具有高硫高汞、烟气波动大的特点。因此应优化传统采样测试技术，以符合测试需求。

湿化学法是最常见、最标准的采样技术，主要包含 EPA Method 29 和 Ontario Hydro Method(OH)、TB 法和 IB 法等。这类方法的共性是通过分离颗粒态的汞和气态形式的汞，分别对烟气中不同形态的汞进行捕集，对于不稳定的 Hg^0，一般用强氧化剂将其氧化成 Hg^{2+} 后再进行分析测定。OH 法和 EPA 29 法最为常用，TB 法和 IB 法由于不属于标准方法故实用性较低。

Ontario Hydro 方法(简称 OH 方法/OHM，中文名安大略法)是美国试验材料会(ASTM)的 D6784-02 标准方法[69]，是根据美国 EPA 的 M5 标准方法改进的专门用于采集和分析烟气中不同形态汞含量的方法。该方法采用 3 个含 1 mol/L 的 KCl 吸收液的吸收瓶吸收烟气中的二价汞，1 个含 $1\%H_2O_2$-$5\%HNO_3$ 吸收液的吸收瓶吸收烟气中的 SO_2，然后用 3 个含 $4\%KMnO_4$-$10\%H_2SO_4$ 吸收液的吸收瓶吸收烟气中的 Hg^0，最后用干燥剂吸收烟气中的水分。整个方法灵敏度高(约为 0.5 μg/m³)，适用于测定燃煤电厂源排放的气态二价汞、单质汞、颗粒态汞的含量和总汞的含量，缺点是无法得到实时的数据结果，飞灰中未完全燃烧的碳也会吸附汞，导致一定的测试误差。

EPA Method 29 主要用于测量固定源的重金属排放，可测量颗粒态和气态的汞排放。该方法使烟气通过加热的石英纤维滤膜和一组冰浴中的吸收瓶，整个吸收瓶体系采用 3 个 $10\%H_2O_2$-$5\%HNO_3$ 吸收瓶吸收烟气中 SO_2(同时吸收 Hg^{2+})，然后用 3 个 $4\%KMnO_4$-$10\%H_2SO_4$ 吸收瓶(吸收 Hg^0)，而 Hg^p 被滤膜吸附捕集。

有色金属冶炼烟气具有两个显著的特点：一是烟气中的 SO_2 浓度在 $4\%\sim8\%$，比电厂高 $2\sim3$ 个数量级，如此高浓度的 SO_2 会干扰样品采集，大量 SO_2 会把吸收液中的 H_2O_2 和 $KMnO_4$ 还原，使得后续吸收液迅速被还原褪色，导致吸收液对汞的吸收不完全；二是烟气中气态汞浓度一般处于 mg/m^3 数量级，有时甚至高达几十个 mg/m^3，比电厂高 $2\sim4$ 数量级(电厂的标准为 30 ug/m^3)，也远远超出了 EPA Method 29 的检测上限。因而 OH 法和 EPA Method 29 的标准操作条件均不适用于有色冶炼烟气汞的测量，需要对其进行改进，改进后的装置主要包括恒温采样管(由内插管、静压测量管、热电偶、采样管嘴等组成)、恒温过滤箱(由过滤器和恒温控制器等部分组成)、吸收瓶体系(数个不同的吸收瓶)、采样抽气泵等。

研究表明，酸性条件下 H_2O_2 对 SO_2 具有极强的氧化能力。因此为了消除 SO_2 对吸收装置的影响，对于含高浓度 SO_2(大于 1%)烟气，根据烟气中 SO_2 的浓度来确定吸收瓶中 H_2O_2 的浓度。而且为了确保能完全捕集烟气中的气态汞，需增加一个 H_2O_2-HNO_3 和一个 $KMnO_4$-H_2SO_4 吸收瓶[70]，改进后的 EPA Method 29 吸收系统如图 4.30 所示。但是，由于大量的 SO_2 进入吸收液后可能会使 Hg^{2+} 还原为 Hg^0，而高浓度 H_2O_2 则使 Hg^0 转化为 Hg^{2+}，因此这种测试方法只能测定烟气中总汞浓度，对烟气中不同形态汞的测定不准确[71]。

为了对有色冶炼烟气中汞的形态分布进行测定，研究者针对 OH Method 方法进行了进一步的研究和完善，并提出了改进型的烟气采样方法[71]。该方法采用浓度为 1 mol/L 的 KOH 溶液替换了 KCl 溶液，用于吸收有色冶炼烟气中高浓度的 SO_2，减少其对后续吸收瓶中 Hg^{2+} 的还原作用，从而达到对不同形态汞进行同步采样的目的。目前常用的有色烟气汞采样方法如表 4.16 所示。

4.7.2　分析方法

液体样品汞含量的分析一般采用美国环境保护局推荐的 EPA Method 7470A。该方法主要原理是利用汞蒸气对波长为 253.7 nm 的紫外光的吸收作用，通过将液体样品中的汞还原成单质汞，并将其通入原子吸收光谱仪的光池中，然后通过检测 253.7 nm 处吸收峰的强度计算出汞的含量。方法的检出限为 0.0002 mg/L。

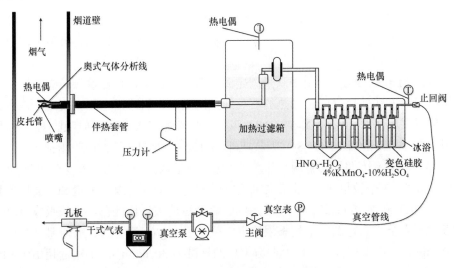

图 4.30　改进的 EPA Method 29 汞采样系统示意图

表 4.16　烟气汞吸收采样方法

测量方法	Hg^P 采集	吸收液组成(采集气态汞)			是否分形态
		第一组	第二组	第三组	
EPA Method 101	滤膜	无	无	4(4%KMnO$_4$-10%H$_2$SO$_4$)	否
EPA Method 29	滤膜	空瓶	3(5%HNO$_3$-10%H$_2$O$_2$+空瓶)	3(4%KMnO$_4$-10%H$_2$SO$_4$)	否
OH Method	滤膜	3(1M KCl)	1(5%HNO$_3$-1%H$_2$O$_2$)	3(4%KMnO$_4$-10%H$_2$SO$_4$)	是
改进方法	滤膜	3(1M KOH)	1(5%HNO$_3$-3%H$_2$O$_2$)	3(4%KMnO$_4$-10%H$_2$SO$_4$)	是

注：括号前的数字表示采样瓶的数量，括号内的组分为吸收液组分及浓度

　　在利用该方法时，需加入高锰酸钾防止硫化物等物质的影响。以硫化钠为例，溶液中硫化钠浓度高于 20 mg/L 时可能会影响汞的消解。此外，浓度超过 10 mg/L 的铜也将影响汞的消解以及之后的实验准确度。而对于高氯溶剂(如海水、卤水等)，则需加入额外的高锰酸钾(25 mL)和过量的硫酸羟胺(25 mL)这是因为氧化的过程中，氯会转变成游离态的氯，同样会对 253.7 nm 的辐射产生吸收峰，因此可加入高锰酸钾和硫酸羟胺以排除游离氯的影响。

　　对于固体样品中的汞含量主要有两种检测方法：一种是将固体样品进行消解，对消解液进行分析；另一种是直接分析，通过 EPA Method 7473 进行检测。EPA Method 7473 方法首先将固体样品加热分解，并利用氧气将分解产物输送到分解炉的催化部分。待到分解产物氧化完全，且卤素、氮氧化物、硫氧化物等被捕集，余下的分解产物被输送到一个对汞有选择性捕集的汞齐反应器。等到系统中的参与气体和分解产物被氧气带走以后，通过快速加热汞齐反应器释放其中的汞蒸气。载气携带着汞蒸气依次通过一个长光程和一个短光程的单波长吸收光池，光谱仪通过测量 253.7 nm 处的吸收峰强度可计算出汞的含量。该方法检出限为 0.01 ng，检测范围为 0.05～600 ng。

4.8　有色金属行业汞的排放控制技术现状与展望

4.8.1　源头控制技术

在我国已经探明的矿床之中，单一矿种的矿床相对较少，大部分伴生有一种或多种伴生矿产，特别是分散元素，基本上都是作为伴生矿产产出。在有色金属如铅、锌等矿物中经常还有不同含量的汞伴生矿，导致在其冶炼过程中会产生高浓度的含汞烟气。因此，通过选矿的方法对有色金属原矿中的伴生汞矿进行初步分离，实现有色金属冶炼烟气汞的源头进行控制就非常必要。

当前的选矿方法主要是利用矿物的物理化学性质，例如密度、硬度、磁性、导电性、湿润性等的差异从原矿中分离回收有用矿物成分，从而将伴生矿或杂质进行初步去除。可以用于有色金属筛选的主要选矿方法主要有浮选法、重力选矿法、静电选矿法等。

通过适当的选矿方法，一方面可以提高有色金属矿产的生产效率，提高有色金属的再生和循环利用；另一方面还可以减少有色金属精矿原料中汞的来源，以减少冶炼过程汞向烟气的释放。

除了选矿方法之外，我国有色金属冶炼(如铅、锌等)产能严重过剩，严重污染环境，其加剧了汞向环境的排放，因此，还应该严格控制有色金属冶炼项目的建设，并且对一些没有自有矿山、技术落后的有色金属冶炼企业要逐步进行淘汰。为了加快产业结构调整，促进有色冶炼工业的持续健康发展，加强环境保护，综合利用资源，进一步提高准入门槛，规范有色金属行业的投资行为，制止盲目投资和低水平重复建设，国家发展和改革委员会会同有关部门制定了《铅锌行业准入条件》，规定新建锌冶炼项目单系列冶炼规模必须达到 10 万吨/年及以上，企业自有矿山原料比例达到 30%以上。在今后应该严格按照《铅锌行业准入条件》执行，减少低水平的锌冶炼项目建设。在冶炼工艺方面，《铅锌行业准入条件》规定新建锌冶炼项目，硫化精矿焙烧必须采用硫利用高、尾气达标的沸腾焙烧工艺，单台沸腾焙烧炉炉床面积必须达到 109 m^2 及以上，必须配备双转双吸等制酸系统。这些措施都有利于减少污染物的排放，进而降低汞的释放。

4.8.2　汞协同控制技术

典型的有色金属冶炼烟气净化工艺一般由除尘、洗涤和脱硫(或制酸)等几个部分组成[82]：冶炼烟气首先经过除尘设备(如静电除尘器、袋式除尘器等)将烟气中粉尘进行捕集；然后烟气通过湿法洗涤装置(如喷淋塔、填料塔等)进行降温处理；最后烟气中的二氧化硫由"两转两吸"制酸工艺或湿法脱硫装置等进行去除。而有色金属冶炼烟气中的汞主要有颗粒态汞、二价汞和单质汞三种形态，其中颗粒态汞和二价汞容易被除尘装置和湿法洗涤装置去除，因此现有的有色金属冶炼烟气净化设备可以同时去除一部分的烟气汞。如何有效利用现有的有色冶炼烟气净化装置，提高其对烟气汞的协同去除性能，对于实现有色冶炼烟气汞减排具有重要意义。

4.8.2.1　同步除尘除汞技术

为了提高除尘设备对烟气汞的去除效率，一般采用投加吸附剂的办法。通过在除尘装置入口喷入高性能吸附剂对烟气汞进行捕集，最后吸附剂随烟气粉尘一并被除尘装置去除，从而达到去除烟气汞的目的。常见的吸附材料主要分为炭基和非炭基材料两大类。炭基吸附剂有包括活性炭、活性焦等，其中除汞专用的活性炭具有较高的汞吸附容量，也已经在国外得到了广泛应用。但是活性炭吸附剂价格昂贵，在大规模工业化应用过程中受到了经济方面的制约，很难在我国推广应用，开发利用廉价高效的汞吸附剂势在必行。因此，以过渡金属氧化物、稀土金属氧化物等为代表的非炭基汞吸附剂得到了深入研究。不过目前非炭基汞吸附剂还处于研究阶段，其汞吸附能力有限，尚不能满足有色冶炼烟气汞去除的需求，有待进一步研究。

4.8.2.2　同步脱硫除汞技术

有色冶炼烟气中的低浓度的二氧化硫则一般利用湿法脱硫工艺进行去除。而烟气中的二价汞一般易溶于水，因而在烟气湿法洗涤过程中会被一并去除，进入脱硫液中。但是单质汞却由于其具有不溶于水，且易挥发等特点，很难被湿法脱硫设备有效去除。所以，为了提高湿法脱硫设备的除汞效率，需要对烟气中的汞形态进行调控，将难被吸收的单质汞转化为易被去除的二价汞。通常采用的汞形态调控方法主要包括直接氧化法和催化氧化法。直接氧化法是在烟气中直接喷入氧化剂将单质汞转化为二价汞，常见的烟气汞氧化剂包括卤素、臭氧和双氧水等。而催化氧化法则是利用催化剂对单质汞进行形态调控。

冶炼烟气中高浓度二氧化硫常采用两转两吸等制酸工艺进行回收利用，而制酸工艺对于冶炼烟气中的单质汞有较高的去除效率。这是因为在制酸工艺中经常使用五氧化二钒作为催化剂将二氧化硫氧化为三氧化硫，在此过程中单质汞也会被氧化，生成易被吸收的二价汞。此外，烟气中的单质汞还能被硫酸直接氧化生成硫酸汞。因此，经过制酸工艺后，烟气中的大部分汞会被一并吸收去除，最终进入硫酸产品中。

当有色冶炼烟气净化工艺中不包括制酸工艺，且烟气中单质汞浓度非常高，具有很高的回收价值时，针对高浓度的单质汞，一般需要采用专门的回收技术。

4.8.3　高浓度含汞烟气的治理与回收技术

4.8.3.1　直接冷凝法

汞在常温下即可蒸发，其蒸气无色无味。汞的蒸气压随着温度的升高而增大，汞的蒸气压与温度的关系如表 4.17 所示。

表 4.17　汞的蒸气压与温度的关系[83]

温度/℃	压力/mmHg	温度/℃	压力/mmHg	温度/℃	压力/mmHg	温度/℃	压力/mmHg
−30	0.000005	80	0.0888	190	12.423	300	246.8
−20	0.000018	90	0.1582	200	17.287	310	305.9
−10	0.000061	100	0.2729	210	23.72	320	376.3
0	0.000185	110	0.4572	220	32.13	330	459.7
10	0.000490	120	0.746	230	42.99	340	557.9
20	0.001201	130	1.186	240	56.85	350	672.7
30	0.002771	140	1.845	250	74.37	360	806.2
40	0.006079	150	2.807	260	96.30	370	960.7
50	0.01267	160	4.189	270	123.50	380	1138.4
60	0.02524	170	6.128	280	156.90	390	1341.9
70	0.04825	180	8.796	290	197.0	400	1574.1

注：1 mmHg=133.3 Pa

汞的蒸气压随温度不同，变化非常显著。如在 20℃和 100℃时，汞的饱和蒸气压相差 200 多倍。有色金属冶炼烟气的温度一般较高，有的甚至高达 1000℃以上，此时烟气中的汞几乎全部以单质汞的形态存在。而在烟气进入除尘装置前通常需先将温度降低至设备要求的水平，因此可以在烟气降温过程中利用汞的蒸气压下降而对其进行冷凝去除。

冷凝法除汞即通过特定冷凝器将烟气中的汞集中冷却，从而达到与烟气分离的目的。该法既可实现烟气汞的去除，又能将汞进行回收利用。不过，有色金属冶炼烟气量一般比较大，而冷凝法的汞去除效率偏低。此外，汞的饱和蒸气压较大，即便将烟气温度降低到 20℃，烟气中的汞浓度仍然高达十几 mg/m³。若要提高冷凝法的除汞效率，降低尾气中的汞浓度，就需要将烟气温度降至零度以下，由此而导致的能耗非常大。因此，该法一般仅仅作为汞的预去除方法，需要与其他除汞技术联合使用。

我国葫芦岛锌厂曾采用直接冷凝法处理 0.1%含汞量锌精矿的冶炼烟气。冶炼烟气经电除尘器后，烟温降至 100~300℃，含汞量为 300~500 mg/m³，随后进入第一洗涤塔。烟气在第一洗涤塔中进一步去除剩余粉尘，同时烟温降至 60 ℃ 左右，再输送至石墨气液间冷器。在石墨气液间冷器中，烟气中 80%的汞蒸气冷凝成液态汞和汞齐，此时烟温已降至 30℃以下。最后将烟气输送至第二洗涤塔，进一步脱去金属汞和汞齐后送入制酸烟气系统中。经直接冷凝法处理后的烟气汞净化率约为 80%～90%，但其含汞量仍达 50 mg/m³，还需通过其他脱汞工艺进一步降低烟气汞含量，方能满足制酸标准[72]。

4.8.3.2　吸附法回收汞技术

有色金属冶炼烟气经过除尘、冷却装置以后，还可以通过吸附法对烟气汞进行捕集回收。当前应用于有色金属冶炼烟气汞去除的吸附方法主要有硒过滤器法、碳过滤器法、多硫化钠吸附法等。

1. 硒过滤器法

硒过滤器的过滤元件是经过硒浸泡过的、多孔的载体。过滤元件是将活性炭载体浸泡在二氧化硒溶液中，生成活性硒负载在活性炭载体上。使用过程中，含汞烟气经过除尘、冷却、干燥等处理后引入吸附塔与硒过滤器进行接触吸附。硒过滤器的捕集效率约为 90%，硒过滤元件的饱和汞吸附量可达自身重量的 10%～15%。这种过滤元件能够连续地吸收汞，吸附达到饱和后可将其作为生产汞的原料，并使硒的活性再生。硒过滤器的缺点是它对水分十分敏感，当水分在其中凝结时，元件的过滤效率会暂时降低。如果未生成黑色的硒，能够用干燥的方法回复过滤元件的活性；如果黑色的硒生成了，过滤元件的活性就无法恢复。正因为如此，如果烟气中含有水分，则必须通过除雾器除去水雾，同时需采取措施降低烟气的相对湿度。此外，该法除汞需要较长的接触时间，而且出口烟气汞浓度的理论值会受到 HgSe 的平衡蒸气压限制。

位于瑞典谢莱夫特的波立登液体 SO₂ 制造厂使用的汞吸附法即为硒过滤器法，其工艺流程主要包括除尘、干燥和过滤三部分，工艺流程图如图 4.31 所示。

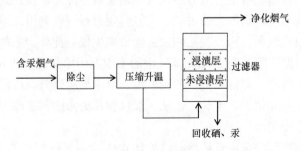

图 4.31　硒过滤器法吸附汞工艺流程图

该厂产生的烟气温度约为 30℃，SO_2 含量为 4%～5%，Hg 含量 0.85 mg/m³，还含有一定量的饱和水蒸气。气体在经过除尘后经干燥器压缩升温，相对湿度减少，以防止因水分凝结而降低过滤效率。

之后气体进入过滤器。过滤器的结构很简单，是一个顶部封闭的，立式圆筒形过滤塔，塔内由惰性多孔材料组成过滤介质。过滤元件的尺寸如表 4.18 所示[73]。过滤介质厚 0.5 m，其中外层 0.3 m 的介质经硒酸浸渍，含有红色无定形硒沉淀，反应如下：

$$H_2SeO_3 + H_2O + 2SO_2 \longrightarrow Se + 2H_2SO_4$$

烟气从过滤塔的下部通过，首先通过未被浸渍过的介质，从而脱除气体中的液滴，然后通过浸渍过的硒过滤层，汞在此过程中被脱除。在过滤器的汞含量达到 10%～15% 时，需清理过滤器，并回收汞和硒。过滤器的总过滤面积约 100 m²，分成两个平行单元，每单元高 4.4 m，直径 3.2 m。过滤气速为 0.17 m/s，气体与过滤层的接触时间为 1～2 s。处理 60000 Nm³/h 的气体时，过滤器的效率约为 90%，偶尔可达 99.9%，出口 Hg 含量约为 0.085 mg/m³ [74]。

表 4.18　圆筒形干式过滤器尺寸

气量/(Nm³/h)	55000	70000
过滤面积/m²	31	39
高度/m	4.4	5.0
外径/m	3.2	3.5
内径/m	2.2	2.5
床层体积/m³	19	24
硒含量/t	1.3	1.7

2. 碳过滤器法

碳过滤器的形式同硒过滤器一样，是将经过活化处理的活性炭制作为吸附元件。碳过滤器设置在硫酸车间的烟气干燥塔和鼓风机之间，过滤层用活性炭填充，其汞捕集效率约为 90%。装有活性炭的过滤器，在投入使用之前所用的碳必须经活化处理。用 100%SO_2 气进入碳过滤器，直到不再发生热为止，然后在极谨慎和细心的操作条件下，再从干燥塔引入一定量的烟气进入系统。在这个阶段，产生大量的热。在正常操作时，必须防止烟气中 SO_2 含量的急剧波动，否则在过滤器中会出现温度过高的危险。过滤器中的正常温度大约可比进气温度高 10℃，最高不能超过 50℃。

1971 年，波利顿公司隆斯卡尔冶炼厂开发了一种处理含低浓度汞烟气的活性炭吸附装置[75, 76]，该装置是由三个并联的吸附塔组成的，每个吸附塔的烟气处理量为 40000 m³/h，整个系统的总烟气处理量为 120000 m³/h，装备有 70 m³ 的活性炭。吸附塔连接硫酸厂的干燥塔和鼓风机，投资约 21 万美元。

在 1973 年的运行期间，进塔气含汞量约为 10 g/h，出塔气含汞量约为 0.9 g/h，因此塔的总吸附率为 90%。通常，烟气中含有 3%～6% 的 SO_2，因此活性炭必须要用 100%的 SO_2 进行活化，同时烟气必须完全干燥，温度控制在 50℃以下。

总的来说，此系统建设简单，但需复杂的温度控制系统，且开车较难。运行过程中，谨慎操作避免过高的温度上升，引起汞的吸附下降和已被吸附的汞的解吸。正常时，活性炭可吸附其本身重量的 10%～12%的汞。

3. 多硫化钠吸附法

多硫化钠吸附法是将焦炭或活性炭载体浸泡在多硫化钠溶液中，干燥后制得吸附元件。其除汞原理是利用有色金属冶炼烟气中的二氧化硫等酸性气体与载体中的多硫化钠反应，生成的单质硫和硫化氢与气态汞反应生成硫化汞附着在吸附元件上，从而达到烟气除汞的目的。利用多硫化钠吸附法除汞可以得到 90%以上的除汞效率。然而，如果烟气中二氧化硫浓度过高，会与多硫化钠反应生成大量的单质硫，引起吸附元件堵塞，使过滤器的使用寿命降至 1～2 h，因此，在利用多硫化钠吸附器对有色金属冶炼烟气汞进行捕集净化前，还需要对烟气进行预脱硫处理。

某厂在沸腾焙炉和高炉上用多硫化钠法净化火法炼汞尾气中的汞，其工艺流程如图 4.32 所示[77]。冲击塔是 900 mm×900 mm 的方型塔，高 3300 mm，净化液深度 600 mm，埋水深度 20～30 mm，顶端装有除雾器。焦炭填料塔是 1600 mm×1600 mm 的方型塔，高 5200 mm，内架为栅条隔板，有六层焦炭，每层厚 300 mm，焦炭粒度为 20～35 mm，上部装有四排喷嘴，塔底装船形水封闸。净化液通过泵进行循环。炼汞尾气依次进入冲击塔、焦炭填料塔至排气管，由风机送至烟道，经烟囱排入大气。焦炭失效之后，由船形水封处放出，送至高炉作燃料，并回收汞。

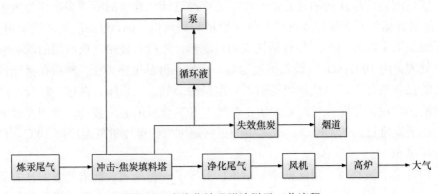

图 4.32　多硫化钠吸附法脱汞工艺流程

吸附法除汞曾在 20 世纪 80 年代前后得到应用，但由于这类技术运行能耗较大、过滤材料的再生较困难，近年来应用较少。干法除汞一般难以适用于汞浓度较高的烟气处理，而适用于浓度较低、且烟气相对干洁的废气。

4.8.3.3 吸收技术

一般说来，有色金属冶炼行业采用吸收法去除含汞废气可以选用具有较高氧化还原电位的物质作为吸收剂。目前有报道的除汞用吸收剂主要为氯化汞溶液、次氯酸钠溶液、软锰矿粉-稀硫酸、漂白粉等。

1. 氯化汞吸收法(波立登-诺辛克除汞法)

在有色金属冶炼烟气的除汞方法中，应用比较多的是由挪威锌公司与瑞典波立登公司联合开发的氯化汞吸收除汞方法，又称为波立登除汞法。该法将有色烟气经过降温、除尘、洗涤、除雾等工序后引入洗涤塔中，然后利用酸性氯化汞络合物($HgCl_n^{2-n}$)作为吸收液的有效成分对烟气中的 Hg^0 进行吸收，生成不溶于水的氯化亚汞(Hg_2Cl_2)沉淀，这是一个连续的气体洗涤过程。生成的 Hg_2Cl_2 经沉降分离后，一部分可以直接作为产品销售，而另外一部分则可以用 Cl_2 进行氧化，生成氯化汞络合物重新补充到吸收液中进行循环利用。工艺主要涉及化学反应如下：

吸收反应：$2HgCl_n^{2-n} + 2Hg^0 \Longrightarrow 2Hg_2Cl_2\downarrow + (n-2)Cl^-$

氯化反应：$Hg_2Cl_2 + Cl_2 \Longrightarrow 2HgCl_2$

$$HgCl_2 + (n-2)Cl^- \Longrightarrow Hg(Cl)_n^{2-n}$$

氯化汞吸收法的工艺流程示意图如图 4.33 所示：

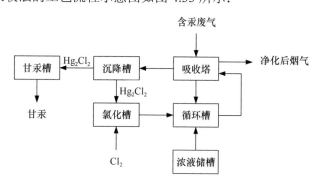

图 4.33　氯化汞吸收法工艺路线示意图

氯化汞吸收工艺脱汞效率在 90%以上，尾气中的汞浓度可以控制在 0.15～0.2 mg/m³ 左右，在许多国家得到了广泛应用，但是该技术仍然存在一些问题有待解决：氯化汞主要在溶液中，而 Hg^0 几乎全部是气态，中间存在较大的传质阻力；

有色金属冶炼烟气中一般含有高浓度 SO$_2$，会将氯化汞溶液中的二价汞还原成单质汞，从而降低除汞效率。

我国株州冶炼集团即采用该技术回收汞，分别于 2000 年和 2005 年投产两套波立登除汞系统(如图 4.34)。运行至今，两套系统运行状况良好，与生产的同步运行率达到 100%，主要技术经济指标基本满足工艺控制要求[78]。表 4.19 为株冶集团 2001~2010 年波立登除汞系统的进出口烟气中平均含汞量。从表中可知，波立登除汞系统的除汞效果稳定，平均除汞效率达到了 98%以上，出口烟气含汞量稳定在 0.2 mg/m^3 以下。

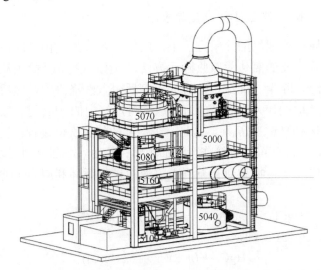

图 4.34　株州冶炼集团波立登除汞装置示意图[78]

表 4.19　株冶集团波立登系统进出口烟气平均含汞量(mg/m^3)[78]

时间	进口	出口	脱汞效率/%
2001	15.38	0.14	99.09
2002	17.59	0.15	99.15
2003	20.69	0.16	99.23
2004	17.69	0.13	99.27
2005	21.28	0.18	99.15
2006	9.87	0.14	98.58
2007	8.41	0.1	98.81
2008	11.38	0.11	99.03
2009	10.42	0.18	98.27
2010	8.87	0.17	98.08

在株冶集团的实际生产过程中，波立登系统也暴露出了几方面缺陷。其中主要是由于锌铅冶炼烟气中汞含量变化随机，而系统中氯化汞吸收液浓度一定，当流入波立登系统中的烟气含汞量高于工艺的设计限值 30 mg/m³ 时，系统出口处烟气的含汞量发生超标现象。当烟气含汞量在 15～30 mg/m³ 范围内时，波立登系统的除汞效率最高。而超出这个范围时，氯化汞吸收液的反应不能完全进行，导致循环液中的部分指标(如 Cl 离子和 Hg₂Cl₂ 等)不在控制范围内，进一步影响整个系统的脱汞效率。

为了解决含汞量变化大的问题，株冶集团制定了原料中汞含量的限定标准，重点监控高汞原料，加强锌精矿的混合配料等技术和管理措施，以确保进入波立登系统的烟气含汞量低于设计值 30 mg/m³。其次，在烟气汞浓度超过设计限值时，采取提/降吸收液浓度、加大/减小补液、调整氯化频次、补水稀释和加助剂盐等措施，维持系统除汞效率符合标准。总体来说，波立登除汞工艺能满足烟气脱汞的要求，且脱汞效率高。根据株冶所做的金属普查结论，株冶炼锌原料中产生的汞在除汞系统中有 60% 得到回收，但约有 35% 左右的汞进入污酸[78]。因此，还必须对污酸中的汞进行脱除和回收。

西北铅锌冶炼厂采用硫化钠初脱+波立登-诺辛克除汞工艺去除流入酸厂烟气中的汞污染，该工艺的除汞效率能够达到 99% 以上。流入硫酸厂的烟气中汞含量约为 90 mg/m³，烟气经硫化钠初脱后经电除雾器等净化装置流入波立登-诺辛克除汞装置后，烟温下降到 30 ℃ 左右，烟气含汞量降低到 30 mg/m³ 以下[79]。在波立登系统内烟气与氯化汞溶液接触产生甘汞从而达到汞脱除目的。经处理后流出波立登系统的烟气含汞量可降低至 0.2 mg/m³ 以下，相当于使后续制酸工艺中出产成品酸的汞含量降低至 0.00005%[80]，能够满足国际上对成品酸中汞含量小于0.0001%的要求。

为保证系统的脱汞效率，循环液中 HgCl₂ 通常维持在 1～3 kg/m³，循环液中的 HgCl₂ 与 Hg₂Cl₂ 应保持在一定比例[79]。因此需将系统中多余的 Hg₂Cl₂ 分离出来。

理论上，从系统中引出的循环液(2HgCl₂+Hg₂Cl₂)的含汞量，需与除下来的汞量相当才能维持工艺正常运行。因此，当烟气中含汞量过低，而排出液带出的汞量相对较多时，向排出液中加入锌粉，将 HgCl₂ 还原成 Hg₂Cl₂ 并生成沉淀，从而降低排出液中含汞量，沉淀下来的 Hg₂Cl₂ 返回系统。

波立登系统中分离出的甘汞被送至氯化槽中经氯气氧化为氯化汞，氯化汞一部分返回波立登系统中以保持氯化汞吸收液的浓度；另一部分流入电解槽电解。由电解槽阳极产生的氯气返回氯化槽中使用，阴极产生纯度为 99.99% 的金属汞作为成品出产。最后系统排出的含汞污水经处理符合国家排放标准后送至污水处理厂。西北铅锌冶炼厂波立登-诺辛克除汞工艺流程如图 4.35 。

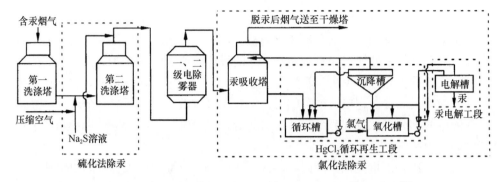

图 4.35　西北铅锌冶炼厂波立登-诺辛克除汞工艺流程示意图[79]

2. 次氯酸钠溶液吸收法

该法使用的吸收液为次氯酸钠和氯化钠的混合溶液。次氯酸钠可以将汞氧化为二价汞，而氯化钠能提供大量氯离子。二价汞离子在大量氯离子存在的条件下会生成氯汞络离子$[HgCl_4]^{2-}$。吸收液中的氯汞络离子可以在电解槽中被还原回收。

其主要化学反应如下：

$$Hg^0 + ClO^- + H_2O \Longrightarrow Hg^{2+} + Cl^- + 2OH^-$$
$$Hg^{2+} + 4Cl^- \Longrightarrow [HgCl_4]^{2-}$$
$$[HgCl_4]^{2-} + 2e \Longrightarrow Hg^0 + 4Cl^-$$

次氯酸钠溶液吸收法的工艺流程示意图如 4.36 所示。

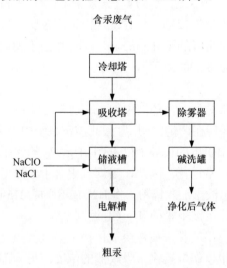

图 4.36　次氯酸钠溶液吸收法工艺路线示意图

3. 漂白粉吸收法

漂白粉的主要成分为次氯酸钙，这是一种强氧化剂，可以与把零价态的汞氧化，进而吸收。漂白粉吸收法同样也是通过气液接触，利用溶液中的次氯酸钙与单质汞反应，并将其转化为不溶性的氯化亚汞。

其主要反应为：

$$Ca(ClO)_2 + CO_2 = CaCO_3 + Cl_2 + \frac{1}{2}O_2$$

$$Ca(ClO)_2 + SO_2 = CaSO_4 + Cl_2$$

$$Ca(ClO)_2 + 3Hg^0 + H_2O = Hg_2Cl_2 + Ca(OH)_2 + HgO$$

$$2Hg_2Cl_2 + 3Ca(ClO)_2 + 2H_2O = 4HgCl_2 + CaCl_2 + 2Ca(OH)_2 + 3O_2$$

同时，有色金属冶炼烟气中含有大量的酸性气体，如 CO_2 或 SO_2 等。这些酸性气体与次氯酸钙可以发生反应，生成原子态活性氯，这些活性氯又能进一步与单质汞进行氧化反应，从而达到脱汞的目的。

用漂白粉法处理烟气汞，设备简单，成本低。漂白粉法与次氯酸钠吸收法比较类似，都是利用次氯酸盐将有色金属冶炼烟气中的单质汞转化为氯化亚汞。但目前此类方法仅仅在实验室规模以及一些炼汞废气中应用，大规模的有色金属行业比较少。

4. 软锰矿-硫酸吸收法

硫酸软锰矿除汞方法主要分为两步：首先通过气液接触，利用溶液中的软锰矿中的二氧化锰将烟气中的单质汞进行吸附；然后利用溶液中的硫酸与被吸附的汞进一步反应生成硫酸汞，进而生成硫酸亚汞；第三步，利用软锰矿中的二氧化锰将硫酸亚汞进行氧化，生成硫酸汞，如此进行循环反应。

其主要化学反应如下：

$$2Hg + MnO_2 = Hg_2MnO_2$$

$$Hg_2MnO_2 + 4H_2SO_4 + MnO_2 = 2HgSO_4 + 2MnSO_4 + 4H_2O$$

$$HgSO_4 + Hg^0 = Hg_2SO_4$$

$$Hg_2SO_4 + MnO_2 + 2H_2SO_4 = MnSO_4 + 2HgSO_4 + 2H_2O$$

软锰矿-硫酸吸收法的工艺流程图如图 4.37 所示。

在该工艺中，$HgSO_4$ 既是去除烟气汞的反应物，又是最终的反应产物。随着反应过程的进行，$HgSO_4$ 浓度不断升高，其对烟气汞的去除效果也会逐渐提高。该方法净化设备、运行和操作相对比较简单，对于烟气中汞的去除效率可以达到 96% 左右，可以对汞资源进行回收，具有一定的经济效益。

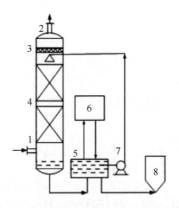

图 4.37　软锰矿-硫酸吸收法工艺流程图
1. 含汞废气入口; 2. 净化气出口; 3. 丝网除沫器; 4. 吸收塔;
5. 循环水箱; 6. 循环液处理系统; 7. 循环泵; 8. 汞回收装置

4.8.3.4　络合吸收与再生法

络合吸收与再生法主要包括碘络合吸收法与高锰酸钾溶液吸收法。

1. 碘络合吸收法

1979 年, 广东有色金属研究院等单位共同开发了采用碘络合法进行烟气除汞的工艺。该工艺主要分为吸收和电解两道工序。其工艺流程示意图如 4.38 所示。

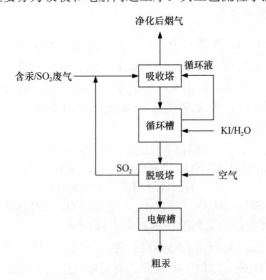

图 4.38　碘络合吸收法工艺路线示意图

在该工艺中, 含汞和 SO_2 的烟气进入脱汞吸收塔, 与碘化钾吸收液充分接触。

汞蒸气在 SO_2 作用下与吸收液中的碘离子进行络合反应，生成稳定的碘络合物 (HgI_4)，其主要化学反应式为：

$$H_2SO_3 + 2Hg^0 + 4H^+ + 8I^- \Longrightarrow 2HgI_4^{2-} + S + 3H_2O$$

随着烟气中的汞被不断吸收，当吸收液中的汞浓度达到一定数值后，为了稳定控制循环液中各组分的比例，需要定量地将一部分吸收也进行 SO_2 脱除处理，而脱吸 SO_2 后的吸收液进入电解槽电解。

其主要化学反应式为：

$$HgI_4^{2-} \Longrightarrow Hg^0 + I_2 + 2I^-$$
$$I_2 + H_2SO_3 + H_2O \Longrightarrow 2HI + H_2SO_4$$

吸收液通过电解后，汞被提取出成为产品粗汞，同时碘得到再生，返回吸收工序。这种方法除汞效率可达 98%以上，碘单耗为 40～80 kg/t 汞，制备的硫酸中含汞小于 1 ppm。采用碘络合法烟气除汞技术具有流程简单、除汞效果好、吸收剂可再生、金属汞能回收利用等优点，适用于有 SO_2 存在的含汞废气。但该工艺也存在除汞效率不稳定、含汞污酸废水需要处理、电解效率和能耗等问题，有待进一步改进完善。

韶关冶炼厂曾采用碘络合-电解法回收汞，其工艺分为吸收和电解两部分。采用此方法回收汞，从烟气中除汞效率为 99%，精炼汞的纯度为 99.99%。由除汞后的烟气制得的硫酸含汞由原来的 100～170 g/t 可降到 1 g/t 以下。汞的总回收率达到 45.3%。该方法不足之处是生产原料碘化钾全部进口，成本较高，韶关冶炼厂于 1999 年 6 月停止该方法[78]。

日本东邦锌公司在碘络合原理基础上开发了"硫化钠-碘化钾"法的组合除汞工艺。该工艺首先在洗涤塔中喷入硫化钠溶液，将大部分汞转化为硫化汞沉淀；然后利用制酸系统将洗涤后的烟气制成硫酸；再向硫酸中添加碘化钾生成碘汞化合物沉淀；最后将前期的洗涤废液废渣进行集中处理。该工艺具有流程完整、过程可靠，废水废渣可以无毒化处理等特点，但无法对汞进行回收，同时工艺流程复杂，投入成本高。

2. 高锰酸钾溶液吸收法

高锰酸钾具有很强的氧化还原电位，能将汞氧化成为氧化汞，同时生成二氧化锰。而二氧化锰又可与汞发生络合反应，生成络合物。通过高锰酸钾溶液吸收后产生的氧化汞和汞锰络合物可以通过絮凝沉淀的方法沉降分离，含汞废渣累积后可以通过燃烧法进行处理，从而达到除汞的目的。

其主要化学反应如下：

$$2KMnO_4 + 3Hg^0 + H_2O \Longrightarrow 2KOH + 2MnO_2 + 3HgO$$

$$MnO_2 + 2Hg^0 \Longrightarrow Hg_2MnO_2 \text{(汞锰络合物)}$$

高锰酸钾溶液吸收法的工艺流程示意图如图 4.39 所示。

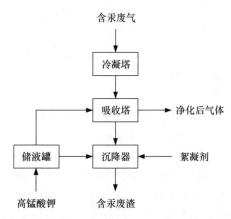

图 4.39　高锰酸钾溶液吸收法工艺路线示意图

　　该工艺的主要过程是：首先将含汞废气通入冷凝塔，将废气降温至 30℃以下；然后利用高锰酸钾溶液对降温后通入吸收塔中的气体进行循环吸收，净化后的气体经过除雾排空；然后通过絮凝剂的作用将随着吸收液进入沉降器的汞与吸收液进行分离；最后将澄清后的吸收液抽入储液罐中，经过补充高锰酸钾溶液以后继续喷入吸收塔中。

　　可以采用各种塔器作为该方法的吸收设备，其中以斜孔板塔为多数。吸收液中高锰酸钾的浓度为 0.3%～0.6%，空塔气速约为 2 m/s，液气比约为 2.6～5.0 L/m³，净化效率可以达到 96%～98%。对于反应生成物的处理可以采用低温电解法或氯化锡进行处理，以回收其中所含的汞。产生的废水经曝气处理后可以重复使用。对于高浓度的汞蒸气需要定时补充高锰酸钾。该方法的除汞效率可以达到 99.99%以上，尾气汞浓度可以控制在 10 μg/m³ 以内，大大减少了汞蒸气对环境的污染。

　　该方法的优点是：装置简单、净化率较高；缺点是操作复杂，需要持续补充添加高锰酸钾溶液，成本较高。

4.8.4　有色冶炼烟气高浓度汞的去除及回收技术

　　对于有色冶炼过程中形成的高浓度单质汞烟气，单质汞浓度大多在几至几十 mg/m³，具有很好的回收价值，因此回收汞资源成为该行业技术发展的一个重要方向。虽然文献报道的几种回收技术有少量的应用，但在国内的使用条件下仍存在较大的问题。以氯化汞吸收技术为例，氯化汞吸收法是一个高效的 Hg⁰ 去除及回收技术，去除效率能达到 95%以上，然而：①文献报道只有工业应用与笼统

的去除效率，吸收机理尚不清楚，缺乏相关吸收动力学的研究数据，且鉴于 20
世纪 80 年代的烟气汞监测水平所限，去除效率有待考证。②氯化汞吸收工艺入口
汞浓度有较严格的要求，否则吸收效率会有明显的下降。③大多数有色冶炼烟气
中含有高浓度的二氧化硫，而二氧化硫的溶解能够还原 Hg(II)，减少有效的氯化
汞而降低 Hg^0 的去除效率，然而在保证 Hg^0 去除率的同时如何有效抑制二氧化硫
对该吸收工艺的影响及其内在机理尚不明确。④根据监测结果与文献调研，吸收
工艺出口的烟气中汞浓度仍在 1 mg/m³ 左右，不能满足现有排放标准的要求(铅锌
冶炼烟气：0.05 mg/m³)。若后续有制酸工艺，则尾气中大部分的 Hg^0 将进入到硫
酸中，降低硫酸产品的品质，甚至导致生产的硫酸中汞含量超标。⑤该工艺中氯
化汞工业用量为 3 g/L 左右，而氯化汞也是剧毒品，大量的使用也对生态环境产
生潜在的危害，需减少其使用量，并进一步提高系统的吸收效率。

马永鹏等[4]经过研究单质汞吸收的内在机理及影响因素，调配了新的吸收液
组分，优化了吸收技术，对单质汞的吸收技术进行了有益的探索。

4.8.4.1　氯化汞优化吸收工艺

氯化汞吸收体系中的汞化合物主要以 $HgCl_2$，$HgCl_3^-$ 和 $HgCl_4^{2-}$ 的形式存在，
而 $HgCl_2$，$HgCl_3^-$ 和 $HgCl_4^{2-}$ 三种形态的平衡浓度又与溶液中 $c_{(Cl^-)}/c_{(HgCl_2)}$ 比例密
切相关。文献报道了在不同 $c_{(Cl^-)}/c_{(HgCl_2)}$ 的溶液中，$HgCl_2$，$HgCl_3^-$ 和 $HgCl_4^{2-}$ 的
浓度分布，如图 4.40 所示。

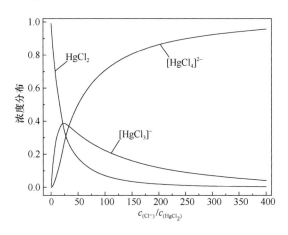

图 4.40　三种 Hg-Cl 络合物在不同摩尔比 $c_{(Cl^-)}/c_{(HgCl_2)}$ 溶液中的浓度分布

在图中可以看出，随着氯离子浓度的变化，三种汞化合物/络合物所占的比例也

会发生改变。随着 $c_{(Cl^-)}/c_{(HgCl_2)}$ 的增大，$HgCl_2$ 浓度不断降低，$HgCl_3^-$ 和 $HgCl_4^{2-}$ 的浓度则不断升高，直至 $c_{(Cl^-)}/c_{(HgCl_2)}$ 达到 10∶1 时，$HgCl_3^-$ 所占的比例接近于它的最大值，而此时 $HgCl_4^{2-}$ 所占的比例仍然较低；当 $c_{(Cl^-)}/c_{(HgCl_2)}$ 超过 20∶1 时，$HgCl_3^-$ 所占的比例逐渐下降，而 $HgCl_4^{2-}$ 所占的比例迅速增加；当 $c_{(Cl^-)}/c_{(HgCl_2)}$ 达到 100∶1 时，$HgCl_4^{2-}$ 在混合液中所占比例达到 80% 以上。通过对氯汞化合物与单质汞反应的吉布斯自由能和焓值计算(表 4.20)，可以发现在氯化汞吸收体系中，$HgCl_3^-$ 对于 Hg^0 的吸收去除最佳，$HgCl_2$ 次之，$HgCl_4^{2-}$ 最差。这一结论与实验结果非常吻合。因此，通过适当调节吸收体系中 $c_{(Cl^-)}/c_{(HgCl_2)}$ 的比例，可以优化三种汞化合物/络合物的平衡浓度，实现最佳的单质汞吸收效果。

表 4.20　各反应的吉布斯自由能和焓值(kcal/mol)

反应式	$\Delta_r G$(298 K)	$\Delta_r H$(298 K)
$HgCl_2 + Cl^- \longrightarrow HgCl_3^-$	−12.60	−5.10
$HgCl_3^- + Cl^- \longrightarrow HgCl_4^{2-}$	−11.98	−9.52
$HgCl_2 + 2Cl^- \longrightarrow HgCl_4^{2-}$	−24.58	−14.62
$HgCl_2 + Hg \longrightarrow Hg_2Cl_2$	−6.70	−0.23
$HgCl_3^- + Hg \longrightarrow Hg_2Cl_2 + Cl^-$	−2.95	4.87
$HgCl_4^{2-} + Hg \longrightarrow Hg_2Cl_2 + 2Cl^-$	17.87	14.40

4.8.4.2　两段式硫酸汞除汞制酸组合吸收法

冶炼烟气中二氧化硫和汞的浓度受到矿石含硫和汞品位影响较大，对于低于 3% 的中低浓度二氧化硫冶炼烟气，不能满足接触法直接生产硫酸的条件，需要采用特殊工艺制酸，且尾气需要进一步处理，脱硫成本较高。另外，冶炼烟气中的 Hg^0 和 Hg^{2+} 含量较高，而常规的冶炼烟气经过逆流湿式冷却单元时，绝大多数的 Hg^{2+} 被吸收下来，形成一种冶炼行业独有的污染物——污酸，这导致烟气汞的总回收率降低。因此，研究提出了两段式硫酸汞除汞制酸组合吸收工艺，如图 4.41 所示。

图 4.41　强化去除回收二氧化硫与汞的组合工艺构想

新组合工艺分为两个工艺段：预脱硫制酸工艺段和共吸收工艺段。在预脱硫制酸工艺段中 Hg^0、Hg^{2+}、SO_2 和 Fe^{3+} 之间的相互作用，在共吸收工艺段回收 Hg^0 及同时深度脱 SO_2。在预脱硫制酸工艺段中，利用 Fe^{3+} 湿式催化氧化吸收二氧化硫。Fe^{3+} 来源于硫酸铁[$Fe_2(SO_4)_3$]，Fe^{3+} 以催化剂的形式循环参与反应，可以将烟气中的大部分二氧化硫吸收去除并转化为硫酸。此外，在本工艺段，虽然会有部分 Hg^{2+} 同时被吸收到溶液中，但 Hg^{2+} 会被溶解的四价硫和二价铁还原为 Hg^0 重新回到烟气中，从而减少预脱硫制酸吸收液中的汞含量，并保证后续 Hg^0 吸收工艺段的总汞回收效率。在共吸收工艺段中，选择硫酸汞吸收液高效地去除并回收 Hg^0。但由于仍然有少量二氧化硫存在于烟气中，对除汞吸收液有干扰作用，且二氧化硫不能达标排放。因此，可以利用硫酸汞与过氧化氢复合液协同除汞和深度脱除二氧化硫。

4.8.4.3　液相碘循环协同除汞制酸吸收法

此外，研究还在热化学水分解硫碘制氢技术的基础上，提出了液相碘循环协同除汞制酸新工艺，其工艺流程如图 4.42 所示。该方法是将碘溶解在碘化合物溶液，利用生成的三碘络合阴离子 I_3^- 能够快速的吸收 Hg^0 形成 HgI_4^{2-}，从液相分离后可电解回收 Hg^0 和 I_2；同时碘将烟气中 SO_2 转化为硫酸和碘化氢，二者分离后硫酸可直接作为产品回收；碘化氢可分解产生碘和氢气，碘可重新回到工艺循环利用。该方法可消除 SO_2 对 Hg^0 吸收的影响，实现在同一净化设施内同时脱硫除汞，汞和硫的去除效率高，且浓度适用范围广，具有很好的应用前景。

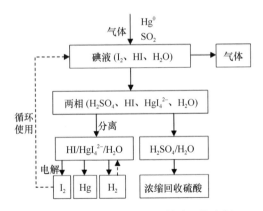

图 4.42　液相碘循环脱汞制酸工艺流程

4.8.5　有色冶炼烟气低浓度汞的去除及回收技术

有色冶炼过程中形成的烟气中单质汞的浓度受原料含硫量和汞量的影响很

大，有部分企业烟气总汞浓度低于 10 mg/m³，单质汞浓度更低，直接利用吸收法回收单质汞技术受到限制，因此回收汞资源需要从另外一个方向考虑，即在动力波洗涤之前用氧化的方法将低浓度的单质汞氧化为二价汞，在动力波洗涤过程将二价汞转到污酸中，再对污酸进行处理，回收汞资源。

目前，将单质汞氧化的方法很多，主要分为均相氧化和非均相氧化。均相氧化指 Hg^0 与烟气中的其他气态氧化物质发生气相反应。实验研究表明，氯、溴、碘等卤素，可通过气态均相反应直接氧化 Hg^0，臭氧在烟气中也能有效氧化单质汞。此外，单质汞的均相氧化还受到其他多种的物质的影响，如 SO_2，H_2S，O_2 含量，NO_x 含量，CO_2 含量等影响，这些物质可能会对 Hg^0 的氧化转化产生促进或者抑制的作用，目前对这些反应机制还缺乏充分的认识，但仍有很多研究者正在进行相关方面的研究。Hg^0 的非均相反应是指有固相表面参与的氧化反应，其中所涉及的固相包括烟气携带的飞灰和人为添加的吸附剂或催化剂等，如炭基吸附/催化剂，金属/贵金属催化剂等都具有氧化单质汞的能力，且国内外学者进行了大量的研究。近年来，等离子体烟气污染物脱除技术采用微放电的非平衡态过程，释放出较高的能量，激发气体分子及原子发生离解，形成活性自由基、高能电子、多种离子，从而氧化单质汞，达到脱除净化的目的。同传统烟气污染物脱除工艺相比，等离子体技术在烟气净化处理过程中属于最富前景、最行之有效的工艺之一。

汞进入污酸后，基于一些原因可能再次释放出来，为抑制汞的再释放，可想办法使其固定到污酸。由于汞和硒之间具有强结合特性，可以建立硒法去除剩余气相单质汞的方法，进而开发高效硒基吸附剂，如利用 Al_2O_3 为载体负载 $ZnSnO_4$，并通过气相中 SO_2 的还原作用将 $ZnSnO_4$ 还原为单质 Sn，进而高效吸附气态单质汞，最终实现硒汞的高效回收。

4.8.6　控制措施的综合评价及发展趋势

随着我国对环境保护要求的增强，汞的排放标准也将越来越严格。国家环境保护"十二五"规划中明确要求加强有色金属冶炼业等典型行业的重金属污染防治。2010 年实施的《铅、锌工业污染物排放标准》中规定烟气汞排放标准为 0.05 mg/m³；《铜、镍、钴工业污染物排放标准》中规定烟气汞排放标准为 0.012 mg/m³。

当前我国有色金属冶炼行业所采用的烟气汞控制技术大多是 20 世纪七八十年代开发的工艺，各种技术均有利弊。冷凝法投资最少，但其除汞效率偏低，一般只作为烟气预除汞方法。过滤法、吸附法除汞效率较高，但是吸附剂的吸附容量偏低，不适合汞含量较高的有色金属冶炼烟气汞处理。吸收法以氯化汞吸收法最有代表性，该工艺已经在有色金属冶炼行业得到了比较多的应用。然而，该工艺同样存在一些问题：首先该工艺一般要求将吸收塔入口的烟气汞浓度控制在 30 mg/m³ 以下，否则吸收效率会有较明显的下降，导致烟气汞排放浓度超标；其次，由于有色金属冶炼烟气一般都含有大量的二氧化硫，而二氧化硫可以将吸收液中的二价汞还原成单质汞，重新释放到烟气中从而降低总汞去除效率，致使该工艺的出口汞浓度一般在 0.1 mg/m³ 左右，无法满足我国最新的烟气汞排放标准要求。从另一方面来看，汞虽然是污染物，同时它也是一种稀有资源，在冶炼、仪器制造、化学工业、医药工业和原子能工业等都有广泛应用。因此，针对有色金属冶炼行业烟气中汞浓度较高的特点，宜采用湿法吸收和回收利用相结合的技术。这样，既可以有效控制烟气中汞的排放，又能实现对冶炼烟气中高浓度汞的资源化利用。

　　因此，关于有色金属冶炼行业烟气汞排放控制技术的研究重点可能主要集中在如下几个方向：

　　(1)基于过程形态调控的汞控制技术。有色冶炼过程由于工艺不同，生产条件不同致使其烟气中汞的形态及分布也不相同。如果在生产过程中通过适当调节工艺参数或添加不影响生产的辅助原料可以提高烟气总汞中单质汞的比重，则可以采用氯化汞等回收工艺捕集，这对于有氯化汞等回收工艺的企业而言，可以显著提高总汞回收率。而对于没有零价汞回收装置的企业，也可以通过适当的调控方法，减少烟气总汞中单质汞的比重，通过将其转化为颗粒态汞或二价汞，利用除尘或洗涤工艺将其去除，可以显著降低有色金属冶炼尾气中汞的排放。

　　(2)有色金属冶炼烟气工况比较复杂，烟气参数受有色金属种类、生产工艺和规模等因素的影响波动较大。因此，需要展开现有工艺和参数优化方面的研究，确保吸收系统稳定高效且具有弹性的应用范围。并在现有吸收技术基础上，研发更加高效的吸收体系，确保在高浓度二氧化硫存在的情况下，依然能对烟气中的汞进行深度脱除，实现尾气达标排放。

　　(3)针对有色金属冶炼烟气中汞和 SO_2 浓度高的特点，开发将烟气汞吸收与 SO_2 吸收相结合的新技术，这样既可以实现汞和 SO_2 的双重资源化利用，又能减少有色金属冶炼尾气常用的"两转两吸"制酸工艺。

参 考 文 献

[1]　冯钦忠, 刘俐媛, 陈扬, 等. 有色金属冶炼行业汞污染控制新技术研究进展, 世界有色金属, 2015, (6): 18-22.

[2]　Hylander L D, Herbert R B. Global emission and production of mercury during the pyrometallurgical extraction of nonferrous sulfide ores. Environmental Science & Technology, 2008, 42(16): 5971-5977.

[3]　Wu Y, Wang S X, Hao J M, et al. Trends in anthropogenic mercury emissions in China from 1995 to 2003. Environmental Science & Technology, 2006, 40(17): 5312-5318.

[4]　马永鹏. 有色金属冶炼烟气中汞的排放控制与高效回收技术研究. 上海: 上海交通大学, 2014.

[5]　林星杰, 苗雨, 刘楠楠. 铅冶炼过程汞流向分布及产排情况分析. 有色金属(冶炼部分) 2015(7): 60-62.

[6]　张磊, 吴清茹, 王凤阳, 等. 中国大气汞排放特征、环境影响及控制途径. 北京: 科学出版社, 2016.

[7]　王成彦, 郜伟, 尹飞. 国内外铅冶炼技术现状及发展趋势. 有色金属(冶炼部分), 2012(4): 1-5.

[8]　王成彦, 郜伟, 尹飞. 国内外铅冶炼技术现状及发展趋势.

[9]　汪金良, 吴艳新, 张文海. 铅冶炼技术的发展现状及旋涡闪速炼铅工艺. 有色金属科学与工程, 2011, 2(1): 14-18; 吴永昌. QSL炼铅工艺实践及改造设计与研究. 昆明: 昆明理工大学硕士学位论文, 2006.

[10]　华一新. 有色冶金概论. 第2版. 北京: 冶金工业出版社, 2007.

[11]　曹胜利. 重有色金属冶炼设计手册. 铅锌铋卷. 北京: 冶金工业出版社, 2008.

[12]　王亚军, 梁兴印, 秦飞, 等. 铅冶炼过程铅和汞的流向与分布. 有色金属(冶炼部分), 2015, (2): 58-62.

[13]　王吉坤, 周廷熙, 冯桂林. ISA-YMG粗铅冶炼新工艺. 中国工程科学, 2004, 6(4): 61-66.

[14]　李东波, 张兆祥. 氧气底吹熔炼-鼓风炉还原炼铅新技术及应用. 有色金属(冶炼部分), 2003(5): 12-13.

[15]　林延芳, 刘谷良. 水口山炼铅法(SKS炼铅法)的新进展. 全国重冶新技术新工艺成果交流大会, 1998.

[16]　叶国萍. 基夫赛特炼铅法. 有色金属(冶炼部分), 2000(4): 20-24.

[17]　吴清茹. 中国有色金属冶炼行业汞排放特征及减排潜力研究. 北京: 清华大学, 2015.

[18]　蒋继穆. 我国铅锌冶炼现状与持续发展. 中国有色金属学报, 2004, 14(s1): 52-62.

[19]　宋敬祥. 典型炼锌过程的大气汞排放特征研究. 北京: 清华大学, 2010.

[20]　王学谦, 马懿星, 施勇, 等. 锌冶炼重金属物质流向及烟气净化效果. 化工学报, 2014(9): 3661-3668.

[21]　梁彦杰. 铅锌冶炼渣硫化处理新方法研究. 长沙: 中南大学, 2012.

[22]　华一新. 有色冶金概论. 第3版. 北京: 冶金工业出版社, 2014.

[23]　姜文英. 典型铅锌冶炼企业循环经济建设的物质流分析方法研究. 长沙: 中南大学, 2007.

[24]　莫招育, 陈志明, 谢鸿, 等. 典型锌冶炼工艺的汞污染源去向分析及其监控方案研究. 环境科学导刊, 2013, 32(4): 76-78.

[25]　莫招育, 陈志明, 谢鸿, 等. 典型铜冶炼生产工艺中汞污染源流程及监控方案研究. 大众科技, 2013, 15(4): 73-74.

[26]　夏元东, 刘向东. 论环评中铜冶炼行业的清洁生产评价. 内蒙古环境科学, 2008(4).

[27]　王树清. 铜冶炼工艺与冶金炉综述. 有色设备, 2015(4):4-10.

[28]　袁以能, 曾贤平, 郁建锋. 再生铜冶炼项目土壤环境影响评价. 浙江冶金, 2009(3): 39-41.

[29]　田月. 某铜冶炼厂车间环境空气污染特征研究及其防治对策. 南昌: 南昌航空大学, 2012.

[30]　Wu Y, Wang S, Streets D G, et al. Trends in anthropogenic mercury emissions in China from 1995 to 2003. Environmental Science & Technology, 2006, 40(17): 5312-5318.

[31]　王书肖, 刘敏, 蒋靖坤, 等. 中国非燃煤大气汞排放量估算. 环境科学, 2006, 27(12): 2401-2406.

[32]　中国有色金属工业协会. 中国镍业. 北京: 冶金工业出版社, 2013.

[33]　王雅静, 戴惠新. 生物吸附法分离废水中重金属离子的研究进展. 冶金分析, 2006, 26(1): 1-1.

[34]　何绪文, 李静, 王建兵, 等. 镍冶炼含重金属废气排放污染物特征分析. 环境工程, 2014(10): 71-75.

[35]　黄涛. 氨性体系加压浸出氧化铜钴矿的工艺研究. 赣州: 江西理工大学, 2012.

[36] 何章亮, 黄瑾, 周湘栋. 从废催化剂中回收钴和锌的实验研究. 中国有色冶金, 2004(02): 46-48+2.

[37] Nethravathi C, Sen S, Ravishankar N, et al. Ferrimagnetic nanogranular Co₃O₄ through solvothermal decomposition of colloidally dispersed monolayers of α-cobalt hydroxide. The Journal of Physical Chemistry B, 2005, 109(23): 11468-11472.

[38] Meskin P, Baranchikov A, Ivanov V, et al. Synthesis of Nanodisperse Co₃O₄ Powders under Hydrothermal Conditions with Concurrent Ultrasonic Treatment, Doklady Chemistry. Springer, 2003: 62-64.

[39] 杨晓松, 等. 有色金属冶炼重点行业重金属污染控制与管理. 北京: 中国环境出版社, 2014.

[40] 王蓓蓓. 浅谈湿法炼汞. 钢铁技术, 2009, 1(1): 52-54.

[41] 龙红艳. 再生汞冶炼行业典型企业汞污染源解析研究. 湘潭: 湘潭大学硕士论文, 2013.

[42] Zhang G, Wang N, Wang Y, et al. Review on mercury contamination in gold mining areas of China. Environmental Science and Management, 2012, 11: 12.

[43] 戴前进, 冯新斌. 混汞法采金地区的汞污染研究进展. 环境污染治理技术与设备, 2004, 5: 13-17.

[44] Lacerda L D. Global mercury emissions from gold and silver mining. Water, Air, and Soil Pollution, 1997, 97(3): 209-221.

[45] 李明招. 有色金属冶金工艺. 北京: 化学工业出版社, 2010.

[46] 王成彦, 邱定蕃, 江培海. 国内锑冶金技术现状及进展. 有色金属(冶炼部分), 2002(5): 6-10.

[47] 陆磊. 锑的冶炼工艺和生产实践. 云南冶金, 2002, 31(4): 23-25.

[48] 尤翔宇, 谭爱华, 苏艳蓉, 等. 锑冶炼行业污染防治现状及对策. 湖南有色金属, 2015, 31(6): 69-73.

[49] 张延安, 朱旺喜, 吕国志, 等. 铝冶金技术. 北京: 科学出版社, 2014.

[50] 王克勤. 铝冶炼工艺. 北京: 化学工业出版社, 2010.

[51] 高岗强, 邓忠贵, 吴彦宁, 等. 电解铝操作与控制. 北京: 冶金工业出版社, 2013.

[52] 张馨予, 王劲榕. 氢化物发生-原子荧光光谱法测定纯铝中的痕量汞. 云南冶金, 2011, 6: 53-56.

[53] 钟志光, 张海峰, 谢燕良, 等. 回流冷凝试样消解-电感耦合等离子体原子发射光谱法测定铝合金中铅、镉、铬和汞. 理化检验(化学分册), 2006, 12: 1000-1002.

[54] 徐日瑶. 金属镁生产工艺学. 长沙: 中南大学出版社, 2003.

[55] 中国有色金属工业协会镁业分会. 2015 中国镁工业发展报告. 中国镁业, 2016, 2: 4-15.

[56] 邓军平, 王晓刚, 田欣伟. 热还原法炼镁的技术现状及进展. 中国有色冶金, 2006, 5: 15-18.

[57] 王冲. 基于 LCA 理论的白云石煅烧过程及炼镁新工艺的研究. 长春: 吉林大学, 2013.

[58] 孟福海, 张树朝. 镁冶金分析. 北京: 化学工业出版社, 2013.

[59] 徐德朋. 白云石质量评价体系研究. 济南: 山东中医药大学, 2014.

[60] 胡晓静, 蒋维旗, 黄大亮. 氢化物-原子荧光光谱法测定轻烧镁中砷和汞. 中国非金属矿工业导刊, 2005, 3: 33-34.

[61] 谢琰, 曾泽, 卢琪. 氢化物发生原子荧光光谱法测定轻烧镁和水镁石中砷汞. 冶金分析, 2006, 26(2): 1.

[62] 曾泽, 富瑶, 盛向军, 等. 电感耦合等离子质谱法测定轻烧镁中铅、镉、砷、汞. 检验检疫学刊, 2013, 3: 8-10.

[63] Prestbo E M, Bloom N S. Mercury speciation adsorption (MESA) method for combustion flue gas: Methodology, artifacts, intercomparison, and atmospheric implications. Water Air & Soil Pollution, 1995, 80(1): 145-158.

[64] 李辉, 王强, 朱法华. 燃煤电厂汞的排放控制要求与监测方法. 环境工程技术学报, 2011, 01(3): 226-231.

[65] 钟犁, 肖平, 江建忠, 等. 燃煤电厂大气汞排放监测方法分析及试验研究. 中国电机工程

学报, 2012, 32(s1): 158-163.

[66] Liang Z, Zhuo Y, Lei, C, et al. Mercury emissions from six coal-fired power plants in China. Fuel Processing Technology, 2008, 89(11): 1033-1040.

[67] 潘伟平, 张永生, 李文瀚, 等. 燃煤汞污染监测及控制技术. 科技导报 2014, (33): 57-60.

[68] 王健, 姜开明. 我国烟气脱硫技术现状. 中国能源, 2004, 26(1): 29-31.

[69] Standard Test Method for Elemental, Oxidized, Particle-Bound and Total Mercury in Flue Gas Generated from Coal-Fired Stationary Sources (Ontario Hydro Method). ASTM.

[70] Martinez A I, Deshpande B K. Kinetic modeling of H_2O_2-enhanced oxidation of flue gas elemental mercury. Fuel Processing Technology, 2007, 88(10): 982-987.

[71] Lei Z, Wang S, Wu Q, et al. Were mercury emission factors for Chinese non-ferrous metal smelters overestimated? Evidence from onsite measurements in six smelters. Environmental Pollution, 2012, 171(171): 109-117.

[72] 薛力群. 葫芦岛锌业股份有限公司汞污染现状调查与防治对策研究. 环境科学与管理, 2009(12): 115-118.

[73] 李炯和. 波利顿法控制硫酸中的汞. 重有色冶炼, 1980.

[74] 徐传华. 国外有色冶金工厂烟气处理技术. 有色冶金(冶炼部分), 1983.

[75] 徐传华. 国外有色冶金工厂烟气处理技术(续). 有色冶金(冶炼部分), 1984: 57-58.

[76] 邢志诚. 硫酸中之汞——Boliden 的汞控制或后处理法. 硫酸工业, 1977.

[77] 唐德保. 用多硫化钠法净化火法炼汞尾气中的汞. 冶金安全, 1981.

[78] 李云新, 刘卫平. 冶炼烟气制酸中汞排放治理浅析. 世界有色金属, 2015(6): 14-17.

[79] 张东华. 西北铅锌冶炼厂除汞工艺改造实践. 有色冶炼, 2003(06): 48-49+52-2.

[80] 董四禄. 西北铅锌冶炼厂除汞技术. 硫酸工业, 1997(05): 30-32.

第5章 钢铁生产过程中烟气汞的排放与控制

联合国环境规划署(UNEP)2013 年报告显示全球人为源排放的汞约 2320 t/a,其中钢铁冶炼行业排放的汞占全球人为源排放汞总量的 2%。因此钢铁行业是重要的人为汞排放源。我国是钢铁生产大国,钢铁工业是我国国民经济的支柱产业。2000~2010 年,全国钢铁行业的增长较快,2010~2014 年增长趋势趋于平缓(图 5.1)。2000 年的生铁、粗钢和钢材的产量分别为 13101.48 万吨、12850 万吨、13146 万吨,到 2005 年,全国生铁、粗钢和钢材产量翻了 1 倍多。2014 年生铁、粗钢产量较 2000 年翻了 5 倍,钢材产量翻了 8 倍,粗钢产量占世界总粗钢产量的 49.5%。

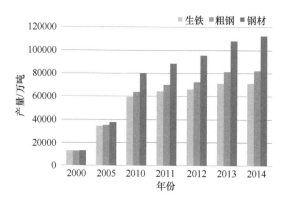

图 5.1 历年全国钢铁行业生产量变化

数据来源于国家统计局

钢铁生产的技术路线主要采用短流程和长流程生产工艺。长流程是指高炉—转炉—轧钢的生产工艺。由于企业的规模大、生产率高、产品种类也较广,因此我国炼钢工艺以高炉—转炉炼钢为主。该工艺主要包括炼焦工序、烧结(造球)工序、炼铁工序、炼钢工序等。在此过程中,铁矿石作为炼铁原料,煤炭作为炼铁还原剂和燃料使用。在钢铁生产中燃料和矿石的燃烧,会产生大量烟气。烟气中含有 SO_2、NO_x、粉尘、氟化物和重金属(如 Hg)等污染物。

煤炭是我国的主要能源,约占我国总能源的 70%,远高于世界的 30%。由于我国能源结构的特殊性,我国钢铁生产基本不用原油和天然气,而对煤炭的依赖度较大。煤是一种"不清洁"的燃料,煤中除常量有害元素 S 外,还存在有害的微量元素 22 种,如重金属 Hg。我国铁矿石呈现是贫矿多、多元素共生的复合特点，品位仅为 30% 左右，而巴西及澳大利亚等国的原矿石品位高达 60%～68%。近年来我国进口铁矿石数量不断增加，使入炉铁矿石品位大幅度提高。中国科学院过程工程研究所对配套有不同脱硫系统及除尘设施的 5 家钢铁企业进行了矿石取样、测试调研，研究显示铁矿石中汞的含量在 4～100 μg/kg。虽然矿石中汞的含量低于煤中汞的含量，但由于钢铁生产中矿石消耗量大，由矿石产生的汞成为我国钢铁行业主要的汞输入源。

5.1　钢铁生产工艺流程

现代钢铁生产主要工艺如图 5.2 所示，包括高炉—转炉、废钢—电炉、直接还原—电炉和熔融还原—转炉四类工艺[1]。高炉—转炉工艺由炼焦、烧结、造球、高炉炼铁和转炉炼钢工序组成。该工艺以煤炭、焦炭为主要能源，将铁矿石在高炉中冶炼成铁水或生铁，然后在转炉中将铁水冶炼成钢水铸成坯。由于企业的规模大、生产率高、产品种类也较广，因此我国炼钢工艺以高炉—转炉炼钢为主。废钢—电炉工艺以废钢为原料，以电能为主要能源，在电炉中冶炼成钢水铸成坯。直接还原—电炉工艺使用非结煤和铁矿资源在直接还原反应器内进行固态还原，得到直接还原铁，因直接还原铁不是液态铁水，一般多替代废钢用于电炉冶炼；熔融还原—转炉工艺使用非焦煤和铁矿资源在熔融还原反应器内，得到液态铁水，经转炉炼钢。

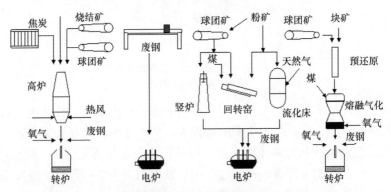

图 5.2　钢铁生产主要工艺流程[1]

5.1.1　炼焦工序

炼焦是黏结性煤在隔绝空气的条件下，经高温干馏变换为焦炭、焦炉煤气和其他产物的转换过程。炼焦工序工艺流程图见图 5.3。

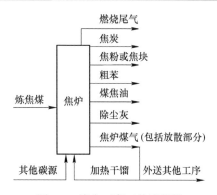

图 5.3　炼焦工序工艺流程图

焦炭是炼焦工序最主要的产物,按用途分为冶金焦、电石用焦和气化焦等。其中,90%以上的冶金焦用于高炉炼铁。焦炭生产过程一般可分为洗煤、配煤、炼焦和产品处理四个工段。洗煤工段一般在煤矿或单独洗煤企业完成,是指原煤在炼焦之前,先进行洗选,降低煤中所含的灰分并去除其他杂质。配煤工段是指将各种结焦性能不同的煤,按一定比例配合炼焦,在保证焦炭质量的前提下,扩大炼焦用煤的使用范围。炼焦工段是指将配合好的煤(炼焦煤)装入炼焦炉的炭化室,在隔绝空气的条件下通过燃烧室加热进行干馏,形成焦炭等其他产物。炼焦产品处理工段包括对炉内的红热焦炭进行熄火处理,分级获得不同粒度的焦炭产品,以及净化收集炼焦过程中产生的炼焦煤气及粗苯等化学产品。

5.1.2　烧结工序

烧结是钢铁生产工艺中的一个重要环节,它是将铁矿粉、煤粉(无烟煤)和石灰、高炉炉尘、轧钢皮和钢渣按一定配比混匀后加热,利用其中的燃料燃烧,部分烧结料熔化,使散料黏结成块状,形成足够强度和粒度的烧结矿作为炼铁的熟料。烧结工序包括原料准备、配料与混合、烧结和产品处理等工段。烧结工序工艺流程图见图 5.4。

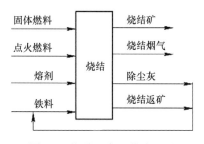

图 5.4　烧结工序工艺流程图

5.1.3　造球工序

　　造球是在细精粉中加入少量添加剂混合后，在造球机上加水，靠毛细管力和旋转运动的机械力，混合成一定粒径的生球，经干燥焙烧后，变为粒度均匀、具有良好冶金性能的球状人造富矿(球团矿)。造球工序工艺流程图见图5.5。

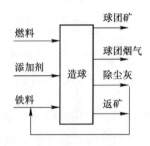

图 5.5　造球工序工艺流程图

5.1.4　高炉炼铁工序

　　高炉炼铁是高炉—转炉生产工艺流程中最重要的工序之一。高炉炼铁是高温下的还原过程，将铁矿石或含铁原料中的铁从矿物状态(氧化物为主)还原成含有硅、锰、硫、磷等杂质的铁水。现代高炉炼铁是一个极其庞大的生产体系，包括原料供应系统、送气系统、煤气除尘系统、渣铁处理系统和喷吹燃料系统。其中煤气除尘系统是指回收高炉冶炼产生的高炉煤气，并捕捉煤气中携带的尘灰。渣铁处理系统是指处理产生的高炉渣和铁水，保证高炉生产的正常进行。高炉工序工艺流程图见图5.6。

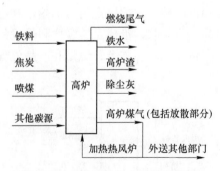

图 5.6　高炉炼铁工序工艺流程图

　　高炉炼铁过程：首先，铁料、焦炭、熔剂等炉料，按一定料比配料，经上料机运送至炉顶装料设备，从炉顶装入炉内；经热风炉加热到 $1000 \sim 1300℃$ 的热风，从风口鼓入高炉，同下落焦炭相互接触，热风中的氧气与焦炭发生燃烧反应，产生还原性气体，并释放大量热量；高炉喷入油、煤或天然气等燃料燃烧生成的 CO，与来自焦炭转化的 CO 一起，在高温条件下将铁矿石中的氧夺取出来，得到铁水，并从出铁口流出，进入鱼雷罐或其他设备。铁矿石中的脉石、焦炭及喷吹物中的灰分和加入炉内的石灰石等熔剂结合生成炉渣，从出渣口分别排出。高炉煤气从炉顶导出，经除尘后，作为热风炉加热燃料或外送其他工序使用。

5.1.5　转炉炼钢工序

转炉炼钢是以铁水为原料，以纯氧等作为氧化剂，依靠炉内氧化反应热提高钢水温度进行炼钢的方法。转炉炼钢工序工艺流程图见图 5.7。

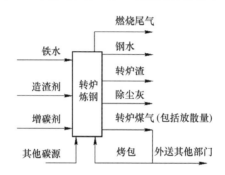

图 5.7　转炉炼钢工序工艺流程图

转炉炼钢的基本流程为：按照钢铁料要求配料，先把废钢等装入转炉内，然后倒入铁水；按照造渣料结构，加入适量的造渣材料，包括生石灰、白云石、萤石等；加入钢铁料和造渣料后，把氧气喷枪从炉顶插入炉内，吹入纯度大于 99%的高压氧气流，氧气直接跟高温的铁水发生氧化反应，除去硅、锰、碳和磷等杂质。当钢水的成分和温度都达到要求时，即停止吹炼，提升喷枪，准备出钢(若转炉热量富余，可加入铁矿石等冷却剂)。出钢时使炉体倾斜，钢水从出钢口注入钢水包里，同时加入脱氧剂进行脱氧和成分调节。钢水合格后，可以浇成钢的铸件或钢锭，钢锭可经轧钢轧制成各种钢材。转炉烟气经除尘净化后，分离获得的氧化铁尘粒可以用来炼钢，含高浓度一氧化碳的净化氧气可作化工原料或燃料。

5.1.6　电炉炼钢

电炉炼钢采用电能作为热源，以废钢、生铁块、直接还原铁和铁水等作为含铁原料。电炉炼钢工序工艺流程图见图 5.8。电炉炼钢过程分为装料、冶炼和出钢三个工段。装料是指向炉内加入废钢、生铁块等含铁原料，并按配比加入造渣剂、还原剂、铁合金等材料。冶炼阶段可分为熔化、氧化及还原三个阶段。熔化阶段是指电炉通电起弧加热，吹氧和辅助燃料，迅速熔化铁料；氧化阶段是指熔池温度符合要求后，不断吹氧氧化除去碳、硅、锰、磷等杂质；还原阶段是指在氧化阶段结束后，添加脱碳剂及合金材料，对钢水进行脱硫、脱氧处理。随着炉外精炼的发展和普及，还原期被缩短或省略。冶炼结束后进行取样分析，当钢液成分和温度符合要求时，即可出钢。冶炼过程中生成的电炉烟气经除尘后排空。

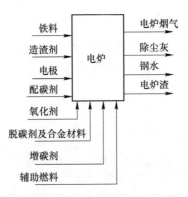

图 5.8　电炉炼钢工序工艺流程图

5.2　钢铁生产中烟气处理方式

在钢铁生产过程中，由于有大量的高温过程，所以会产生大量的烟气(煤气)，主要包括焦炉煤气、石灰石窑和白云石窑烟气、烧结机烟气、高炉煤气、转炉煤气、电炉烟气、出铁和出钢水烟气、煤气回收电厂烟气等。

5.2.1　焦炉烟气

炼焦工序是钢铁生产的附属工序。在炼焦过程中煤在焦炉里干馏出来的大量气体，即荒煤气。荒煤气经过煤气净化工艺的冷凝鼓风、电捕焦油、脱硫、脱氨、脱苯等工序后成为含有大量的 H_2、CH_4 和少量的多碳烷、烯烃及隋性气 N_2 和硫化物的焦炉煤气。焦炉煤气主要用作炼焦、烧结、高炉和轧钢等工序的燃料。返回至炼焦炉中作为燃料用的焦炉煤气燃烧后产生焦炉烟气，焦炉烟气经除尘净化后排放到大气中。

5.2.2　烧结烟气

烧结是钢铁生产工艺中一个重要的环节。在高温、高富氧条件燃料燃烧产生大量废气，即烧结烟气。产生的烧结烟气经过除尘和脱硫等控制设施后排放到大气中。

烧结烟气的主要特点是[2-8]：

(1)烟气量大。烧结工艺是在完全开放及富氧环境下工作，过量的空气通过料层进入风箱，进入废气集气系统经除尘后排放，由于烧结料层中碳含量少、粒度细而且分散，燃料重量只占总料重的 3%～5%，其体积也不到总料体积的 10%。为了保证燃料的燃烧，烧结料层中过量空气系数一般较高，常为 1.4～1.5，折算成吨烧结矿消耗空气量约为 2.4 t，从而导致烟气排放量大，每生产 1 t 烧结矿大约产生 4000～6000 m^3 烟气。

(2)温度波动大。随工艺操作状况的变化，烟气温度一般在 100～200℃之间。

(3)烟气挟带粉尘量较大，含尘量一般为 1～5 g/m^3。

(4)烟气含湿量大。为了提高烧结混合料的透气性，混合料在烧结前必须加适量的水制成小球，所以烧结烟气的含湿量较大，按体积比计算，水分含量一般在10%左右。

(5)含有腐蚀性气体。混合料烧结成型过程，均将产生一定量的 SO_x、NO_x、HF 等酸性气态污染物，会对金属部件造成腐蚀。

(6)SO_2 排放量较大。烧结过程能够脱除混合料中 80%～90%的硫，烧结车间的 SO_2 初始排放量大约为 6～8 kg/t(烧结料)。

烧结烟气中粉尘的控制设备主要有电除尘器、布袋除尘器和机械式除尘器，其中 80%的烧结机采用电除尘器。烟气中 SO_2 控制技术主要有湿法脱硫、干法脱硫及半干法脱硫。湿法脱硫中最具代表性的是石灰石石膏法、氨法、双碱法等；干法脱硫主要有活性焦法；半干法主要有循环流化床法(CFB)旋转喷雾干燥法(SDA)、密相干塔法等。其中湿法脱硫技术因为脱硫效率高、工艺成熟在钢铁企业中应用范围较广。

5.2.3　高炉烟气和转炉烟气

高炉炼铁工序产生的荒煤气经过除尘净化后成为高炉煤气储存起来，部分高炉煤气作为热风炉加热燃料或外送其他工序使用。热风炉加热燃料燃烧产生的烟气经过除尘后排放至大气中。出铁厂的烟气经过除尘后排放到大气中。

转炉炼钢工序中，产生的荒煤气经过一次除尘后得到转炉煤气，储存起来可以与焦炉煤气、高炉煤气配成各种不同热值的混合煤气使用。经过二次除尘后的转炉烟气则被排放到大气中。

综上所述，钢铁生产过程中的大气污染物控制设施主要包括除尘器和脱硫装置。除尘装置一般分布在焦炉煤气除尘、烧结机除尘、出铁出钢除尘、高炉煤气和转炉煤气除尘以及电炉除尘等处，而脱硫装置则分布在烧结机烟气处理过程中。因此对钢铁生产过程来说，主要的大气污染发生过程在烧结工序，大气污染控制工艺也主要是针对烧结过程。

5.3　钢铁生产过程中汞的流向分析

钢铁生产过程中，涉及的生产原料主要是煤、矿石和石灰石等，其中煤和矿石是钢铁生产过程中汞的主要输入源。钢铁生产各工序基本在 1000℃以上进行炼制和生产，所以原料中的无机汞和不可溶性汞会在高温条件下分解成单质汞 Hg^0，并大部分进入到烟气中，部分进入到灰渣中。随着烟气在烟道中逐渐冷却，Hg^0 经历一系列物理和化学变化，一部分 Hg^0 通过物理吸附、化学吸附和化学反应等途径被吸附在飞灰颗粒上，形成颗粒态汞(Hg^p)；另一部分 Hg^0 在一定温度下，与烟气中的 HCl、Cl_2、O_2 和 NO_2 等组分发生均相或非均相反应生成 Hg^{2+}。烟气在后续排放过程中经历除尘、脱硫等污染物控制技术治理，净化后排放到大气中或回收部分煤气。在烟气治理过程中，烟气中的部分汞会被除尘系统和脱硫系统捕集，其余随烟气排放到大气中(图 5.9)。

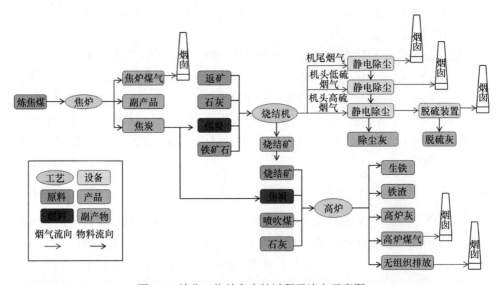

图 5.9　炼焦、烧结和高炉过程汞流向示意图

烟气中汞的排放量与原料中汞的含量、烟气温度、灰分中颗粒碳的含量、烟气污染物控制装置，以及汞在烟气中的形态分布有关。

由钢铁生产工艺流程可分析出钢铁生产过程中汞的迁移过程。在炼焦工序中，汞的主要输入源为煤，其输出源为焦炉煤气、副产品、焦炭及排放的烟气。烧结工序中，汞的输入源为返矿、石灰、铁矿石、焦炭、煤粉；汞的输出源为烧结矿、除尘灰、脱硫灰和烟气。在高炉炼铁工序中，汞的输入源为烧结矿、石灰、焦炭、喷吹煤和煤气；汞的输出源为生铁、铁渣、高炉除尘灰、高炉煤气和燃烧尾气等。在转炉炼钢工序中，汞的输入源为铁水、造渣剂、增碳剂、废钢等；汞输出源为钢水、转炉渣、除尘灰和燃烧尾气。

5.4　钢铁生产过程中汞的排放特征

5.4.1　采样及监测方法

由于我国钢铁企业绝大多数采用长流程烧结—高炉—转炉生产工艺，为了解我国钢铁生产过程中汞的排放情况，中国科学院过程工程研究所在环保公益性行业科研专项"工业锅炉及钢铁等涉汞行业大气汞防治技术与管理政策研究"项目的支持下，对不同规模、工艺的 7 家钢铁生产企业进行了实地调研、取样和监测。现场取样超过 50 组，各类生产数据不少于 10 组。

由表 5.1 可以看出，钢铁烧结烟气与燃煤电厂烟气存在较大差异，由于烧结烟气具有湿度大、负压高、含尘量高的特点，不能直接将电厂烟气汞排放监测技术直接应用，所以对 OHM 法进行了改进。焦炉烟气、烧结烟气和高炉烟气汞排放采用美国 EPA 30B 法监测，同时采用改进的 OHM 法进行形态汞的监测。其改进后的采样系统见图 5.10。

表 5.1　钢铁烧结烟气与燃煤电厂烟气的特点

参数	燃煤电厂烟气	钢铁烧结烟气
烟气量	0.9～1.2 万 Nm^3/吨煤	4000～6000 Nm^3/吨烧结矿
烟气流量	90%～110%	60%～140%
压力	−4～−5 kPa	−15～−20 kPa
含湿量	3%～6%	8%～13%
含尘量	<1g/m^3(除尘后)	1～5 g/m^3

改进后的 OHM 法采样系统相对于 EPA OHM 法，增加了旋风装置和多角度采样箱。由于烧结烟气中粉尘含量高，容易导致石英膜上灰量大，调整流量计不能保证等速采样；当过滤膜上的粉尘过多时，也会增加泵的负荷，导致跳闸，影响仪器的正常使用；同时滤膜受到过度压力时会出现破损，使烟气中的灰进入到第一个吸收瓶中，污染样品。钢铁生产过程中，烟道多为非水平垂直烟道，装有吸收液的吸收瓶不能水平放置，不能保证烟气中的气态汞被吸收液完全吸收。

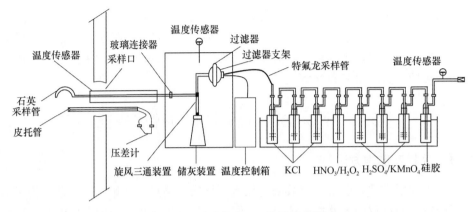

图 5.10　改进的 OHM 法采样系统

鉴于以上问题，对 OH 系统进行了改进，主要是在过滤器和采样枪之间增加一个旋风三通装置，并在第一个冲击瓶和过滤器之间改为 Teflon 采样管，同时增加 Teflon 采样管的温控装置，保证在 110℃以上采样。增加旋风三通装置后，烟气在经过旋风装置时烟气中粉尘颗粒在重力作用下掉落到储灰装置中，可以缓解除尘装置前灰量过大对采样的影响，从而保证等速采样。将第一个冲击瓶和过滤器之间的石英连接器改为 Teflon 采样管，可以保证在非垂直烟道采样时吸收瓶水平放置，保证烟气被完全吸收。

在烟气汞监测的同时采集各工序涉及的原料、产品、副产品、废水、废渣等样品。采集的样品利用 Lumex RA-915+ 分析仪及相关附件进行分析。

5.4.2　烟气汞监测结果

1. 烟气中汞排放浓度

根据监测结果(表 5.2)可以看出，钢铁企业排放烟气经过污染物控制设施处理后烟气中汞的排放浓度都相对较低，调研的几家钢铁企业的结果显示，烟气排放口处的烟气中汞浓度均低于 1 μg/Nm³。同时焦化、高炉和转炉烟气中汞浓度相对烧结烟气中汞排放浓度低，这主要是由于钢铁生产过程中烟气汞的输入源主要是铁矿石和煤粉，经过高温处理后，高炉和转炉生产原料中汞的输入量相对烧结工序汞的输入量低，焦炉烟气经过脱硫、脱苯等工序后，部分汞被富集到脱硫副产物和焦油中，部分保留在焦炉煤气中，排放到大气中的汞很少。

2. 烟气中汞形态分布

由于焦化、转炉和高炉烟气中汞浓度相对较低，主要是采用 30B 法测定烟气中的 Hg 排放浓度。烧结烟气同时采用了改进 OH 法测定烧结烟气中汞的形态分布，

表 5.2　钢铁企业排放烟气中汞排放浓度

工序	APCDs	监测点	烟气中汞排放浓度/($\mu g/Nm^3$)
烧结	SDA-FGD+FF	脱硫前、脱硫后、除尘后	5.5204；1.521；0.805
	ESP+AFGD	除尘前、除尘后、脱硫后	18.275；12.799；0.465
	ESP+DFA-FGD	除尘前、除尘后、脱硫后	31.765；13.283；0.533
	ESP+CFB-FGD+FF	除尘前、除尘后、脱硫后	17.773；9.613；0.373
焦化	ESP	除尘后	0.675
高炉	FF	除尘后	0.040
转炉	FF	除尘后	0.037

为汞的后续处理提供基础理论支撑。表 5.3 为测定的四台烧结机原烟气中汞的形态分布情况。可以看出,烧结机原烟气中 Hg 排放浓度为 5~32 $\mu g/Nm^3$,烧结原烟气以 Hg^{2+} 为主,约占 Hg 浓度的 72.2%~94.7%,而 Hg^p 含量占总汞浓度的 3%以下。

表 5.3　烧结原烟气中汞的形态分布

企业	现有污控设施	烧结机规格/m²	原烟气/($\mu g/Nm^3$)			
			Hg^T	Hg^0	Hg^{2+}	Hg^p
A	SDA-FGD+FF	328	5.520	1.422	4.072	0.026
B	ESP+AFGD	450	18.275	7.081	13.201	0.231
C	ESP+DFA-FGD	210	31.765	1.376	30.087	0.301
D	ESP+CFB-FGD+FF	128	17.773	1.294	15.965	0.513

3. 常规污染物控制设施的脱汞效率

由表 5.4 可以看出,常规污染物控制设施对烟气中的汞起到良好的控制作用,经过除尘、脱硫处理后烟气中汞的总脱除效率达到 84.53%~98.32%,除尘器对汞的脱除效率为 13.76%~29.96%,其中布袋除尘器相对电除尘器有较高的脱汞效率,这主要是由于烟气中的汞多存在于亚微米结构的颗粒物上,而布袋除尘器对该粒径颗粒物的除尘效果优于电除尘器。脱硫设备对汞的脱除效率为 51.99%~79.84%,脱硫设备的脱汞效率远高于除尘器的脱汞效率。这主要与烟气中汞的形态分布有关。由表 5.3 可知,烧结烟气中的汞主要以 Hg^{2+} 为主,湿法脱硫更利于 Hg^{2+} 的脱除。

4. 烧结工序汞平衡

在烟气监测的同时采集烧结工艺的生产原料、副产物等固体样品。利用 Lumex RA-915+ 分析仪测定收集各调研企业样品中 Hg 含量,其测定结果见表 5.5。

表 5.4　　烧结机烟气污染物控制设施对汞的脱除效率

企业	现有污控设施	总脱除效率(%)	脱除效率(%)	
			除尘器	脱硫设备
A	SDA-FGD+FF	84.53	13.76	70.77
B	ESP+AFGD	97.46	29.96	67.50
C	ESP+DFA-FGD	98.32	18.48	79.84
D	ESP+CFB-FGD+FF	97.90	45.91	51.99

表 5.5　　固体样品中 Hg 的含量(μg/kg)

	A	B	C	D
铁矿石	18.3	49.97	23.27	45.74
石灰	3.0	1.6	3.1	0
煤粉	48	118.37	240.53	55.37(混合)
焦粉	4.0	—	19.5	
烧结矿	1.4	0.97	0	0.1
电除尘灰	—	1059.0	6577.3	2455
脱硫灰	1450	1648.3	8074	1856
布袋除尘灰	728	—	—	3942

　　由表 5.5 可以看出，原料铁矿石中 Hg 的含量达 18~50 μg/kg，石灰中 Hg 的含量为 0~3.1 μg/kg。燃料煤粉中 Hg 的含量为 48~240.5 μg/kg。产品烧结矿中 Hg 的含量为 0~1.4 μg/kg。除尘灰中 Hg 的含量为 1059.0~6577.3 μg/kg；脱硫灰中 Hg 的含量为 1450~8074 μg/kg。副产物脱硫灰和除尘灰中 Hg 含量高，这与烧结烟气中 Hg 的形态有关。烧结烟气中大部分以 Hg^{2+} 存在，Hg^{2+} 易被烟气中颗粒物吸附，同时由于除尘灰未能及时排出，导致其与烟气中的 Hg 接触时间长，造成 Hg 在除尘灰中富集。脱硫灰的重复利用，也造成 Hg 在脱硫灰中的富集，这都会导致副产物脱硫灰和除尘灰中 Hg 含量增高。

　　为了追溯钢铁烧结系统 Hg 的来源和去向，对进出烧结系统的汞元素进行了的物料平衡计算，结果见表 5.6。可以看出，四台烧结机烧结工序的 Hg 平衡率在 77%~129%范围内，现场取样和分析技术复杂，又易受矿石种类及投料量、烟气流量与流速等诸多不确定因素的影响，从而产生误差。因此，认为四台烧结机烧结工序 Hg 的质量平衡在可接受范围内。

　　图 5.11 和图 5.12 是烧结工序 Hg 输入源与输出源的质量分布。由图 5.11 可以看出，烧结工序中，Hg 的主要输入源是铁矿石和煤粉，铁矿石输入的 Hg 占整个工序输入总 Hg 的 74.84%~92.75%，煤粉输入的 Hg 占整个烧结工序输入总 Hg 的 7.25%~23.21%。焦粉输入的 Hg 占比较小，因为在炼焦过程中温度达 1000℃

以上，煤炭中的 Hg 大部分以气态 Hg 形式释放到烟气中，所以焦炭中的 Hg 含量很低。

表 5.6　Hg 平衡计算结果(g / d)

		A	B	C	D
Hg 输入源	铁矿石	96.624	551.669	139.620	315.452
	石灰	0.151	2.496	1.302	0
	煤粉	8.294	87.463	43.295	24.664
	焦粉	1.286	0	2.340	0
	总计	106.356	641.628	186.557	340.116
Hg 输出源	烧结矿	11.975	13.502	0	0.550
	电除尘灰	—	254.160	197.320	30.638
	脱硫灰	44.544	210.063	32.167	44.544
	布袋除尘灰	20.093	—	—	255.442
	排放烟气	23.184	17.856	11.206	3.760
	总计	99.796	495.582	240.693	334.934
Hg 平衡率/%		94	77	129	98

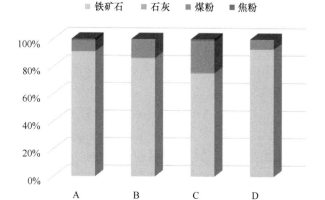

图 5.11　烧结工序 Hg 输入源质量分布图

由图 5.12 可以看出，烧结工序中，Hg 的主要输出源是除尘灰和脱硫灰，其次是排放的烟气。其中除尘灰输出的 Hg 占整个工序 Hg 输出总量的 20.13%～85.4%，尤其是布袋除尘灰输出的 Hg 占整个工序 Hg 输出总量的 20.13%～76.27%，这主要是由于布袋除尘器可以捕集微细粉尘，而烟气中的 Hg 易被亚微米颗粒吸附，所以布袋除尘灰中 Hg 的含量高，输出的 Hg 占比大。脱硫灰输出的 Hg 占整个烧结工序 Hg 输出总量的 13.30%～47.47%，由于企业 B 的烧结机采用石灰石/

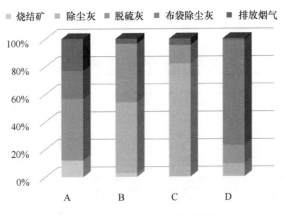

图 5.12　烧结工序 Hg 输出源质量分布图

石膏湿法脱硫技术，烧结烟气中的 Hg 主要是 Hg^{2+}，易溶于水，大部分 Hg 可能进入到脱硫废水中，而现场采集的脱硫灰是脱水后的石膏，所以 B 企业脱硫灰 Hg 的含量低，Hg 平衡中脱硫灰输出 Hg 占比非常小。释放到大气中 Hg 占整个工序 Hg 输出总量的 0.4%～33.58%。

　　清华大学王书肖课题组[9]调研了两家钢铁企业的汞排放情况。第一家包含了白云石、石灰石的焙烧工序、炼焦工序、烧结工序、高炉炼铁工序、转炉炼钢工序、电炉炼钢和煤气发电等工序。第二家钢铁企业则无造渣料的焙烧工序和电炉炼钢工序。通过对烟气和固体物料的监测和分析，计算出两家钢铁企业汞的输入和输出情况。图 5.13 为两家钢铁厂钢铁生产过程整体质量平衡情况。

　　由图 5.13 可以看出，烧结机是钢铁生产过程最大的大气汞排放源，占整个钢铁生产过程中大气汞排放一半左右。烟气中约 10%的汞排放到大气中，其余多富集在除尘灰和副产物中。对于钢铁实际生产过程，烧结除尘灰和高炉除尘灰再次返回到烧结机中进行生产，可能造成汞在生产过程中的累积，加重汞的排放问题。目前还未对除尘灰和副产物中汞的脱除进行深入研究。

　　综上所述，钢铁生产产生的汞基本来源于铁矿石和燃煤。铁矿石中的汞在冶炼过程中，一部分进入最终钢产品，一部分则随烟气、固废等进入环境中。燃煤消耗主要包括三部分，焦化工序使用到的洗精煤、自备电厂使用的动力煤、高炉生产为了提高燃料效率而添加的一部分喷吹煤，这三部分的煤消耗是钢铁企业的烟气汞重要排放来源。中国钢铁企业主要以高炉—转炉生产工艺为主，电炉钢比重较少。根据中国钢铁行业的发展现状及国外前期研究成果，焦化工序和烧结工序是产生汞污染的主要工序，对于部分无焦化工序的钢铁企业而言，烧结工序则是其最主要的汞污染源。

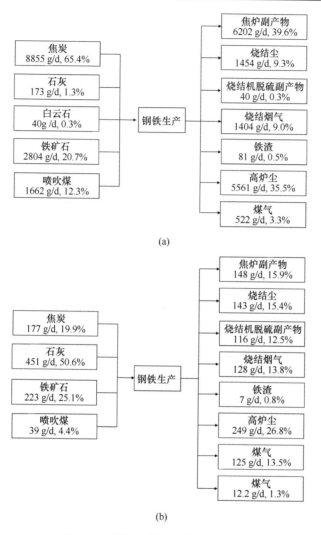

(a)

(b)

图 5.13 钢铁生产过程整体质量平衡

5.5 钢铁行业烟气汞排放的影响因素

5.5.1 原料中汞的含量

钢铁生产的原料包括铁矿石、原煤、白云石、石灰石等造渣料,其中煤炭和铁矿石占主要地位。根据钢铁企业监测及调研结果,可知钢铁生产过程中汞主要来源于铁矿石和煤炭,控制煤炭和铁矿石中的汞对减少钢铁行业大气汞排放具有重要作用。

5.5.1.1　煤炭的优选

中国是产煤大国,也是煤炭消耗大国。选择的煤矿、采样地点及测试技术的不同造成中国不同煤中汞含量差异很大。我国煤炭中含汞量分布很不均匀。陈冰如等[10]研究显示我国煤中汞元素浓度范围为 0.308～15.9 mg/kg。蒋靖坤等[11]收集文献中各省区原煤汞含量数据,归纳出我国煤炭中平均汞含量为 0.20 mg/kg。Streets 等[12]结合 USGS 数据和中国学者的相关文献的数据得出 1999 年中国煤中汞含量为 0.19 mg/kg。通过对 1466 个煤样分析数据的统计,我国多数煤中汞处于 0.01～1.0 mg/kg 之间,算术平均值为 0.15 mg/kg;从少数样品中检测到汞达 2～6 mg/kg(采自河南平顶山矿区、云南老厂矿区、贵州六枝矿区、贵州水城矿区等地的个别样品)[13]。我国煤炭中汞含量较低(<0.20 mg/kg)的省区有新疆、黑龙江、陕西、河北、山东、江西、四川;含量较高的省市有北京、吉林、河南;汞含量处于中等水平的省区有辽宁、山西、内蒙古、安徽。因此我国煤炭中汞含量分布的规律可总结为:东北、内蒙古、山西等煤中汞含量比较低,向西南到贵州、云南汞含量增加,煤中汞有自北向南增加的趋势。

5.5.1.2　矿石的优选

中国铁矿分布主要集中在辽宁、四川、河北、北京、山西、内蒙古、山东、河南、湖北、云南、安徽、福建、江西、海南、贵州、陕西、甘肃、青海和新疆等省、市、自治区。其主要特点有两个:一是贫矿多,贫矿资源储量占总量的80%;二是多元素共生的复合矿石较多。

1. 东北地区铁矿

东北地区铁矿主要是鞍山矿区,它是目前中国储量开采量最大的矿区,大型矿体主要分布在辽宁省的鞍山,如大弧山、樱桃园、东西鞍山、弓长岭等;本溪,如南芬、歪头山、通远堡等,部分矿床分布在吉林省通化附近。鞍山矿区是鞍钢、本钢的主要原料基地。

鞍山矿区矿石的主要特点:

(1)除极少富矿外,约占储量的 98%为贫矿,含铁量 20%～40%,平均 30%左右。必须经过选矿处理,精选后含铁量可达 60%以上。

(2)矿石矿物以磁铁矿和赤铁矿为主,部分为假象赤铁矿和半假象赤铁矿。其结构致密坚硬,脉石分布均匀而致密,选矿比较困难,矿石的还原性较差。

(3)脉石矿物绝大部分是由石英石组成的,SiO_2 在 40%～50%。但本溪通远堡铁矿为自溶性矿石,其碱度$(Ca+Mg/SiO_2)$在 1 以上,且含锰 1.29%～7.5%可代替锰矿使用。

(4) 矿石含 S、P 杂质很少，本溪南芬铁矿含 P 很低，是冶炼优质生铁的好原料。

2. 华北地区铁矿

华北地区铁矿主要分布在河北省宣化、迁安和邯郸地区的武安、峰峰矿区、矿山村等的地区以及内蒙古和山西各地，是首钢、包钢、太钢和邯郸、宣化及阳泉等钢铁厂的原料基地。

迁滦矿区矿石为鞍山式贫磁铁矿，含酸性脉石，S、P 杂质少，矿石的可选性好。邯邢矿区主要是赤铁矿和磁铁矿，矿石含铁量在 40%～55% 之间，脉石中含有一定的碱性氧化物，部分矿石 S 含量高。

3. 中南地区铁矿

中南地区铁矿以湖北大冶铁矿为主，其他如湖南湘潭，河南安阳、舞阳，江西等地都有相当规模的储量，这些矿区分别成为武钢、湘钢及该地区各大中型钢铁厂的原料供应基地。

大冶矿区是中国开采最早的矿区之一，主要包括铁山、金山店、成潮、灵乡等矿山，储量比较丰富。矿石主要是铁铜共生矿，铁矿物主要为磁铁矿，其次是赤铁矿，其他还有黄铜矿和黄铁矿等。矿石含铁量 40%～50%，最高的达 54%～60%。脉石矿物有方解石、石英等，脉石中含 SiO_2 约为 8%，有一定的溶剂性，CaO/SiO_2 为 0.3 左右，矿石含 P 低，一般为 0.027%，含 S 高且波动很大，为 0.01%～1.2%，并含有 0.2%～1.0% 的 Cu 和 0.013%～0.025% 的 Co 等有色金属。矿石的还原性较差，矿石经烧结造块后进入高炉进行冶炼。

4. 华东地区铁矿

华东地区铁矿产区主要是自安徽省芜湖至江苏南京一带的凹山、南山、姑山、桃冲、梅山、凤凰山等矿山。此外还有山东的金岭镇等地也有相当丰富的铁矿资源储藏，是马鞍山钢铁公司及其他一些钢铁企业原料供应基地。

芜宁矿区铁矿石主要是赤铁矿，其次是磁铁矿，也有部分硫化矿，如黄铜矿和黄铁矿。铁矿石品位较高，一部分富矿含铁量约为 50%～60%，可直接入炉冶炼，一部分贫矿要经选矿精选、烧结造块后供高炉使用。矿石的还原性较好。脉石矿物为石英、方解石、磷灰石和金红石等，矿石中含 S、P 杂质较高，其中 P 含量一般为 0.5%，最高可达 1.6%，梅山铁矿 S 含量平均可达 2%～3%，矿石有一定的溶剂性，如凹山及梅山的富矿中平均碱度可达 0.7～0.9，部分矿石含 V、Ti 及 Cu 等有色金属。

5. 其他地区铁矿

除上述各地区铁矿外，中国西南地区、西北地区各省，如四川、云南、贵州、甘肃、新疆等地都有丰富的不同类型的铁矿资源，分别为攀钢、重钢和昆钢等大中型钢铁厂高炉生产的原料基地。

近年来，我国铁矿石进口起源地非常稳固，铁矿石重要进口国家按数量排序顺次为澳大利亚、巴西、印度、南非、秘鲁等国，散布在大洋洲和南美洲。从排名靠前的几名国家来看，澳大利亚始终是我国最大的铁矿石进口起源国，占比从33%回升到了40%，而其余重要国家所占比例略有降落。我国国内进口铁矿石主要来源地、数量及比重见表5.7。

表5.7　中国进口铁矿石主要来源地、数量及比重(万吨)

年份	中国总进口量	澳大利亚		巴西		印度		合计比例/%
		进口量	比例/%	进口量	比例/%	进口量	比例/%	
2010	61863	26541	42.90	13088	21.16	10275	16.61	80.67
2009	62778	26186	41.71	14240	22.68	10734	17.10	81.49
2008	44000	18329	41.66	10061	22.87	9093	20.67	85.20
2007	38309	14548	37.98	9761	25.48	7927	20.69	84.15
2006	32630	12684	38.87	9761	25.48	7927	20.69	84.15
2005	27526	11217	40.75	5471	19.88	6853	24.90	85.53
2004	20808	7818	37.56	4603	22.12	5018	24.12	83.80
2003	14812	5812	39.24	3840	25.92	3228	21.79	86.95
2002	11149	4278	38.37	2977	26.70	2253	20.21	85.28
2001	9231	3796	41.12	2453	26.57	1698	18.39	86.08

表5.8为采集的几种进口铁矿石中含汞情况。其中采集澳大利亚矿5种，巴西矿3种，南非矿、洪都拉斯矿、委内瑞拉矿以及智利矿各1种。铁矿石中汞的含量与产地、埋葬深度等因素有关[14]。

表5.8　主要铁矿石中汞的含量(μg/kg)

铁矿石产地	澳大利亚	巴西	南非	洪都拉斯	委内瑞拉	智利
汞含量	13.07～48.10	4.10～51.83	12.53	8.77	89.63	3.27

5.5.2　烟气污染物控制设备

5.5.2.1　除尘设备

钢铁生产中烟气除尘器主要包括机械式除尘器、电除尘器、布袋除尘器、湿式除尘器等。其中全国80%的烧结机采用电除尘器，其总体除尘效率可达99%。

但由于电除尘器对富集了大量汞的细微粒子的捕集效率较低，因此大量的汞可通过电除尘设备进入到大气中。除尘器类型和除尘效率对汞的排放有很大影响。总的来说，除尘器的除尘效率越高，汞排放浓度越低。

机械除尘器(如旋风除尘器、多管除尘器等)除尘效率不高，对于 $0\sim0.3$ μm粒径的颗粒脱除效率低于30%，对汞的排放几乎没有影响。静电除尘(ESP)应用最为广泛，除尘效率很高达 99%以上，可以将大部分飞灰捕获，因而也将飞灰中的大部分汞除去，捕捉汞的效率平均为 23.98%。袋式除尘器装置(FF)既可以通过捕获飞灰减少汞排放，同时当烟气通过袋式除尘器时，滤袋中集聚的飞灰层也可以起到吸附烟气中气态汞的作用，因此袋式除尘器平均可以减少28.47%的汞排入大气中。湿式除尘器(文丘里除尘器)除尘效率很高，但动力消耗很大，尤其对微小颗粒需要较大的压头，因此对富集汞的亚微飞灰颗粒捕获效率很低，平均为4.3%。

表 5.9 有三种除尘器的脱汞效率，其中电除尘器的脱汞效率约为30%，湿式除尘器脱汞效率低于 10%，旋风分离除尘器的脱汞效率几乎为 0。电除尘器是我国钢铁企业应用最为广泛的除尘装置。电除尘器的脱汞效率与煤种、除尘器的结构等因素有关，且主要脱除颗粒态汞，若烟气在电除尘器中流速很低，停留时间延长，此时如果烟气温度同时降低到适当的温度，就能促进烟气中的飞灰或颗粒物吸附更多的汞，被电除尘器脱除掉。

表 5.9　不同除尘器的脱汞效率

类型	Streets[12]	US EPA[15]	US EPA[16]	王启超等[17]	朱珍锦等[18]
电除尘器	30.6	36.0	30.4	25.7	30.3
湿式除尘器	6.5	8.7	4.3	—	—
旋风分离器	0.1	0.1	0.0	—	—

5.5.2.2　脱硫设备

二氧化硫一直是钢铁行业大气污染物控制的重点对象。随着国家对工业环保要求的提高，钢铁行业脱硫设施的覆盖率逐年增加。通常按脱硫过程中是否加水和脱硫产物的干湿形态，将烟气脱硫技术分为三类：湿法、半干法和干法。

脱硫过程主要去除的是烟气中 Hg^{2+}，对单质汞的影响不大。因此脱硫设备的脱汞效率与烟气中汞的形态有关。由于 Hg^{2+} 易溶于水，且烟气脱硫系统的温度相对较低，利于 Hg^0 的氧化和 Hg^{2+} 的吸收。在烟气湿法脱硫系统中，汞的脱除效率可达 85%以上，甚至可去除全部的 Hg^{2+}。DOE 和 EPRI 的现场测试表明，WFGD对烟气汞的总脱除效率在 10%～80%范围内[19]。由于烟气中的飞灰、SO_2、HCl

和 NO_x 都能影响 Hg^0 转化为 Hg^{2+} 的效率，所以也会影响脱硫设备的除汞能力。

在旋转喷雾干燥(SDA)脱硫系统中，Hg^p 很容易被除去。Hg^0 和 Hg^{2+} 能潜在地被吸附在 SDA 系统的飞灰、硫酸钙或亚硫酸钙颗粒表面。当烟气通过下游风向的电除尘器或纤维过滤器时，吸附有汞的颗粒能很容易被吸附和捕获，然后被除尘器除去。当气流通过 FF 上由飞灰和干浆粒结成的阻塞层时，气态汞的捕获会进一步增强，达到更高的脱除效率，可达 90%以上[20]。

5.5.3　烟气成分

烟气中汞的主要以单质汞、二价汞和颗粒态汞三种形式存在。二价汞易溶于水，易被湿法脱硫设备捕获而脱除；颗粒态汞易被电除尘器等除尘设备捕获而除去；单质汞具有挥发性高和较低的水溶性，且在大气中可停留时间长达半年到 2年，所以烟气中气态单质汞的去除是烟气中汞污染控制的重点。在钢铁生产过程中，原料中绝大多数的汞都被分解为单质汞，并以气态形式存在于烟气中。Hg^0在一定温度下，与烟气中的 HCl、Cl_2、O_2 和 NO_2 等组分发生均相或非均相反应生成 Hg^{2+}。钢铁生产中产生的烟气成分非常复杂，一般认为烟气中汞的氧化主要是含氯物质(Cl_2、HCl 等)与汞作用的结果，即烟气中的氧化态物质主要是氯化汞。其次，烟气中的汞可能与 O_2、SO_x、NO_x 等物质发生化学反应生成 HgO、$HgSO_4$等氧化态物质。另一部分 Hg^0 在烟气中颗粒物的作用下，在颗粒物表面和烟气组分之间发生非均相反应生成 Hg^{2+}。研究发现，飞灰中的 Fe_2O_3 和 CuO 对汞形态转化起催化作用。图 5.14 为调研的三家钢铁企业的三台烧结机烧结原烟气中汞的形态分布结果。

由图 5.14 可以看出，烧结原烟气中的汞主要以 Hg^{2+}为主，占比达 64.4%～64.7%；其次是 Hg^0，占比为 4.3%～34.5%；Hg^p 很少，占比在 1%左右。这主要是由于铁矿石中大量的 Fe_2O_3 以及烟气中 SO_2 等气体的氧化作用。

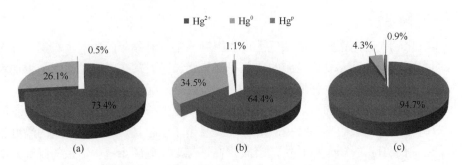

图 5.14　三台烧结机烧结原烟气中 Hg 的形态分布
(a)328 m²；(b)450 m²；(c)210 m²

5.6　钢铁行业烟气中汞的控制技术

由于环境和政策的压力，烟气汞控制技术逐步发展起来。现有钢铁行业烟气汞的控制可行的技术主要是燃烧前控制和燃烧后控制两个方面。

5.6.1　燃烧前控制

燃烧前控制可通过洗煤、燃料替代和矿石优选等方法来降低汞的排放。

5.6.1.1　洗煤

洗煤是一种物理的清洗方式来减少煤中的硫以及矿物成分，经过清洗的煤具有较高的能效，减少二氧化硫排放的同时减少包括汞在内的其他污染物的排放。一般而言，浮选法的汞去除率为21%～37%，具体跟煤的种类、清洗方式、分选技术及原煤中汞含量有关。洗煤过程对汞的去除效率取决于清洗过程、煤的类型和煤中污染成分的含量[21]。物理洗选煤过程对于除去煤中与无机物结合的汞效果比较明显，但是对于与有机物结合的汞脱除效果不大。美国 EPA 在计算全美汞排放量时，认为洗选煤过程能够平均减少原煤中 21%的汞含量[22]，O'Neil 等[23]研究了洗煤过程改变原煤中汞含量的情况，他对 24 种原煤进行了洗煤过程前后汞含量的测定，汞含量减少了12%～78%，按质量基准计算汞含量平均减少了30%。表 5.10 为传统的洗煤方法对汞的脱除效果。

表 5.10　各种煤洗选方法贡脱除效率

洗选方法	Hg 脱除效率/%	平均/%
浮选技术	1～51	26
传统浮选+浮选技术	40～57	55
传统浮选+淘汰技术	63～82	68
淘汰技术	8～38	16
重介质分选+浮选技术	63～65	64

5.6.1.2　燃料替代

燃料替代是实现汞污染控制的最根本的手段和方法，可通过采用低汞煤，甚至燃料油、天然气、生物质、固体废料、石油焦以及轮胎等燃料替代。具体方法包括：

(1)将高硫煤转化为低硫煤，包括直接由高硫煤转化为低硫煤，将高硫与低硫煤混合使用，清洗高硫煤与中硫煤，混合或相结合等。

(2)增加天然气或石油的使用，减少煤炭的消耗。

5.6.1.3 矿石优选

由于铁矿石中伴生汞元素，在烧结、高炉炼铁过程中将排放出汞。矿石中汞的含量与矿石的产地、埋藏深度等因素有关。在保证矿石品位的同时，将尽量采用低汞矿石，或者是将高汞矿石与低汞矿石按一定比例混合使用。

5.6.2 燃烧后控制

燃烧后脱汞主要是指对燃烧产生的烟气中的汞进行脱除以达到排放控制的目的。综合国内外研究结果，烟气脱汞方法可分为以下几种。

5.6.2.1 吸附剂脱汞

吸附剂脱汞主要是通过利用如活性炭类、飞灰、钙基类物质等固体吸附剂的表面官能团和孔结构的吸附作用来除去烟气中的汞。其中活性炭吸附剂在燃煤电厂已得到实际应用。

活性炭吸附汞是一个多元化过程，它包括吸附、凝结、扩散及化学反应等过程，与吸附剂的物理性质(颗粒粒径、孔径、表面积等)、烟气性质(温度、气体成分、汞浓度等)、反应条件(停留时间、碳汞质量比等)有关[24-27]。未经表面处理的活性炭对汞的吸附效果不是很好，一般只有 30%左右。在 140℃的烟气中，当汞的浓度达到 110 $\mu g/m^3$ 时，普通活性炭对汞的吸附量约为 10 $\mu g/g$[28]。这是因为汞在炭上的表面张力和接触角较大，不利于炭对汞的吸附，所以要求在炭表面引进活性位，普遍做法是将普通活性炭进行表面处理，常用的改性剂是含硫、氯、碘等元素的化合物或单质。Sina 和 Walker[29]研究了注硫过程对活性炭除汞的影响，实验发现，150℃时注入硫之后，活性炭吸附汞的能力大大增强。

向烟气中喷入粉末状活性炭吸附汞，是最简单和最成熟的控制烟气汞排放的方法。吸附剂喷射现场实验证明活性炭喷射在汞排放控制方面的有效性。活性炭喷射技术的优点有：①改造容易且耗时短，投资成本低，喷射装置简单；②煤种适应性强，不论烟煤还是亚烟煤均适用；③当使用布袋除尘器时在较低的活性炭喷射速率下可达到 90%以上的汞脱除效率。活性炭喷射技术存在的缺点有：①活性炭汞吸附机理尚未明确[30, 31]。②活性炭成本较高，控制费用较高，经济性差。由于存在低汞浓度、混合性差、低热力学稳定性的问题，使活性炭喷射法的成本非常昂贵。美国 EPA 和 DOE 估算结果表明[32]，燃煤电站采用活性炭喷射方法，控制 90%的汞排放，每脱除 1 磅(相当于 453.6 g)的汞耗资 25000～70000 美元；如果采用活性炭吸附床，每脱除 1 磅的汞耗资 17400～38600 美元。③喷入的活性炭引起除尘设备负荷的升高。④吸附产物的稳定性问题还有待于进一步研究。

汞在烟气中只是微量的，烟气中存在的其他气体对活性炭脱汞也有一定的影响。烟气中的酸性气体如 SO_2、NO_x 和 HCl 对汞在活性炭上的吸附有促进作用[33]，尤其是 HCl，对汞的脱除极为有利。烟气中有 10^{-4}%级浓度的 HCl 存在条件下汞的脱除效率达到 100%[34]，说明 Cl 元素与汞反应的趋势要比其他元素更明显，这与反应的 Gibbs 自由能有很大关系。活性炭表面的化学性质也会极大地影响汞的脱除。活性炭表面主要的官能团是含氧和含氮官能团，而无机成分主要是硫、氯以及一些微量的金属元素。这些官能团一般来说对汞的吸附是有利的，不过目前具体的吸附机理并没有得到统一解释，硫、氯一般被认为是活性炭吸附汞的活性位。

5.6.2.2　多污染物协同控制脱汞

目前的许多控制系统都是针对一种或两种污染物，而在污染物综合控制中实现汞的脱除其实是最具成本效益的一种方法。目前一些新的多种污染物综合控制技术已经得到应用。

1. MEROS 技术

西门子奥钢联公司开发的 MEROS 工艺[35-40]全称为 maximized emission reduction of sintering，意为 "大幅度削减烧结排放"。该工艺经过一系列连续处理过程后，能够将烧结厂废气中含有的灰尘、有害金属和有机物成分去除，以达到较低的排放水平。

MEROS 法是将添加剂均匀、高速并逆流喷射到烧结烟气中，然后调节反应器中的高效双流(水和压缩空气)喷嘴加湿并冷却烧结烟气。离开调节反应器之后，含尘烟气通过脉冲袋滤器去除烟气中的粉尘颗粒。为了提高气体净化效率并降低添加剂费用，滤袋除尘器中的大多数分离粉尘循环到调节反应器之后的气流中，其中部分粉尘离开系统，被输送到中间存储筒仓。MEROS 法集脱硫、脱 HCl 和 HF、脱二噁英类污染物于一身，并可以使 VOCs(挥发性有机化合物)的可冷凝部分几乎全部去除。

MEROS 工艺主要由以下几个设备单元组成：添加剂逆流喷吹单元(烟气流设备)、气体调节反应器、脉冲喷射织物过滤器、灰尘再循环系统、增压风机和净化气体监控系统。MEROS 工艺流程如图 5.15 所示。

添加剂主要为炭基吸附剂和脱硫剂，其中添加炭基吸附剂(焦炭、褐煤等)可利用吸附作用去除烧结烟气中的重金属、PCDD/Fs 和其他有毒挥发性有机物。气体调节单元的主要作用是降低烟气温度以保护织物过滤器布袋，同时还可调节气

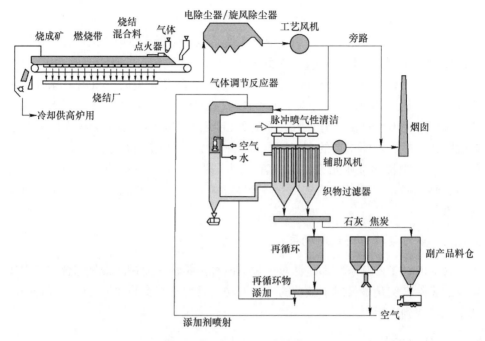

图 5.15　MEROS 工艺流程图

体湿度，强化化学反应。烟尘再循环系统将除尘系统的一次灰尘、炭和焦炭、未反应的硫氧化物脱除剂及反应产物等大部分的灰尘返回到气体调节反应器之后的废气流中，未完全反应的添加剂可以继续反应，进一步提高了添加剂的利用效率，大大节省运行成本。

西门子奥钢联以工艺总承包的方式为奥钢联钢铁公司建设了 1 座 MEROS 工业厂。在 MEROS 工业厂投入运行后的前 9 个月(2007 年 8 月至 2008 年 5 月)，系统总体作业率超过了 99%，烧结烟气的净化效率完全达到了预期指标，见表 5.11。

表 5.11　奥钢联钢铁公司 MEROS 工艺的烧结烟气净化效率

废气成分	灰尘	PCDD/Fs	Hg	Pb	HCl	HF	VOCs
去除率/%	~99	~99	~97	~99	~92	~92	~99

MEROS 技术的特点是：①工艺简单，运行稳定性好；②入口温度要求低，温度变化适应范围广；③可控性高，SO_2 排放浓度<200 mg/m³，脱硫效率可达 80% 以上，粉尘排放浓度<50 mg；④脱除二噁英和重金属，重金属的脱除效率可达 99%，PCDD/Fs 和其他有毒挥发性有机物可达 90%以上。

该工艺存在的问题是：年运行费较高；在控制二噁英的同时会产生混有二噁英的固体废弃物。

2. IOCFB 多污染物协同控制技术

IOCFB 多污染物协同控制技术是中国科学院过程工程研究所在内外双循环流化床半干法脱硫技术(inner and outer circulating fluidized，IOCFB)基础上发展而来的[41-43]。IOCFB 多污染物协同控制技术原理类似于 EFA 曳流吸收塔工艺，利用 $Ca(OH)_2$ 等碱性吸收剂吸收烟气中 SO_2 等酸性气体，利用活性炭或活性焦吸附剂吸附烟气中二噁英类污染物，通过吸收剂和吸附剂的多次再循环，延长吸收剂和吸附剂与烟气的接触时间，提高了吸收剂和吸附剂的利用率。该工艺能在较低的钙硫比(Ca/S<1.3)情况下，脱硫效率稳定达到 90%。

IOCFB 多污染物协同控制技术以流态化原理为基础，基于流化床内吸收剂、水、烟气等气液固三相流动特性，采用循环流化床反应器内置扰流导流型管束复合构件、外置旋风分离器、可编程逻辑控制(PLC)等技术，解决了常规循环流化床烟气脱硫技术普遍存在的运行可靠性差及适应性差等问题，实现设备稳定可靠运行。在流化床内气液固三相共存条件下，利用熟石灰作为脱硫剂，与烧结烟气中的酸性组分发生反应，生成反应产物，主要反应有：

$$Ca(OH)_2 + SO_2 \longrightarrow CaSO_3 \cdot 1/2H_2O + 1/2H_2O$$
$$Ca SO_3 \cdot 1/2H_2O + 1/2 O_2 + 3/2H_2O \longrightarrow Ca SO_4 \cdot 2H_2O$$
$$Ca(OH)_2 + SO_3 \longrightarrow CaSO_4 \cdot H_2O$$
$$2Ca(OH)_2 + 2HCl \longrightarrow CaCl_2 \cdot Ca(OH)_2 \cdot 2H_2O$$
$$Ca(OH)_2 + 2HF \longrightarrow CaF_2 + 2H_2O$$

活性炭用于吸附二噁英、重金属等非常规污染物，在多种污染物同时存在条件下，活性炭优先吸附烟气中的二噁英，气氛中的 SO_2、NO 和水蒸气会减少活性炭上二噁英的吸附，尤其是有高浓度 SO_2(高于 0.1%)存在时，NO 几乎不再被活性炭吸附[44]，有机气体氯苯(二噁英模式物)在活性炭上吸附量降低了近 20%[45]，因而为增强活性炭对二噁英的捕集能力，活性炭适宜在低浓度 SO_2 区域喷入。

IOCFB 多污染物协同控制工艺如图 5.16 所示。烧结烟气被引入循环流化床反应器底部，与水、吸收剂、活性炭(或活性焦)和还具有反应活性的循环灰相混合，脱去 SO_2 等酸性气体和二噁英类污染物。$Ca(OH)_2$ 等碱性吸收剂和活性炭(或活性焦)通过输送系统，由喉口处进入循环流化床反应器，在反应器内同含 SO_2 等酸性气体和二噁英类污染物的烟气充分接触，并且在烟气作用下同残留吸收剂、活性炭和飞灰固体物一起贯穿反应器，通过分离器收集实现循环，增加吸收剂的利用率。熟石灰 $Ca(OH)_2$ 与活性炭(或活性焦)在吸收塔内与烟气反应后一起进入旋风分离器，被分离器气固分离后，一部分灰导入灰斗排至灰场处理，另一部分经返料装置重新进入吸收塔，固体颗粒在吸收塔和分离器之间往复循环，总体停留时间可达 20 min 以上,可有效提高吸收剂利用率。

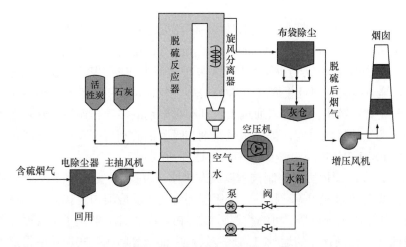

图 5.16　IOCFB 多污染物协同控制工艺流程图

　　IOCFB 多污染物协同控制工艺系统包括:循环流化床反应器、旋风分离器、物料再循环箱、返料螺旋秤、水泵、雾化喷嘴、吸收剂仓及输送计量装置、PLC控制系统等。循环流化床反应器是吸收系统的主体,整体可以分为三部分:进口段、提升段、出口段。进口段采用文丘里结构,在该段布置有进料口、返料口和喷水装置。喷水装置喷入雾化水,一方面是为了增湿颗粒表面,另一方面是为了使烟气温度降至高于烟气露点 15℃左右,以达到合适的反应温度。出口结构可以选择 L 型、T 型等不同形式。

　　IOCFB 多污染物协同控制技术是一种新型半干法烟气净化工艺,采用循环流化床反应器,通过吸收剂的多次往复循环,有效延长吸收剂与烟气的接触时间,提高了吸收剂的利用率,该技术能在较低的钙硫摩尔比(Ca/S<1.3)情况下,将脱硫效率稳定在 90%以上。其主要技术特点如下:

　　(1)采用内、外循环相结合方式,提高了技术适应性。旋风分离器进行塔外循环,通过螺旋给料机控制外循环量。与其他脱硫方式相比,该方法可以同时对塔内和塔外双循环系统进行控制,因此可以调控的范围更大,克服了常规单循环操作弹性小,流形调控明显滞后的问题,适应负荷变化率从 50%~150% 提高到了30%~150%,使该工艺的适应性大大增强,有利于提高脱硫效果,同时降低对吸收剂的质量要求。

　　(2)在反应塔内设置扰流导流型管束复合构件,增强内循环。通过构件对气体流场的有效引导,降低了床内压降无规则波动,通过对上下行颗粒群的有效扰动,增加了吸收剂在反应塔内的保有量,改善了气固传质效果,增强了气固反应概率,提高了脱硫效率，降低了吸收剂用量。

(3)采用外置旋风分离器与反应器本体相结合的一体化结构，将吸收塔出口的大部分脱硫产物和粉尘等颗粒分离，极大降低了反应器后除尘器入口的烟气颗粒浓度，与常规工艺相比，减轻除尘器负荷 95%以上，避免了对原有除尘器的改造，同时可实现对反应器单元的单独调控。

(4)吸收剂采用干态进料，与传统浆态进料方式相比，避免了管路腐蚀、堵塞等问题，省去了包括制浆单元在内的多个子系统，投资和运行费用降低，同时工艺耗水量小。

(5)采用 PLC 技术实现脱硫系统独立控制，主要工艺参数(反应温度、压力、脱硫剂添加量等)采用单回路控制，抗干扰能力强，配置灵活，扩展性强，稳定性强，显著提高了技术整体运行的可靠性。

IOCFB 多污染物协同控制技术已完成江苏徐州成日钢铁 132 m² 和河北敬业钢铁集团 2×128 m² 烧结机多污染物协同控制示范工程。徐州成日钢铁集团公司 132 m² 烧结机的工况烟气量为 $9.0×10^5$ m³/h，采用了 IOCFB 多污染物协同控制技术进行示范应用，该工程 2013 年 11 月完成建设，开始调试运行。

吸收剂采用外购成品粒状生石灰，其中 CaO 的纯度大于 85%，二噁英、重金属等吸附剂采用商用椰壳活性炭。工艺中设置一座 IOCFB 反应塔，塔进口采用七个小文丘里结构，塔出口匹配两个旋风分离器，旋风分离器后采用布袋除尘器。脱硫系统漏风率不大于 1%，除尘器漏风率不大于 1%。净化系统单设一台增压风机，以克服 IOCFB 反应塔、布袋除尘器和烟道系统的阻力。系统统一采用 PLC 控制方式。

2014 年 3 月，项目运行效果的检测表明，脱除前重金属汞为 20.3 μg/m³，脱除后为 0.205 μg/m³，脱除效率 99%。

5.7 钢铁行业烟气汞防治建议

烟气汞监管和管理方面要：①加强排放监测能力建设，继续摸清底数，建立我国典型钢铁厂汞污染排放清单。重点开展监测试点工作，准确掌握钢铁生产过程铁矿石中汞和大气汞排放数据。②钢铁行业作为大气汞排放非重点控制行业，从排放总量方面加以控制和监管。

在汞防治政策方面要：①充分利用现有污染物控制设备协同脱除烟气中汞，增加和改善钢铁行业现有脱硫除尘烟气治理设施的运行，利用现有污染物控制设备协同脱汞，实现最大限度减少汞的排放。②降低钢厂能耗，降低对煤炭的消耗和新水的使用量，减少烟气汞和废液中汞的排放。③尽量选用低汞含量的矿石；

提高原煤入洗率，降低煤中汞的含量，从源头控制，减少大气汞污染物的排放。④加强避免二次污染的技术研究。对迁移至除尘灰、脱硫石膏、废水中的汞，需深入开展稳定化处理及回收利用的研究。

参 考 文 献

[1] 储满生. 钢铁冶金原料及辅助材料. 北京: 冶金工业出版社, 2010: 5.

[2] 国家环境保护总局总量办. 二氧化硫减排计划的制定及总量审核. 北京: 国家环境保护总局总量控制办公室, 2007.

[3] 奚旦立, 孙裕生, 刘秀英. 环境监测. 北京: 高等教育出版社, 2004.

[4] 鲁健. 烧结烟气特点及处理技术的发展趋势. 内蒙古科技大学学报, 2012, 31(3): 227-230.

[5] Mo C L. A study of in-plant De-NOX and de-SOX in iron ore sintering process. Kuangye, 2000, 2: 41-48.

[6] 刘征建, 张建良, 杨天钧. 烧结烟气脱硫技术的研究与发展. 中国冶金, 2009, 19(2): 1-9.

[7] 党玉华, 齐渊洪, 王海风. 烧结烟气脱硫技术. 钢铁研究学报, 2010, 22(5): 1-6.

[8] Brussels. Environmental resources management. Technical note on best available techniques to reduce emissions of pollutants into the air from sinter plants, pelletisation and blast furnaces. European Commission, 1995.

[9] 王书肖, 张磊, 吴清茹, 等. 中国大气汞排放特征、环境影响及控制途径. 北京: 科学出版社, 2016.

[10] 陈冰如, 钱琴芳, 杨亦易, 等. 我国一百零七个煤矿样中微量元素的浓度分布. 科学通报, 1985, (1): 27-29.

[11] 蒋靖坤, 郝吉明, 吴烨, 等. 中国燃煤汞排放清单的初步建立. 环境科学, 2005, 26(2): 34-39.

[12] Streets D G, Hao J M, Wu Y, et al. Atmospheric mercury emission in China. Environment. 2005, 39: 7789-7806.

[13] 张军营, 任德贻, 许德伟, 等. 黔西南煤层主要伴生矿物中汞的分布特征. 地质论评, 1999, 45(5): 539-542.

[14] Fukuda N, Takaoka M, Doumoto S, et al. Mercury emission and behavior in primary ferrous metal production. Atmospheric Environment , 2011, (45): 3685-3691.

[15] US Environmental Protection Agency (US EPA). Research and development: Characterization and management of residues from coal-fired power plants. EPA-600/8-02-083. 2002.

[16] US Environmental Protection Agency (US EPA). Mercury study report to congress, Vol. II: An inventory of anthropogenic mercury emissions in the United States. EPA-45218-97-004. 1997.

[17] 王启超, 沈文国, 麻壮伟. 中国燃煤汞排放量估算. 中国环境科学, 1999, 19(4): 318-321.

[18] 朱珍锦, 薛来, 谈仪, 等. 300 MW 煤粉锅炉燃烧产物中汞的分布特征研究. 动力工程, 2002, 22: 3-5.

[19] Chang R, Hargrove B, Caret T, et al. Power plant mercury control options and issues. Proc. Power-Gen'96 International Conference, Orlando, 1996.

[20] Pavlish J H, Sondreal E A, Mann M D, et al. Status review of mercury control option for

coal-fired power plant. Fuel Processing Technology, 2003, 82: 89-165.

[21] 冯立品, 路迈西, 刘红缨, 等. 汞在选煤过程中的迁移规律研究. 洁净煤技术, 2008, 14(4): 16-21.

[22] Brown T D, Smith D N, Hargis R A, et al. Control of mercury emissions from coal-fired power plants: A preliminary cost assessment and the next steps for accurately assessing control costs. Fuel Processing Technology, 2000, 65-66: 311-341.

[23] O'Neil B T, Tewalt S J, Finkleman R B, et al. Mercury concentration in coal-unraveling the puzzle. Fuel, 1999, 78: 47-74.

[24] Felvang K, Gleiser R, Juip G, et al. Activated carbon injection in spray Dryer/ ESP/FF for mercury and toxics control. Proceeding of the Second International Conference on Managing Harzardous Air Polutants. Washington DC, July, 1993.

[25] Marshall T. The use of activated carbon for flue gas treatment. First International Symposium on Incineration and Flue Gas Treatment Technologies. Sheffield, UK, July, 1997.

[26] Karatza D, Lancia A, Musmarra D, et al. Adsorption of metallic mercury on activated carbon. Twenty-sixth Symposium on Combustion. Pittsburgh, PA, July, 1996.

[27] Li Y H, Lee C W, Gullett B K. Importance of activated carbon's oxygen surface functional groups on elemental mercury adsorption. Fuel, 2003, 82: 451-457.

[28] Control of gasifier mercury emissions in a hot gas filter: The effect of temperature [J]. Fuel, 2001, 80: 623-634.

[29] Sina R K, Walker P L. Removal of mercury by sulfurized carbons. Carbon, 1972(10): 754-756.

[30] Miller S J, Dunham G E, Olson E S, et al. Flue gas effects on a carbon-based mercury sorbent. Fuel Processing Technology, 2000, (65-66): 343-363.

[31] Huggins F E, Huffman G P, Dunham G E, et al. XAFS Examination of mercury sorption on three activated carbons. Energy&Fuels, 1999, (13): 114-121.

[32] Staudt J E, Jozewicz W. Performance and cost of mercury and multipollutant emission control technology applications on electric utility boilers. U. S. EPA, EPA-600/R-03/1 l0, 108. 2003.

[33] Liu W, Vidic R D. Impact of flue gas conditions on mercury uptake by sulfur-impregnated activated carbon. Environment Science Technology, 1999, 34(1): 154-159.

[34] Diamantopoulou I, Skodras G, Sakellaropoulos G P. Sorption of mercury by activated carbon in the presence of flue gas components. Fuel Processing Technology, 2010, 91(2): 158-163.

[35] Fingerhut W, Fleischanderl A. MEROS-latest state of the art in dry sinter gas cleaning. 中国钢铁年会, 成都, 2007: 453-457.

[36] Flexischanderl A, Aichinger C, Zwittag E. 环保型烧结生产新技术—Eposint and MEROS. 中国冶金, 2008. 18(11): 41-46.

[37] 唐胜卫, 丁希楼, 赵凯. 马钢烧结烟气脱硫工艺技术研究. 金属世界, 2008(6): 20-23.

[38] 翟玉友, 梁君. 烧结烟气脱硫—净化处理的工艺 MEROS 及技能减排工艺 Eposint//烧结工序节能减排技术研讨会论文集, 2009: 205-209.

[39] 刘长青, 吴朝刚, 宋磊. MEROS 脱硫工艺在马钢 300m² 烧结机的应用. 安徽冶金, 2011(2): 36-38.

[40] 曹玉龙, 汪为民. MEROS 脱硫技术在马钢烧结系统的成功运用. 冶金动力, 2012(6): 93-95.

[41] 朱廷钰. 烧结烟气净化技术. 北京: 化学工业出版社, 2009.

[42] 朱廷钰, 叶猛, 徐文青, 等. 一种烧结烟气脱除二氧化硫和二噁英的装置和方法: 中国,

201110173596. 1. 2011-06-24.

[43] 朱廷钰, 叶猛, 荆鹏飞, 等. 一种用于烧结烟气脱除二氧化硫和二噁英的装置及方法: 中国, 201110329568. 4. 2011-10-26.

[44] Guo Y Y, Li Y R, Zhu T Y, et al. Effects of concentration and adsorption product on the adsorption of SO_2 and NO on activated carbon. Energy & Fuel, 2012, 27(1): 360-366.

[45] Guo Y Y, Li Y R, Zhu T Y, et al. Adsorption of SO_2 and chlorobenzene on activated carbon. Adsorption, 2013, 19(6): 1109-1116.

第6章 水泥生产过程汞排放与控制

除燃煤行业外,来自于水泥厂的排放也被认为是最主要的汞人为排放源之一。随着国际《水俣公约》的正式签订,控制汞排放的行为将在各行业展开,水泥厂也将面临越来越严格的汞排放限制。而我国作为最大的水泥生产国,产量约占世界水泥总产量的60%,面临着巨大的汞减排压力。

在水泥生产过程中,其生产所采用的生料如石灰石、黏土、铁粉、砂岩、矿渣等,经研究表明均含有微量的汞[1]。此外,在水泥生产过程中主要以煤作为燃料,还有一些工厂使用石油、天然气、生活垃圾、石油焦、废溶剂以及废橡胶等,来自这些燃料中的汞同样会随着其燃烧释放出来,加剧水泥厂的汞排放量。在生产工艺上,水泥厂与燃煤电厂、垃圾焚烧厂等相比,有着自己的特点,在工艺流程参数等方面也不尽相同,包括烟气组分、温度、烟气停留时间以及物料循环体系等。因此,厘清汞在这些工艺段的迁移转化行为,将有助于展开对水泥厂的汞减排控制。

水泥生产窑炉及污染控制单元系统自身对汞有一定的滞留富集和去除能力,这就造成了汞在水泥窑系统中较为复杂的化学迁移转化行为。此外,在通过水泥窑物料循环之后,同样会导致被吸附的汞富集并重新释放出来,造成了汞的最终排放。基于上述问题,本章节中重点阐述了水泥厂的汞排放特征,以及汞在水泥生产系统中的迁移转化行为与排放控制技术。

6.1 水泥厂汞排放特征

6.1.1 水泥生产工艺流程

水泥的生产工艺由一系列的流程及设备构成,主要包括原料的破碎及预均化、生料制备均化、预热分解、水泥熟料的烧成、水泥粉磨包装等过程,总体可以概括为"两磨一烧"过程,即生料制备、熟料煅烧、水泥粉磨三个阶段。原料按照一定比例配合经粉磨后制成生料,在窑炉内煅烧成熟料,随后熟料粉磨成水泥。该工艺中,以水泥熟料烧成的工艺和设备的发展代表了水泥生产工艺的发展历程。

根据水泥生产过程中生料制备方法不同,可分为干法水泥生产线(包括半干法)与湿法水泥生产线(包括半湿法)两种。①干法是指将原料经过烘干并粉磨喂入干法窑内煅烧成熟料的方法。但也有将生料粉加入适量水制成生料球,送入窑内煅烧成熟料的方法,称之为半干法。②湿法是指将原料加水粉磨成生料浆后,喂入湿法窑煅烧成熟料的方法。也有将湿法制备的生料浆脱水后,制成生料块入窑煅烧成熟料的方法,称为半湿法。相比于湿法工艺,干法生产具有热耗低的优点。目前湿法工艺已经逐渐淘汰,水泥煅烧工艺以干法为主。

而从熟料烧成的窑炉类型上看,主要以立窑和回转窑为主,立窑内物料在煅烧水泥熟料时,生料与一定配比的煤混合均匀,制成料球后从窑顶喂入窑内自上而下运动。助燃空气则从窑底(或腰部)鼓进,空气自下而上运动,通过已经烧成的熟料颗粒间隙使熟料受到冷却,而助燃空气本身却被预热并与料球中的煤粉接触而燃烧。不同于立窑生产,回转窑在窑头处配置竖立冷却器不仅可使高温石灰骤冷,提高产品活性度,也便于运输、储存;同时还能得到较高温度的入窑二次风,能有效地提高窑内烧成温度,降低燃料消耗;在窑尾配置竖立预热器可充分利用回转窑内煅烧产生的高温烟气,生料从常温预热到初始分解温度状态,这不仅能大大提高回转窑的产量,还能降低单位产品热耗。

中国的水泥生产工艺已经历了百余年的发展历程,最初引进国外的立窑煅烧水泥熟料进行生产,在新中国成立时,水泥生产的工艺和装备以湿法回转窑和老式干法回转窑为主。新中国成立后,基础工业得到较快发展,水泥工业也迅速发展起来,20世纪50~60年代主要采用湿法、半干法回转窑的工艺与设备,同时中小型立窑企业也较快发展起来,为我国水泥工业的发展奠定了基础。进入70~80年代之后,在继续扩建湿法回转窑和立窑的生产线外,自主开发了以带预热器和预分解器的干法水泥生产技术。90年代后,立窑生产工艺已经成熟,开始逐步追求经济效益和环境效益,新型干法工艺在国内也形成了一定的规模。进入21世纪后,新型干法工艺得到了前所未有的发展,技术不断进步,目前已经逐步淘汰了大部分小规模的生产线,水泥生产工艺向着更加节能、环保、经济的方向前进[2, 3]。

目前,水泥生产工艺主要以新型干法为主,如图6.1所示,在该生产工艺中,其生产的流程大体同样为典型的生料制备、熟料烧成和水泥粉磨成型三个阶段。生料制备主要是物理转化的过程,熟料烧成是水泥生产的核心工段,以化学转化为主,最后的水泥粉磨成型阶段为物理转化过程。其中,熟料烧成的阶段也是汞进行迁移和转化最主要的阶段。

(1)生料制备阶段:这个阶段主要包括原料的破碎、预均化、生料制备均化等过程。用于水泥生产的生料一般含有85%的石灰石,13%的黏土或者页岩,低于2%的其他相关组分,如硅、铝、铁等。这些原料首先经过预均化过程制备成颗粒相对较小的颗粒,为后续的熟料烧成做准备。

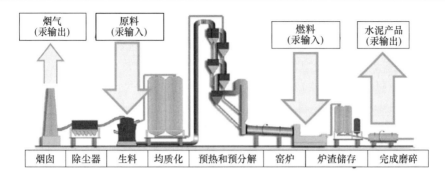

图 6.1　新型干法水泥生产工艺流程图[4]

(2)熟料烧成阶段：这个过程相对较为复杂，包括煤等化石燃料的消耗过程，以及在水泥窑中烧结过程。在水泥制造工艺中，发生着一系列的反应过程，主要包括：①生料的烘干与脱水；②碳酸盐分解；③固相反应：由于黏土脱水、碳酸盐分解等反应，生料中出现了单独存在性质活泼的 SiO_2、Al_2O_3、Fe_2O_3、CaO 等氧化物，氧化物之间进行化合反应。经制备后的生料先进入均质化仓桶进行预均化处理，随后进行预热和预分解阶段，经过预分解后的生料进入窑炉进行高温分解。窑体中的温度约为 1400℃，生料在窑炉中完成所有的化学反应，产物为硅酸钙，或称作渣块，直径大约在 10～25 mm。为了使能源得到最大化利用，由预热器产生的热废气通常被引入到机械磨碎机中，帮助物料干化，使其有利于后一步的燃烧。窑炉中产生的烟气通常被引进除尘设备(如电除尘或者袋式除尘)中，除尘设备同样收集机械磨碎过程中产生的粉尘，并将其再次循环到水泥生产的工艺中，进行水泥制造。

(3)水泥磨粉成型阶段：这一阶段中熟料、混合材和石膏由输送系统分别入配料库，按比例配制的混合料送入各系统的辊压机(重仓)内。石膏的作用是控制水泥的凝固时间。因为熟料中铝酸三钙矿物是使水泥很快凝固的成分。如果在水泥中加入石膏，加水后铝酸三钙与之生成一种难溶于水的水化硫铝酸钙新物质，促凝物质就不会生成或者很少生成，这样水泥就不会很快发生凝结。此外，在水泥中加入炉渣、矿渣等混合材料的作用是改善水泥性能，提高水泥抗腐蚀的能力。

作为新型干法的核心设备，预分解回转窑煅烧工艺是熟料烧成的关键。如图 6.2 所示，生料从进入预分解窑一级旋风筒进风管道开始，首先会经过多级旋风筒，然后经过预热和预分解后入回转窑烧成水泥熟料，最后经过冷却机的冷却和破碎之后输送出该系统。该系统可以分为生料预热与预分解(窑尾)、窑头分解炉热风管道(三次风管)、熟料烧成(窑中)、熟料冷却和破碎(窑头)四大部分。通常生料进入二级旋风筒气体出口管道，在气流作用下进行气料分离，料粉进入三级旋风筒，气体向上经一级旋风筒排出；经过四次热交换后，生料得到充分的预热，进入分解炉中与来自窑头的三次风，窑尾热风以及喂入的煤粉在喷腾状态下进入煅烧分解；分解后的物料进入五级旋风筒，分离后喂入窑内，在回转窑中进行充分煅烧。窑头至分解炉热风管道(三次风管)的作用是把窑头的高温热风引入分解炉，确保燃料充分燃烧。烧结后的熟料经过冷却机进行冷却，一般出窑熟料温度为 1350～1400℃，经过冷却后的熟料温度通常在 100℃以下。在冷却机中，通过物料层的空气可作为二次风直接入窑，用作三次风抽往窑尾的分解炉，以及供煤磨烘干原煤用热风，多余废气(180～300℃)一般用于余热回收利用。而窑尾烟气除了为生料进行预热以外，多余的烟气会经过除尘器后进行排放，这部分的烟气中往往含有大量的汞，需要重点关注。

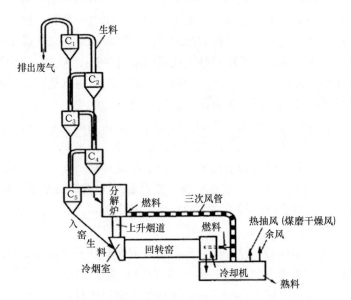

图 6.2　预分解回转窑煅烧工艺流程示意图[2]

6.1.2　汞的来源及流向

6.1.2.1　汞的来源

　　水泥生产过程中的汞主要来自于两部分，一部分来自于生产水泥的生料，另一部分来自于炉窑燃烧的燃料。此外，作为缓凝剂的石膏也是汞的潜在来源。因此，要了解汞在水泥生产过程中的迁移转化行为，首先应重点了解水泥生产中汞的来源。汞在水泥生产过程中的排放和迁移转化可以看成是一个质量平衡的过程。

　　如图 6.3 所示，在水泥生产设备中，生料以及煤等化石燃料是重要的输入源，水泥窑系统中的汞也主要来自于这两部分。在水泥生产过程中，产生了大量的尘渣，根据水泥生产工艺，很多设备能够将产生的尘渣再利用，并在水泥窑中进行内部的物质循环，从而减少了汞的排放。而产生的烟气和水泥熟料渣块都是对环境潜在的汞输出源。此外，还有很多研究认为炉渣中几乎不存在汞，这是因为炉膛中的温度大约在 1400℃左右，炉渣中的汞在高温下都会被释放到烟气中。但是，也有研究认为炉渣中的汞含量在 5.2 ppb 和 122%的标准偏差，汞主要以硅酸盐态的汞存在(如 $HgSiO_3$ 或者 $Hg_6Si_2O_7$)，这些是稳定的汞化合物，但其分解温度尚不十分明确。对于这样的一个质量平衡体系能够高效评价一个相对封闭系统，但是对于独立的预热器或者窑炉是不能建立这样的平衡体系的[4, 5]。

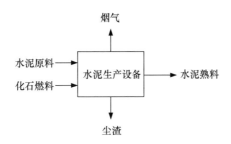

图 6.3　水泥生产过程中的物质流循环

石膏作为水泥生产过程中的缓凝剂同样是汞的一个重要来源。目前水泥中所加入的石膏大多来自于燃煤电厂的脱硫石膏，燃煤电厂中的汞在经过湿法脱硫装置后，会进入到脱硫浆液和脱硫石膏中，这部分的汞主要以 HgS 和卤代汞的形式存在。在水泥混合熟料制备过程中，若温度较高，必然会导致脱硫石膏中的汞的二次释放。因此，关于脱硫石膏用于水泥熟料制备时，应加强关注汞的释放问题。

6.1.2.2　汞的流向及循环

如前文所述，水泥生产过程中汞的输入源主要来自于水泥生料和煤等化石燃料，产生的汞一部分排放到烟气中，一部分迁移至水泥熟料中，还有一部分会伴随着除尘灰在水泥窑系统进行循环。来自于生产原料以及燃料中的汞分别在回转窑系统、生料磨系统、煤磨系统以及窑头系统中进行流动。整体而言，煤等化石燃料在燃烧的过程中，富集在煤矿石中的汞在高温燃烧条件下将全部以单质汞的形式释放，这与燃煤电厂排放出来的汞类似。而来自于水泥生料中的汞在经过高温烟气的加热之后，也会随着进入到烟气中。总体而言，汞在水泥窑物料之间主要完成两个循环过程：①预热器和窑炉之间的"内部循环"。生料进入预热器之后，由于温度的不断上升，生料中不同形态的汞在不同的温度条件下挥发和分解，并释放到烟气中。烟气中的汞部分以氧化态的汞和零价态的汞形式存在，部分汞吸附在颗粒上以颗粒态的汞形式存在。在预热器中，烟气自下而上，生料自上而下，烟气温度自预热器底部向上逐渐降低，使得一部分烟气中的汞在预热塔顶部被生料重新吸附住，实现汞在预热器中的循环。而另一部分的汞会随着烟气脱离出预热器，随废气排出。在回转窑系统中，含汞废气一部分流向生料磨，对生料进行加热，然后通过窑尾除尘器排入大气；另一部分则对煤粉进行加热，这部分的含汞废气会随着尘灰的吸附进入到窑尾的除尘器中[6]。②除尘器和窑炉之间"外部循环"。混合的生料在生料磨机中进行磨碎，使用热的窑炉烟气进行干燥，产生的飞灰由电除尘设备或者袋式除尘设备进行去除，随后进一步进入生料仓桶中。这部分由除尘器带进的除尘灰同样含有部分的汞，进入窑炉之后相当于从外部把汞重新带入，汞实现进一步循环过程。与此相似，进入煤磨系统中的烟气汞也会被煤灰捕集从而吸附下来，一部分的汞进入煤磨系统的除尘器捕捉下来，除尘灰重新进入煤灰后实现了汞的另一个循环过程[7]。

6.1.3　汞分布

6.1.3.1　生产分布及迁移特点

对于汞的迁移转化途径，可以简单的分成三阶段：汞的析出、汞的吸附和汞的循环(图 6.4)。

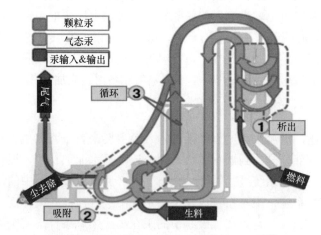

图 6.4　汞在水泥厂中的主要迁移转化途径[4]

1. 汞的析出

在预热器中，高温烟气使得汞不断从生料中分离出来。由于预热器中烟气温度由下而上逐渐降低，在通过预热器之后部分汞将会逐渐沉积下来。在生料中，汞主要以其稳定化合物形式存在，当高温气体从内部加热生料时，不同形态的汞逐渐挥发出来，由于不同形态的汞有着不同的沸点，这使得汞的挥发过程是在预热器的不同阶段完成的。大约有 58%～82%的汞在第一级预热器中挥发出来，有大约97%的汞在第二级预热器后挥发出来[6]。

2. 生料对汞的吸附

第二阶段是汞的吸附阶段。烟气在通过预热器后，存在于烟气中的汞将流向生料，并能够被生料吸附。在第二个阶段中，系统设备主要包含生料磨机和除尘设备，含汞烟气将首先到达生料磨机。生料磨机的操作温度一般在 90～120℃，高温烟气中的汞将会被冷凝沉降下来，并吸附在生料颗粒的表面。吸附在颗粒表面的汞，一部分进入仓桶，一部分进入汞循环的阶段。另外有一小部分汞吸附在颗粒物上进入除尘设备，在除尘设备中，颗粒被除尘设备拦截下来之后，将富集在滤饼之中。

3. 汞在系统内的循环

第三个阶段为"内部汞循环"。水泥厂中生产设备的连续运行，使得汞不断地从生料中剥离出来，然后进行吸附，循环的过程，从而导致汞的浓度在水泥窑系统中成百倍的增加[4]。这些含汞的化合物在达到分解温度前可能只是简单挥发和逆向流动离开炉窑。目前，具体汞是以何种形态进行迁移还需要进一步细化的研究。

上述的描述忽略了汞伴随着粉尘的输出以及烟气的排放，水泥厂中的很多设备对粉尘进行循环利用，粉尘中化学成分将同样会影响生料的化学组成。有时为了防止这些组分影响水泥的品质，可以对这些除尘灰进行一定的处理后再重新返回使用。一个更为关注的问题是存在于废气中的汞，汞的浓度随着循环的进行而不断升高。随着原始生料和收尘灰进入炉窑中，汞将再次被释放出来，这部分烟气将流向生料磨碎的工段。(生料中本身含汞，而且经过与预热空气接触后，会将其中的汞又捕集一部分，但是还是会达到吸附饱和，最终烟气中的汞累积到一定程度后会经过生料前往除尘器。)而此时烟气直接流向窑头的除尘装置上，此时，汞将没有机会经过冷凝富集在颗粒上而被除尘装置捕捉。并且热的烟气能够提高除尘滤饼的温度，使得本来已经吸附在滤饼上的汞挥发出来。这些因素导致汞的排放增加，与内部汞控制机制相反。然而，目前这种机制还无法准确的测量，内部汞控制的浓度还无法测定出来。

6.1.3.2 元素形态分布

Larsen 等[8]通过热力学计算了水泥窑预热器中可能的汞形态分布。为了进一步接近预热器中的实际环境，氯硫化物以及硫酸盐同样被加入到该系统中。碱性灰以 CaO 的形式呈现出来，并且它的含量要超过酸性物质的含量如 HCl、SO_2，这样汞和 Ca 基的物质绑定在一起，反应将不受到这些物质的影响。在温度低于 180℃时，二价汞主要是 HgO 和 $HgCl_2$，然而当温度大于 200℃时，汞的主要形态是 $Hg^0(g)$。CaO 和 HCl 等对汞的形态分布有重要影响。当 CaO 和 HCl 不是烟气的组分时，假设 HCl 被大量的水泥原材料中 CaO 捕捉下来，另一方面，SO_2 被假设参与 Hg 的反应，在 200℃以下，汞的主要组分是 $HgSO_4$，并且在 200℃以上仍然有一定量的 $HgCl_2(g)$ 存在。$HgSO_4(g)$ 分解大约在 450℃，因此在超过 450℃时汞的主要形态是 $Hg^0(g)$ 和 $HgCl_2(g)$。在预热器的环境下，一个简单的热力学计算结论如下：当 HgS 进入预热器后很容易转换为其他形式的汞类型，并且其反应速率很高。汞的形态在大于 400℃时主要以气态形式存在，在 CaO 含量较高的环境下，在超过 300℃时其主要成分是 $Hg^0(g)$，这主要是因为 CaO 可以和 HCl 反应。这些计算结果表明在水泥窑的排气出口更多可能的种类是 $Hg^0(g)$。

Schreiber 等[9]应用物料平衡研究汞的归趋。通过对过去二十年的结果进行了综合测试，他们得出结论：汞并不是通过燃烧加热从燃料以及水泥原材料中简单地挥发出来，水泥窑本身的系统有着其自身控制汞排放的能力。汞在水泥窑系统中，除了汞吸附在水泥原材料上，也会有新的汞物种形成，例如汞的硅酸盐化合物能够生成。在水泥窑中形成复杂的汞硅酸盐化合物是因为在原材料中有着较高含量的硅，一般占 13%～15%。此外，原材料在炉窑中充足的停留时间为生成化合物的反应提供了更高的可能性。Edgarbaileyite 等[10, 11]提出了 Hg 和 Si 形成的化合物，按照化学计量将生成 $Hg_6Si_2O_7$ 的化合物，在这之中，Hg 以 $(Hg_2)_2$ 的二聚体的形式存在。尽管 Edgarbaileyite 的矿物数据是存在的，但是他们并没有详细分析出这些矿物材料的热力学数据。通过化学平衡研究了汞的硅酸盐化合物在高温系统下形成的可能性条件，结果表明 $HgSiO_3$ 的形成需要在 225～325℃的区间内。然而，平衡计算的结果同样证明汞的硅酸盐化合物的形成受到氯和硫元素的抑制。欧洲水泥协会报道称残渣中的挥发性金属仅仅是很小的一部分，然而至今没有实验室的研究工作能够证明汞的硅酸盐化合物在 325℃以上是稳定的。一些基础性的研究工作需要在未来进一步验证汞的硅酸盐化合物在水泥窑系统中的形成机制。随着烟气通过过滤器，烟气温度将会持续降低至约 100℃。在降温的过程中，一部分的单质汞将会沉降富集在灰尘颗粒上，一部分的二价汞(如 $HgCl_2$，HgO 和 $HgSO_4$)同样能够吸附和聚集在灰尘颗粒上，剩余的汞将会通过烟道排放到大气中。

以燃煤为代表的燃料是水泥厂中汞排放的主要贡献者。同燃煤电厂相类似，煤经过高温燃烧后产生的汞几乎全部以 Hg^0 的形式存在。燃烧后随着温度的降低，Hg^0 可能会产生单价态的汞 Hg(Ⅰ)和二价态的汞 Hg(Ⅱ)。燃煤烟气中主要氧化态的汞为 Hg(Ⅱ)，部分通过氧化作用产生的 Hg(Ⅰ)汞往往不能稳定存在。在水泥窑炉中，通过气相反应汞的氧化程度取决于烟气的冷却温度，高温更有利于氧化反应的进行，烟气中 HCl，Cl_2，O_2 和 NO_2 组分是潜在的汞氧化剂。当汞被氧化过后，更容易吸附在生料、煤灰中或者烟气中的颗粒物上。此外，在燃烧过程中许多参数会潜在地影响不同汞种类的形成，这些参数包括燃料的种类和组成、燃烧环境、热转移、冷却速率、对流冷却过程中的停留时间、污染控制装置的配置以及实际的操作情况等。煤燃烧后，汞的种类可以通过热力学平衡计算出来。Senior等计算了来自 Pittsburgh 电厂燃烧烟煤后汞的形态平衡[12]。在温度低于 150℃时，冷凝下来的 $HgSO_4$ 是汞的主要存在形态，在 225~450℃的范围内，汞被预测形成 $HgCl_2$ 的形态，当超过 700℃时，99%的汞以 $Hg^0(g)$ 的形式存在，仅存的 1%以气态的 HgO 形式存在。在 450~700℃的区间内，$HgCl_2$ 和 Hg^0 之间的相互转化则由煤中氯的含量决定。

6.1.4 汞的输出及排放

6.1.4.1 输出特征

Pacyna 等的一项研究结果表明，自 2000 年以来，全球向大气中排放的人为汞排放源中，最大的汞排放源是化石燃料的燃烧，主要是煤的燃烧，集中在电厂、工业以及其他煤窑中[13]。燃煤燃烧产生的汞大约占人为汞排放总量的 30%(2000年)。水泥厂以及金属冶炼厂被认为是第二大的汞排放源。王书肖等对中国水泥厂中的汞排放数据进行了监测，2010 年大约有 75 t 的汞来自水泥生产排放[14]。

美国 Portland 水泥协会总结了 1989~1996 年 50 个水泥窑汞的排放报告。结果显示，汞的排放浓度从 0.02 mg/Nm³ 到 385.6 mg/Nm³ 不等，平均值在 28.0 mg/Nm³，最高的汞排放浓度比第二高的汞排放浓度要高出两倍。德国的水泥制造协会公布了 44 个水泥窑的 216 个测试数据，其结果显示，20%的排放浓度低于其检测限，大部分的检测值低于 40 mg/Nm³，只有六个测量值超过 60 mg/Nm³。水泥厂中复杂的汞循环使得汞监测很难达到一个汞平衡，这常常需要多达数周的持续测量，并且这种测量需要只在一种操作模式下进行。汞的排放主要包括 Hg^p，Hg^0 和 Hg^{2+} 三种形态。水泥厂中汞的排放和分类变化很显著，这取决于使用的原材料，燃料以及操作流程。一般而言，如果在生料磨碎过程中更多的汞被氧化为氧化态的汞，上面给出的数字将具有较高的不确定性。

王书肖等[14]研究了中国的水泥厂汞排放情况，得出了以下主要结论：

(1)全国范围内，石灰石矿中汞含量最低为 4.20 μg/kg，最高为 2752.83 μg/kg，平均浓度 42.50 μg/kg。同一省份不同矿山石灰石汞含量分布近似对数正态分布。不同省份石灰石汞含量的差异性较大，北方省份石灰石汞含量要远高于南方省份石灰石汞含量。河南石灰石矿中汞浓度平均值最高，为 208.48 μg/kg，广西石灰石矿汞含量平均值最低，为 7.60 μg/kg。

(2)不同控制设施对汞的去除效率不同，目前还没有水泥厂设备对汞控制的统一认识，测试水泥厂布袋除尘器脱汞效率为 44%～77%，静电除尘器脱汞效率为 20%～80%。不同水泥厂同一种控制设施的脱汞效率不一样。不同水泥厂计算得出的排放因子不同，从 0.041 g/t 熟料到 0.072 g/t 熟料。水泥厂大气汞排放的主要形态是二价汞，其在总汞中的比例达到 61%～86%。

(3)2010 年全国水泥行业大气汞排放 93.5(−19.3，+154.4)t。其中，新型干法水泥生产大气汞排放占总排放的 84%，为 78.2t；其他旋转窑占 1%，为 1.0 t；立窑占 15%，为 14.3 t。从形态上看，二价汞占 74.5%，单质汞占 25.5%。我国水泥行业汞排放主要集中在河北，河南，山东和江苏四个省份，这四个省份的汞排放量分别为 17.1 t、16.7 t、11.7 t 和 10.3 t，占全国总排放量的 60%。全国平均而言，每生产 1 t 水泥排放大气汞 0.050(−0.022，+0.173)g。

6.1.4.2　排放因子

我国水泥行业规模增长迅猛，2010 年，全国水泥产量已达到 18.68 亿吨，比 2005 年增长了 75%。水泥生料主要包括石灰石、煤、黏土、砂土、铁矿石、飞灰等，石灰石是最主要的生料，其汞含量的变化范围很大(0.5～2000 μg/kg)，其他生料汞含量同样存在较大的变化范围，黏土和砂土中的汞含量约为 0.5～400 μg/kg，铁矿石和飞灰中的汞含量约为 0.5～600 μg/kg。水泥生产过程中的烟气主要包括窑尾烟气、窑头烟气和煤磨烟气，大气汞排放主要来自窑尾烟气。由于大多数水泥厂采用了返尘工艺，收集下来的粉尘仍将返回水泥生产工艺中，因此最终烟气释放的比例高达 80%。

表 6.1 给出了水泥生产中原材料及燃料中汞的含量，这些来自于燃料和原料的汞含量有着显著差异，为摸清汞排放量带来了困难，一般把水泥窑汞的排放因子定义为生产每吨熟料所产生的。气态汞现场测试结果表明，立窑和回转窑工艺的大气汞排放因子约为 0.01 g/t 水泥，对于新型干法工艺的大气汞排放因子约为 0.02～0.1 g/t 水泥。清华大学和美国阿贡国家实验室的联合研究曾使用 0.04 g/t 水泥作为我国水泥生产行业的大气汞排放因子，据此估算，2010 年我国水泥生产行业大气汞排放总量为 75 吨[16]。Jiang 等[17]对于 2000 年中国水泥产业大气汞排放的估算为 13.7 t，2003 年约为 34.48 t，水泥行业的大气汞排放因子为 0.040 g/t，其中单质汞、二价汞和颗粒态汞分别占 80%、15%和 5%。Tinja 等[6]在 2010 对一家水泥厂进行现场测试，得到单质汞、二价汞和颗粒态汞比例为 65.7%、34%和 0.3%，不过

并没有给出水泥生产过程的排放因子。

表 6.1 水泥生产各种原材料及燃料中汞的含量值[15]

原材料中的汞		燃料中的汞	
原材料类型	汞范围/(mg/kg)	燃料类型	汞范围/(mg/kg)
石灰石、石灰泥、白垩	<0.005～0.40	煤	0.1～13
黏土	0.002～0.45	褐煤	0.03～0.11
飞灰	<0.002～0.8	焦炭	0.01～0.71
钢矿石	0.001～0.68	重油	0.006
鼓风炉炉渣	<0.005～0.2	液体废弃物中提取的燃料	<0.06～0.22
火山灰	<0.01～0.1	液体废弃物中提取的燃料	<0.07～2.77
烧过的油页岩	0.05～0.3	下水道污泥	0.31～1.45
泥岩	0.002～3.25	二次燃料	0.04～10
硬石膏	<0.005～0.02	废旧轮胎燃料	0.01～0.4
石膏(天然)	<0.005～0.08		
石膏(煅烧)	0.03～1.3		
生料	0.03～0.13		

6.2 水泥生产过程汞排放影响因素

6.2.1 生产原料及燃料

不论是燃料还是水泥原材料，汞的含量有着较大变化。在这些原材料中，除了飞灰以及汞的内部循环之外，汞的平均含量低于 0.8 mg/kg。根据燃料的来源，研究表明汞在煤、衍生燃料和石油焦中一般在 0.1～10 mg/kg 不等。飞灰具有较大的汞含量，应用飞灰在水泥窑循环系统中能够导致高的汞排放量。但是一些工艺的改变，如改变水泥厂使用的燃料可能要求工厂制定更多的控制方案来减少汞的排放。在烟煤中，汞常常伴随着 FeS_2 或者以 HgS 的形式存在，在亚烟煤中，汞常常以有机汞形式存在[18]。在石灰岩中，汞的含量和黄铁矿的存在并没有直接的联系，这也证明在石灰岩中，汞并不是主要以硫化物的形式存在。有 300 份来自德国的水泥厂的固体样显示，汞从原材料中的输入是燃料中输入的 10 倍[9, 19]。有研究表明，作为水泥生产过程中最大的汞输入源，石灰石中富含了大量的汞，全国石灰石中汞的平均含量为 42.5 μg/kg，最低浓度为 4.2 μg/kg，最高浓度为 2752.83 μg/kg，我国石灰石中的汞含量变化范围广，波动较大[18]。部分省份的石灰石中汞含量相对较高，较高的汞浓度和较大的产量将导致大量的大气汞排放。

6.2.2 生产工艺和参数

由于水泥生产过程与电厂煤燃烧过程、垃圾焚烧过程的温度、生产工艺等不同，其汞排放特征也不同[20-24]。尽管水泥生产过程也包括燃烧过程，但是烟气的温度、停留时间在水泥窑中与燃煤电厂和垃圾焚烧厂有着明显的区别。为了进一步明确汞在水泥窑中的化学行为，对水泥的生产过程进行了解显得很重要。

在水泥窑燃烧的过程中，一个重要的要素是保持燃烧温度的问题，通常要在1450℃以上，以保证烧结反应的需要。要达到这个温度需要主燃器的峰值燃烧温度要在2000℃。炉窑系统中烟气的温度和停留时间对汞排放有着显著影响，其特征是粉末状燃煤气体温度和垃圾焚烧过程中的温度有着明显区别[12, 25]，窑炉中的烟气温度至少要在1200℃以上并保持5~10 s，氧气含量比较充足，一般为2%~4%(体积分数)。固体材料在回转炉中的停留时间大约在20~30 min，高者可达60 min，这取决于炉窑的长度。热烟气以相反的方向流经回转窑，预热器。烟气温度在预燃烧中的温度一般在1100℃左右，烟气的停留时间大约是3 s。在旋风预热区域，烟气的温度有一个范围，在预热器的底部的进口温度大约为850℃，在预热器的顶部出口温度大约为350℃，气体在预热器中的停留时间为10~25 s。在预热器之后的区域中，有一个冷却器，生料和烟气污染物控制装置(APCDs)安装在这个单元，烟气的温度大约在350~900℃，从预热器的上端到冷却器温度逐渐降低。一般而言，水泥厂中烟气的温度和在窑炉中停留时间都要远远高于燃煤锅炉和垃圾焚烧炉。

与燃煤电厂和垃圾焚烧厂的烟气组分相比，水泥窑烟气最主要的区别在于烟气中含有大量的水和CO_2，而氧含量在水泥窑中相对较低，HCl 的含量也要远远低于垃圾焚烧烟气。这可能是因为水泥厂中的环境比较有利于吸附酸性气体，比如气体的温度范围在 100~1650℃，较强的气流扰动，高浓度的碱性固体包括钠和钾的氧化物，会将烟气中的 HCl 和 HF 等物质几乎能够全部去除掉。

水泥厂还有一点不同于燃煤电厂和垃圾焚烧厂，就是其除尘灰有一个循环系统。在这个循环系统中，有两种物质循环使用，即生料以及煤灰在除尘设备以及窑炉中的循环，完成汞的内部循环和外部循环两个过程。因为燃烧产物的逆流循环，一些挥发性的物质如汞、碱性物质、硫和氯在热烟气的作用下从物质表面挥发出来，这个部位在炉窑高温段的尾端接近燃烧区。汞等挥发性的物质通过整个系统并从塔中排放出去。随着烟气温度的降低，这些挥发性的物质可以重新吸附或聚集在灰尘颗粒上以及冷却器的表面上。

外部的循环包括物质的流动，有原材料和预热器尾部的除尘灰。一小部分循环的汞离开炉窑伴随着废气中的粉尘，并且沉降聚集在除尘系统中。收集到的水泥窑除尘灰常常混合进入原材料中进行混合，其中一部分直接添加到水泥磨机中去降低渣块中的碱含量以满足产品的质量要求。收集到的水泥窑除尘灰中大约有7%的固体进入预分解炉中。这部分的旁路除尘灰，当冷却下来时，常常富集着较高含量的碱，硫和氯，随后通过除尘系统被排出该系统外。

6.2.3　污染物控制单元的协同除汞能力

从表 6.2 可以看出，不同除尘装置的脱汞效率差异显著。布袋除尘器的脱汞效率一般高于静电除尘器的脱汞效率。目前新型干法水泥生产中，在窑尾一般采用布袋除尘器，窑头气量与窑尾烟气的流量比例一般在 1∶2 左右。因此，新型干法的除尘器脱汞效率可以折算为 60%。在新型干法水泥生产工艺的基础上，可以进一步对水泥生产中汞的排放进行控制。王书肖等[1]根据目前水泥厂的控制技术，提出了以下对于水泥厂中汞排放控制方案：①减少和控制水泥窑汞输入总量；②减少水泥窑内的汞循环累积；③现有污控设施的协同脱汞；④专门脱汞技术。

表 6.2　水泥行业除尘脱硝设备的脱汞效率(%)[1]

国家	ESP	FF	ESP+SNCR	FF+SNCR	FF+FGD+SNCR
美国	67	75	77	50	91
巴西	25	25	—	—	—
南非	10	50	—	—	—
澳大利亚	63	92	—	—	—
韩国	—	57.3	—	—	—
墨西哥	—	25	—	—	—
叙利亚	—	25	—	—	—

现行的烟气净化装置主要用于去除烟气中 PM、SO_2 和 NO_x。我国目前水泥生产使用的除尘器包括电除尘器和布袋除尘器；NO_x 控制技术有选择性催化还原(SCR)和选择性非催化还原(SNCR)。这些烟气净化装置均具有一定的除汞能力。利用现有的设备进行脱汞，不仅可以达到除汞目的，而且节约了投资。降低水泥窑排烟温度可以使得烟气中汞凝结，更容易被污控设施脱除。但目前窑尾烟气广泛用于余热发电及烘干生料，因此水泥窑烟气温度并不能大幅度降低。

6.3　水泥窑汞排放监测及控制技术

6.3.1　水泥窑汞排放的监测方法

在工业生产过程中，针对水泥窑汞排放量的监测通常是通过监测汞的输入量和输出量来实现的。汞的输入包括水泥生产所使用的生料以及燃料中所携带的汞，汞的输出则包括水泥窑排放的烟气、废弃的粉尘以及熟料中所包含的汞。通过对汞的输入量和输出量的监测数据进行物料衡算,建立水泥窑生产过程中的汞平衡,从而实现对汞排放的监测[26]。若水泥生产过程中所产生的窑灰全部入窑,则当汞富集到一定程度后,会形成动态平衡,此时烟气排放汞的量与返回系统内燃料中所含汞的量相等[27]。

由于水泥生产所需的不同燃料内汞含量的差异较大,因此需要对每一种燃料选取多个样品进行检测,取样频率和样品的数量根据燃料中汞含量的变化情况来确定。这种方法采用了整体近似计算的方法,大多数国家都采用质量平衡法来计算汞的排放量[27]。水泥生产过程中所使用的燃料内汞含量的测定必须采用精密仪器进行检测,对于固体内汞含量的检测精度应达到 $10^{-6} \sim 10^{-7}$ g。相比实际烟囱排放测试,实验室内样品分析的精确度较高,因此汞排放量的检测通常在实验室中进行[27]。

对烟气中的汞含量进行监测既是获取汞排放浓度的基础,同时也是各种脱汞控制技术得以实现的先决条件。烟气中汞排放的监测工作一般包括两部分,即测量排放汞的总量和形态。汞的取样和分析方法通常采用国际上适用范围较广的由美国环境保护局(EPA)所颁布的三种方法,分别是安大略法(OHM)、在线连续监测法(30A)和吸附管离线采样法(30B)。上述三种方法都是采用冷原子吸收光谱法(CVAAS)对样品中的汞浓度进行分析测定。事实上,尽管水泥窑烟气中含有大量的汞,但由于烟气中汞的浓度一般较低,因而难以实现精确监测[26]。

6.3.2 水泥窑烟气汞控制技术

对于水泥窑生产的汞排放控制,可以首先对生料和燃料进行预处理,即选用含汞量较低的材料,同时对生产水泥的原料和燃料中的汞进行预处理;其次,可以在生产过程中对汞进行排放控制,常用的方法包括利用现有污染物控制技术或增加设备来脱除烟气中的汞,或向烟气中喷入吸附剂对烟气中的汞进行脱除等[28]。

目前,工业上对汞的控制技术主要可以分为燃烧前控制技术、燃烧过程控制技术以及利用现有的控制技术对汞进行脱除等[29]。基于这些控制技术,针对水泥窑炉的汞排放控制技术可以重点从清洁原料替代、生产过程控制、脱汞材料除汞以及利用除尘脱硝装置协同除汞等几个方面重点展开。此外,利用水泥窑协同处理城市生活垃圾以及生活污泥是未来水泥窑高效利用的一个趋势,在这其中,关注重金属汞的排放行为同样重要。

6.3.2.1 清洁原料替代技术

水泥窑汞污染的燃烧前控制技术主要目的是减少和控制水泥窑中汞的输入总

量,即减少水泥窑生产所需原料和燃料带入的汞含量,对于生产原料,主要可以选取汞含量较低的原料替代富含汞的原材料。

而对于燃料,国内的水泥厂目前主要还是以煤作为主要燃料,对于燃煤中的汞污染控制主要通过洗煤、配煤、使用煤添加剂等方法来实现[30]。煤清洗方式:煤清洗可以将燃煤中不可燃矿物质所夹带的汞脱除,但无法去除煤中与有机碳相结合的汞。煤中汞的存在形态决定了煤在洗选过程中的迁移行为,一般认为无机态的汞更容易通过洗煤方式去除。通过物理洗选,可以有效脱除与矿石共生的汞,而与有机质结合的汞或被有机质包裹的汞则不易被脱除,甚至这部分汞还可能被富集到精煤中[31]。由于煤种和煤中汞的存在形态不同,物理洗煤的脱汞效率一般在3%~64%之间,平均脱汞效率为21%,这是一种简单而低成本的降低汞排放的方法。配煤是指通过燃煤混合来提高煤燃烧过程中二价汞的生成概率,从而使其容易在烟气控制设备中捕集下来。此外,燃料的替代技术还包括选择低汞常规原燃料、使用低汞替代原燃料、降低高汞替代原燃料投加速率等,需对原燃材料中的汞含量事先进行了解和监测[32]。

此外,对于来自于缓凝剂石膏中的汞,应选用汞含量较低的脱硫石膏作为添加剂,在使用的过程中应重点关注温度的变化,防止汞的再释放造成二次污染,必要时需要添加汞的释放抑制剂,防止汞的二次释放。

6.3.2.2　生产过程控制技术

在水泥生产的过程中,锅炉负荷、烟气温度等运行参数对现有污染控制设备的协同脱汞效果有明显影响。因此,根据实际情况对锅炉运行参数进行调整,使得各污染控制设备相互配合,力求在不降低其他污染物排放控制要求的前提下,最大限度地发挥各个污染控制设备协同脱汞的作用。

1. 改变工艺参数,调整汞的形态

在保证锅炉高负荷运行的前提下,适当地调整锅炉的其他运行参数,以达到烟气中汞减排的目的,是今后研究的重要方向。比如烟气优先通过省煤器、空气预热器来降低污染控制设备中的烟气温度,或者通过维持相对稳定的空气过剩系数,提高单质汞向二价汞的转化率,都可以提高现有污染控制设备体系的协同脱汞能力[33]。此外,汞污染的燃烧过程控制技术还包括减少水泥窑内汞的循环累积和加强水泥窑烟气中汞的冷凝和吸附,使得汞更多地以颗粒态的形式存在,配合着除尘设备实现汞的高效捕集。

2. 定期降低好窑炉负荷,窑灰外排除汞

水泥窑炉负荷的增加,不仅会导致总汞浓度的增加,还会由于烟气温度的升

高使烟气中单质汞的比例提高。因此，仅考虑脱汞效率，降低锅炉负荷，将有利于减少汞的排放。由于汞主要在预热器以及回转窑炉中进行循环，导致汞在水泥窑炉中的浓度很高，因此可以通过将窑灰外排或窑灰脱汞等方式减少水泥窑内汞的循环累积量，但这一方法涉及外排窑灰的处理和脱汞处理工艺[32]。

事实上，在实际生产中，为了减少汞的累积，可以通过在某些时段减少生料供给量的方法，临时减少生料对烟气中的汞的吸附作用，在这一阶段由于烟气排出温度也相对较高，有利于汞以气态形式穿过除尘装置，最终从系统中排出，由此可减少汞在系统中的富集。当然，采取上述措施时必须注意三个问题，一是在生料低负荷进料时，也要减少燃料的供给，防止旋转窑及预分解系统的过热现象；二是，当除尘采用袋式除尘器时，应注意避免烟气温度过热所导致的烧袋现象；三是，对该阶段烟气所排放出的汞进行必要的收集处理，防止其二次污染。

3. 在预热器出口增设旁路放风除汞

针对水泥窑烟气汞排放的特点，可分别针对其排放特征进行汞减排，针对窑头的气体，一般为经过冷却机的高温气体，这部分气体往往用作余热回收，而对于窑尾烟气，其排放特征较为复杂，高温烟气在该段经过预热器与生料接触过程中温度不断降低，虽然生料吸附了大部分的汞，但是大部分未能被吸附的汞存在烟气中，继而进入除尘设备中，针对这部分的烟气汞，可以在预热器的出口增加旁路放风设备，对烟气汞进行定期排出，这样就降低了进入除尘设备中的汞含量，切断了汞在窑炉中持续循环富集的路径，从而能够降低汞的富集量。此外，在水泥窑增设烟气旁路放风还可以起到定期排碱的目的，所排出的汞、碱及氮氧化物采取协同控制。

6.3.2.3 脱汞材料除汞

溴化活性炭尾部烟道喷射是目前美国最为有效的商业化脱汞技术，该技术充分利用了除尘装置对汞进行联合脱除，是目前最为成熟的脱汞技术。应用于水泥窑的溴化活性炭尾部烟道喷射除汞技术主要是通过在静电除尘器或布袋除尘器前喷入粉状溴化活性炭，使得烟气中的汞和活性炭上的溴发生反应，被活性炭吸附，然后被静电除尘器所捕集。该方法的脱汞效率可以达到80%以上，但此方法需要另外添加袋式收尘器和风机，同时含汞粉尘的处置也成为该方法需要解决的问题。由于活性炭的非选择性吸附特性，烟气中除汞以外的其他成分容易占据活性炭表面的活性中心，从而大大降低活性炭利用率，导致活性炭用量增大，运行成本增加[28]。此外，这一方法的投资成本较高，因此该方法仅在极少数的水泥企业得到了应用[32]。

活性炭喷射技术不仅可以将水泥窑中的汞等重金属予以脱除，同时还可以脱除水泥窑产生的总碳氢化合物和有机有害大气污染物。据美国环境保护局报道，采用活性炭喷射技术结合袋式除尘器可以一并脱除 90%左右的汞、98%的总碳氢化合物和98%的有机有害大气污染物[29]。由于活性炭喷射系统被用于燃煤电厂锅炉汞控制，而燃煤电厂与水泥窑的汞浓度在同一个水平，因此，可以考虑将燃煤电厂锅炉汞控制技术用于水泥窑汞排放控制。考虑到燃煤锅炉和水泥窑炉的不同，将活性炭喷射技术用于水泥厂是一个更有挑战性的工作。

水泥窑必须回收利用收集到的大部分灰，袋式除尘器(FF)系统是原材料进料的一个不可或缺的部分，活性炭喷射系统并不适合安装在水泥窑炉 FF(滤袋)系统的上游。回收利用含有单质汞的活性炭会导致大量的汞重新释放到气相中。在利用活性炭喷射法除汞过程中，往往需要在温度 200℃以下的区域，从而能够确保活性炭的汞吸附能力，并减少活性炭燃烧的风险。

6.3.2.4　除尘脱硝装置协同除汞

对于汞控制技术的相关研究主要依赖于汞的形态分布。在一般情况下，单质汞难溶于水，因而很难被直接脱除；二价汞易溶于水，且易于吸附在颗粒物表面形成颗粒态汞，因此二价汞可以通过湿法脱除或将其转化成颗粒态汞再由除尘装置去除。而单质态汞一般先利用氧化剂或催化剂将其转化成为二价汞再进行脱除，否则只能通过吸附剂进行脱除[32]。

国内目前针对水泥窑的烟气脱汞还没有成熟的技术，水泥窑烟气脱汞主要通过除尘装置协同除汞[34]。

目前新型干法水泥生产中电除尘器和布袋除尘器已广泛采用。

1. 电除尘器

电除尘器的除尘效率一般可达到 99%以上，但是脱汞能力有限。因为在水泥厂烟气中，烟气温度往往较高，不利于对汞进行捕捉。

2. 布袋除尘器

由于烟气部分细颗粒上富集了汞，因此布袋除尘器的对烟气有脱汞效果，且脱汞效果要优于电除尘器。布袋除尘器之所以会比静电除尘器有更高的汞去除效果，主要是由于它不仅能够去除颗粒态汞，还能够同时去除部分气态汞。烟气中的气态汞与布袋上的飞灰层的接触时间较长，而静电除尘器中气态汞与飞灰的接触时间短。不仅如此，由于布袋除尘器(气体穿过飞灰层)与静电除尘器(气体只与飞灰层表面接触)除尘机理不同，气态汞与飞灰层有更充分的接触面积。国内有研究比较了布袋除尘器与静电除尘器的除汞效果，发现静电除尘器的除汞效率为4%～20%，而布袋除尘器的除汞效果为 20%～80%，袋除尘器的协同脱汞效率总体上要高于静电除尘器的协同脱汞效率[33]。不过除尘器脱除的汞会经由返尘回到系统中，从水泥厂整体汞质量平衡来看，除尘器并未减少最终汞排放量。

在水泥窑系统中，一般涉及的氮氧化物减排方法主要包括两类：一类是熟料生产过程中抑制 NO_x 生成的技术，即低 NO_x 燃烧技术，另一类是 NO_x 的脱除技术。常规使用的技术与燃煤电厂相类似，主要包括 SNCR 和 SCR 技术，在该技术的使用过程中，可以促进部分的单质汞向氧化态的汞转化，从而促进汞在颗粒物表面的吸附。但是，水泥厂往往没有液相脱硫系统，烟气中的二价汞难以被吸收捕集下来，会使得水泥窑系统中的汞浓度进一步增加，开展定期的排灰除汞就显得尤为重要。

水泥行业的汞排放控制应重视源头和过程控制，结合现有除尘脱硝设施的协同脱汞，同时开发新的烟气脱汞技术[32]，进行汞协同控制技术示范，提出结合源头控制、过程控制的烧结烟气多污染协同控制技术[29]。

6.3.3 水泥窑协同处置废弃物

城市废弃物如生活垃圾以及生活污泥等废弃物已经成为一种趋势，水泥窑处理废弃物具有以下的有点：①焚烧温度高，水泥窑中近 1400℃的高温能够有效处理有机废物，实现完全燃烧；②停留时间长，水泥回转窑中从窑头到窑尾的停留时间在 20～60 min 左右，充分的停留时间有利于废物的燃烧；③碱性环境，水泥窑内的碱性物质可以和废物中的酸性物质中和，有效抑制酸性物质排放；④几乎没有废渣排出，不对环境造成二次污染等。

目前，开始逐步开展了利用水泥窑协同处置生活垃圾及生活污泥的尝试。在城市生活垃圾中，含有大量的有机易腐败成分以及可燃成分，城市生活垃圾主要采用焚烧处理、堆肥处理以及填埋处理等方式，相对于这些传统方式，利用水泥窑协同处置生活垃圾的技术既可将垃圾作为燃料，减少对资源的消耗，又可充分利用水泥回转窑内碱性微细浓固相的高温燃烧环境等优点，彻底将有害物质处理掉，实现垃圾处理的"无害化、资源化、减量化"的目标。同时，采用生活垃圾作为原料，可以减少燃料中的汞进入水泥窑系统中，但是，应同时注意其他有毒有害组分在系统中的产生。

同样地，利用水泥窑可以协同处置城市污泥，城市污泥是指一种含粗蛋白高达 20%的亲水胶团，污泥中 70%为细菌菌体胶团，干化则硬结。来自于污水处理厂的污泥一般要经过污泥浓缩、脱水、消化、发酵和干化等过程，最终实现污泥的减量化、稳定化和无害化。传统的城市污泥处置方法包括卫生填埋，排放水体、土地利用、污泥焚烧、建材利用等方式。利用水泥窑可以协同处置城市污泥，主要包括污泥干化和水泥窑焚烧两大工艺：生活污泥先进行干化处理，再作为生产水泥的原料和输送水泥窑进行焚烧处理，最终以熟料及水泥产品产出。

在利用水泥窑协同处置废弃物时，应充分考虑燃烧条件等因素对汞排放的影响，这一领域的研究在未来的研究中应重点关注。在废弃物处置过程中，废弃物中的卤素元素如 Cl 等会对汞的形态转化产生影响，从而影响其排放特征；在水泥窑的运行参数上进行调整，同样会对汞排放造成影响。因此，应充分对水泥窑协同处置废弃物进行研究分析，在废弃物减排的同时，真正实现工厂经济效益和环保效益的双丰收。

参 考 文 献

[1] 杨海. 中国水泥行业大气汞排放特征及控制策略研究. 北京: 清华大学, 2014.

[2] 丁奇生, 王亚丽, 等. 水泥预分解窑煅烧技术及装备. 北京: 化学工业出版社, 2014.

[3] 丁奇生, 刘龙, 等. 水泥熟料烧成工艺与装备. 北京: 化学工业出版社, 2008.

[4] Sikkema J K, Alleman J E, Ong S K, et al. Mercury regulation, fate, transport, transformation, and abatement within cement manufacturing facilities: Review. Science of the Total Environment, 2011, 409: 4167-4178.

[5] Zheng Y, Jensen A D, Windelin C, et al. Review of technologies for mercury removal from flue gas from cement production processes. Progress in Energy and Combustion Science, 2012, 38: 599-629.

[6] Mlakar T L, Horvat M, Vuk T, et al. Mercury species, mass flows and processes in a cement plant. Fuel, 2010, 89: 1936-1945.

[7] 王书肖, 等. 中国大气汞排放特征、环境影响及控制途径. 北京: 科学出版社, 2016.

[8] Larsen M, Schmidt I, Paone P, et al. Mercury in cement production-a literature review. FLSmidth Internal Report, 2007.

[9] Schreiber R, Kellet C, Joshi N. Inherent mercury controls within the Portland cement kiln system. PCA R&D Serial, 2005.

[10] Angel R, Cressey G, Criddle A J, et al. $Hg_6Si_2O_7$; the crystal structure of the first mercury silicate. American Mineralogist, 1990, 75: 1192-1196.

[11] Roberts A, Bonardi M, Erd R, et al. The first known silicate of mercury, from California and Texas. Mineralogical Record, 1990, 21: 215-220.

[12] Senior C L, Sarofim A F, Zeng T, et al. Gas-phase transformations of mercury in coal-fired power plants. Fuel Processing Technology, 2000, 63: 197-213.

[13] Pacyna E G, Pacyna J M, Steenhuisen F, et al. Global anthropogenic mercury emission inventory for 2000. Atmospheric environment, 2006, 40: 4048-4063.

[14] Zhang L, Wang S, Wang L, et al. Updated emission inventories for speciated atmospheric mercury from anthropogenic sources in China. Environmental Science & Technology, 2015, 49: 3185-3194.

[15] 廖玉云, 毛志伟, 程群, 等. 水泥窑汞污染排放及监测控制. 中国水泥, 2015: 67-70.

[16] 王书肖, 张磊. 我国人为大气汞排放的环境影响及控制对策. 环境保护, 2013, 41.

[17] 王书肖, 刘敏, 蒋靖坤, 等. 中国非燃煤大气汞排放量估算. 环境科学, 2006, 27: 2401-2406.

[18] Senior C, Eddings E. Evolution of mercury from limestone. Portland Cement Association, 2006.

[19] Schafer S, Hoenig V. Operational factors affecting the mercury emissions from rotary kilns in the cement industry. ZKG INT, 2001, 54: 591-601.

[20] Black S, Townsend Y. National Emission Standards for Hazardous Air Pollutants Submittal-1995. Bechtel Nevada Corp. , Las Vegas, NV (United States), 1996.

[21] Directive H A T. The European Parliament and the Council of the European Union. Official Journal L, 2001, 187: 43-44.

[22] Werther J. Gaseous emissions from waste combustion. Journal of Hazardous Materials, 2007, 144: 604-613.

[23] Bolwerk R, Ebertsch G, Heinrich M, et al. German Contribution to the Review of the Reference Document on Best Available Techniques in the Cement and Lime Manufacturing Industries–Part II: Cement Manufacturing Industries. ", Germany, June, 2006.

[24] CEPC-CS34. Canadian Council of Ministers of the Environment, Winnipeg, Manitoba, Canada, 1991.

[25] Shin D, Choi S, Oh J-E, et al. Evaluation of polychlorinated dibenzo-*p*-dioxin/dibenzofuran (PCDD/F) emission in municipal solid waste incinerators. Environmental Science & Technology, 1999, 33: 2657-2666.

[26] 张迪, 王艳丽, 王新春. 水泥工业汞的排放现状及展望(Ⅱ)——汞排放的机理及监测方法分析. 水泥, 2015, 8: 001.

[27] 陈友德. 拉丁美洲的汞排放. 水泥技术, 2015: 107-109.

[28] 王艳丽, 张迪, 王新春, 水泥工业汞的排放现状及展望(Ⅲ)——汞排放的控制技术及展望. 水泥, 2015, 9: 006.

[29] 苗杰, 郭亮, 钱枫. 水泥窑烟气汞排放控制研究. 2014 中国环境科学学会学术年会(第六章), 2014.

[30] 张赢丹, 潘卫国, 周伟国, 等. 燃煤锅炉汞排放量的测量与分析方法. 上海电力学院学报, 2008, 23: 328-332.

[31] 甘昊, 吕患阴. 水泥窑汞排放特征分析及控制措施探讨, 水泥科技, 2013: 25-27.

[32] 廖玉云, 毛志伟, 程群, 等. 水泥窑汞污染排放及监测控制, 中国水泥, 2015, 3: 019.

[33] 李洋, 陈敏东, 薛志钢, 等. 燃煤电厂协同脱汞研究进展及强化措施. 化工进展, 2014, 8: 046.

[34] 高翔, 吴祖良, 杜振, 等. 烟气中多种污染物协同脱除的研究. 环境污染与防治, 2009, 31: 84-90.

第7章 垃圾焚烧过程汞排放与控制

7.1 垃圾焚烧汞排放概况

垃圾焚烧是指采用热力技术使垃圾分解的过程，不仅能达到垃圾处理的减容化、资源化和无害化目标，而且具有占地面积小、运行稳定、处理时间短等多种优点[1]。

世界上最早的垃圾焚烧厂由英国于 1884 年建成，垃圾焚烧距今近已有 130 余年历史。随着垃圾焚烧技术、装备与污染防治设施的不断发展与完善，焚烧法已成为许多国家和地区处理生活垃圾的首选方案。表 7.1 给出了部分国家地区生活垃圾焚烧的年处理量及处置比例。从生活垃圾焚烧设施数量和比例来看，日本垃圾焚烧设施数量最多，超过 1200 家，比例最高接近 80%(表 7.1)[2]。

表7.1 部分国家与地区生活垃圾焚烧处理情况(2012 年)

国家或地区	处理量/(万吨/年)	实际焚烧量/(万吨/年)	垃圾焚烧设施数量/座	焚烧比例/%
欧盟(27 国)	23800	5750	520	24.10
荷兰	922	452	12	48.98
英国	2962	498	25	16.81
法国	3494	1147	129	32.82
德国	4904	1715	75	34.97
日本	4262	3399	>1200	79.76
中国	17081	3584	138	20.98
美国	25100	2930	82	11.67

我国垃圾焚烧起步较晚，但发展迅速。1988 年，深圳市市政环卫综合处理厂的垃圾焚烧厂作为我国第一个垃圾焚烧厂正式投入使用[3]，它的技术及设备由日本三菱重工工业公司提供。截至 2012 年年底，全国(不含港澳台地区)共有 138 座已运行垃圾焚烧厂，除内蒙古、江西、贵州、西藏、陕西、甘肃、青海、宁夏、新疆 9 省区外，其余 22 个省市均有分布，其中浙江(26 座)、江苏(21 座)、 广东(18 座)、福建(12 座)4 省占到近 60%，整体上呈现东部>中部>西部的趋势。

相应地，焚烧在垃圾无害化处置中发挥的作用日益增加。2003 年生活垃圾焚烧量为 369.9 万吨，占到无害化处置的 4.9%；2012 年生活垃圾焚烧量为 3584.1 万吨，是 2003 年的 10 倍，占到当年生活垃圾无害化处置的 25%(图 7.1)。2015 年生活垃圾焚烧发电厂超过了 300 座，全国城镇生活垃圾焚烧处理设施能力达到无害化处理总能力的 35%以上，其中东部地区达到 48%以上[2]。

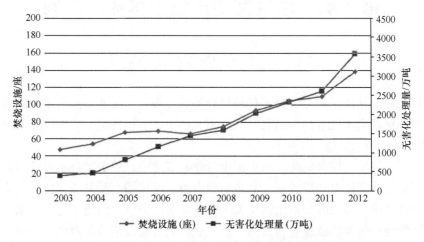

图 7.1　我国垃圾焚烧设施数量和焚烧无害化处理量变化情况(2003~2012 年)

同时，垃圾焚烧的汞排放是全球人为汞排放的重要来源，每年由垃圾焚烧所排放的汞约占总排放量的 8%。垃圾焚烧中的汞释放主要来源于生活垃圾中一些含汞的废弃物，比如电池和日光灯，这些废弃物中的汞都会在焚烧过程中释放出来。由于垃圾焚烧烟气中的汞污染物浓度较高，在许多以焚烧为主要垃圾处理方式的发达国家，垃圾焚烧曾一度是最大的人为汞排放源。以 2000 年美国为例 (图 7.2)，在所有的焚烧汞当中，垃圾焚烧汞排放量也仅次于电厂燃煤汞排放[4]。

图 7.2　2000 年美国焚烧汞排放分布

在我国，垃圾焚烧逐渐取代垃圾填埋。但是因为垃圾组分复杂，垃圾分类不严格，进入垃圾焚烧厂的生活垃圾含一定量的重金属与工业废弃物。我国是世界上汞生产和消费大国，含汞工业产品也较多，最终流入到生活垃圾中的含汞工业废弃物也很多。因此我国垃圾中的汞含量较高。在垃圾焚烧过程中，垃圾中的汞会释放出来，造成严重的环境污染。我国垃圾焚烧释放的汞从 1995 年的 0.6 吨增长到 2003 年的 10.4 吨，年均增速达到 40%，远高于其他行业的年均汞排放量增速[5]。

2014 年我国颁布了最新的《生活垃圾焚烧污染控制标准》(GB 18485—2014)，其中汞的排放标准为日均值 0.05 mg/Nm^3，相较于 GB 18485—2001 的测定均值 0.2 mg/Nm^3 已经明显严格很多。与国外相比，中国的垃圾焚烧汞排放标准处于中等水平（表 7.2）。随着我国城市化水平的进一步提高，垃圾焚烧产生的大气汞排放量将会随着生活垃圾数量的快速增长而进一步增加，而汞对环境以及人体的危害很大，环境中的汞被植物吸收，容易造成植物的落叶和枯萎[6]，同时，汞能够通过食物链进入到人体，发生富集造成人体肾功能衰竭、神经系统损伤、运动障碍等，因而，对垃圾中汞问题的研究与环境保护监管就显得十分重要，应严格执行《生活垃圾焚烧污染控制标准》等国家发布的标准，加大基础研究力度，寻求最佳可行技术来控制垃圾焚烧的烟气汞排放。

表 7.2　各国生活垃圾焚烧重金属污染物排放标准(mg/Nm^3)

国家	欧盟(11% O$_2$)	美国(7% O$_2$)	韩国(6% O$_2$)	中国(11% O$_2$)
Hg 排放标准	0.03	0.1	0.1	0.05

7.2　垃圾焚烧烟气汞排放特征

研究表明，在垃圾焚烧过程中，随着焚烧炉膛温度的升高，烟气中高挥发性的汞主要以气态的形式存在。如图 7.3 所示，超过 80%的汞在垃圾焚烧过程中释放到气相中，存在于底灰中的汞含量仅占总量的 20%[7]。

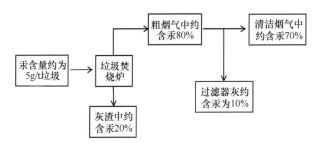

图 7.3　废物焚烧汞平衡

如图 7.4 所示，在垃圾焚烧烟气中，汞主要有三种形态：单质汞(Hg^0)，气态二价汞(Hg^{2+})和颗粒态汞(Hg^p)[8]。垃圾焚烧炉温度通常在 800℃左右，在此温度下 98%以上的汞都以单质汞(Hg^0)的形式存在。但随着烟道温度逐渐降低至 200℃左右时，由于烟气中存在较高浓度的 O_2 和 HCl 气体，Hg^0 会与烟气中的 HCl 或者其他氧化性强的气体进行反应，形成二价汞(Hg^{2+})。热力学数据表明，随着烟气的温度降低，$HgCl_2$ 比 HgO 更为稳定，因此烟气中的 Hg^{2+} 多以 $HgCl_2$ 形式存在。此外，一些单质汞(Hg^0)和二价汞(Hg^{2+})会沉积或者吸附到垃圾焚烧飞灰上面，形成颗粒态汞(Hg^P)[9]。

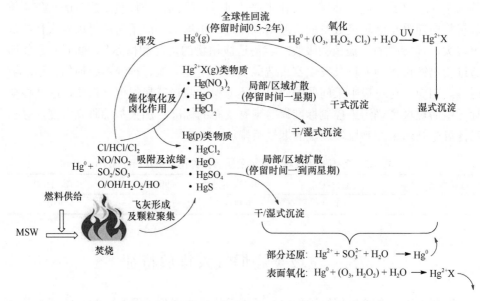

图 7.4　垃圾焚烧中的汞排放以及在大气中的传输

其中，Hg^0 为 10%~20%，Hg^{2+} 为 75%~85%，还有部分 Hg^0 和 Hg^{2+} 沉积、吸附在灰飞上形成颗粒态 Hg^P

以下是重金属汞在焚烧炉中以及随后的烟道内可能发生的一些反应：

$$2Hg(g)+O_2(g)\mathop{=\!=}2HgO(s,g) \tag{7.1}$$

$$HgO(s)\rightleftharpoons HgO(g) \tag{7.2}$$

$$2Hg(g)+2Cl(g)\rightleftharpoons 2HgCl_2(s,g) \tag{7.3}$$

$$2Hg(g)+Cl_2(g)\rightleftharpoons Hg_2Cl_2(s,g) \tag{7.4}$$

$$Hg(g)+2HCl(g)\rightleftharpoons HgCl_2(s,g)+H_2(g) \tag{7.5}$$

$$2Hg(g)+4HCl(g)+O_2(g)\rightleftharpoons 2HgCl_2(s,g)+2H_2O(g) \tag{7.6}$$

$$4Hg(g)+4HCl(g)+O_2(g)\rightleftharpoons 2Hg_2Cl_2(s,g)+2H_2O(g) \tag{7.7}$$

$$Hg(g)+NO_2(g)\mathop{=\!=}HgO(s,g)+NO(g) \tag{7.8}$$

$$HgO(s,g)+2HCl(g)\mathop{=\!=}HgCl_2(g)+H_2O(g) \tag{7.9}$$

$$2HgCl_2(g)+H_2(g) \Longrightarrow Hg_2Cl_2(s,g)+2HCl(g) \tag{7.10}$$

$$2Hg_2Cl_2(g) \Longrightarrow Hg_2Cl_2(s,g)+Hg(g) \text{（>400℃时分解）} \tag{7.11}$$

如图 7.5 所示，烟囱排出的烟气中，气态 Hg^0 占总汞的 10%～20%，气态 Hg^{2+} 占总汞的 75%～85%。并且，烟气中元素形态和二价态比例的划分主要依赖于烟气中碳颗粒、HCl 以及其他污染物的浓度。不同形态的汞在大气中的物理和化学特性差别很大，在大气中的传输特性也有所不同。Hg^0 可进行长距离传输，参与全球汞循环，且在大气中的停留时间较长；Hg^{2+} 可扩散到几十到几百千米，易溶于水，易随雨水降至地面；Hg^p 一般在排放源附近沉降[10]。

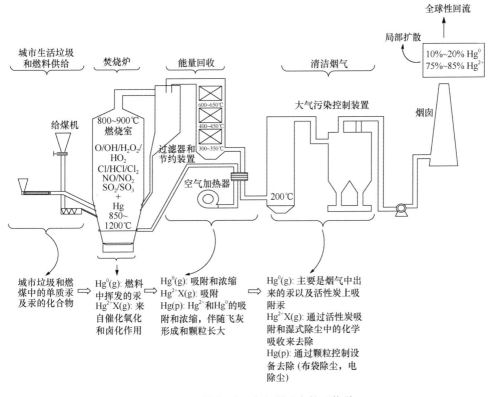

图 7.5　垃圾焚烧不同阶段所对应的汞物种

7.3　烟气汞采样和监测

7.3.1　安大略法(OHM 法)

安大略法是美国环境保护局(EPA)和能源部(DOE)等机构推荐的测试分析的

标准方法。该方法烟气的取样系统主要由加热保温系统、灰粒过滤系统、烟气吸收系统以及测量控制系统等组成，如图7.6所示。

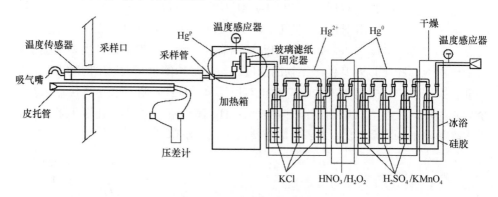

图 7.6　典型安大略采样系统

1. 样品采集装置

样品采集过程为等速采样条件，烟气通过探头进入过滤器系统，将 Hg^p 吸附在过滤器上，过滤系统的温度保持在 120℃以上或高于烟气温度，确保烟气在管路中不被冷凝。

采样系统主要由石英取样管及加热装置、过滤器(石英纤维滤纸和滤纸固定部分)、一组放在冰浴中的 8 个吸收瓶(冲击瓶)、流量计、真空计和抽气泵等组成。Hg^p 由石英纤维滤纸捕获，Hg^{2+} 由 3 个盛有 1 mol/L KCl 溶液的吸收瓶收集，Hg^0 由 1 个装有 5%HNO$_3$-10%H$_2$O$_2$ 和 3 个装有 4%KMnO$_4$-10%H$_2$SO$_4$ 溶液的吸收瓶收集。取样结束后，进行样品恢复，并对灰样和各吸收液样进行消解。最后用 CVAAS 分析测定样品中的汞。

2. 样品采集

1)现场采样位置的确定

根据采样烟气参数，确定采样点数目、选取合适的采样探头。采样体积(标态)为 1~2.5 m^3，采样时间在 1 h 以上。

2)采样前准备

采样前准备步骤为：①在 1~3 号冲击瓶中加入 100 mL 氯化钾溶液，在 4 号冲击瓶中加入 100 mL 硝酸-过氧化氢溶液，在 5~7 号冲击瓶加入 100 mL 硫酸-高锰酸钾溶液，在 8 号冲击瓶中加入 200~300 g 硅胶。②称量各冲击瓶的质量，并准确记录。③用镊子将以恒重过的过滤器放入到过滤器支架上。

3)采样

采样步骤为：①安装系统，检漏。合格后将冰块放置在冲击瓶周围。②启动采样泵，保持等速采样，记录数据，每5 min记录一次，定期检查压力计的水平位和零位。③采样结束，将探头拔出，关闭粗调阀门，关闭采样泵。取下探头和采样嘴，记录流量数据。检查冲击瓶中有无倒吸，若存在倒吸，需重新安装系统采样。

3. 样品回收及分析

样品回收过程参考OHM法，样品回收之后，必须在45天内进行分析。结合CVAAS法分析样品中气态汞的含量。

7.3.2 EPA方法29

美国EPA方法29是测量烟气中形态汞的测量方法，适用于测定垃圾焚烧烟气中单质汞(Hg^0)、二价汞(Hg^{2+})、颗粒态汞(Hg^P)及总汞(Hg^T)的浓度。

1. 样品采集装置

样品采集过程为等速采样，烟气通过探头进入过滤器系统，将Hg^P吸附在过滤器上，过滤系统的温度保持在120℃以上或高于烟气温度，以确保烟气在管路中不被冷凝。

采样系统主要由石英取样管及加热装置、过滤器(石英纤维滤纸和滤纸固定部分)、一组放在冰浴中的7个冲击瓶、流量计、真空计和抽气泵等组成，如图7.7所示。其中：1号冲击瓶是空瓶，为了移除烟气中的大部分水分；2号和3号冲击瓶中装有5%HNO_3-10%H_2O_2溶液，是为了吸收氧化态的Hg^{2+}；4号冲击瓶也是空瓶，是为了防止H_2O_2和$KMnO_4$的混合溶液；5号和6号冲击瓶中装有4%$KMnO_4$-10%H_2SO_4溶液，可以捕集Hg^0；7号冲击瓶中装有硅胶，是为了除水。

采样过程中，Hg^P由石英纤维滤纸捕获，Hg^{2+}由2号和3号冲击瓶收集，Hg^0由5号和6号冲击瓶收集。采样结束后，进行样品恢复，并对灰样和各吸收液样品进行消解。最后用CVAAS分析测定样品中的汞。

采样试剂、采样组件的清洗试剂、分析试剂(氯化亚锡碱洗溶液)、汞标准溶液的制备参考OHM法制备流程。

2. 样品采集

1)现场采样位置的确定

根据采样烟气参数，确定采样点数目、选取合适的采样探头。采样体积为一般为1~4 Nm^3。

2)采样前准备

采样前准备步骤为：①在 2 号和 3 号冲击瓶中加入 5%HNO₃-10%H₂O₂ 溶液，在 5 号和 6 号冲击瓶中加入 4%KMnO₄-10%H₂SO₄ 溶液，在 7 号冲击瓶中加入硅胶。②称量各冲击瓶的重量，并准确记录。③用镊子将已恒重过的过滤器放入到过滤器支架上。

3)采样

采样步骤为：①安装系统，检漏。合格后将冰块放置在冲击瓶周围。②启动采样泵，保持等速采样，记录数据，定期检查压力计的水平位和零位。③采样结束，将探头拔出，关闭粗调阀门，关闭采样泵。取下探头和采样嘴，记录流量数据。检查冲击瓶中有无倒吸，若存在倒吸，需重新安装系统采样。

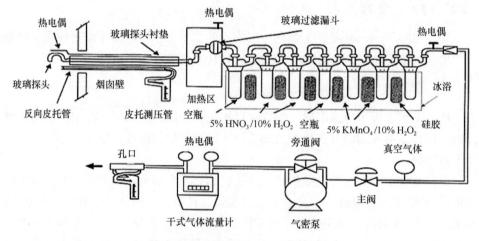

图 7.7　典型 EPA 方法 29 采样系统

3. 样品回收和分析

样品回收过程参考 OHM 法，样品回收之后，必须在 45 天内进行分析。结合 CVAAS 法分析样品中气态汞的含量。

7.4　烟气汞排放影响因素

7.4.1　垃圾成分

焚烧前最主要的控制方法就是将垃圾分类，许多发达国家普遍实行生活垃圾分类收集的方式，垃圾分类能够有效地减少垃圾中的汞进入焚烧炉。垃圾中的汞来源很多，其中汞最主要的来源是废弃的电池与灯管。我国每年在灯管加工生产中消耗的汞总量约为 80 t，释放出超过 100 t 的汞及其化合物，而废旧电池在焚烧过程中排入大气的汞约占电池内汞含量的 36%，远高于其他重金属元素。1995 年城市生活垃圾中来源于废旧电池的汞排放总量达到了 582.4 t，尽管国家颁布了关于废旧电池回收的相关条例，但是 2009 年垃圾中废旧电池的汞含量高达 140 t。针对垃圾来源中的汞污染问题，发达国家有一系列完备的举措回收生活垃圾中的废旧电池与灯管。至今，我国的垃圾分类与回收还没有形成一个完备的体系，还存在很多亟须解决的问题。

7.4.2 烟气特性

垃圾焚烧过程的烟气组分，对烟气中汞的形态存在极大的影响。通过对垃圾焚烧烟气的热力学分析表明，由于垃圾焚烧存在着较高浓度的 O_2 与 HCl 气体，部分单质汞反应生成 HgO、Hg_2Cl_2、$HgCl_2$，而随着烟道温度的降低($120\sim160℃$)，此时反应(7.6)占主导地位，因此，$HgCl_2$ 是烟气中气态汞的最主要组成部分。

从活性炭吸收 $HgCl_2$ 的影响结果可知，当 SO_2 存在时，SO_2 能够强烈地抑制活性炭对汞的吸附，因此，监测垃圾焚烧使烟气组成能够更加有效地捕集烟气中的汞污染物，从而降低成本，进一步提高汞污染物的去除率。

7.5 垃圾焚烧烟气汞控制技术

烟气中存在较高浓度的氯化氢成分，大部分的汞以 $HgCl_2$ 形式存在，Hg^0 占总汞的 10%～20%，Hg^{2+} 占总汞的 75%～85%，结合垃圾焚烧烟气特征，目前主要利用现有烟气污染控制设备脱汞以及活性炭吸附脱汞来控制汞污染物的排放。

7.5.1 现有烟气净化单元协同除汞能力

1. 除尘器脱汞

垃圾焚烧烟气中，颗粒态的汞容易富集在焚烧飞灰表面，从而被烟气净化系统中的除尘器捕集而脱除[11]。

垃圾焚烧厂通常采用电除尘器和布袋除尘器脱除烟气中的颗粒物。其中以颗粒态形式存在的固相汞在经过电除尘器时可以得到去除。但以颗粒态形式存在的汞占燃烧中汞排放的比例较低，且这部分汞大多存在于亚微米级颗粒中，而一般电除尘器对这部分粒径范围内的颗粒脱除效果较差，因此电除尘器的除汞能力有限。而布袋除尘器能够脱除高比电阻粉尘和细粉尘，尤其在脱除细粉尘方面有其独特的效果。由于细颗粒上富集了大量的汞，因此布袋除尘器在脱除烟气中的汞有很大的潜力。经过布袋除尘器后能去除约 99% 的汞，因此，垃圾焚烧中的烟气净化装置——布袋除尘器可确保颗粒汞的高去除率，高于电除尘器的脱汞效率。但布袋除尘器对进入烟气的温度要求比较严格，烟气温度过高，滤袋容易损坏，而温度过低，烟气中的酸性气体凝结成酸滴，滤料同样容易受损。同时袋式除尘器自身存在滤袋材质差、寿命短、压力损失大、运行费用高等局限性，限制了其使用。

2. 湿式洗涤脱汞

在湿式洗涤脱汞的过程中，烟气中的飞灰、HCl 和 NO_x 影响 Hg^0 转化为 Hg^{2+} 的转化率。当烟气中的汞以 Hg^{2+} 为主时，该装置是通过液态的浆液对烟气中的汞进行吸收，从而达到脱汞的目的。在传统的湿式洗涤系统中添加含氯的氧化剂，可将 Hg^0 氧化成 Hg^{2+}，脱除烟气中的汞。在湿法洗涤塔中，几乎所有的 $HgCl_2$ 都被碱性溶液所捕集。湿式洗涤脱汞大致可分为两类：单段式湿式洗涤、双段式湿式洗涤[12]。

在单段式湿式洗涤中，洗涤液的 pH 一般高于 6.5，通过添加碱性化合物如氢氧化钠或石灰来维持其 pH 值。洗涤液在脱除 SO_2 等酸性气体的同时，能够同时脱汞。在工业实验中，单段式湿式洗涤脱汞效率为 17%～75%，平均脱汞效率为 47%。同时，在循环水中也发现了单质汞(Hg^0)，主要是因为 $HgCl_2$ 发生了还原反应[13]。

$$HgCl_2 + SO_3^{2-} \longrightarrow ClHgSO_3^- + Cl^- \tag{7.12}$$

$$ClHgSO_3^- + H_2O \longrightarrow Hg^0 + HSO_4^- + Cl^- + H^+ \tag{7.13}$$

$$Hg^0(g) \longrightarrow Hg^0(aq) \tag{7.14}$$

在双段式湿式洗涤中，第一段为酸洗，除去烟气中的 HCl 和重金属；第二段中则采用碱洗，原理与单段式相似，主要用来除去 SO_2。其中，$HgCl_2$ 的脱除主要发生在第一段，酸洗溶液 pH 值为 0.5～3，氯离子浓度为 0.1 mol/L，$HgCl_2$ 与氯离子生成稳定的 $[HgCl_4]^{2-}$。SO_2 很难被吸收，从而避免 $HgCl_2$ 被还原成 Hg^0。主要反应如下：

$$HgCl_2 + 2Cl^- \Longrightarrow HgCl_4^{2+} \tag{7.15}$$

3. 半干法脱汞

尽管活性炭吸附是目前最为有效的烟气汞控制方法，但其成本太高，从烟气中去除一镑 Hg^0 的成本大约为 50000～70000 美元。而钙基类物质(CaO，$Ca(OH)_2$，$CaCO_3$)，不仅廉价易得，还是有效的脱硫剂。美国 EPA 研究结果表明，钙基类物质脱除效率与烟气中汞存在的化学形态有很大关系，如 $Ca(OH)_2$ 对 $HgCl_2$ 的吸附效率可达到 85%，CaO 同样可以很好地吸附 $HgCl_2$，然而对于单质汞的吸附效率却很低。Stouffer 等[14]研究结果表明，反应条件的控制对汞的脱除有重大影响，当反应温度为 93℃时, Ca/Hg 比为 $5×10^3$: $1 \sim 1×10^5$: 1(质量比), $Ca(OH)_2$ 对 Hg^{2+} 吸附率为 55%～85%, 然后对于 Hg^0, 当 Ca/Hg 比为 $3×10^5$ 时也只有 10%～20% 的脱除率。总体上看来钙基类物质对汞高吸附率主要是针对 Hg^{2+}, 对单质汞的吸附却是很有限。

IPE 循环流化床在原有的循环流化床半干法脱硫技术的基础上, 通过增加氧化剂添加系统, 实现系统的脱硫脱硝脱汞功能。在烟气进入塔前喷入气相氧化剂及反应塔内喷入固态氧化剂, 将烟气中的 NO 氧化成 NO_2 等高价态氮氧化物的同时也将 Hg^0 氧化成为 Hg^{2+}, 利用半干法脱硫脱硝脱汞, 这一技术上的改变不仅促进了 SO_2 和 NO_x 的吸收, 也提高了 Hg^0 的脱除[15]。

4. APCDs 联用脱汞

垃圾焚烧烟气中含有大量的颗粒物、酸性气体、Hg 等污染物, 因此, 通常采用不同的大气污染控制设施(air pollution control devices, APCDs)联用, 实现污染物的控制。

如前所述, 气体单质汞的性质不活泼, 既不易吸附也不溶于水, 因此较难被现有 APCDs 脱除。因此, 所有脱汞技术的思路都是促进单质汞向氧化态或颗粒态转化: ①将单质汞转化为颗粒吸附态, 再利用除尘器, 如静电除尘器(electrostatic precipitator, ESP)、布袋除尘器(fabric filter, FF)等回收脱除; ②将单质汞转化为氧化态, 利用氧化汞的水溶性, 在湿法烟气脱硫装置(wet flue gas desulfurization, WFGD)中脱除[16]。

在干法脱酸+布袋除尘联用中, 在污控设施前段及末端分别设采样点, 装置见图 7.8, 通过 EPA 方法 29 和 OHM 法分别做烟气中汞含量及形态分布分析, 结果见表 7.3 和表 7.4, 可以看出两种方法所测值非常接近。以 EPA 方法 29 所测结果为例, 原始烟气中颗粒汞约占 2%, 二价汞占 86%左右, 单质汞占 12%左右, 总汞含量 136 $\mu g/Nm^3$ 左右。经过干法脱酸+布袋除尘后, 颗粒汞基本全部脱除, 气态二价汞脱除率为 26%, 单质汞脱除效率约为 54%, 总汞脱除效率为 30%[17]。

在电除尘+湿式洗涤工艺联用中, 在电除尘前段及末端烟道处分别设采样点, 装置见图 7.9, 通过 EPA 方法 29 和 OHM 法分别做烟气中汞含量及形态分布分析, 结果见表 7.5 和表 7.6, 以 EPA 方法 29 所测结果为例, 原始烟气中颗粒汞约占 5.6%, 二价汞约占 71.5%, 单质汞约占 23%, 总汞含量 83 $\mu g/Nm^3$ 左右。经过电除尘+湿式洗涤后, 颗粒汞基脱除率为 93%, 二价汞脱除率为 64%, 单质汞含量比初始浓度上升了 15%, 总汞脱除效率为 46%。其中, 单质汞含量的上升主要因为是在湿式洗涤过程中, Hg^{2+} 被溶液中的 SO_3^{2-} 还原成了 Hg^0, 再次释放到烟气中[17]。

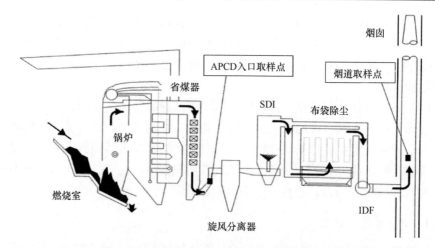

图 7.8　城市固体废物焚化炉(MWI-A)工艺流程和采样点示意图

表 7.3　MWI-A 排放 Hg 的浓度及特征

方法 EPA-29	氧化态				元素态		总量 氧化态+元素态 ($\mu g/Nm^3$) $10\%O_2$
	固相 ($\mu g/Nm^3$) $10\%O_2$	气相 ($\mu g/Nm^3$) $10\%O_2$	固相+气相 ($\mu g/Nm^3$) $10\%O_2$	占总量 百分比 Hg(%)	气相 ($\mu g/Nm^3$) $10\%O_2$	占总量 百分比 Hg(%)	
APCD 入口							
第一轮	4.33	167.31	171.664	88.40	22.53	11.60	194.17
第二轮	1.02	111.52	112.54	81.40	25.71	18.60	138.25
第三轮	2.88	97.26	100.14	90.67	10.31	9.33	110.45
第四轮	4.27	207.58	211.85	90.64	21.88	9.36	233.73
平均值			149.04	87.78	20.11	12.22	169.15
烟囱							
第一轮	0.09	79.58	79.67	89.06	9.78	10.94	89.45
第二轮	0.07	81.90	81.97	85.26	14.18	14.74	96.15
第三轮	0.06	79.67	79.73	91.10	7.79	8.90	87.52
第四轮	0.09	197.51	197.60	97.30	5.48	2.70	203.08
平均值			109.74	90.68	9.31	9.32	119.05
脱除效率(%)		26.73		53.70		29.72	

表 7.4　用 EPA 方法 29 和 OHM 方法评价 MWI-A 中的 Hg

方法 EPA-29	氧化态				元素态		总量 氧化态+ 元素态 ($\mu g/Nm^3$) $10\%O_2$
	固相 ($\mu g/Nm^3$) $10\%O_2$	气相 ($\mu g/Nm^3$) $10\%O_2$	固相+气相 ($\mu g/Nm^3$) $10\%O_2$	占总量 百分比 Hg(%)	气相 ($\mu g/Nm^3$) $10\%O_2$	占总量 百分比 Hg(%)	
APCD 入口							
EPA-29	4.33	167.31	171.64	88.40	22.53	11.60	194.17
OHM	3.17	156.18	159.35	91.88	14.08	8.12	173.42
EPA-29	2.88	97.26	100.14	90.67	10.31	9.33	110.45
OHM	3.42	96.80	100.22	89.29	12.02	10.71	112.25
平均值　EPA-29			135.89	89.54	16.42	10.47	152.31
OHM			129.79	90.59	13.05	9.42	142.84
烟囱							
EPA-29	0.09	79.58	79.67	89.06	9.78	10.94	89.45
OHM	0.08	82.79	82.87	87.67	11.66	12.33	94.53
EPA-29	0.06	79.67	79.73	91.1	7.79	8.9	87.52
OHM	0.07	69.28	69.53	92.59	5.55	7.41	74.89
平均值　EPA-29			79.70	90.08	8.79	9.92	88.49
OHM			76.11	90.13	8.61	9.87	84.72

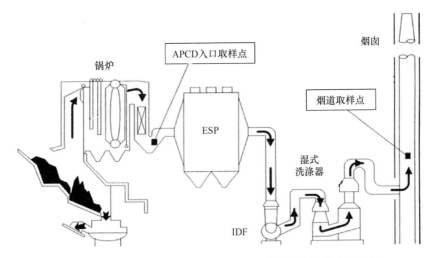

图 7.9　城市固体废物焚化炉(MWI-B)工艺流程和采样点示意图

表 7.5　MWI-B 排放 Hg 的浓度及特征

方法 EPA-29	氧化态				元素态		总量 氧化态+元素态 ($\mu g/Nm^3$) $10\%O_2$
	固相 ($\mu g/Nm^3$) $10\%O_2$	气相 ($\mu g/Nm^3$) $10\%O_2$	固相+气相 ($\mu g/Nm^3$) $10\%O_2$	占总量百分比 Hg(%)	气相 ($\mu g/Nm^3$) $10\%O_2$	占总量百分比 Hg(%)	
APCD 入口							
第一轮	6.30	75.86	82.16	83.81	15.88	16.19	98.04
第二轮	3.62	59.83	63.45	77.51	18.41	22.49	81.86
第三轮	4.14	55.55	59.69	76.73	18.10	23.27	77.79
第四轮	4.59	47.49	52.08	70.50	21.79	29.50	73.87
平均值			64.35	77.14	18.55	22.86	82.89
烟囱							
第一轮	0.02	21.44	21.46	57.93	15.58	42.07	37.04
第二轮	0.01	21.87	21.88	50.92	21.09	49.08	42.96
第三轮	0.46	28.72	29.18	57.50	21.57	42.50	50.75
第四轮	0.36	20.86	21.22	43.74	27.30	56.26	48.52
平均值			23.44	52.52	21.39	47.48	44.82
脱除效率(%)		63.57		−15.31		45.93	

表 7.6　用 EPA 方法 29 和 OHM 方法评价 MWI-B 中的 Hg

方法 EPA-29	氧化态				元素态		总量 氧化态+元素态 ($\mu g/Nm^3$) $10\%O_2$
	固相 ($\mu g/Nm^3$) $10\%O_2$	气相 ($\mu g/Nm^3$) $10\%O_2$	固相+气相 ($\mu g/Nm^3$) $10\%O_2$	占总量百分比 Hg(%)	气相 ($\mu g/Nm^3$) $10\%O_2$	占总量百分比 Hg(%)	
APCD 入口							
EPA-29	6.30	75.86	82.16	83.81	15.88	16.19	98.04
OHM	4.15	61.87	66.02	81.28	15.21	18.72	81.23
EPA-29	3.62	59.83	63.45	77.51	18.41	22.49	81.86
OHM	1.74	59.99	61.73	77.74	17.68	22.26	79.40
平均值 EPA-29			72.81	80.66	17.15	19.34	89.95
OHM			63.88	79.51	16.45	20.49	80.32
烟囱							
EPA-29	0.02	21.44	21.46	57.93	15.58	42.07	37.04
OHM	0.21	22.36	22.57	57.74	16.52	42.26	39.09
EPA-29	0.01	21.87	21.88	50.92	21.09	49.08	42.96
OHM	0.04	19.66	19.70	52.56	17.78	47.44	37.48
平均值 EPA-29			21.67	54.43	18.34	45.58	40.01
OHM			21.14	55.15	17.15	44.85	38.29

半干法+布袋除尘联用,该系统中半干法对酸性气体的吸收比干法好[18],且不像湿式洗涤产生高浓度无机氯盐及重金属污水[19]。因此,半干法+布袋除尘联用也有其优势所在,以旋转喷雾干燥法(SDA)+布袋除尘为例,如图 7.10 所示,其工艺流程如下:利用机械雾化或者压缩空气雾化,烟气与石灰浆充分接触、反应,与此同时,石灰浆的水分与热烟气进行热交换,直到完全蒸发,因而,不会产生废水,其脱酸效率可达 98%。其中石灰浆制备也十分重要,不能太稀,太稀不利于脱硫及除酸、重金属吸附;太浓容易阻塞石灰石浆液输送管和旋转雾化器雾化盘。表 7.7 中列举的是不同浓度的石灰石浆液适用的烟气含量[20]。

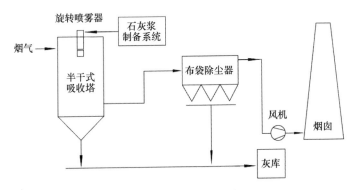

图 7.10 SDA 半干法+布袋除尘联用工艺

表 7.7 不同浓度的石灰石浆液与烟气含量表

石灰石浆浓度	烟气的含量						
	NO_x/ppm	SO_2/ppm	CO/ppm	HCl/ (mg/Nm³)	汞/ (mg/Nm³)	铅/ (mg/Nm³)	镉/ (mg/Nm³)
10%	450	255	65	89	0.132	0.050	0.008
12%	370	234	62	69	0.130	0.039	0.007
15%	292	207	58	43	0.128	0.040	0.008
17%	280	186	56	40	0.125	0.038	0.008
20%	278	179	58	38	0.127	0.038	0.008

注:烟气的含量是经过喷射活性炭和布袋除尘后的测量值

综上所述,垃圾焚烧厂现有的污控设施如湿式洗涤器、除尘器及污控联用装置,对烟气中汞都有一定的脱除效果。但利用烟气污染控制设备控制汞排放仍然存在问题[5]:

(1)脱除效率不高,除尘器主要脱除颗粒汞,湿式洗涤器主要脱除 $HgCl_2$,但溶液中的 $HgCl_2$ 稳定性难以控制,因为石灰石洗涤器内存在不同种类的还原剂,如硫化物、亚硫酸盐及部分二价金属离子等,当溶液中 Cl 浓度较低时,可能有部

分 $HgCl_2$ 被还原为金属态的汞从而附着于管壁，最终溶液中的 $HgCl_2$ 可能仅占初始浓度的 60%。

(2)增加了废水处置的难度，由于溶液中溶有大量的汞化合物，尽管当前加入絮凝剂能够将排放污水中的汞体积分数控制在极低的排放水平($4.5×10^{-8}$ ～ $2.5×10^{-6}$)，但有研究表明，即使湖泊等水体中的汞体积分数小于 $1×10^{-11}$，鱼类体内仍可能检出体积分数大于 $5×10^{-7}$ 的甲基汞，富集作用仍可能导致汞污染物对生物体造成损害。

(3)元素态的汞几乎不溶于水，也难以在除尘器内被捕集。

因此，除利用现有烟气控制设备脱汞外，仍需要采取进一步的工艺控制焚烧烟气中汞污染物排放。

7.5.2 活性炭喷射协同脱二噁英脱汞技术

生活垃圾焚烧产生汞污染物的同时，也会产生毒性极强的二噁英。因此，开发二噁英和汞的协同控制技术就显得尤为重要。活性炭具有较大的比表面积，吸附速率快，吸附容量大等特点，在二噁英脱除和汞的脱除方面均有应用。实际工况下，烟道温度对活性炭吸附性能影响较大，而活性炭的使用量则关系到二噁英和汞的脱除效率。

Kim 等[21]研究表明，如图 7.11 所示，随着活性炭使用量的增加，烟气中二噁英的量呈先减少后增加趋势，其中，当使用量为 150 mg/Nm^3 时，二噁英的含量最低，去除效果最好。Takaoka 等[22]研究了不同温度下，活性炭使用量对脱汞的影响，如图 7.12 所示，当活性炭使用量相同时，温度从 150℃升高到 180℃，活性炭对汞的去除效率反而降低；当运行温度为 150℃时，汞的脱除率随着活性炭使用量的增加而提高。实际过程中，为了保证更好的吸附效果，应该尽量降低吸附段运行温度，而运行温度不能太低，必须保证其高于酸性气体的露点温度及 $CaCl_2$ 的潮解温度(大约 130℃)，否则便会造成设备损坏。因此，当活性炭的使用量为 100 mg/Nm^3，温度 150℃时，活性炭对汞的脱除具有良好的效果。结合以上的研究结果基本可以确定，当活性炭的使用量为 100～150 mg/Nm^3、运行温度 150℃左右时，活性炭对二噁英和汞具有较高的脱除效率。

目前二噁英和汞的协同控制在垃圾焚烧行业主要以活性炭喷射+布袋除尘(即ACI+BF)为主。该技术的原理是通过将活性炭喷入空气预热器后的尾部烟道中，使活性炭在伴随流动过程中不断吸附烟气中的汞，然后利用静电除尘器或者布袋除尘器等颗粒物排放控制装置将其脱除[16]。目前，活性炭喷射+布袋除尘器是垃圾焚烧厂应用最为广泛的废气处理工艺[23]，工艺流程见图 7.13。活性炭粉干式喷射系统一般位于脱酸设备和布袋除尘器之间，活性炭粉经给料机由气力输送至

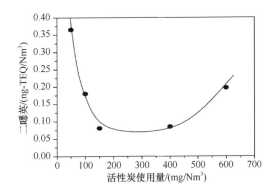

图 7.11　活性炭使用量对二噁英去除效果的影响

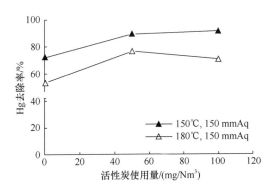

图 7.12　活性炭使用量对汞去除效果的影响

烟道上的喷射口。活性炭的喷入量一般取 100～150 mg/Nm³(烟气)，其中活性炭喷入装置见图 7.14。吸附了污染物的活性炭及脱酸设备中反应后的吸收剂颗粒一起进入布袋除尘器并被过滤收集。活性炭喷射技术是当今最为成熟可行控制二噁英和汞污染技术，也是美国普遍采用的方法。

　　工业应用中，对于二噁英而言，当烟道温度为 140～160℃，不同工艺对二噁英的脱除有很大的影响，如表 7.8 所示。仅有布袋除尘系统时，二噁英的去除率仅有 39.7%；当在喷雾干燥烟气出口喷入活性炭，二噁英的脱除率为 98.9%[24]，可以看出，二噁英的脱除效率明显提高。

　　在烟道典型温度(120～160℃)下，普通活性炭对汞的脱除率较常温下显著下降，为获得高于 90% 的去除率，往往需要加大活性炭的用量。以喷雾干燥+布袋除尘联用装置为例，见图 7.15。喷雾干燥器出口处温度为 136～145℃，当没有活性炭喷入时，末端出口处总汞浓度为 311～538 μg/Nm³(干态)；当有活性炭喷入时，末端出口处总汞浓度为 17～77 μg/Nm³(干态)，大大降低了烟气中汞的浓度[25]。

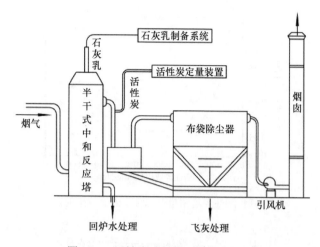

图 7.13　活性炭喷射脱二噁英及汞工艺

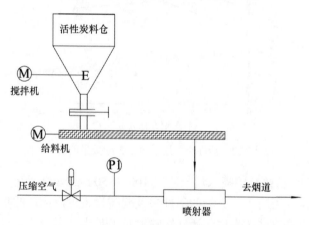

图 7.14　活性炭喷入装置示意图

表 7.8　二噁英的去除效率

二噁英类毒性物当量/(ng TEQ/Nm³)		去除率/%	活性炭喷射
入口	出口		
2.894	1.745	39.7	无
2.894	0.033	98.9	有

7.5.3　其他脱汞技术

1. 脉冲放电等离子体脱汞技术

等离子体产生机理是通过等离子体中的高能电子、带电粒子、自由基与分子、

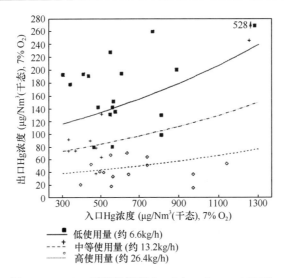

图 7.15　SD/FF 系统性能图(Stanislaus County MWC)

原子之间的复杂物理和化学反应过程,对烟气中的有害成分进行氧化或分解,从而达到污染物脱除的目的。近二十年来,西方发达国家对等离子体技术应用于焚烧烟气治理进行了相关研究。结果表明,电晕放电等离子技术可用于处理焚烧烟气中 SO_2、NO_x 和汞。其脱汞原理主要是汞蒸气在电晕场中,与放电所产生的氧原子(O)和臭氧(O_3)作用,所进行化学反应如下:

$$Hg + O \Longrightarrow HgO \tag{7.16}$$

$$Hg + O_3 \Longrightarrow HgO + O_2 \tag{7.17}$$

$$Hg + 2Cl^* \Longrightarrow HgCl_2 \tag{7.18}$$

吴彦等利用窄脉冲电晕放电法来脱除垃圾焚烧炉烟气中的汞蒸气,并进行了 $10\ m^3/h$ 烟气的工业试验,烟气中汞浓度为 $2\ mg/m^3$。实验装置见图 7.16。研究发

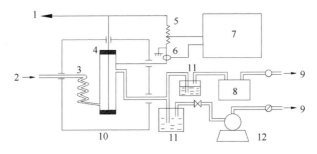

图 7.16　脉冲放电等离子体脱汞实验装置
1. 接脉冲电源;2. 气体入口;3. 热交换管;4. 放电装置;5. 高压探头;
6. 电流探头;7. 记录仪;8. Hg 测量装置;9. 气体出口;10. 高温槽;11. 洗气瓶;12. 风机

现，汞蒸气的脱除率随着气体温度的增加而降低，并与气体在电场中的停留时间、脉冲电压频率以及电晕功率有关，在一定条件下可达 100%的脱除率，相应的关系见图 7.17 至图 7.20。同时发现，HCl 气体存在，可以促进汞蒸气的消除[26]。

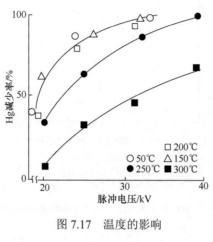

图 7.17　温度的影响

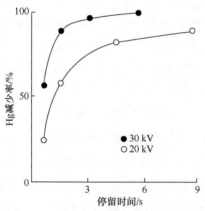

图 7.18　停留时间的影响

2. 电催化脱汞技术

电催化脱汞技术简称 ECO，是由美国 Powerspan 公司与 FirstEnergy 公司联合研制的一种新型脱汞技术。电催化脱汞技术可以同时对 NO_x、SO_2、汞、小颗粒物质及其他微量元素进行控制。其处理流程主要分为三个步骤：第一，烟气流中的灰尘，在经过 ESP 处理后，大部分可以被捕捉到；第二，在 ESP 之后，存在着介质阻挡放电反应器，可以将烟气中存在的气态污染物进行氧化；第三，应用湿式除尘器对氧化产物进行消除，并捕获小颗粒 PM。电催化脱汞技术投资成本较低，占地面积较小，应用效果较好。

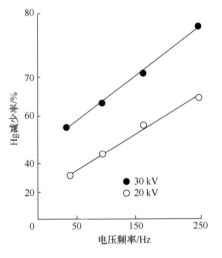

图 7.19　频率的影响

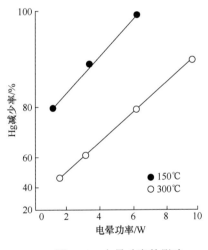

图 7.20　电晕功率的影响

3. 紫外线照射烟气脱汞技术

美国国家能源技术实验室采用模拟烟气，研究了紫外线照射烟气脱汞技术。这种特定波长(253.7 nm)的紫外线能够促进汞与烟气中其他组分发生反应，生成硫酸亚汞和氧化汞，然后通过除尘器除去，脱除率达 70%。但该技术的投资比活性炭喷射还要高，给推广带来了困难。

4. 光催化氧化技术

光催化氧化技术，是针对现有 WFGD 设备中，Hg^{2+} 的脱除效率较高 Hg^0 脱除效率甚低的现象而开发的将 Hg^0 氧化处理的新技术，利用紫外光(UV)照射含有 TiO_2 的物质，在烟气通过时，发生光触媒催化氧化反应，将 Hg^0 氧化为 Hg^{2+}，便于后面在湿式 FGD 设备中被吸收，提高总汞的脱除率。光催化剂 TiO_2 受到波长小于 387.5 nm 紫外光照射后，价带上的电子被激发跃迁至导带，在价带上留下相应的空穴，产生电子-空穴对。氧气或水分子与光生电子-空穴反应，产生化学性质极为活泼的自由基基团，如超氧负离子或羟基自由基，具有较强的氧化性，能够将 Hg^0 氧化成 Hg^{2+}，从而得以脱除[27]。其催化氧化路径如下所示，整个光催化反应历程可以用图 7.21 来表示。该技术目前尚处于实验开发阶段，需要进一步深入研究。

$$TiO_2 \longrightarrow TiO_2 + h^+ + e^- \tag{7.19}$$

$$H_2O + h^+ \longrightarrow \cdot OH + H \tag{7.20}$$

$$OH^- + h^+ \longrightarrow \cdot OH \tag{7.21}$$

$$\cdot OH + Hg^0 \longrightarrow HgO \tag{7.22}$$

$$O_2 + e^- \longrightarrow \cdot O_2^- \tag{7.23}$$

$$\cdot O_2^- + Hg^0 \longrightarrow HgO \tag{7.24}$$

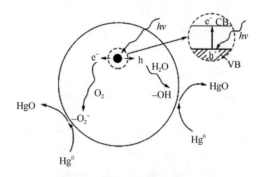

图 7.21　TiO_2 光催化反应历程

5. 光化学氧化技术

光化学氧化技术，同样是针对 Hg^0 在现有的 WFGD 设备中难以去除而开发的技术。利用紫外光(波长 253.7 nm)激发 Hg^0，产生激发态的 Hg^*，激发态的 Hg^* 与 O_2 反应又回到基态，同时生成了激发态的 O_2^*，激发态 O_2^* 与 O_2 反应得到能够氧化 Hg^0 的臭氧 O_3 和基态 O 原子。反应过程如下所示：

$$Hg + h\nu \longrightarrow Hg^* \tag{7.25}$$

$$Hg^* + O_2 \longrightarrow Hg + O_2^* \tag{7.26}$$

$$O_2^* + O_2 \longrightarrow O_3 + O \tag{7.27}$$

$$O + O_2 \longrightarrow O_3 \tag{7.28}$$

$$O_3 + Hg \longrightarrow HgO + O_2 \tag{7.29}$$

$$O + Hg \longrightarrow HgO \tag{7.30}$$

参 考 文 献

[1] 李煜. 我国城市生活垃圾焚烧处理发展分析[J]. 中国环保产业, 2014, 7: 36-38.

[2] 凌江, 温雪峰. 生活垃圾焚烧与近零排放的技术抉择. 环境保护, 2014, 42 (19): 21-24.

[3] 刘喆. "十三五"一半垃圾埋改烧. 环境教育, 2015(6): 24-25.

[4] Brown T D, Smith D N, Hargis Jr R A, et al. Control of mercury emissions from coal-fired power plants: A preliminary cost assessment and the next steps for accurately assessing control costs. Fuel Processing Technology, 2000, 65-66: 311-341.

[5] 张杰儒, 罗津晶, 牛强. 垃圾焚烧烟气汞的治理技术与评价. 环境卫生工程, 2012, 20(5): 34-36.

[6] 张军营, 任德贻, 许德伟, 等. 煤中汞及其对环境的影响. 环境污染治理技术与设备, 1999, 7(3): 100-104.

[7] 张俊姣, 董长青, 刘启旺. 城市生活垃圾焚烧过程中汞污染防治研究. 能源研究与利用, 2001(6): 17-19.

[8] 王书肖, 刘敏, 蒋靖坤, 等. 中国非燃煤大气汞排放量估. 2006, 27(12): 2401-2406.

[9] Cheng H, Hu Y. China needs to control mercury emissions from municipal solid waste (MSW) incineration. Environmental Science & Technology, 2010, 44: 7994-7995.

[10] Cheng H, Hu Y. Mercury in municipal solid waste in China and its control: A review. Environmental Science & Technology, 2012, 46: 593-605.

[11] 杜芳, 刘阳生. 焚烧源汞污染控制技术研究进展及我国大气汞污染控制紧迫性. 环境工程, 2009, 27: 265-268.

[12] Krivanek C S. Mercury control technologies for MWC's: The unanswered questions [J]. Journal of Hazardous Materials, 1996, 47: 119-136.

[13] Blythe G, Currie J, DeBeny D. Beneh-scale kineties study of mereury reaetions in FGD Liquors. Mereury Control Teehnology Conference, Pittsburgh, Pennsylvania, USA. December 11-13, 2007.

[14] Stouffer M R, Rosenhoover W, A Burke F P, et al. Investigation of flue gas mercury measurement and control for coal-fired sources, Proceedings of the Air & Waste Management Associations Annual Meeting& Exhibition, Nashville, TN, USA, 1996.

[15] 刘亚芝. 循环流化床半干法脱硫脱硝脱汞一体化工艺在循环流化床锅炉的应用. 锅炉制造, 2014, 4: 28-30.

[16] 陶叶. 火电机组烟气脱汞工艺路线选择. 电力建设, 2011, 32: 74-78.

[17] Chang M B, Wu H T, Huang C K. Evaluation on speciation and removal efficiencies of

mercury from municipal solid waste incinerators in Taiwan. The Science of the Total Environment, 2000, 246: 165-173.

[18] 董珂, 赵昕哲, 闫志海, 等. 垃圾焚烧发电烟气中的酸性气体净化工艺. 制冷空调, 2008, 22(3): 73-75.

[19] 杨华, 薛东卫, 赵运武, 等. 浅论垃圾焚烧烟气处理技术. 机械, 2003, 30(5): 4-6.

[20] 林爽. 垃圾焚烧炉烟气净化和处理技术. 安徽电力, 2005, 22(2): 64-66.

[21] Kim B H, Lee S M, Maken S J, et al. Removal characteristics of PCDDs/Fs from municipal solid waste incinerator by dual bag filter (DBF) system. Fuel, 2007, 86: 813-819.

[22] Takaoka M, Takeda N, Fujiwara T S, et al. Control of mercury emissions from a municipal solid waste in cinerator in Japan. Journal of the Air & Waste Management Association, 2002, 52: 931-940.

[23] 王芳, 候方东, 刘晓勤. 城市生活垃圾焚烧烟气的新式净化工艺处理效果. 制冷与空调, 2005(2): 56-59.

[24] Kim S C, Jeon S H, Jung L R, et al. Removal efficiencies of PCDDS/PCDFs by air pollution control devices in municipal solid waste incinerators. Chemophere, 2001, 43: 773-776.

[25] Kilgroe J D. Control of dioxin, furan, and mercury emissions from municipal waste combustors. Journal of Hazardous Materials, 1996, 47: 163-194.

[26] 吴彦, 占部武生. 脉冲放电法消除汞蒸气的实验研究. 环境科学学报, 1996, 16(2): 221-225.

[27] 张国英. 光氧化反应脱汞技术发展综述. 环境科学与技术, 2012, 35(12): 126-129.